La Richesse de la Pomone Française

BONNER ROMANISTISCHE ARBEITEN
HERAUSGEGEBEN VON WILLI HIRDT, WOLF-DIETER LANGE, EBERHARD LEUBE †, CHRISTIAN SCHMITT UND HEINZ JÜRGEN WOLF

BAND 87

PETER LANG
Frankfurt am Main · Berlin · Bern · Bruxelles · New York · Oxford · Wien

ANKE HEYEN

LA RICHESSE DE LA POMONE FRANÇAISE
FRANZÖSISCHE APFELNAMEN UND IHRE MOTIVATION

PETER LANG
Europäischer Verlag der Wissenschaften

Bibliografische Information Der Deutschen Bibliothek
Die Deutsche Bibliothek verzeichnet diese Publikation in der
Deutschen Nationalbibliografie; detaillierte bibliografische
Daten sind im Internet über <http://dnb.ddb.de> abrufbar.

Zugl.: Bonn, Univ., Diss., 2003

Gedruckt auf alterungsbeständigem,
säurefreiem Papier.

D 5
ISSN 0170-821X
ISBN 3-631-52888-4
© Peter Lang GmbH
Europäischer Verlag der Wissenschaften
Frankfurt am Main 2004
Alle Rechte vorbehalten.

Das Werk einschließlich aller seiner Teile ist urheberrechtlich
geschützt. Jede Verwertung außerhalb der engen Grenzen des
Urheberrechtsgesetzes ist ohne Zustimmung des Verlages
unzulässig und strafbar. Das gilt insbesondere für
Vervielfältigungen, Übersetzungen, Mikroverfilmungen und die
Einspeicherung und Verarbeitung in elektronischen Systemen.

Printed in Germany 1 2 3 4 5   7

www.peterlang.de

Dankeschön

Dies ist die ungekürzte Fassung meiner Dissertation, die auf Anregung von Herrn Professor Dr. Christian Schmitt entstand. An erster Stelle wendet sich "Pommie" deshalb an ihn, den Romanisten mit der großen Kiste Äpfeln aus dem eigenen Garten neben seinem Schreibtisch: Danke für die Idee zu so einem schön konkreten Thema und für die anregende und immer wohlwollende Begleitung während der letzten Jahre!
   Sein Kollege Herr Professor Dr. Johann Knobloch war so freundlich, meine Arbeit kritisch durchzusehen.
   Ein "Grand merci!" geht an die Pomologen aus Caen. Gerne denke ich an ihre Einweisung in den Obstbau und die gemeinsamen Fahrten zu Ausstellungen, wo ich vor Hunderten von wunderschönen Äpfeln stand, denen ich bis dato nur auf Papier begegnet war. Von den Experten in der Normandie durfte ich lernen, alte Sorten in den Gärten zu identifizieren und für die Nachwelt zu erhalten. Ihre Arbeit machte mir immer wieder den praktischen Nutzen der sprachwissenschaftliche Forschung deutlich und ermutigte mich auch in arbeitsintensiven Zeiten zur begeisterten Weiterarbeit.
   In Bonn geht mein herzlichster Dank an Barbara Buchholz, Timm Springer, Sandrine Tourin und Stéphane Millet für die Korrektur. Vielen Dank auch an Dorrit von Fiedler, sie stand mir für die technische Einführung ins Seiten-Layout zur Seite. Für die moralische Unterstützung und den nötigen Ausgleich zur Kopfarbeit danke ich von Herzen Reiner Hardick. Christoph Weber, Dirk Peters, Imke Wiedemann und der gesamten "Mensa-Gruppe" danke ich für die vielen Gespräche, den Spaß und die wichtigen Monate in der Universitätsbibliothek und in der Mensa.
   Mit Jana Birk und Hildegard Clarenz-Löhnert wurde die Prüfungszeit Ende 2003 zu einer im Rückblick richtig netten Zeit! Vielen Dank für eure faire, konstruktive und immer erbauliche Zusammenarbeit, nie vergesse ich unsere Party bei "Onkel Sam". Und bei Jennifer Durst und De bedanke ich mich herzlich für die Einladung nach "Big Apple" New York.
   Widmen möchte ich diese Arbeit Martin Kuebart, der auf seinem Obsthof in Imbach (Leverkusen) verschiedene Apfelsorten auf nur einem Baum wachsen ließ und mich schon als Kind neugierig auf die "Pomologie" machte und meinen Eltern, die mich mit ihrer Liebe durch alle Zeiten begleiten.

Bonn, im Mai 2004   *Anke Heyen*

Inhaltsverzeichnis

Prolegomena 9

I. Sachnormative Grundlagen der Untersuchung

I.1. Definition des Untersuchungsgegenstandes 'Apfelsorte' 11
I.2. Aufgaben und Methoden 11
   2.1. Interdisziplinäre Forschungsperspektive 11
   2.2. Untersuchung eines Spezialwortschatzes 12
   2.3. Pomologische Fachliteratur 13
      2.3.1. Klassische pomologische Fachliteratur 13
      2.3.2. Zeitgenössische pomologische Quellen 13
      2.3.3. Französische Namen im europäischen Umfeld 14
   2.4. Französische Lexikographie 14

II. Die französischen Apfelnamen (in Gegenwart und Vergangenheit)

III. Zu den Prinzipien der Namengebung

II.1. Morphologische Perspektive 133
II.2. Geschichtliche Auswertung 134
   2.1. Antike 135
   2.2. Frühes Mittelalter 135
   2.3. Ab dem 14. Jahrhundert 136
   2.4. 17. bis 19. Jahrhundert 137
   2.5. 20. Jahrhundert 138
II.3. Kognitive Prinzipien der Namengebung 138
   3.1. Motivation der Apfelnamen 139
   3.2. Einführung in die Kognitionswissenschaft 139
   3.3. Filterung und Repräsentation 140
II.4. Arbeitshypothesen zu intern ablaufenden Wahrnehmungsprozessen 141
   4.1. Prototyp-Differenz-These 142
   4.2. Defizit-Merkmal-These 142
   4.3. Bit-These 142
   4.4. Zensur-These 143
   4.5. Schachspieler-These 143

III. Filterung sortentypischer Merkmale und Überprüfung der Arbeitshypothesen anhand der Apfelnamen

III.1. Sortentypische Merkmale 145
   1.1. Reife 145
   1.2. Wertung 146
      1.2.1 Utilitaristische Wertung 148
   1.3. Baum 149
III.2. Sortentypische Merkmale des Apfels 151
   2.1. Visuelle Wahrnehmung 151
      2.1.1. Farbe 151
      2.1.2. Musterung 151
      2.1.3. Form 153
      2.1.4. Fruchtstiel 154
      2.1.5. Dimension 155
   2.2. Gustatorische Wahrnehmung 155
   2.3. Haptische Wahrnehmung 156
   2.4. Olfaktorische Wahrnehmung 158

2.5. Akustische Wahrnehmung ... 158
III.3. Fazit und Ergänzungen zu den Arbeitshypothesen ... 159
   3.1. Zweidimensionale Prototyp-Differenz-These ... 159
   3.2. Präferenz-These ... 160
   3.3. Affektivitäts-These ... 161

IV. Repräsentation der sortentypischen Merkmale

IV.1. Zwei Aspekte der Repräsentation ... 163
   1.1. Das Phänomen der Namensvarianten ... 163
   1.2. Nomen proprium ... 164
IV.2. Wortfeldanalyse ... 165
   2.1. Körpermetaphorik ... 165
   2.2. Personenmetaphorik ... 168
   2.3. Haushalt ... 170
   2.4. Natur ... 171
      2.4.1. Flora ... 171
      2.4.2. Fauna ... 173
      2.4.2.1 Vogel ... 173
      2.4.3. Unbelebte Natur ... 174
   2.5. Fazit zur Wortfeldanalyse ... 174
IV.3. Kognitive Formen der Repräsentation ... 175
   3.1. Denotative und imaginale Repräsentation ... 175
   3.2. Semantisches und episodisches Gedächtnis ... 176
   3.3. Prägung des Unterscheidungsvermögens ... 177
IV.4. Argumentation zugunsten eines holistischen Modells ... 178
   4.1. Modulare Linguistik ... 179
   4.2. Holistische Linguistik ... 180

Zusammenfassung ... 183
Apfelnamen als kreatives Produkt ... 183

Literaturverzeichnis I ... 185
Literaturverzeichnis II ... 188

Prolegomena

"Un fruitier que l'on appelle par son nom n'est plus un arbre anonyme promis à la tronçonneuse: c'est un ami que l'on garde" (Cropom 2001, 16).

Dieses Zitat, das auf eindringliche Weise den Apfel und die Namengebung zueinander in Beziehung stellt, ist einem Artikel der Assoziation *Croqueurs de pommes* (Cropom) entnommen, die sich seit der Vereinsgründung im Jahre 1978 für den Erhalt alter Obstsorten einsetzt. Die Pomologen leisten durch ihr ehrenamtliches Engagement auf lokaler Ebene einen wertvollen Beitrag für die Bewahrung der Sortenvielfalt.

Der drohende Verlust der alten Sorten ist vielen Menschen nicht bewusst, weil er schleichend verläuft. Deshalb lohnt es sich, das Verschwinden vieler Obstsorten auch sprachwissenschaftlich darzustellen: Das 19. Jahrhundert zeichnet sich durch einen großen Zugewinn an neuen Sorten aus und so verwundert es nicht, dass die Anzahl allein der französischen Apfelnamen, die André Leroy[1] beschreibt, auf 527 ansteigt (cf. LeroyPom 1867, 1, 9). Heute dagegen belegt der NPRob 1996 nur noch drei französische und fünf ausländische Apfelnamen. Neben den ausländischen Apfelsorten sind also bei einem Großteil der französischen Bevölkerung nur noch drei französische Apfelsorten als sicher bekannt vorauszusetzen.

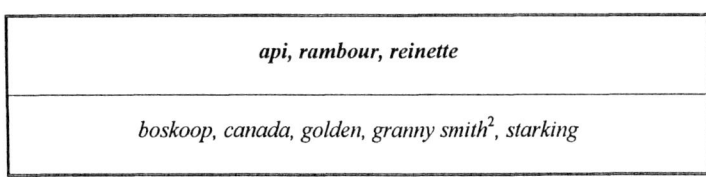

Abb. 1: Apfelsorten in Frankreich (cf. NPRob 1996, 1723a)

Der Verlust alter Apfelsorten ist im Zusammenhang mit dem allgemeinen Verschwinden der biologischen Vielfalt auf der Erde zu sehen, wie es die *Agenda 21*[3] formuliert:

"Der gegenwärtig zu verzeichnende Verlust der biologischen Vielfalt ist zum großen Teil Folge menschlichen Handelns und stellt eine ernste Bedrohung für die menschliche Entwicklung dar" (*Agenda 21*, 124a).

Eine sprachwissenschaftliche Inventarisierung von Apfelnamen kann zum einen als Desiderat der allgemeinen Namensforschung verstanden werden. Zum anderen unterstützt die linguistische Untersuchung die Arbeit der Naturwissenschaftler und Pomologen, die in Frankreich nach alten Apfelbäumen[4] suchen, sie mit einem Namen identifizieren und damit

---

[1] André Leroy bezeichnete sich selber als "pépiniériste". Der Baumschulgärtner war schon seit 1698 der traditionelle Beruf in seiner Familie (LeroyPom 1867, 1, 10). Ein erklärtes Ziel war es, ein *manuel spécial* zu verfassen als Hilfe bei der Identifikation der Sorten (cf. LeroyPom 1867, 1, 8). Die beiden Bände zu den Apfelsorten (LeroyPom 1873, 3+4) werden sich als Schlüsselwerke für diese Untersuchung herausstellen, weil sie eine große Anzahl an Sorten vorstellen und die klassischen Pomologien berücksichtigen.
[2] Eine Namenserklärung zu *granny smith* erfolgt im dritten Kapitel (cf. III 2.1.1). Es wurde, da es sich um ein Appellativum handelt, die Kleinschreibung gewählt.
[3] Im Rahmen der *Agenda 21*, eines 1992 verabschiedeten Aktionsprogramms für eine lebenswertere Zukunft im 21. Jahrhundert, ist jeder aufgerufen, sich unter dem Leitmotiv der "nachhaltigen Entwicklung" für den Erhalt der biologischen Vielfalt einzusetzen (cf. *Agenda 21*, 106).
[4] Es ist darauf hinzuweisen, dass hochwertige Apfelsorten nicht durch die Kerne, sondern durch den Baum selber oder durch seine einjährigen Triebe erhalten werden können. Mit diesem als "Edelreis" bezeichneten Trieb wird eine wilde Baumunterlage veredelt. Verwachsen beide Teile des Obstbaumes miteinander, bestimmt das Reis die Obstsorte, der Baum tragen wird. Das Überleben der entsprechenden Sorte ist gewährleistet (cf. Reich 1993, 38).

der Nachwelt erhalten. Es ist zu hoffen, dass viele Menschen sich von der Begeisterung engagierter Pomologen wie der *Croqueurs de pommes*[5] anstecken lassen, um den großen Reichtum der *Pomone française* in natur- und sprachwissenschaftlicher Sicht auf Dauer zu erhalten. Dabei geht es nicht allein um den Schutz der genetisch wertvollen Apfelsorten, sondern auch um die Streuobstwiesen, der für die Obstbäume typischen Vegetationsform. Und zum dritten ist eine solche Untersuchung in kognitivem Sinne ein Desiderat, da nur die genaue Analyse der Namen ein Verständnis für die vielfältigen Benennungsmotivationen schaffen kann.

---

[5] Diese französische Organisation wurde 1978 von J. L. Choisel in der Region Franche-Comté gegründet. Mit fast 40 Lokalgruppen (cf. "une quarantaine de groupes ou associations d'importance très différentes") arbeitet sie in ganz Frankreich. Sie setzt sich für den Erhalt alter Sorten ein, indem sie vor Ort nach alten Sorten sucht. Die Vereinsmitglieder bilden sich und interessierte Laien durch Führungen, Ausbildungskurse und Obstausstellungen weiter. Eine regelmäßig erscheinende Zeitschrift sorgt für den internen Informationsfluss, aber auch für die Öffentlichkeitsarbeit des Vereins. Aus den rund zehn Gründungsmitgliedern im Jahre 1978 sind inzwischen mehr als 5 000 geworden (cf. Cropom 2001, 4).

I. Sachnormative Grundlagen der Untersuchung

I.1. Definition des Untersuchungsgegenstandes 'Apfelsorte'

"Die Menschen erkannten frühzeitig, dass man nicht durch Aussaaten, sondern nur durch Veredeln eine wertvolle Sorte mit ihren Eigenschaften erhalten konnte" (Petzold 1990, 15).

Der schwedische Naturforscher Carl von Linné (1707-1778), der mit seinem Werk *Systema Naturae* (1735) Ordnung in die uneinheitliche Sprache der Botaniker (cf. Pörksen 1998, 196b) brachte, klassifiziert eine Apfelsorte als *arbre fruitier* und somit als "produit des inventions humaines" (LeroyPom 1867, 1, 8 [Verweis auf: *Philosophia botanica*]). Wenn der Botaniker über Erscheinungen der Flora spricht, kann er sich auf eine international gültige botanische Nomenklatur beziehen. Möchte er eine neue Pflanze bestimmen, greift er auf das "Stilideal der Londoner Royal Society" zurück. Dieses verpflichtet ihre Mitglieder zu einem präzisen, nüchternen, ungezwungenen Stil, zu konkreten Ausdrücken sowie zu klaren Bedeutungen und verlangt eine natürliche Leichtigkeit, welche die Beschreibung der Natur so weit wie möglich der mathematischen Klarheit annähert (cf. Pörksen 1998, 196b). Bei den hier zusammengetragenen Apfelsorten handelt es sich nicht um botanische Varietäten, die sich mittels des Klassifikationssystems von Linné nach dem Aufbau der Blütenorgane unterscheiden und benennen lassen (cf. Pörksen 1998, 199b), sondern um kultivierte Varianten: Diese gezüchtete Varietät wird mit dem international gültigen Begriff *Kultivar* bezeichnet (cf. Apple Register 1971). Dieses Produkt ist daher nicht durch die international gültige Nomenklatur zu definieren, sondern jeder einzelne Kultivar erhält einen Namen. Die Strategien dieser Namengebung werden hier unter sprachwissenschaftlichen Aspekten dargestellt.

I.2. Aufgaben und Methoden

La richesse de la pomone française - Französische Apfelnamen & ihre Motivation lautet der Titel dieser Arbeit, deren Ziel es ist, die Gesamtheit aller französischen Belege für Apfelnamen in Gegenwart und Vergangenheit zusammenzutragen und auf ihre Namensmotivation hin zu untersuchen.

2.1. Interdisziplinäre Forschungsperspektive

Bei dieser Arbeit handelt es sich um eine interdisziplinäre Untersuchung, weil sie sich auf die folgenden drei Sachbereiche stützt und gleichzeitig aus diesen ihre Aufgabenstellung bezieht:

Sprachwissenschaft	Pomologie	Kognitionswissenschaft

Abb. 2: Interdisziplinäre Forschungsperspektive

- Sprachwissenschaft: Das Werkzeug und die Vorgehensweise beim Katalogisieren und Erklären der Apfelnamen sind sprachwissenschaftlich. Die französische Lexikographie soll durch die ermittelten Angaben ergänzt werden. Als Quellen werden sowohl Werke der französischen Lexikographie als auch der Pomologie herangezogen.

- Pomologie: Die pomologische Literatur dient als Quelle für die Namenbelege und -erklärungen. Pomologen und Naturschützer, die sich für den Erhalt alter Apfelsorten einsetzen, können aus dieser Untersuchung Angaben ziehen, welche helfen, die gefundenen Apfelbäume zu identifizieren.

- Kognitionswissenschaft: Für die Auswertung der Gesamtheit aller Namenbelege bietet sich eine kognitiv ausgerichtete Perspektive an, um überzeugende Erkenntnisse zu den Prinzipien der Namengebung zu gewinnen. Indem von den durch die Analyse der Apfelnamen gewonnenen Daten abstrahiert wird, können anschließend allgemeine Regeln und Prinzipien abgeleitet und die kognitive Struktur des pomologischen Fachwortschatzes sichtbar gemacht werden.

Auf diese drei Wissenschaftsdisziplinen wird während der ganzen Arbeit, je nach gedanklichem Schwerpunkt der Kapitel, Bezug genommen. Die Schnittmenge und der Angelpunkt der sprachwissenschaftlichen, pomologischen oder kognitiven Ausführungen wird jedoch immer der Apfel sein. Dass gerade der Apfel als Untersuchungsgegenstand ausgewählt wurde, ist kein Zufall, sondern erklärt sich aus der besonderen Exemplarität dieser Obstsorte: "Pour la catégorie fruit, par exemple, les sujets interrogés par E. Rosch (1973) ont donné la *pomme* comme meilleur exemplaire" (Kleiber 1991, 104). Diesem prototypischen Charakter verdankt der Apfel, dass er Gegenstand verschiedener Untersuchungen geworden ist, u. a. auch solcher, die sich mit der Frage beschäftigen, welche Prozesse beim Denken, Sprechen und Benennen von Gegenständen im Gehirn ablaufen. Dies illustriert beispielsweise der allgegenwärtige Einsatz des Apfels als Untersuchungsbeispiel in dem Werk *Die Sprache des Gehirns* (cf. Calvin 2002, 30, 87-88, 189-191, 207).

2.2. Untersuchung eines Spezialwortschatzes

In dieser Arbeit soll ein Spezialwortschatz untersucht werden. Die Studie geht von 1050 Namenbelegen aus. Der Umfang der zu einer Apfelsorte erbrachten Beschreibung schwankt erheblich. Die in den ausgewerteten Quellen geleisteten Informationen betreffen einzelne Eigenschaften wie Farbe, Form, Fruchtfleischkonsistenz, Geschmack und Geruch der Frucht. Pomologen wie André Leroy (cf. Prolegomena) liefern darüber hinaus Angaben, die sich auf die Qualität und den Verwendungszweck der Apfelsorte beziehen. Die Apfelnamen werden in alphabetischer Reihenfolge angeordnet und jeweils mit einem kurzen Artikel erläutert. Ein (C) hinter dem Namen weist den betreffenden Kultivar als Cidreapfel aus.

Die Artikel enthalten einen oder mehrere Datierungsbelege und eine Lokalisierung anhand der geographischen Belege, sowie eine Erklärung des Namens. Die Motivation der Namen wird für einige Apfelsorten explizit in den Quellen erörtert. So stellt LeroyPom (1873) die Apfelsorte *alleuds* vor und erklärt den Namen in seinen Ausführungen, indem er ihn zu einem Ortsnamen stellt. Teilweise lässt sich die Motivation durch die Angaben zum Apfel erschließen. So legt der Apfelname *blanche de bournay* nahe, dass diese Sorte den Namen wegen ihrer besonders hellen Farbgebung erhielt. Durch die Untersuchung der Sortenbeschreibung wird diese Vermutung bestätigt (cf. *blanche de bournay*). Erst nach Datierung, Lokalisierung und Beschreibung ist eine sinnvolle Erarbeitung der eigentlichen Fragestellung möglich. Aus Platzgründen berücksichtige ich von dem umfangreichen recherchierten Material nur das, welches von Relevanz für die Namengebung ist. Das Untersuchungsfeld lässt sich gedanklich als Schnittmenge folgender Elemente erfassen:

- Fachwortschatz der Pomologie,
- diachrone Sprachbetrachtung.

Das Korpus der Untersuchung muss diesen beiden Elementen genügen. Deshalb werden sowohl die Entwicklung der pomologischen Fachliteratur (I.2.3) als auch die Tradition der französischen Lexikographie (I.2.4) berücksichtigt, um den spezifischen Wortschatz angemessen zu erarbeiten. Als hilfreich hat sich darüber hinaus der *Encarta World Atlas* (1998) auf CD-ROM von Microsoft erwiesen. Er hat zur Klärung von Apfelnamen beigetragen, die auf kleine Ortschaften zurückgehen, die in den üblichen Nachschlagewerken nicht belegt werden. Durch die CD-Rom konnten z. B. die Apfelnamen *avrolles* und *cormeilles*, für die bis zum Ende der etymologischen Forschung keine Hinweise vorlagen, eindeutig als Toponymderivate identifiziert werden.

2.3. Pomologische Fachliteratur

2.3.1. Klassische pomologische Fachliteratur

Der *Dictionnaire de Pomologie* (LeroyPom 1867-1873) stellt sich hinsichtlich der Quantität (527 Apfelsorten teilweise mit mehreren Namenbelegen) und der Erschließung europäischer Fachliteratur zur Pomologie als Schlüsselwerk heraus: "J'ai réuni la presque totalité des ouvrages français, latins, allemands, anglais, italiens et hollandais publiés depuis la fin du XVe siècle" (LeroyPom 1867, 1, 24).

In seiner Einleitung gibt André Leroy einen Überblick über die französische Pomologie: Olivier de Serres (1600), Dom Claude Saint-Etienne (1600) und Nicolas de Bonnefonds (1651) sind die ersten Autoren im französischsprachigen Raum, die sich systematisch um das Wissen über Obstsorten bemühen. Als erste Pomologie wird das Werk *L'Abrégé des bons fruits* von Jean Merlet, Écuyer 1667-1690, (1 volume petit in-12; in Paris herausgegeben, 1771 neu aufgelegt), bezeichnet. Der Titel dieses Werkes ist Programm, weil Merlet eine qualitative Auswahl trifft. Die Beschränkung auf hochwertige Sorten findet sich auch bei seinen Nachfolgern. Das Werk von Jean de la Quintinye, dem Schöpfer und Direktor der Obstgärten von Ludwig XIV., konzentriert sich auf 23 Apfelsorten. Es bezieht sich mit seiner Auswahl auf Sorten, die besonders gut in Versailles angebaut werden konnten: "auxquels le sol, si humide et si froid, du potager de Versailles, était le moins défavorable" (S. 14). Duhamel du Monceau berücksichtigt in seinem Werk *Traité des arbres fruitiers, contenant leur figure, leur description, leur culture, etc.*, (Paris 1768; 2 volumes in - 4°), ausschließlich hochwertiges Tafelobst (41 Apfelsorten) und schließt kategorisch die Sorten aus, die zur Cidreproduktion angebaut werden (S. 15-16). L'Abbé le Berriays bezieht sich in seiner Abhandlung auf La Quintinye, worauf der Titel seines Werkes hinweist: *Traité des Jardins, ou Le Nouveau de La Quintinye* Paris 1785, (3 volumes in – 8°) (S. 16). Sein Werk belegt 39 Apfelnamen und erscheint zu einer Zeit "où la Révolution avait paralysé durant quelques années les progrès de l'horticulture". Das Werk *Le jardin fruitier, histoire et culture des arbres fruitiers, des ananas, melons et fraisiers* (Paris, 1821-1833, 2 volumes in –8°) von Louis Noisette ist durch Kontakte mit Belgien, Großbritannien, den Niederlanden und Amerika geprägt. 89 Apfelsorten spiegeln den regen Austausch wider. Das Werk von Antoine Poiteau, die *Pomologie française. Recueil des plus beaux fruits cultivés en France, avec gravures et texte descriptif* (Paris, 1846, 4 volumes in –f°) belegt zwar nur 57 Apfelsorten, von diesen Sorten sind jedoch 20 Belege bisher noch in keiner anderen Pomologie belegt (LeroyPom 1867, 1, 11-21).

Zahlreiche Apfelnamen belegt auch Abbé François Rozier[6] in seinem "*Cours d'agriculture*" en. Für diese Arbeit hat sich der achte Band (*Plante-Rumination*; Paris 1789) als wertvolle Quelle herausgestellt.

2.3.2. Zeitgenössische pomologische Quellen

Neben den klassischen Werken der Pomologie wurden zur Inventarisierung der Apfelnamen auch aktuelle Quellen berücksichtigt. Von erheblichem Wert erweist sich das umfassende Listenmaterial der *Croqueurs de pommes*. Die Namenbelege sind gegliedert nach den 19 Lokalgruppen Franche-Comté, Brie, Normandie, Ile de France, Haute-Saône, Auxois, Morvan, Cantal, Nord, Jarez, Sud-Champagne, Aube, Provence, Mâconnais, Maine et Perche, Vienne, Alsace sud, Deux-Sèvres und Touraine sowie nach den Jahresangaben 1989-1992, 1992-1994, 1994-1996, 1996-1998 und 1998-2000. Außerdem bezog ich viele Apfelnamen aus dem Mitgliedermagazin der *Croqueurs de pommes*. Diese Belege werden mit (Cropom 2001, 14) gekennzeichnet, das oben dargestellte Listenmaterial mit (Cropom). Zahlreiche Apfelnamen stellte mir der *Écomusée du Pays de Rennes* zur Verfügung. In einer 1991 veröffentlichten Broschüre dieses Museums, werden 68 Cidreäpfel und neun Tafeläpfel belegt

---

[6] Der Agronom und Botaniker Abbé François Rozier (1734-1793) verfasste ein sechsbändiges Werk, das nach seinem Tod fortgesetzt wurde (cf. GLa 1997, 13, 9147c).

(Rennes 1991). Die Apfelsorten *serveau* und *risoul (pomme de risoul)* werden durch eine nicht editierte Broschüre mit dem Titel *Fruits d'hier pour un verger d'aujourd'hui*[7] ausgewiesen. Die beiden Apfelnamen aus diesem Druckwerk werden mit der Angabe (Provence) gekennzeichnet. Den *Catalogue des variétés fruitières anciennes (Pommes – Poires)* gaben im Mai 1998 gemeinschaftlich die *Chambre d'Agriculture des Hautes-Alpes* und der *Conservatoire Botanique National Alpin de Gap-Charance* heraus. Die Liste umfasst 30 Apfelnamen, die hier mit dem entsprechenden Hinweis (H.Alpes 1998) versehen werden. Den *Petit Catalogue des Pommes du Pays d'Auge* gab Denis Jacques Chevalier im Jahre 1992 heraus (ISBN. 2. 950 2948.1.2). Insgesamt werden 38 Belege für Tafeläpfel und 53 für Cidreäpfel ausgewiesen. Die Namen dieses Katalogs erscheinen mit der Angabe des Autors (Chevalier 1992). Des Weiteren liegt von E. und D. J. Chevalier eine nicht editierte Verkaufsliste ihrer Baumschule mit 53 Belegen für Tafeläpfel und 38 für Cidreäpfel vor. Die Belege werden mit (Chevalier) gekennzeichnet.
Viele Cidreäpfel werden durch eine Arbeit von Jérôme Chaib[8] belegt. Er veröffentlichte im Jahre 1987 in der Zeitschrift *Le Viquet* N° 77 den Aufsatz *Le verger actuel: à la croisée des chemins*. In diesem geht er auf die Geschichte des Cidres in der Normandie ein. Im Anhang an diesen Artikel listet er in alphabetischer Reihenfolge die Namen von 187 Cidreäpfel mit kurzer Charakterisierung auf. Die Apfelsorte *chasseur de menznau* wird ausschließlich in den Vogesen angebaut. Dort setzt sich vor allem der *Parc Naturel Régional des Ballons des Vosges* (BVosges) für den Erhalt alter Obstsorten ein.
2.3.3. Französische Namen im europäischen Umfeld
Die folgenden Werke beweisen, dass französische Apfelnamen auch in deutschsprachigen Pomologien dokumentiert werden: Die *Illustrierte systematische Darstellung der im Gebiete des dt. Pomologenvereins gebauten Apfelsorten* (DA 1889) wurde von Dr. Th. Engelbrecht herausgegeben. Die dritte Auflage des *Verzeichnis der Apfel- und Birnensorten: 1360 Sortenbeschreibungen, 3340 Doppelnamen* (Vo 1993) von Willi Votteler wurde 1993 publiziert.
Außerdem wird das englische Fachbuch *Apples. A Guide to the Identification of International Varieties* von John Bultitude (Bu 1983) in die Untersuchung einbezogen. Neben den präzisen Angaben zu Frucht und Baum sind die Aussagen zur Geschichte der Apfelsorten von Belang.

2.4. Französische Lexikographie

Der Anfang der modernen Lexikographie in Frankreich wird mit dem zweisprachigen Werk *Dictionnaire françois-latin* von Robert Estienne auf das Jahr 1539[9] festgelegt (cf. Bray 1990 1792a). Dieses Wörterbuch beinhaltet für die Klärung der Apfelnamen keine verwertbaren Informationen und wird deshalb nicht im Korpus aufgeführt. Das 17. Jahrhundert ist vom Wörterbuchparadigma der Crusca geprägt, der es primär "um die lexikographische Herausstellung der Vollkommenheit des Italienischen" geht (Hausmann 1989, 10a). In Frankreich entstehen in dieser Zeit drei Wörterbücher: "les grandes réalisations monolingues de la fin du siècle classique" (Bray 1990, 1795b):
Der *Dictionnaire alphabétique et analogique de la Langue française* (Ri 1680) von Richelet erscheint als erstes "mit Zitaten durchsetztes, aber auch an unsignierten Beispielen sowie Sacherklärungen reiches Wörterbuch" (Hausmann 1989, 10b). In diesem Nachschlagewerk werden relativ wenige, im Wesentlichen nur die bekanntesten Apfelsorten ausgewiesen.
Der *Dictionnaire universel contenant tous les mots françois tant vieux que modernes et les termes de toutes ses sciences et des arts* (FUR 1690) von Antoine Furetière ist der erste *Dictionnaire universel*, ein Typ, der unter Einbeziehung des zentralen Wortschatzes vor allem

---
[7] Diese erhielt ich 1998 von der Vereinigung *Page Provence*, die sich für den Erhalt des "patrimoine génétique végétal et animal et savoirs populaires in Région Provence Alpes Côte d'Azur" (Provence, S. 7) einsetzt.
[8] Jérôme Chaib arbeitet für *Le Centre de Documentation sur le Milieu naturel de Rouen*. Dort befindet sich u. a. eine Sammlung von pomologischen Werken und Zeitschriften.
[9] cf. *Dictionarium Latinogallicum* (1532) von Robert Estienne (cf. FEW Beiheft).

auf den peripheren Wortschatz, den Fachwortschatz, zielt und ebenfalls reiche Sacherklärungen bietet (cf. Hausmann 1989, 10b). Auch die zweite Ausgabe (FUR 1727) dieses Wörterbuches wird sich als fruchtbar erweisen.
Der *Dictionnaire de l'Académie Française* (Ac 1694) wird erst 1694 veröffentlicht (cf. Hausmann 1989, 10b). Es handelt sich um ein Wörterbuch, in dem die Franzosen "die ganze Banalität ihres Alltagswortschatzes" (Hausmann 1989, 10b) auszubreiten verstehen. In diesem Nachschlagewerk werden sich die im 17. Jahrhundert weitläufig bekannten Apfelnamen ermitteln lassen.

Es ist sinnvoll, auf die Geschichte der Klassifikationsvorschläge für die französische Lexikographie einzugehen: Generell wird von einer Dreiteilung lexikographischer Werke in Sprachwörterbuch, Enzyklopädie und enzyklopädisches Wörterbuch ausgegangen (cf. Hupka 1989, 989a). Das enzyklopädische Wörterbuch vereinigt in sich "die Charakteristika der beiden erstgenannten Typen" (Hupka 1989, 989a). Während die bisher vorgestellten Nachschlagewerke den Hinweis auf enzyklopädische Elemente und Fachwortschatz durch die "Qualifikation als *Dictionnaire des arts et des sciences* (...), als *universel* (...)" (Hupka 1989, 990a) andeuten, verwendet als erster d'Alembert die Verbindung *dictionnaire encyclopédique*, und zwar in der Bedeutung "Enzyklopädie'" (Hupka 1989, 989b-990a). In dieser Arbeit werden die beiden folgenden Enzyklopädien ausgewertet:

- *Encyclopédie ou dictionnaire raisonné des sciences, des arts et des métiers, par une société de gens de lettres, p.p. Diderot et D'Alembert* (Enc), 1751-1780 herausgegeben;
- *La Grande Encyclopédie, Inventaire raisonné des sciences, des lettres et des arts par une société de savants et de gens de lettres sous la direction de Marcelin Bertholet* (GE), 1885-1902 publiziert.

Von 1863 an gibt Émile Littré den *Dictionnaire de la langue française* heraus, ein Wörterbuch, das mit den beiden Adjektiven "*historique* et *philologique*" (Rey 1990, 1819b) charakterisiert wird. Rey 1990 weist darauf, dass mit diesem Werk, das für eine Vielzahl von Fruchtnamen Belege und Erläuterungen bereithält, kritisch gearbeitet werden soll, weil es auf "des connaissances imparfaites" beruhe (S. 1819b).

Pierre Larousse verfolgt mit seinem *Grand Dictionnaire Universel du XIXe siècle* (LA 19), welches 1866-1876 erscheint, eine völlig anders gelagerte Intention als Littré, indem er "un message didactique" (Rey 1990, 1820a) anstrebt. Larousse hat zu den einzelnen Fruchtsorten jeweils einen *tableau* zusammengestellt: Für die Apfelnamen wird der *tableau contenant la nomenclature, par ordre alphabétique, des principales variétés de pommes françaises et étrangères indiquant leur grosseur, leur forme, leur couleur, l'époque de leur maturité et les qualités qui distinguent chacune d'elles*" (LA 19, 12.2, 1355) ausgewertet. Der *Larousse du XXe siècle en six volumes* von Paul Augé 1928-1933 (LA 20) wird oft zu Unrecht als "un abrégé du *Grand Dictionnaire du XIXe Siècle*" bewertet (cf. Rey 1990, 1824a). Für diese Studie wird es von Belang sein, welche Namen des LA 19 auch noch im LA 20 ausgewiesen sind.

Die Zeit von 1918 bis 1950 bezeichnet Rey 1990, 1826a als "hibernation de la lexicographie de langue". In dieser Zeit entsteht das *Französische etymologische Wörterbuch* (FEW) (1922 bis heute) von Walther von Wartburg, das sehr weitläufig angelegt ist. Durch die Zielsetzung, "le patrimoine linguistique dans sa totalité" (Baldinger 1974, 23) darzustellen, werden sich in diesem Werk auch Fruchtnamen finden, die sonst ohne lexikographischen Beleg geblieben wären. Des Weiteren wird es den Ertrag der semantischen Analyse erheblich erweitern, weil es von Wartburg nicht allein um die Allgemeinheit des Wortschatzes geht, sondern immer auch um die Verflechtungen der Wörter untereinander (cf. Baldinger 1974, 23-24).

Das *Etymologisches Wörterbuch der französischen Sprache* von Gamillscheg wurde in Deutschland herausgegeben (cf. Rey 1990, 1827b); es hält als unabhängiges Werk für diese Studie einige aufschlussreiche Etymologien bereit, welche die Belege des FEW bereichern. Das Werk scheint auch heute noch anerkannt zu sein, so beurteilt es Roques 1993 vor zehn

Jahren folgendermaßen: "le Gamillscheg représentait une tentative étymologique notable que l'on peut qualifier de scientifique" (S. 235).
Der *Dictionnaire de la langue française du seizième siècle*, von Huguet ab 1925 herausgegeben, ist für diese Arbeit insofern von Bedeutung, als er einen "recueil de données très important et précieux en l'absence totale de dictionnaire du moyen français" darstellt (Rey 1990, 1827b). Mit diesem Werk ist jedoch Rey 1990 zufolge mit Vorsicht umzugehen, weil archaische Methoden angewendet würden und sich die Textauswahl auf weniger als 300 Quellen beschränke (cf. S. 1827b).
Die erste Auflage des *Petit Robert* (PRob) wird 1968 von A. Rey, J. Rey-Debove und H. Cottez herausgegeben (cf. Rey 1990, 1828b). Für diese Untersuchung werden die überarbeiteten Ausgaben von ²1990, ³1995 und 1996 (NPRob 1996) herangezogen. Den *Grand Robert de la langue française* (GRob 1985) beschreibt Rey als eine "tentative de description assez large du français moderne et contemporain, avec des données historiques" (1990, 1829a). Dieses Nachschlagewerk wird die weitläufig bekannten Fruchtnamen mit detaillierten Ausführungen versehen, wobei positiv bemerkt werden muss, dass die Artikel zu Fachtermini wie beispielsweise Medizin oder Botanik Spezialisten übertragen wurden (cf. Rey 1990, 1829a). Alain Rey gibt 1992 den *Dictionnaire Historique de la Langue française* (Rob Hist 1992) heraus. Roques wirft diesem Werk fehlende Selbstständigkeit und eine unausgewogene Bibliographie vor (cf. 1993, 237). Für meine Untersuchung wird sich dieses historische Wörterbuch dennoch als wertvolle Quelle herausstellen, da der dort zitierte TLF (*le Trésor de la langue française*) nicht zum ausgewerteten Korpus gehört und somit zusätzliches Material zu erwarten ist.

II. Die französischen Apfelnamen (in Gegenwart und Vergangenheit)[10]

Adam (C)
wird als "variété de pomme à cidre" (FEW 24, 131b) ausgewiesen. Diese Apfelsorte beschreibt LA 19 folgendermaßen: "variété de pomme tardive donnant un cidre fort, coloré et durable" (Bd. 1.1, 86b). LeroyPom belegt für die Normandie die Cidreäpfel *le gros-adam blanc hâtif* und *adam*. Es handelt sich um eine sehr alte Apfelsorte: "de toute antiquité" (1873, 3, 51). Das FEW 24, 132a weist außerdem folgende Belege aus: *pommier d'adam* (1872, Schweiz); nfr. *pomme d'adam* "pomme figue" (1805), "pomme douce à trochets". Die Besonderheit dieser Sorte wird folgendermaßen gekennzeichnet: "parce qu'on prétend que réellement ses premières greffes sortirent du Paradis terrestre" (LeroyPom 1873, 3, 305 [Verweis auf: Calvel 1805]). Der Apfelname ist also der biblischen Gedankenwelt entnommen?

Admirable blanche
Diesen Apfelnamen belegt LeroyPom seit 1650. Das erste Namenselement *admirable* zeichnet die Sorte aus. Die Beschreibung von LeroyPom spricht für diese Namenserklärung: "qualité: première", "grosseur: volumineuse". Das zweite Namenselement *blanche* bezieht sich wohl auf eine helle Farbe der Schale: "jaune-paille", "quelquefois recouverte, surtout à la base, d'une légère couche d'un blanc laiteux" (LeroyPom 1873, 3, 173-174).

Aigrin
Dieser Name wird sowohl als Bezeichnung für Gemüse (1527) (*esgryn* "toute espèce de légumes à saveur âcre") (FEW 24, 97ab) wie auch für eine Apfel- und Birnensorte (nfr. *aigrin* "jeune pommier ou poirier") (1863) ausgewiesen. Die Früchte erhalten den Namen wegen ihres sauren Geschmacks (cf. *aigrun* "toutes sortes d'herbes fortes, et de fruits aigres" [FUR 1727, s.v. *aigrun*]).

Albertin
(und *aubertin*, 1867, Frankreich, LeroyPom 1873, 3, 333). Möglicherweise handelt es sich bei dem Apfelnamen *albertin* um eine Ableitung von dem Eigennamen *Albertus*: Der Dominikaner *Albertus Magnus* (1193-1280) war "Theologe und Alchimist". Das FEW 24, 300b listet zu diesem Eigennamen Pflanzen- und Tiernamen auf. Ein Beleg für einen Apfelnamen liegt jedoch nicht vor.

Alleuds
LeroyPom stellt den Namen *pomme des alleuds* (1860) zu einem Toponym: "le nom du village des *Alleuds*, situé près la petite ville de Brissac" (1873, 3, 60).

Allongée verte
wird seit 1865 ausgewiesen. Sehr wahrscheinlich geht das erste Namenselement auf die Apfelform zurück, zu welcher LeroyPom bemerkt: "forme: elle passe de la conique sensiblement arrondie à la globuleuse plus ou moins régulière, mais elle est toujours légèrement pentagone vers le sommet" (1873, 4, 785-786). Das zweite Namenselement *rougeâtre* bezieht sich auf die Farbgebung: "tachée de fauve autour du pédoncule"

Alouette (C)
Alouette rousse und *alouette blanche* werden als "pommiers à cidre" (Ro 1789, 215b) ausgewiesen. Der Name *alouette* geht mit großer Wahrscheinlichkeit auf eine Ähnlichkeit in Farbe und Form des Apfels mit dem Vogel zurück, der folgendermaßen beschrieben wird: "petit oiseau à plumage gris ou brunâtre" (NPRob 1996, 71a). Außerdem wird der

---

[10] Es wurde, da es sich um Appellativa handelt und um für die Auswertung eine einheitliche Form zu erhalten, bei der Schreibung der Apfelnamen auf eine Kleinschreibung geachtet (cf. *adam, duchesse de brabant, reinette de bretagne, roi d'angleterre* u.a.). Die Abkürzungen wurden vom Beiheft FEW (mit Ortsnamenregister, Literaturverzeichnis und Übersichtskarte) übernommen.

Birnenname *d'alouette* belegt. LeroyPom führt ihn auf ein Toponym zurück: "En le livrant au commerce en 1855, nous lui avons donné le nom du champ dans lequel il est né" (LeroyPom 1867, 1, 102). Ein Zusammenhang des Apfelnamens mit dem Ortsnamen *Alouette* ist nicht auszuschließen, aber unwahrscheinlich.

Alpi
"pomme sauvage" (Fougères); *alpinier* "pommier sauvage" (FEW 21, 79a [Verweis auf: RIFI 5, 63, 66]). Wahrscheinlich gehört der Apfelname zu der Herkunftsbezeichnung *alpin*: *Alpin*, *-ine* (1240) bezieht sich seit 1770 auch auf Pflanzen (cf. Rob Hist 1992, 1, 52b).

Amélie
(1846, Angers). Diese Apfelsorte wurde einer Frau gewidmet, bei der es sich nach LeroyPom um folgende Königin handelt: " dédiée à la défunte reine des Français, femme de Louis-Philippe Ier" (1873, 3, 61).

Amelot
(1611) "esp. de petite pomme douce-amère" (FEW 21, 77b). Der Apfelname geht wahrscheinlich auf den Familiennamen des Züchters oder einer Person zurück, die mit der Benennung der Frucht geehrt werden sollte: Li 1885 stellt *amelot* als zum Familiennamen *Amis* (Bd. 1, 53a [Verweis auf: Huet]). Auch eine Verbindung zwischen dem Apfelnamen *amelot* und dem Toponym *Le Mesnil-Amelot* (Seine-et-Marne) (Encarta 1998) ist möglich.

Amenante rouge (C)
wird als Cidreapfel (1987, Normandie) (Chaib 7a) ausgewiesen; *grosse amenante rouge* (C) (1987, Normandie) (Chaib 8c). Möglicherweise ist der Name von einem nicht belegten verbalen Derivat von *amoenus* beeinflusst: Mfr., nfr. *amène* wird za Beginn des 16. Jh. aus lt. *amoenus* "anmutig" entlehnt (FEW 1, 89b). Außerdem liegen folgende Belege vor, die mit dem Apfelnamen in Beziehung gebracht werden könnten: *amene* "agréable" (Hu 1, 190b); *amenes* "douces, agréables" (13. Jh., markiert als "franco-provençal") (cf. Rob Hist 1992, 1, 60a); mfr., frm. *aménité* "douceur accompagnée de grâce"; *amenement* "d'une manière agréable" (1518) (FEW 24, 462b); *amener* "produire (arbres, animaux)", "produire (des fruits)" (FEW 6, 107a). Wahrscheinlich verdankt diese Sorte ihr erstes Namenselement *amenante* einer sortentypischen Schönheit und Fruchtbarkeit. Dieser Beleg könnte in FEW 24, 462b-463a, s.v. *amoenus* "agréable" nachgetragen werden. Das zweite Namenselement *rouge* spiegelt mit großer Sicherheit eine rote Farbgebung der Frucht wider.

Amer ... (C)
Amer (C) wird als "esp. de pomme à cidre d'un goût acide" belegt (FEW 24, 393b). Außerdem liegen folgende Belege vor: *amère* "espèce de pomme à cidre" (Seine-Inférieure, FEW 1, 82b/83b); *amère* "esp. de pomme à cidre" (Bray); *amret* (Guernesey); *ameret* (1611) "cidre fait des pommes *amères*" (FEW 24, 393b). Der Name erklärt sich aus dem bitteren Geschmack der Cidreäpfel. *Amer doux* (C) "grosse pomme" (Normandie) (FEW 3, 176b), *amer-doux gris* (1866) (LA 19, 12.2, 1355), *amer doux* und *amer-doux d'hiver* als Cidreäpfel (1987, Normandie) (Chaib 7ab). Die Apfelsorte *amer doux* wird folgendermaßen charakterisiert: "douce amère, petit calibre" (Chevalier 1992). *Pomme amer-doux* wird als Alternativname von *pomme douce-amère* (LeroyPom 1873, 3, 61) ausgewiesen. Der Cidreapfel verdankt den Namen also seinem Geschmack, der sowohl bitter als auch gleichzeitig süß ist. *Amer-maine* ist als Cidreapfel (1987, Normandie) (Chaib 9b) belegt. Das erste Namenselement stellt den bitteren Geschmack des Apfels heraus. Das zweite Namenselement bezieht sich wahrscheinlich auf das Toponym *Maine* "Région de l'O. de la France" (PRobNP 1287a); eine Verbindung mit *magnus* "groß", apr. *mainh* "grand" (1200) (FEW 6, 49b) ist nicht auszuschließen. *Amer mousse* bezeichnet einen Cidreapfel (1789) (cf. Ro 1789, 215b). Während das erste Namenselement wahrscheinlich einen bitteren Geschmack widerspiegelt, könnte sich das zweite Element *mousse* darauf beziehen, dass der Fruchtsaft auffällig schäumt. Folgendes Zitat spricht für diese Namensherführung: "boisson qui *mousse*" (NPRob 1996, 1449b).

Amère ... (C)
Die folgenden fünf Cidreäpfel werden alle mit dem Namenselement *amère* gebildet, welches einen sortentypisch bitteren Geschmack bezeichnet. *Amère de berthecourt* (C) (1987, Normandie) (Chaib 7b). Der Namenszusatz *de berthecourt* gehört vermutlich zu dem Ortsnamen *Berthecourt* (Oise) (Encarta 1998). *Amère de la vieuville* (C) (1987, Normandie) (Chaib 7b). Wahrscheinlich geht der Namenszusatz *de la vieuville* auf einen Familiennamen zurück. In den ausgewerteten Quellen wird folgende Person mit diesem Familiennamen ausgewiesen: *La Vieuville (Charles, marquis de)* (1582-1653) (PRobNP 1186b), aber auch ein Toponym ist nicht grundsätzlich auszuschließen. *Amère de surville* (C) (1987, Normandie) (Chaib 7b). Der Namenszusatz *de surville* gehört vermutlich zum Ortsnamen *Surville*, der drei verschiedene fr. Ortschaften in Calvados, Eure oder Manche (cf. Encarta 1998) bezeichnet. *Amère-longue-queue* (C) (1987, Normandie) (Chaib 7b). Dieser Cidreapfel verdankt den Namen wahrscheinlich seinem langen Fruchtstiel. *Amère-tord* (C) (1987, Normandie) (Chaib 7b). Das Namenselement *tord* lässt sich nicht eindeutig erklären. Zum einen könnte es sich aus einer difformierten Frucht erklären: *tord-nez* "instrument à l'aide duquel on saisit le nez d'un cheval que l'on veut contenir" (1837) zu *tordre* und *nez*, *tordre* "déformer par torsion, enrouler en torsade" (NPRob 1996, 2539b). Das FEW 13, 86b weist *tord-queue* als "variété de pommes" aus. Zum anderen wäre auch – was noch wahrscheinlicher ist - eine Ableitung von einem sehr starken Geschmack denkbar: *tord-boyaux* "eau-de-vie forte ou de mauvaise qualité" (1867); *tord-gueule* "eau-de-vie de marc du pays" (FEW 13, 86b).

Ameslon
Pomme d'ameslon (Maine et Perche) (Cropom). Bei dem Apfelnamen könnte es sich um den Ortsnamen *Meslon* (Cher) (Encarta 1998) handeln.

Amour
Pomme d'amour (Rennes 1991, 28). Dieser Apfelname bezeichnet auch eine Birne: *d'amour* (FUR 1690, s.v. *poire*). Zum Birnennamen bemerkt LeroyPom folgenden Hinweis: "Un tel fruit, à une époque où l'on n'en possédait qu'un choix très-limité, put en effet recevoir à bon droit les noms *d'amour*, *de trésor* (1867, 1, 121). Der Apfel- und Birnenname geht also auf die Wertschätzung der Sorte zurück.

Ananas
wird als Alternativname von dem Apfelnamen *pomme cloche* (LeroyPom 1873, 3, 223) ausgewiesen; *pomme ananas* "Belgischer Ananasapfel" (Vo 1993, 57). LeroyPom ist der Meinung, dass der Name *pommier ananas* dieser Sorte zu Unrecht gegeben wurde: "Alors on l'appelait aussi *pommier Ananas*, et très-improprement, ses produits n'ayant rien de l'exquise saveur particulière aux *ananas*. Le nom *cloche* leur convient mieux" (1873, 3, 223). Der Name *pomme cloche* lässt eher darauf schließen, dass auch der Name *ananas* der Apfelsorte aufgrund ihrer typischen Form gegeben wurde.

Anglais
Pomme d'Anglaiz (1404) wird als einer der "noms des variétés de pommes le plus communément cultivées, au moyen âge" (LeroyPom 1873, 3, 21) ausgewiesen. Wahrscheinlich bezieht sich der Name auf die englische Herkunft des Apfels.

Anis
D'anis, d'annis (1667), d'anny (1670), anizier (1790) (LeroyPomPom 1873, 3, 293). Der Name *anis* geht auf den Geschmack der Frucht zurück, zu welchem LeroyPom bemerkt: "douée d'un parfum *anisé*-musqué" (1869, 2, 294); cf. *pomme d'anis* "fenouillet, sorte de pomme" (FEW 24, 600b [Verweis auf: 1670, RIFI; dp. Trév. 1721]).

Ante au gros (C)
"pommiers à cidre" (Ro 1789, 215b). Das erste Namenselement *ante* ist wahrscheinlich zu dem Lexem *ente* (1140) (Rob Hist 1992, 1, 697b) "scion qu'on pend à un arbre pour le greffer

sur un autre" (PRob 1990, 653b) zu stellen. *Ente* bezeichnet "Pfropfreis", "Sproß" (Gam 375a). Wahrscheinlich lautet die ursprüngliche Form *ante au gros (fruit)*. Es handelt sich also um eine veredelte Apfelsorte.

Anubet (C)
(1611), "esp. de pomme de laquelle on fait un cidre excellent". Diesen Namensbeleg stellt das FEW 21, 77b zu den "Materialien unbekannten oder unsicheren Ursprungs". Vielleicht erhielt der Apfel seinen Namen aufgrund der Farbgebung der Frucht oder des Fruchtsafts. *Anuble, anueble* wird in der Bedeutung "couvert d´un nuage sombre" (Gf 1, 302c) ausgewiesen.

Août (-age)
D´août (C) wird als Cidreapfel (1987, Normandie) (Chaib 7b) ausgewiesen. Die Apfelsorte *pomme d'août* ist sehr stark in Nordeuropa verbreitet: "très répandue en Europe du Nord" (Chevalier 1992). Der Name geht auf die Reifezeit zurück. Diese wird für die *pomme d´août* mit "début août" angegeben (Chevalier 1992). *D´aoûtage* ist seit 1775 belegt. Auch wenn diese Frucht erst nach dem Monat August reift ("septembre-décembre"), geht der Name wahrscheinlich auf die Reifezeit der Frucht zurück (LeroyPom 1873, 4, 790-791).

Api ...
Pomme d´api wird als eine sehr alte Apfelsorte ausgewiesen, deren Züchtung LA 19 auf folgende Epoche datiert: "jusqu´aux temps de l´ancienne Rome" (Bd. 1.1, 475d). Der Apfelname *pomme apie* (1571) gehe auf den Namen des ersten Züchters dieser Sorte zurück (cf. FEW 1, 109a). Rob Hist 1992 stellt den Apfelnamen zu *Appius* "nom propre romain" (Bd. 1, S. 89b). Zunächst ist *apis* adjektional angeglichen worden. Es werden folgende Namensformen ausgewiesen: *pomme apie* (1571), *pomme apiane* (1573), *pomme d'apie, pomme d'api* (1615) (Rob Hist 1992, 1, 89b). Littré leitet *api* von it. *appinola* und *mela appinola* ab, zu lt. *appianum* (Li 1885, 1, 161b). Der Name *api étoilé* wird durch die Form der Frucht motiviert, zu welcher LA 19 bemerkt: "forme *étoilée* à cinq angles arrondis" (Bd. 12.2, 1355). Die Apfelsorte *api noir* wird als "noir au lieu d´être rouge" beschrieben (LA 19, 12.2, 1355). Der Name ist also durch die Farbgebung motiviert. Auch der Name *api rose* bezieht sich auf die Farbe der Frucht, die als "carmin vif au soleil" (LA 19, 12.2, 1355) beschrieben wird.

Apiole
(1628). Diese Sorte beschreibt LeroyPom folgendermaßen: "Il conserve inaltérablement son caractère d´arbuste" (1873, 4, 522-524). Sicherlich liegt bei dem Apfelnamen *apiole* eine Ableitung zu *api* mithilfe des okzitanischen Suffixes *–ol(e)* vor.

Apis
Pomme d' apis wird als geruchslose und wilde Apfelsorte ausgewiesen, die im "forêt d'*Apis*" beheimatet sei (cf. FUR 1690, s.v. pomme); *pomme d' apis* (Ac 1694, 2, 165b). Der Name bezieht sich also auf die Herkunft der Apfelsorte.

Arboisine
(Franche-Comté) (Cropom). Bei dem Namen *arboisine* handelt es sich wahrscheinlich um eine Ableitung von dem Toponym *Arbois* (Jura) (LA 19, 1.1, 553b) mithilfe des Affixes *–in / e*.

Arbre nain
D´arbre nain (1597). Dieser Apfelname geht auf den kleinen Wuchs des Baumes zurück. LeroyPom charakterisiert den Apfelbaum folgendermaßen: "Il conserve inaltérablement son caractère d´arbuste" (1873, 4, 522-524).

Ardoisée
(1675). Wahrscheinlich verdankt der Apfel den Namen *ardoisée* seiner Farbgebung. Diese könnte farblich dem Gestein Schiefer ähneln: *Ardoisé,ée* bezeichnet "qui est de la couleur de

l'*ardoise*" (NPRob 1996, 117a). LeroyPom charakterisiert die Farbgebung der Apfelschale folgendermaßen: "verdâtre, en grande partie lavée et fouettée de rouge lie de vin, finement et abondamment ponctuée de gris-blanc" (1873, 3, 324).

Argent (C)
D'argent (1860, Sarthe) besitzt als Synoym den Namen *pomme de jaune* (LeroyPom 1873, 3, 401-403). Außerdem werden die Namensformen *pomme d'argent* oder *doux-d'argent* (1866) (LA 19, 12.2, 1355) ausgewiesen. Wahrscheinlich ist der Name durch eine sortentypisch helle Schalenfarbe motiviert. LA 19 charakterisiert die Farbgebung von *doux-d'argent* als "jaune clair, rosé au soleil" (Bd. 12.2, 1355). Der Beleg *pomme d'argent* fehlt noch in der Aufzählung des FEW 1, 136b, die u.a. verschiedene Pflanzen auflistet, die "nach ihrer silberweißen Farbe" benannt worden sind.

Argile ... (C)
Argile (C) "esp. de pomme à cidre tardive" (Normandie) (FEW 21, 78b); *argile grise* (LA 20, 5, 694c); *argile grise*; *argile rouge* (Chevalier 1992). Diese Sorte reife zur zweiten Reifezeit und wird folgendermaßen beschrieben: "douce, sensible au chancre, fruits en grappe" (cf. Chevalier 1992). Wahrscheinlich besitzt der Apfel eine ähnliche Farbgebung wie Ton, dazu bemerkt FUR 1727: "ordinairement grise, et quelquefois rougeâtre" (s.v. *argille*). *Argile nouvelle* (C) wird als Cidreapfel (1987, Normandie) ausgewiesen und folgendermaßen beschrieben: "très coloré, doux, parfumé" (Chaib 7b). Bei dieser Sorte scheint es sich um eine (im Vergleich zu den anderen Untersorten) eher neue Untersorte von *argile* zu handeln.

Argillière
(Nord) (Cropom). *Argillière, argilière* "carrière d'*argile*" (1570) (Rob Hist 1992, 1, 108a). Diese Apfelsorte könnte auf dem Terrain einer *argillière* wachsen. Der Name könnte sich jedoch auch wie *argile* auf die Farbe und das Fruchtfleisch beziehen. Wahrscheinlich ist der Apfelname zu dem Toponym *Argillière* (Haute-Saône) (Encarta 1998) zu stellen.

Arménienne
(Franche-Comté) (Cropom 2001, 14). Dieser Apfel verdankt den Namen *arménienne* wahrscheinlich der Tatsache, dass er aus Armenien stammt.

Artalin
Póme,artalintse (Sierre) bezeichnet "petites pommes sauvages très acides et de couleur jaune vert". Das FEW 21, 79ab stellt den Apfelnamen zum Ortsnamen *Artalin* bei Chamoson.

Assiette
D'assiette (1776, Frankreich). Wahrscheinlich verdankt der Apfel den Namen seiner Größe. LeroyPom charakterisiert die Sorte folgendermaßen: "volume considérable" (1873, 3, 229).

Auberive
(Sud-Champagne, Aube) (Cropom). Der Name ist zu einem Toponym zu stellen: Es werden zwei "bourg de France" unter diesem Namen ausgewiesen, welche entweder in der Haute-Marne oder der Marne liegen (cf. GDU XIX, 1.2, 914b).

Auchelle
wird als Alternativname von der Apfelsorte *calville rouge d' hiver* ausgewiesen. Vermutlich handelt es sich bei diesem Apfelnamen um eine Ableitung von dem Toponym *Auchel* (cf. FEW 21, 78b).

Aufriche (C)
wird als Cidreapfel (1987, Normandie) (Chaib 7b) ausgewiesen. Wahrscheinlich besteht ein Bezug zu afr. *aufrican* "coiffure de femme" zu lt. *africanus* (FEW 1, 51b), weil der Apfel eine besondere Form besitzt, die einem Kopf ähnelt (cf. *tête...*).

Aunée
LeroyPom stellt den fr. Apfelnamen *pomme d'aunée* zu dt. *alantapfel* (1760). Der Apfel verdankt den Namen seinem Aroma, zu welchem LeroyPom bemerkt: "la saveur de l'*Alant*, appelée chez nous l'*Aunée*" (1873, 3, 84).

Aurive
Für Cotentin ist *pomme aurive* "tombée avant la maturité" belegt. Diesen Namen stellt das FEW 4, 470a in einen Zusammenhang mit dem Adjektiv *heurif* "précoce (fruit)" (Normandie). Der Apfel verdankt den Namen also seiner frühen Reifezeit und dem vorzeitigen Abfallen der Früchte.; evtl. ist der Name auch sekundär motiviert durch eine goldene Farbenschale.

Auror -a, -e
Aurora (1858). Der Apfel verdankt den Namen wahrscheinlich seiner Farbe, zu welcher LeroyPom bemerkt: "nuancée de jaune, striée et mouchetée de carmin terne sur le côté exposé au soleil, tachée de fauve grisâtre autour du pédoncule" (1873, 3, 261-262). *Aurore* (1831). Auch dieser Name geht auf die Fruchtfarbe zurück, welche LeroyPom folgendermaßen beschreibt: "jaune-paille, amplement lavée, à l'insolation, de carmin clair et terne, fouettée de rouge-cerise et ponctuée de gris" (1873, 4, 591-592).

Avant-toutes
(1859). Dieser Apfelname geht auf die frühe Reifezeit zurück, welche LeroyPom auf "août-septembre" (1873, 4, 582) festlegt.

Avare (C)
weist die Namensform *poumè àouarré* "pommier sauvage" aus und stellt den Apfelnamen *avare* zu *avarus* "geizig" (FEW 1, 187a). Wahrscheinlich bezieht sich der Apfelname auf die Tatsache, dass die wilde Apfelsorte eine nur geringe Ernte hervorbringt.

Avason
ist für die Mundart des Vals de Bagnes (Wallis) als "pommier sauvage" ausgewiesen (FEW 21, 79a). Vielleicht handelt es sich bei dieser Apfelsorte um schneeweiße Äpfel, die in Massen und als Fallobst reifen. Dann könnte der Name Avason zu dem Lexem *avalanche* "masse de neige qui se détache au haut d'une montagne et qui descend en grossissant" (FEW 5, 101b) gestellt werden.

Avoine (C)
Diese Apfelsorte wird als einer der "pommiers à cidre" (Ro 1789, 215b) ausgewiesen. Wahrscheinlich verdankt sie ihren Namen der goldgelben Farbgebung des Fruchtsaftes: *Gruau d'avoine* "*avoine* passée au four et moulue, qui sert à la préparation d'une bouillie et de certaines tisanes rafraîchissantes" (LA 20, 1, 479bc). Die These, der Baum wachse vorwiegend auf einem Getreidefeld: "par métonymie champ d'*avoine, avenière*" (GRob 1985, 1, 776b-777a), besitzt nur geringe Wahrscheinlichkeit.

Avrolles (C)
wird als Cidreapfel (Rennes 1991, 28) ausgewiesen. Der Apfelname ist mit großer Wahrscheinlichkeit zu dem Toponym *Avrolles* (Yonne) (Encarta 1998) zu stellen.

Azeroly
Der Name *azeroly* (1808) geht auf die Farbe der Frucht zurück, zu welcher LeroyPom bemerkt: "rouge-brun foncé sur la face exposée au soleil, gris roussâtre sur l'autre" (1873, 3, 298). *Azeroly anisé* (1866) (LA 19, 12.2, 1355); *azeroly anisé* (1885) (GE 27, 197-198). LeroyPom bemerkt zur Herkunft der Sorte: "la Gironde est regardée comme le berceau de ce fruit, cultivé seulement depuis une cinquantaine d'années" (1873, 3, 86). Das erste Namenselement *azerolly* geht auf die sortentypische Farbgebung zurück, zu welcher LA 19 ausführt: "luisant, rouge carmin, plaqué de roux" (Bd. 12.2, 1355). Das zweite

Namenselement *anisé* bezieht sich auf den Geschmack, zu dem LeroyPom bemerkt: "ayant un parfum d'*anis* bien prononcé" (1873, 3, 86).

Baguette
(1996, Nord) (Cropom 2001, 14). Der Apfel verdankt den Namen seiner Form, welche wahrscheinlich wegen einer länglichen Form der einer *baguette* ähnelt. Rob Hist 1992, 1, 163b beschreibt diese Form einer *baguette* folgendermaßen: "un petit bâton mince et allongé".

Baillère (C)
wird als Cidreapfel (Pays d'Auge) (Chevalier 1992) ausgewiesen. *Bailleur, bailleresse* bezeichnet "celui, ou celle qui donne à ferme un héritage, une maison, un droit" (FUR 1727, s.v. *bailleur, bailleresse*). Es könnte sich um einen Haushaltsapfel handeln, der auf dem Terrain eines Erbhofes wächst. Möglich ist auch, dass es sich bei dem Apfelnamen *baillere* um eine Ableitung von dem Toponym *Baillé* (Ille-et-Vilaine) (Encarta 1998) handelt, also um ein Deonomastikum.

Barbarie ... (C)
Barbarie (C) wird als "espèce de pomme qui fournit un cidre excellent" (FEW 1, 248a) ausgewiesen; *barbarie* (1611) "nom d'une pomme" (Gf 1, 580c [Verweis auf: Cotgr.]); "voici l'un des plus forts pommiers de la Normandie" (1846); *barbarie* "fort commun dans la nomenclature des pommiers normands" (LeroyPom 1873, 3, 91). Die Apfelsorte *le grosbarbarie* stammt aus "la Biscaye (Espagne)", ist seit der Antike bekannt und eignet sich ausschließlich zum Keltern: "uniquement pour le pressoir" (cf. LeroyPom 1873, 3, 91). Der Name *barbarie* wird dann auch auf andere Apfelsorten übertragen: "Quant au nom *barbarie*, (...), nul doute qu'il ne lui soit venu, jadis, de sa ressemblance extérieure, assez grande, avec l'antique pomme à cidre ainsi appelée" (LeroyPom 1873, 3, 92); *barbarie* als Cidreapfel (1987, Normandie) (Chaib 7b); *gros barbarie blanc* "großer Apfel aus der Barberei" (Vo 1993, 198); *barbarie rouge* (1987, Normandie) (Chaib 7b); *barbarie gros* (Vo 1993, 198); *gros barberie blanc* (Vo 1993, 198); *barbarie petit* (LA 19, 12.2, 1355). Das FEW 1, 248a geht davon aus, dass der Apfelname sich wahrscheinlich auf den Namen des malerischen Nordafrikas zurückführen lasse. LeroyPom zitiert Renault, um diesen Namen zu erläutern: "On connaît (...) deux espèces de *barbari*, *le gros* et *le petit*; on croit que l'une et l'autre doivent leur nom à l'âpreté de leurs fruits ... leur pulpe est très-ferme ... et d'une saveur amère dégoûtante!" (cf. 1873, 3, 92). Der Name geht also auf die Herkunft der Apfelsorte zurück, die mit der schlechten Qualität der Frucht assoziert wird: Lt. *barbaria* ist in der Bedeutung "absente de goût, grossièreté de *barbare*" (NPRob 1996, 194a) ausgewiesen. **Barbarie dure** (C) (1987, Normandie) (Chaib 7b). Das zweite Namenselement *dure* erklärt sich wahrscheinlich aus dem harten Fruchtfleisch. **Barbarie-muscat** (C) (1866) (LA 19, 2.1, 206a). Das zweite Namenselement geht wohl auf ein Muskataroma zurück. **Barbarie sale** (C) (1987, Normandie) (Chaib 7b). Wahrscheinlich ist das Namenselement *sale* durch eine fleckige Farbgebung motiviert. **Barbarie tendre** (C) (1987, Normandie) (Chaib 7b). Das Namenselement *tendre* geht wahrscheinlich auf ein weicheres Fruchtfleisch zurück.

Barberiot (C)
Neben mfr. *barberie* wird auch die Namensform *barberiot* (FEW 1, 248a [Verweis auf: Guernesey, Oise, Sarthe]) belegt: *barberiot* (1611) "nom d'une pomme qui fournit un cidre excellent; the name of an apple that's lesse and yields better cyder than la *barbarie*" (Gf 1, 580c [Verweis auf: Cotgr]). Auch wenn es sich um zwei verschiedene Apfelsorten handelt, gehören die beiden Namen zu derselben Wortfamilie (cf. *barbarie*).

Bardin
Pomme bardin (1667) "pomme fenouillet rouge", *pomme de bardin* (1715), *bardin* (1776), *reinette bardin* (1867) (FEW 21, 78a); *reinette bardin* (LA 19, 2.1, 232c). Das FEW 21, 78a vermutet, dass der Apfelname auf den Familiennamen *Bardin* zurückgehe.

Barré
(Brie) (Cropom). Der Apfel verdankt den Namen wahrscheinlich seiner Farbgebung. Er besitzt vielleicht eine auffällige Musterung, weshalb der Name *barré* zu **barra* "Querstange", "Strich, farbiger Streifen" und zu fr. *barrer* "marquer d'une *barre*" (FEW 1, 259a) zu stellen ist.

Battaille (C)
wird als Cidreapfel (1987, Normandie) (Chaib 7b) ausgewiesen. Wahrscheinlich geht der Apfelname auf den Familiennamen *Battaille* zurück. In den ausgewerteten Quellen wird *Charles-Amable Battaille* "chanteur français" (1822-1872) (LA 20, 1, 599a) als Mitglied dieser Familie ausgewiesen.

Béatrice
(1858, Seine-Inférieure). Dieser Apfel wurde der Tochter des Züchters der Sorte gewidmet (cf. LeroyPom 1873, 3, 94).

Beau bois (C)
wird als Cidreapfel der Bretagne (Rennes 1998) ausgewiesen. Der Name erklärt sich wahrscheinlich aus der Tatsache, dass der Baum ein schönes Holz besitzt.

Beaufin strié
(1831, England), (1860, Frankreich). Das erste Namenselement *beaufin* erklärt sich sehr wahrscheinlich aus dem feinen Fruchtfleisch; *strié*, das zweite Namenselement, ist durch die Musterung der Schale motiviert. LeroyPom beschreibt die Beschaffenheit des Fruchtfleisches ("croquante, assez *fine* et serrée") und die Farbgebung ("entièrement semée de courtes *stries* et de larges raies carmin foncé") (1873, 3, 95-96).

Beaumont-la-ronce
Pomme de beaumont-la-ronce wurde 1805 im "forêt *de Beaumont-la-Ronce*" (Indre-et-Loire) gefunden (cf. LeroyPom 1873, 3, 97); *beaumont la ronce* (1992-1994) (Cropom). Der Apfelname gibt also die Herkunft der Sorte an.

Beau-roger (C)
ist als Cidreapfel (1987, Normandie) (Chaib 7b) belegt. LeroyPom weist *rogé, roger, rogier, rogelet, roé, roié, rouzeau* und *rousseau* als Synoyme von der Apfelsorte *pomme rougeâtre* aus (1873, 4, 758). Der Apfelname *beau-roger* könnte auf die Schönheit (*beau*) und eine rote Farbgebung (*roger*) der Sorte zurückgeführt werden.

Beauvoys
Pomme de Beauvoys (1844, Angers). LeroyPom stellt den Apfelnamen zu dem Eigennamen des Züchters (cf. 1873, 3, 99).

Bec-de...
Bec-de-lièvre (1839). Der Apfel verdankt den Namen seiner Farbe, welche LeroyPom charakterisiert: "lavée de gris bronzé, ponctuée de roux, souvent verruqueuse et souvent aussi veinée ou réticulée de fauve près l'œil et le pédoncule, puis à bonne exposition solaire, nuancée faiblement de rouge sombre" (1873, 4, 685). *Bec-d'oie* oder *pomme de bec d'oyseau* (1670). Diese Apfelsorte ähnelt aufgrund einer ziegelroten Farbe einem Gänseschnabel. LeroyPom führt den Namen auf die Farbe des Apfels zurück: "Le nom porté par ce fruit lui vient sans doute de la teinte rouge-brique, assez semblable à celle d'un *bec d'oie*" (1873, 3, 100).

Bedan... (C)
Bedan (C) (1987, Normandie) (Chaib 7b); *bédans* (LA 20, 5, 694 c); *pommier de bedane* (1363) (Gf 1, 608b [Verweis auf: Tabell. de Rouen, reg. 2, f° 38]); *bedangue* (1607, Caen) (Gf 1, 608b [Verweis auf: Renault, Mém. sur la cult. des pomm.]); *bedengue* (1611) (FEW

21, 77b); afr. *bedane* (norm. 14.-17. Jh.) "excellente pomme à cidre tardive" (FEW 1, 309). Die Belege *bec d'âne, bedan* und *bbdan* "pomme à cidre tachetée de roux" führt v. Wartburg auf *beccus* "Schnabel" zurück (FEW 1, 309); *reinette du bec d'âne* (Cropom); (Chaib 7b). Wahrscheinlich geht der Apfelname auf die Form (und Farbgebung) der Frucht zurück. Für die Normandie sind *bec d'ane, bedan* und für Calvados *bdan* "pomme à cidre tachetée de roux" (FEW 1, 309b) belegt. An anderer Stelle weist v. Wartburg *bedane, bedangue, bedengue* als Namen eines Cidreapfels aus und vermutet eine Ableitung des Apfelnamens von dem Ortsnamen *Bédanne* (Seine-Inférieure) (FEW 21, 77b). Der Ortsname könnte möglicherweise auf den Apfelname *bec d'âne* zurückgeführt werden. *Bedan-au-gros* (C) wird als Cidreapfel (1987, Normandie) (Chaib 7b) belegt. Bei dieser Sorte handelt es sich um eine wohl eher grobe Untersorte, wobei die ursprüngliche Form wahrscheinlich *bedan-au-gros* (-*fruit*) (cf. *ante au gros*) lautet.

Beillère (C)
wird als Cidreapfel (Rennes 1991, 28) ausgewiesen. Möglicherweise besteht eine Beziehung zwischen den beiden Apfelnamen *beillère* und *baillere* (cf. *baillere*). Es könnte sich bei *beillère* aber auch um eine Ableitung von dem Toponym *Beillé* (Sarthe) (Encarta 1998) handeln. Ein Zusammenhang mit dem Lexem *bélière* (1402), welches für das Pikardische als "l'anneau auquel est suspendu le battant de la cloche", "l'anneau de suspension d'un objet d'église, d'une montre, d'une boucle d'oreille" (Rob Hist 1992, 1, 205a) ausgewiesen wird, ist unwahrscheinlich.

Bel air (C)
wird als Cidreapfel (Rennes 1991, 28) ausgewiesen. Der Name geht wahrscheinlich auf die Schönheit des Apfels zurück.

Belin
Pomme de belin (FUR 1690, s.v. *pomme*); *de belin* (1667) (LeroyPom 1873, 3, 239). *Belin* ist als "patronyme courant" (Rob Hist 1992, 1, 204a) ausgewiesen. Wahrscheinlich gehört der Apfelname zu dem Toponym *Belin* (Gironde) (cf. LA 20, 1, 635c). Falls es sich um einen besonders schmackhaften Apfel handeln würde, könnte der Name sekundär motiviert sein durch die Bezeichnung *belin* "nom d' amitié" (LA 19, 2.1, 498c).

Belle- ...
LeroyPom datiert die Sorte *belle-angevine* folgendermaßen: "On la pourrait dire centenaire" (1873, 3, 106); *belle-angevine* (LA 20, 1, 637). Der Apfel verdankt den Namen seiner Schönheit und seiner Herkunft. LeroyPom bemerkt zur Herkunft dieser Sorte: "une fille de l'Anjou" (1873, 3, 106). *Belle-cauchoise* (C) (1987, Normandie) wird als Cidreapfel (Chaib 7b) ausgewiesen. Wahrscheinlich ist der Apfelname durch die Herkunft der Sorte motiviert und deshalb zu *cauchois* "normand du pays de *Caux*" (LA 20, 2, 52a) zu stellen (cf. *belle-angevine*). Auch eine Verbindung mit einem Fachbegriff der Tierzucht ist möglich: *cauchoise* "esp. de pigeon très prolifique" (1759) (FEW 2.1, 547b); *greffe cauchoise* "greffe par approche d'une tête d'arbre sur un sujet qui en manque" (LA 20, 2, 52a). *Belle d'août* (1839). Der Name ist wahrscheinlich durch die Reifezeit des Apfels motiviert, auch wenn LeroyPom eine später erfolgende Reifezeit angibt: "vers la mi-septembre et se prolongeant parfois jusqu'en février" (1873, 3, 114). *Belle de chatenay* (1844). Der Name ist aus der Schönheit der Sorte zu erklären und zu einem Familiennamen zu stellen: Louis *Chatenay* sei der Finder diese Sorte (cf. LeroyPom 1873, 4, 66). *Belle de pontoise* (1869). Die Apfelsorte sei von "Monsieur Rémy, père à *Pontoise*" gezüchtet geworden (cf. H.Alpes 1998); *belle de pontoise* (Ile de France) (Cropom 2001, 14). Der Apfelname geht also auf ein Toponym zurück. *Belle de saumur* (1857). Der Apfel verdanke den Namen seiner Schönheit und dem Namen einer Ortschaft in der Nähe von Angers (cf. LeroyPom 1873, 3, 126): *Saumur* (Maine-et-Loire) (Encarta 1998). *Belle des buits* (1873). Diesen Namen stellt LeroyPom zu dem Namen eines Terrains: "propriété *des Buits*" (LeroyPom 1873, 3, 110). *Belle des jardins* (1800, Paris). Diese Sorte sei "plus jolie que bonne" (cf. LeroyPom 1873, 3, 123).Wahrscheinlich verdankt der Apfel das erste Namenselement seiner Schönheit. Das zweite Namenselement bezieht sich

vielleicht auf das Toponym *Jardins des Tuileries* (Encarta 1998). Oder handelt es sich um eine Sorte, die besonders gut im Privatgarten gedeiht? *Belle des vennes* (1854) belegt LeroyPom als Alternativnamen der englischen Sorte *Pomme Wellington* (cf. LeroyPom 1873, 4, 865-866). Der Name ist wahrscheinlich zu dem Toponym *Vennes* (Schweiz) (Encarta 1998) zu stellen. *Belle d'orléans* (1866) (LeroyPom 1873, 3, 333); (Vo 1993, 246/247). Der Name geht wahrscheinlich auf die Herkunft der Sorte zurück. *Belle dubois* (1866) (LA 19, 1.2, 1355); *belle du bois* "dubois" (Vo 1993, 113); *belle du bois, belle des bois*. LeroyPom notiert, dass Duval 1852 die Sorte seinem Zeitgenossen *Louis Dubois* gewidmet habe (cf. 1873, 3, 108-109). *Belle du havre* (1866) (LA 19, 12.2, 1355). Dieser Name gehört wahrscheinlich zu dem Toponym *Le Havre* (Seine-Maritime) (PRobNP 936b). LeroyPom bemerkt zur Herkunft der Sorte: "Peut-être avait-elle été rapportée des Etats-Unis par quelque navigateur *du Havre*" (1873, 3, 121). *Belle-femme* (1600) (LeroyPom 1873, 3, 110). Wahrscheinlich ist der Name durch die Schönheit der Frucht und die Form motiviert.

Belle-fille ... (C)
Belle-fille wird von LeroyPom als "grosse pomme jaune, lice, d'une eau fort sucrée" (1667) (1873, 3, 111) charakterisiert. *Belle fille* (FUR 1690, s.v. *pomme*); "Voilà encore un de ces vieux pommiers français dont l'origine se perd dans son ancienneté même" (LeroyPom 1873, 3, 111); *belle-fille* "variété du *courtpendu*" (LA 19, 2.1, 510a); *belle fille* als Cidreapfel der Bretagne (Rennes 1991, 28); *belle Fille* (Ile de France) (Cropom); *belle fille d'été, belle fille d'hiver* (Morvan) (Cropom). Der Apfelname geht wahrscheinlich auf die Schönheit und den guten Geschmack der Frucht zurück. *Belle fille de bourgogne* (Auxois) (Cropom). Der Namenszusatz *de bourgogne* bezieht sich vermutlich auf die Herkunft der Sorte. *Belle fille de salins* (1992-1994) (Cropom). Der Namenszusatz *de salins* stellt die Apfelsorte zu dem Ortsnamen *Salins* (Cantal) oder *Salins* (Seine-et-Marne) (Encarta 1998). *Belle fille du pays d'auge* (1992, Pays d'Auge) (Chevalier 1992). Der Namenszusatz *du pays d'auge* bezieht sich auf die Herkunft der Apfelsorte. *Belle fille normande* (Normandie) (Cropom). Der Namenszusatz *normande* bezieht sich augenscheinlich auf die Herkunft der Apfelsorte.

Bellefleur
wird als "sorte de pomme" (1845) (FEW 1, 631b) ausgewiesen; *belle-fleur* "fruit belge, sert à fabriquer du vinaigre" (LA 19, 12.2, 1355); *des belles-fleurs* (Li 1885, 1, 326a); (Lüttich) (FEW 1, 631b); *belle-Fleur* (1846, Seine-et-Oise) (LeroyPom 1873, 3, 115). Diese Apfelsorte verdankt den Namen *bellefleur* wahrscheinlich ihrer schönen Blüte. *Belle fleur double* (Nord) (Cropom). Der Namenszusatz *double* bezieht sich vielleicht darauf, dass die Früchte der Untersorte doppelt so groß sind wie die Früchte des ursprünglichen Kultivars. *Belle fleur jaune* (Aube) (Cropom). Der Apfel erhält den Namenszusatz *jaune* wegen seiner gelben Farbe, welche Chevalier belegt: "fruit jaune" (Chevalier 1992).

Belle-fontaine, Pomme de belle-fontaine (1860). LeroyPom stellt den Namen der Apfelsorte zu einem Toponym: *Belle-Fontaine* "commune de Bégrolles, près Cholet" (Maine-et-Loire) (1873, 3, 120). *Belle inconnue* (Franche-Comté) (Cropom). Bei dieser Sorte könnte es sich um einen schönen Zufallssämling handeln. Vielleicht erhält der Apfel aus diesem Grund den Namen *inconnu, -ue* "non encore examiné, non encore connu" (Rob Hist 1992, 1, 475b). *Belle joséphine* (1866) (LA 19, 12.2, 1355); *belle joséphine (jaune)* (Sud-Champagne) (Cropom); *pomme joséphine, impératrice joséphine* (1840); *belle-joséphine* (1851). LeroyPom erklärt den Namen folgendermaßen: "Quant à l'impératrice *Joséphine*, à laquelle, chez nous, on dédia cette variété, chacun sait qu'elle naquit en 1763 à la Martinique et mourut à la Malmaison, en 1814" (1873, 3, 409). Der Apfelname wurde also zu Ehren der Kaiserin *Joséphine* gegeben. *Belle mauvaise* (C) wird als Cidreapfel (1987, Normandie) ausgewiesen (Chaib 9b). Der Name geht vermutlich darauf zurück, dass diese Sorte Schönheit mit schlechten Eigenschaften kombiniert. *Belle-mousseuse* (1858) (LeroyPom 1873, 3, 124). Der Name könnte sich aus der Tatsache erklären, dass es sich um eine schöne Sorte handelt, deren Saft zu schäumen neigt: *Mousseux, -euse* bezeichnet "qui produit de la mousse", *vin mouseux* "désignant un type de vin" (Rob Hist 1992, 2, 1284b). *Belle rivet* (1992-1994) (Cropom). Wahrscheinlich geht der Name auf die Schönheit der Sorte und auf einen Eigennamen zurück.

Für den Familiennamen *Rivet* ist folgende Person in den ausgewerteten Quellen belegt: *Rivet (Paul)* (1876-1958) ist "médecin, anthropologue et ethnologue français" (PRobNP 1771a). Auch ein Zusammenhang mit *rivet* als Ableitung von *river* "attacher solidement (qqn) avec des pièces de métal (fers)" (Rob Hist 1992, 2, 1815a) ist möglich: Dann würde es sich um einen Spalierapfel handeln.

Belloude
Dieser Name bezeichnet eine "sorte de pomme blanche à maturation tardive" (1731, Schweiz). Das FEW 21, 79a stellt diesen Namensbeleg zu den "Materialien unbekannten oder unsicheren Ursprungs". Vielleicht handelt es sich bei dem Apfelnamen *belloude* um eine Ableitung von dem Toponym *Bellou-en-Houlme* (Orne) (LA 19, 2.1, 521b), wo intensiv Apfelanbau betrieben wird.

Bénédictin ...
Bénédictin (Normandie, Aube) (Cropom). *Bénédictin, -ine* bezeichnet "religieux, religieuse de l'ordre de Saint-Benoît" und "liqueur fabriquée à l'origine dans un couvent de *bénédictins*" (NPRob 1996, 237a). Vielleicht wurde diese Sorte in einem Benediktinerkloster gezüchtet. Die Benediktiner beschäftigten sich mit Obstanbau. *Bénédictin de jumiege* (Pays d'Auge) (Chevalier 1992). Das Namenselement *de jumiège* gibt wahrscheinlich die Herkunft der Sorte an: *Jumiège* (Seine-Maritime) (PRobNP 1094b). *Bénédiction de sainte anne* (C) (Bretagne, 1991) wird als Cidreapfel (Rennes 1991, 28) belegt; *bénédiction de sainte anne* (Rennes 1998). Wahrscheinlich geht der Name auf die starke Fruchtbarkeit und eine frühe Reifezeit zurück: So wird als eine Bedeutung von *bénédiction* "abondance de fruits" ausgewiesen (FEW 1, 324a). Der Feiertag von *Anne (sainte)* wird am 26. Juli gefeiert (PRobNP 85b).

Bequet (C)
v. Wartburg stellt mfr. *bequet* "espèce de pomme à cidre" zu *beccus* "Schnabel", weil verschiedene Pflanzen durch die Form ihrer Früchte oder ihrer Blätter an einen Schnabel erinnern würden (cf. FEW 1, 304b-309b). Auch eine Verbindung zu becqueté oder *béqueté* ist möglich: "Les meilleurs fruits sont ceux qui ont été *becquetés* par les oiseaux" (LA 19, 2.1, 468d).

Bérat (C)
Bérat blanche (Chaib 7b) und *bérat rouge* (Chaib 8a) werden als Cidreäpfel (1987, Normandie) ausgewiesen. Mit großer Wahrscheinlichkeit geht der Apfelname auf einen Familiennamen zurück. In den ausgewerteten Quellen werden folgende Personen mit diesem Familiennamen vorgestellt: *Bérat (Eustache)* angeblich 1791 in Rouen geboren (cf. LA 20, 1, 655b). Auch *Bérat (Frédéric)*, ein "poète et compositeur français", stamme aus Rouen (cf. LA 19, 2.1, 565a).

Bergerie ... (C)
Bergerie (C) wird als Cidreapfel ausgewiesen und für folgende Gegend ausgewiesen: "localisée vers Pont l'Evêque" (Chevalier 1992). *Bergerie* (1220) bezeichnet "lieu, bâtiment où l'on abrite les ovins" und "poème, récit, pièce de théâtre mettant en scène les amours des bergers" (NPRob 1996, 213ab). Der Apfelname steht vermutlich im Zusammenhang mit dem Begriff *bergerette* "boisson faite de miel et de vin, que l'on buvait à Pâques en chantant des *bergeries*, chansons de berger" (16. Jh.) (Rob Hist 1992, 1, 209a). Außerdem wird eine Birnensorte mit dem Namen *bergère* (C), *de bergère* (1856, Orne) ausgewiesen, die zu den "poiriers dont les produits servent à faire du poiré" (LeroyPom 1867, 1, 69-70) gezählt wird. *Bergerie de villerville* (C) wird als Cidreapfel (1987, Normandie) (Chaib 7c) ausgewiesen. Der Namenszusatz stellt den Apfelnamen zum Ortsnamen *Villerville* (Calvados) (Encarta 1998).

Berneuille
wird als "pomme jaune avec des raies rouges" (Pikardie) (FEW 21, 78b) ausgewiesen. Vermutlich handelt es sich bei dem Apfelnamen *berneuille* um eine Ableitung von dem

Ortsnamen *Berneuil*, den verschiedene Orte in Charente, Charente-Inférieure, Oise, Somme und Haute-Vienne tragen (cf. GE 6, 383a).

Bertonne
ist als "petite pomme fort hâtive" ausgewiesen. Das FEW 21, 79a vermutet, dass der Apfelname *bertonne* sich aus *(pomme) bretonne* entwickelt habe. Wahrscheinlicher ist jedoch eine Ableitung von dem Familiennamen *Berton*. Ein Angehöriger dieser Familie wird in den ausgewerteten Quellen belegt: *Berton* (Jean-Baptiste Breton dit) ist ein fr. General (1769-1822) (PRobNP 245b) gewesen.

Beurre
Pomme de beurre wird seit 1992 als Apfelname ausgewiesen. Der Name geht auf eine sortentypische Besonderheit der Fruchtschale zurück, welche folgendermaßen beschrieben wird: "peau lisse collante" (Chevalier 1992). Außerdem wird die Birnensorte *beurré* (1642) (FEW 1, 664a/b) ausgewiesen; (1536) (Rob Hist 1992, 1, 213b); *poire de beurrée* (Ri 1680, 1, 75b/76a); *beurré* (1550) (LeroyPom 1869, 2, 421). Ein Beleg der *beurrée* als "esp. de poire" weist auf die Schweiz (Neuchâtel) (FEW 1, 664a). Während der Apfelname *de beurre* auf die besondere Fruchtschale zurückgeht, erhielt die Birne den Namen wohl aufgrund ihres Fruchtfleisches. FUR 1727 charakterisiert die Frucht folgendermaßen: "Elle fond dans la bouche, comme du *beurre*" (s.v. *beurré*).

Bidet
(1835). LeroyPom führt den Apfelnamen auf einen Familiennamen zurück: M. *Bidet*, ein Gärtner aus der Ortschaft Saint-Florent-le-Vieil, habe die Sorte gezüchtet (cf. 1873, 3, 132).

Binet ... (C)
Binet (C) und *binet rouge* werden als Cidreäpfel (Normandie) (Chevalier 1992) ausgewiesen; (1987, Normandie) (Chaib 7c); *binet blanche* (1987, Normandie) (Chaib 7c); *binet violet* für "Centre Pays d'Auge" (Chevalier 1992). Der Apfel *binet* verdankt den Namen seiner Form, die wahrscheinlich dem Rest einer abgebrannten Kerze ähnelt: *Binet* bezeichnet "bout de chandelle qu'on met par épargne sur le haut du chandelier, afin qu'il se consomme tout à fait" (FEW 1, 373a). *Binet d'arcourt* (C) (1987, Normandie) wird ebenfalls als Cidreapfel (Chaib 7c) ausgewiesen. Wahrscheinlich verweist der Namenszusatz *d'arcourt* auf eines dieser Toponyme: *Ancourt* (Seine-Maritime), *Arracourt* (Meure-et-Moselle) (Encarta 1998) oder *Arcoat* "l'intérieur de la Bretagne" (PRobNP 109a).

Bisquet (C)
bezeichnet eine "variété fondamentale du Pays d'Auge" (Chevalier 1992). *bisquet rouge* (Chaib 7c) ist als Cidreapfel belegt. *Bisque* wird für die Normandie in der Bedeutung "potage aigre" (Rob Hist 1992, 1, 225b) ausgewiesen. Für dieses Lexem bieten sich verschiedene Etymologien an. Allerdings wird eine Herleitung von dem Toponym *Biscaye* abgelehnt: "la dérivation du radical de *Biscaye* (...) ne s'impose cependant pas" (Rob Hist 1992, 1, 225b). Stattdessen spricht mehr für die Annahme einer provenzalischen Herkunft: "une origine méridionale et le rapproche du provençal *bisco* répertorié par Mistral sous deux entrées de son dictionnaire du provençal" (Rob Hist 1992, 1, 225b). Bei *bisque* "Krebsenbrühe" (17. Jh.) handelt es sich um eine volkstümliche Entlehnung aus norm. *bisque* "schlechtes Getränk" zu besk "beißend, bitter" (Gam 110b [Verweis auf: Dict. gén.]). *Pisque* "mauvais cidre" wird für Manche, *biscan* "cidre" für Savoie, *biscantine* "mauvaise boisson" für die Normandie und *piscantin* "mauvais cidre" belegt (Ille-et-Vilaine) ausgewiesen (FEW 1, 379ab); *bisquait* ist als "vexant, ennuyeux" belegt; *bisque* "en colère", "aigre" bezeichnet in Orne außerdem "poiré fait avec des poires jetées simplement dans un tonneau; piquette" (FEW 1, 379ab). Der Apfelname ist also durch den sauren Geschmack und die eher minderwertige Qualität der Apfelsorte motiviert.

Bizarre de bernay

(1852). Der Apfelname *bizarre* geht auf eine auffällige Form zurück, zu welcher LeroyPom bemerkt: "Il s´agit d´un pommier hétérocarpe". Außerdem notiert LeroyPom als sortentypische Auffälligkeit, dass die Sorte zwei verschiedene Fruchtformen hervorbringt: "sur chacun de ses nombreux rameaux deux espèces de pommes" (1873, 3, 133). Bei dem Namenszusatz *de bernay* handelt es sich wahrscheinlich um einen Stadtnamen im Département Eure (cf. PRobNP 241b).

Blagny (C)

wird als einer der "pommiers à cidre" (Ro 1789, 215b) ausgewiesen. Bei dem Apfelnamen könnte es sich wahrscheinlich um eine Ableitung von dem Toponym *Blangy-sur-Bresle* (Seine-Maritime) (PRobNP 263a) handeln.

Blanc ... (C)

Blanc (C) wird als einer der "pommiers à cidre" (Ro 1789, 215b) ausgewiesen; *pomme de blanc*, *blanc-doux* als Alternativname von *doux-blanc* (LeroyPom 1873, 3, 267). Mit großer Sicherheit geht der Apfelname auf die weiße Farbgebung der Früchte zurück. *Blanc-cadix* (C) (1987, Normandie) wird als Cidreapfel (Chaib 7c) ausgewiesen. Das erste Namenselement *blanc* erklärt sich aus der Farbgebung des Fruchtsaftes, der als "pâle" charakterisiert wird (Chaib 7c). Das zweite Namenselement bezieht sich vermutlich auf den sp. Stadtnamen *Cadix* (cf. PRobNP 349b). *Blanc-doux* (1536) ist als "esp. de pomme" (FEW 3, 176b) belegt. *Pomme de blanc* und *blanc-doux* werden als Alternativname von *doux-blanc* ausgewiesen (cf. LeroyPom 1873, 3, 267). Das FEW 1, 396b belegt *blanc-doux* für St. Pol (Pas-de-Calais). Wahrscheinlich verdankt die Apfelsorte *blanc-doux* den Namen ihrer weißen Farbe und einem süßlichen Geschmack. *Blanc-dureau* (C) ist als Cidreapfel um 1200 zum ersten Mal in der Auvergne oder in der Normandie ausgewiesen worden (cf. LeroyPom 1873, 3, 136). Folgende Namensformen werden in den ausgewerteten Quellen belegt: *blanc-duriau* (13. Jh.), *blanduriette* (Roquefort; 13 Jh.), *blandurel* (1371, Rouen), *blondurel* (Charles Estienne, Liebault 1589), *blanc-dure* (Jean Bauhin 1598), *dure-blanche*, *blanc-dureau* (Serres 1608) und *blandureau* (1670) (LeroyPom 1873, 3, 134); *blanc duré* als einer der "pommiers à cidre" (Ro 1789, 215b); *blandurieu* "variété de pomme très estimée" (Hu 1, 597a [Verweis auf: Rabelais, III, 45]); *la pomme blandurer* (Hu 1, 597a [Verweis auf: Anc. Poés. franç., V, 220]); mfr. *blandurel* als Alternativname der Apfelsorte *calville blanc* (Isère); *blandureto* (Bas-Limousin); *blandurella* (Dauphiné) (FEW 1, 397a). Um den Namen *pomme blanche durette* in seiner Bedeutung zu erläutern, greift LeroyPom auf die Ausführungen von Valerius Cordus, einem "botaniste célèbre né dans la Hesse-Électorale" (*Historia stirpium* [1530]) zurück: "Sa chair – dit-il – pleine d´un suc à saveur acide, vineuse, suave, est fondante, et pourtant ferme, compacte" (cf. 1873, 3, 135). Der Apfel verdankt den Namen also seiner Farbe und der Konsistenz seines Fruchtfleisches: *Blandureau* bedeutet "pomme *dure* et *blanche*" (FEW 1, 397a). *Blanc-joli* (C) wird als Cidreapfel (1987, Normandie) ausgewiesen. Das erste Namenselement *blanc* ist durch die Farbgebung ("pâle" [Chaib 7c]) motiviert. Das zweite Namenselement *joli* spiegelt wahrscheinlich eine sortentypische Schönheit wider. *Blanc-mollet* (C) wird zu den "pommiers à cidre" (Ro 1789, 215b) gezählt. Der Saft, der aus diesem Cidreapfel (1987, Normandie) gewonnen wird, ist "très coloré" (Chaib 7c). *Blanc mollet* wird als "douce amère" beschrieben (Chevalier 1992). Weil der Fruchtsaft als farbig beschrieben wird, erhält diese Apfelsorte das erste Namenselement *blanc* wahrscheinlich wegen einer hellen Farbgebung der Schale. Das zweite Namenselement *mollet* könnte auf einen fr. Botaniker zurückgehen: *Mollet (Claude)* war ein "horticulteur français, jardinier", der 1613 gestorben ist (cf. LA 20, 4, 928b). Das Namenselement *mollet* könnte sich aber auch auf ein weiches Fruchtfleisch beziehen: *Mollet, -ette* (12. Jh.) bedeutet "un peu mou, agréablement mou au toucher" (NPRob 1996, 1426b).

Blanche ...

Blanche de bournay (1865). Das erste Namenselement *blanche* spiegelt die Farbe des Apfels wider, zu der LeroyPom bemerkt: "unicolore, blanc jaunâtre". Das zweite Namenselement *de bournay* stellt LeroyPom zu dem Toponym *Bournay* (Angers) (cf. 1873, 3, 138). *Blanche à cuire* (Jarez) (Cropom). Das Namenselement *à cuire* bezieht sich vermutlich auf den Verwendungszweck der Sorte als Kochapfel. ***Blanche tardive*** (Jarez) (Cropom). Das Namenselement *tardive* geht wahrscheinlich auf eine späte Reifezeit zurück.

Blanchet
wird als "variété de pomme" (Normandie) (FEW 1, 396b) ausgewiesen. Der Name geht wahrscheinlich auf die weiße Farbgebung des Apfels zurück.

Blandilalie
wird seit 1690 ausgewiesen; *blandilalié* (13. Jh.). LeroyPom übersetzt diesen Namen mit dem Hinweis "appartenant au roman" als "douce et agréable" (1873, 3, 373). Der Name spiegelt also einen süßlichen und angenehmen Geschmack wider.

Blanquet
Die Namensbelege *blanquet* und *blanquette* werden für die Normandie in der Bedeutung "variété de pomme" ausgewiesen (FEW 1, 397a); *blanqueto* (1600) (Rob Hist 1992, 1, 229b). Der Apfelname geht auf eine weiße Farbgebung der Früchte zurück. Außerdem bezeichnen *blanquet, blanquette* seit 1611 eine weiße Birnensorte (Rob Hist 1992, 1, 229b).

Boccabrevé
wird seit 1536 als "variété de pomme" (Hu 1, 611b) ausgewiesen; (FEW 21, 77b [Verweis auf: Cotgr 1611]); *boucoprèvo*. Das erste Namenselement *bocca* leitet das FEW 1, 581b-586a von *bucca* "Wange, Mund" ab. Das zweite Namenselement *–brevé* ist wahrscheinlich zu *brevis* "kurz" (FEW 1, 520a) zu stellen. *Bouscas de brès* ist für die Provence als Apfelname belegt (Cropom). Die Apfelsorte *bouquepreuve* wird folgendermaßen beschrieben: "moyen, arrondi, à la peau parcheminée, toujours frais de coloris, jaune verdâtre du côté de l'ombre mais frappé de rouge brillant" (Provence, S. 5). Der Name ist wahrscheinlich durch die kurze Form des Apfels motiviert. Vielleicht spielt auch die rote Farbgebung der Frucht eine Rolle bei der Namensgebung. Bei der Namensvariante *bouquepreuve* könnte es sich um eine später erfolgte volksetymologische Interpretation in der Bedeutung "Gaumenprobe" handeln.

Bohémien
(1873, Deutschland). Der Apfel verdankt nach LeroyPom den Namen seiner Farbgebung: "cette curieuse pomme, qui doit son nom à la couleur de sa peau, rappelant assez bien le teint plus que bronzé des Zingani, vulgairement appelés *Bohémiens*" (1873, 3, 143); ist im FEW 1, 426a, s.v. *Bohême* "Böhmen" nachzutragen.

Bois
Pomme de bois ist als Alternativname von *Pomme d'estranguillon* belegt. Diese Sorte beschreibt LeroyPom folgendermaßen: "C'est la pomme *sauvage*, si commune dans les bois et forêts de nos départements montagneux" (1873, 3, 287); *gros bois* wird als Cidreapfel (Rennes 1991, 28) ausgewiesen. Den Apfelname *pomme de bosc* weist LeroyPom seit dem Mittelalter aus und führt ihn auf *boscum* "bois" zurück. Außerdem belegt er die Namensformen *pomme de bosquet* und *de bois* (cf. LeroyPom 1873, 3, 288). Der Apfelname geht also auf die Herkunft der Frucht aus dem Wald zurück; das FEW 9, 154b kennt nur eine dialektale Form Neuch. *pomme de bois*. Außerdem werden *boquet, boquette* "pomme sauvage" (Normandie) und *buchin* "pomme sauvage" (Frcomt. Doubs) ausgewiesen (FEW 1, 448b, s.v. *bosk- [germ.] "Busch").

Bon chrétien
seit 1564 wird die Apfelsorte *pomme de Bon Chrestien* (FEW 2.1, 654b) ausgewiesen. Dieser Name dient vorrangig zur Benennung einer Birnensorte: *(poire de) bon chrétien* "esp. de grosse poire d'hiver" (15. Jh.) (FEW 2.1, 654b). FUR 1690 bemerkt zur Herkunft der Birne: "On doit ce fruit à *St. Martin* qui l'a apporté de Hongrie, que le peuple nommait *le bon chrétien*". Allerdings käme auch *St. François de Paule* als Züchter der Sorte infrage (cf. FUR 1690, s.v. *poire*). Falls der Name nicht auf den Züchter zurückgeht, könnte es sich auch um

eine Auszeichnung der Apfelsorte handeln: Gam führt den Name *bon-chrétien* auf die lt. Bildung *bonum christianum* (15. Jh., Touraine) zurück und stellt diese wiederum zu mlat. *poma panchresta* aus mgr. "ganz gut" (Gam 125b), lt. *poma panchresta* (15. Jh.), bzw. griech. *pankhrêston* "fruit utile à tout" (S. 198a). Der *poma panchresta* ist seit dem 15. Jh. ausgewiesen (PRob 1990, 198a). Rob Hist 1992 vertritt dieselbe griechische Etymologie, schwächt sie aber ab mit der Bemerkung "mais l'hypothèse est invérifiable" (S. 419a). Als Ersatznamen für *poire de bon chrétien* ist *poire de bon républicain* (Milo 1986, 296) für die Zeit der Entchristianisierung unter der Französischen Republik ausgewiesen.

Bonde
De bonde (Touraine) (Cropom); (1989-1992) (Cropom). Der Apfelname erklärt sich wahrscheinlich aus der Apfelform und ist deshalb zu *bonde* "trou pratiqué dans une douve de tonneau et, par métonymie, le bouchon permettant d'obturer ce trou" (14. Jh.) (Rob Hist 1992, 1, 245a) zu stellen. Wahrscheinlich verdankt die Apfelsorte den Namen einer zylindrischen Form; fehlt FEW 1, 626a, s.v. **bunda* "Boden".

Bondon
(Touraine) (Cropom); (1989-1992) (Cropom). Das Lexem *bondon* bezeichnet "bouchon en bois cylindrique servant à obturer la bonde du tonneau (14. Jh.)" und aufgrund der Form eine Käsesorte (1834). *Bondon* wird als Ableitung von *bonde* ausgewiesen (Rob Hist 1992, 1, 245a). Der Apfelname *bondon* geht wahrscheinlich, wie auch der Name einer Käsesorte, auf die Form des Apfels zurück (cf. *bonde*); cf. auch npr. *boundoun* "hérisson de châtaigne" (FEW 1, 627a).

Bondy
Pomme de Bondy (FUR 1690, s.v. *pomme*); *bondy* "variété de pomme" (LA 19, 2.2, 963b). Wahrscheinlich ist die Apfelsorte zu der Ortschaft *Bondy*, die sich im Osten von Paris befindet (cf. PRobNP 277b), zu stellen.

Bonet de bonnétage
(Sarthe) (Cropom 2001, 14). Das erste Namenselement *bonet* geht wahrscheinlich wegen der Apfelform auf *bonnet* "coiffure souple, sans bord, dont la forme varie, couvrant une partie importante du crâne" (NPRob 1996, 240a) zurück (cf. *chapeau*). Das zweite Namenselement *de bonnétage* bezieht sich möglicherweise auf den Reichtum der *bon étage*, also die Kleidung der Gesellschaft eines höheren gesellschaftlichen Ranges (cf. *étage bas* "étage peu exhaussé" [FEW 12, 240a]). Vielleicht handelt es sich um einen besonders großen und schönen Apfel.

Bonne ...
Bonne-de-mai (1866) (LA 19, 1.2, 1355). Die Apfelsorte *bonne de mai* "Schöner Maiapfel" sei Januar bis Mai genussreif (cf. Vo 427). Der Apfel verdankt den Namen wahrscheinlich seiner langen Haltbarkeit. *Bonne du plessis* (1850, Angers). LeroyPom leitet den Namenszusatz *du plessis* von dem Toponym "*Plessis*-Grammoire" (1873, 3, 47b) ab. Es handelt sich um die Ortschaft *Le Plessis-Grammoire* (Maine-et-Loire) (Encarta 1998). *Bonne hotture* (Maine et Perche) (Cropom); *bonne-hotture* (Maine-et-Loire) (LeroyPom 1873, 3, 145-146). Diesen Apfelnamen führt LeroyPom wegen der besonderen Qualität der Äpfel auf einen Transportbehälter zurück. Zu dem Begriff *hotte* bemerkt er: "C'était effectivement, jadis, dans des *hottes* portées à dos d'homme ou de cheval, selon la distance, qu'on faisait voyager les fruits"; allerdings wird *hotture* im FEW 16, 229b s.v. **hotta* nicht ausgewiesen. Außerdem äußert sich LeroyPom zur besonderen Qualität der Frucht und dem Akt der Namensgebung folgendermaßen: "L'excellence de celui-ci permettait bien à nos jardiniers, à nos marchands, de qualifier, en leur patois, *bonne hotture* la *hotte* qui en était remplie" (1873, 3, 146). *Bonne sorte* (C) (1987, Normandie) (Chaib 7c). Der Name *Bonne sorte* zeichnet wahrscheinlich die besondere Qualität des Apfels aus. *Bonne thouin* oder *reinette thouin* (1822). Diesen Apfelnamen stellt LeroyPom zu einem Familiennamen: Die Sorte wurde *André Thouin*, dem "jardinier-chef" der Parkanlage *Jardin des Plantes* in Paris gewidmet (cf. 1873, 4, 741).

Bonnet carré
(Berry) (Cropom 2001, 14). Der Apfel *bonnet carré* (1808) verdankt den Namen seiner Form, zu welcher LeroyPom bemerkt: "toujours sensiblement côtelée; parfois même une ou plusieurs des côtes sont tellement prononcées, que le fruit devient alors triangulaire ou quadrangulaire" (1873, 3, 173-174).

Bon ...
Bon ordre (C) wird als Cidreapfel (1987, Normandie) ausgewiesen, der folgendermaßen beschrieben wird: "doux, parfumé, abondant, coloré" (Chaib 7c). Vermutlich handelt es sich bei dem Namen *Bon ordre* um eine Auszeichnung der Sorte: *de bun ordre* "de bonne espèce" (Vayrac) (FEW 7, 403b). *Bon père* oder *Bon père gris* (Normandie) (Cropom). Der Name geht wahrscheinlich auf die gute Qualität und die Farbgebung der Frucht zurück. Zu dem Apfel bemerkt Chevalier: "goût très particulier: sucrée, juteuse" und "fruit jaune, partie ensoleillée rose saumon" (Chevalier 1992). Vielleicht ähnelt der Apfel wegen seiner Farbgebung dem Gesicht eines alten Mannes mit rötlichen Wangen. *Bon-pommier d'automne* (1766) (LeroyPom 1873, 3, 116); *bon-pommier d'hiver* (1866) (LeroyPom 1873, 4, 550). Der Name soll die Qualität der Frucht auszeichnen. Den Geschmack des Apfels charakterisiert LeroyPom folgendermaßen: "il est délicieux" (1873, 4, 551). *Bon valet* (C) wird als einer der "pommiers à cidre" (Ro 1789, 215b) ausgewiesen. Der Apfelname könnte wegen eines schönes Äußeren auf **vass☐ll☐ttus* "junger Edelmann" (FEW 14, 197b) zurückgehen (cf. *damelot, demoiselle*).

Borel (C)
wird als Cidreapfel (1987, Normandie) (Chaib 7c) ausgewiesen. Vermutlich geht der Apfelname auf einen Familiennamen zurück: In den ausgewerteten Quellen wird folgende Person mit diesem Familiennamen vorgestellt: *Borel (Pierre)* (1620-1689) war "médecin, chimiste et antiquaire français" (LA 19, 2.2, 1002b).

Boroillotte
(Franche-Comté, Pays de Montbéliard) (Cropom). Vielleicht handelt es sich bei dem Apfelnamen *boroillotte* um eine Ableitung von **bora* "Holzklotz" (FEW 1, 435b). Wahrscheinlich fällt diese Sorte durch einen auffallend massiven Baumstamm auf. Oder spiegelt der Apfelname die Form der Früchte wider? Sie könnten massiv und zylindrisch sein und auf diese Weise einem Holzklotz ähneln.

Boucherot (C)
wird als Cidreapfel (1987, Normandie) ausgewiesen. Wahrscheinlich verdankt der Apfel den Namen einer roten Farbgebung und geht deshalb auf die Berufsbezeichnung zurück, die eng mit der Vorstellung von Blut verbunden ist. Der Saft dieses Cidreapfels sei "coloré" (Chaib 7c). *Boucherot* bezeichnet "boucher qui vend de la viande mauvaise" (Seine-Inférieure); "mauvais boucher" (Normandie) (FEW 1, 587a). Außerdem ist *bouchet* "Getränk aus Zucker, Sirup und Zimt" (14. Jh.) in den ausgewerteten Quellen belegt. Gam führt diese Bezeichnung auf *bouquet de vin* zurück (Gam 125a [Verweis auf: Dict. gén]), doch besitzt diese Erklärung nur geringe Wahrscheinlichkeit.

Boudin
(Franche-Comté) (Cropom 2001, 14); (Normandie) (Cropom). Der Apfel verdankt den Namen *boudin* wahrscheinlich der Tatsache, dass er sich besonders gut zur Verwendung als Kochapfel eignet: *Boudin* bezeichnet "préparation culinaire faite d'un boyau rempli de sang coagulé et de graisse de porc assaisonnés" (1268) (Rob Hist 1992, 1, 254b), doch bleibt auch die Form als Anlass zur Motivation nicht ausgeschlossen. Möglich wäre auch ein Zusammenhang mit einem Familiennamen, der in den ausgewerteten Quellen mit folgender Person belegt wird: *Boudin (Eugène)* (1824-1898) hat als Künstler Belgien, die Niederlande und Nordfrankreich bereist (cf. PRobNP 292a). Seit 1708 ist *pêche bourdin* "variété de pêche", seit 1791 *bourdine*, seit 1895 *bourde, boudin* und *boudine* (FEW 21, 84a)

ausgewiesen. Das FEW 21, 84a stellt den Pfirsichnamen zu dem Familiennamen *Bourdin*. Nach Ri soll ein gewisser *Boudin* die betreffende Pfirsichart gezüchtet haben, *bourdin* wäre daraus durch volksetymologische Interpretation entstanden.

Boue
De boue (Perche) (Cropom 2001, 14); *pomme de bouet* (Maine et Perche) (Cropom). Sehr wahrscheinlich gehen die beiden Namensformen *de boue* und *de bouet* auf das Toponym *Boué* (Aisne) (Encarta 1998) zurück. Ein Zusammenhang mit *boue* "tout résidu dont la consistance rappelle celle de la *boue*, spécialement un pus épais en médecine ancienne" (Rob Hist 1992, 1, 255a) könnte auch möglich sein. Vielleicht ähnelt die Apfelschale krankhaften Hautpartien? FUR 1727 beschreibt *boue* folgendermaßen: "matiere épaisse, et corrompuë qui sort d'une playe, d'un absés, d'une apostume, comme le pus: mais qui est de diverses couleurs" (s.v. *boue*).

Boule
Pomme boule (1866). Bei dieser Apfelsorte handelt es sich um eine aus Deutschland stammende Apfelsorte. LeroyPom notiert zu der dt. Entlehnung: "terme répondant à notre mot *boule*" (1873, 3, 156); *pomme boule* "Kugelapfel" (Vo 1993, 273). Der Apfelname geht also auf den runden Körper der Frucht zurück.

Bouliène
"sorte de pomme" (Lüttich, Belgien) (FEW 21, 78b); *boulo* (Pikardie) "pomme entourée de pâte, que l'on fait cuire au four"; *bouleau* (Meuse); *boulant* (Centre) (FEW 1, 610a). Das FEW 1, 607b leitet die Bezeichnung für dieses Apfelgericht von *bulla* "Blase" ab. Möglicherweise ist der Apfelname auch durch die Verwendung der Frucht als Backapfel motiviert (cf. *pomme boule*).

Bouquet (C)
wird als Cidreapfel (1987, Normandie) ausgewiesen und folgendermaßen beschrieben: "doux, un peu amer, parfumé, très coloré" (Chaib 7c); *bouquet* ist als regionale Variante für die Normandie (15. Jh.) und *bosc* ausgewiesen (NPRob 1996, 250a); *bouquet* wird auf *bouchet* "petit bois" zurückgeführt (NPRob 1996, 261b); afr. *bosquet* ist ursprünglich als "qui habite les bois" (FEW 1, 448b) belegt. Als Ableitung wird *boquet* "sauvage (des fruits)" für Epreville-en-Roumois (Eure) (FEW 1, 448b) ausgewiesen. Substantiviert wird dieses Adjektiv dann zur Bezeichnung von Pflanzen und Tieren, die im Walde leben oder nicht kultiviert sind: *Boquet* "jeune arbre non greffé" (Normandie), *boket* "pommier sauvage" (Pikardie, Somme, Seine-Inférieure und Pas-de-Calais), *bouisset* "pomme ou poire sauvage". Für diesen Apfelnamen werden verschiedene Anknüpfungspunkte geleistet, aber wahrscheinlich geht der Name auf den guten Geschmack zurück: Aus Analogie zu dem Blütenduft wird auch "le parfum d'un vin, d'une liqueur" (NPRob 1996, 250a) mit diesem Lexem bezeichnet; *bouquet* "s'applique à la qualité olfactive d'un vin (1798)" (Rob Hist 1992, 1, 261b). Seit 1867 ist *bouchet* "sorte de poire parfumée" (FEW 1, 448b) ausgewiesen. Auch der Cidreapfel (1987, Normandie) besitzt einen ausgesprochen guten Duft: "parfumé" (cf. Chaib 7c). Ursprünglich geht der Apfel- und Birnenname wahrscheinlich auf eine Herkunft aus dem Wald zurück. Die mit dieser Herkunft einhergehende Wildheit der Sorte könnte sich mit der zunehmenden Pflege der Sorte verloren haben. Vielleicht handelt es sich bei dem Bezug auf den Duft der Sorte zunächst um eine volksetymologische Interpretation. Heute wird der Name wohl eher mit dem Geruch assoziiert. Ein büschelweises Reifen spielt wahrscheinlich keine Rolle bei der Namensgebung: *Bouquet* bezeichnet "assemblage de feuillages, de fleurs" (15. Jh.) (Rob Hist 1992, 1, 261b). FUR 1690 weist *un beau bouquet de poires* im Zusammenhang mit der Bedeutung "des fruits & d'autres choses liées ensemble" (s.v. *bouquet*) aus.

Bourguignonne
(Auxois) (Cropom 2001, 14). Offensichtlich handelt es sich bei dem Apfelnamen *bourguignonne* um eine Herkunftsbezeichnung: *Bourguignon, -onne* wird in der Bedeutung

"de la *Bourgogne*" (Rob Hist 1992, 1, 264b) ausgewiesen. Die Apfelsorte stammt also aus Burgund, einer der historischen Landschaften Frankreichs.

Bouteille ...
Bouteille wird seit 1801 als "curieuse variété allemande" (LeroyPom 1873, 4, 157) ausgewiesen. Der Apfel *bouteille* erhält den Namen wegen seiner Form, die der einer Flasche ähnelt: Den *Flaschenapfel* charakterisiert Votteler als walzenförmigen, ziemlich gleichmäßig gebauten Apfel (Vo 1993, 362-363). *Bouteille amère* (C) wird als Cidreapfel (Normandie) belegt (Chaib 7c). Das Namenselement *amère* bezieht sich wahrscheinlich auf einen bitteren Geschmack. *Bouteille de lisieux* ist für die "région de *Lisieux* en Pays d'Auge" ausgewiesen. Der Namenszusatz *de Lisieux* verweist also darauf, dass die Apfelsorte aus der näheren Umgebung der Stadt *Lisieux* (Calvados, Normandie) (Encarta 1998) stammt.

Boutigné
Pomme de boutigné (1866) (LA 19, 12.2, 1355); *pomme de boutigné* (1847, Anjou) (LeroyPom 1873, 3, 188-189); *pomme de boutigné* (LA 19, 12.2, 1355). Vielleicht gehört der Apfelname *pomme de boutigné* zu dem Toponym *Boutigny*? Drei verschiedene Orte werden mit diesem Namen ausgewiesen. Die Belege weisen auf Eure-et-Loire, Seine-et-Marne und Seine-et-Oise (cf. GE 7, 873b).

Boutteville (C)
De boutteville wird als Cidreapfel (1987, Normandie) (Chaib 7c) ausgewiesen. Wahrscheinlich wurde der Apfel dem Pomologen *de Boutteville* gewidmet. LeroyPom weist nicht die Apfelsorte, sondern nur folgenden Literaturverweis zu der Person aus: "1873, L. *de Boutteville* et A. Hauchecorne, *Supplément aux Procès*-Verbaux *du Congrès pour l'étude des fruits à cidre*, brochure in-8°" (1873, 3, 48). Auch ein Zusammenhang mit dem Toponym *Boutteville* (Manche) (Encarta 1998) ist möglich.

Bovarda
bezeichnet eine "sorte de pomme d´hiver" und "vache ronde, facile à engraisser". Das FEW 1, 447a führt *bovarda* auf *bos* "Ochse" zurück. Der Apfel verdankt den Namen seiner Form, welche wahrscheinlich wegen der massiven Gestalt der einer Kuh ähnelt.

Brabant
Das FEW 1, 478b weist *pomme de brabant* "reinctte (pomme)" (Wallonie) und den Birnennamen *braibant* "esp. de poire" aus. Es stellt sowohl den Apfel- als auch den Birnennamen zu der niederländischen Provinz *Brabant*.

Bramtot (C)
wird als Cidreapfel (1987, Normandie) (Chaib 7c) ausgewiesen. Wahrscheinlich ist der Apfelname *bramtot* zu dem Toponym *Brametot* (Seine-Maritime) (Encarta 1998) zu stellen und wegen des auslautenden *–tot* ein Normandismus.

Bredel (C)
wird als Cidreapfel (1987, Normandie) (Chaib 7c) ausgewiesen. Der Name könnte darauf zurückgehen, dass diese Apfelsorte ein typisches Geräusch verursacht. v. Wartburg weist *bredeler* "marmotter rapidement" und *brédaler* "faire entendre un cliquetis (du rouet à filer)" aus. Vielleicht entsteht beim Gären oder Verarbeiten des Apfels ein Geräusch. Die beiden Verben stellt v. Wartburg zu *brittus* "Bretone" (FEW 1, 538b-540a), daher kann der Apfelname *bredel* auf bretonische Herkunft zurückgeführt werden. Auch ein Zusammenhang mit einem Toponym ist möglich. Folgende Ortsnamen sind nicht völlig auszuschließen: *Bretel* (Somme), *Bridel* (Luxembourg) oder *Breteil* (Ille-et-Vilaine) (Encarta 1998).

Bretagne
De bretagne (LeroyPom 1873, 4, 619); *Pomme de bretagne rouge* (1652) (LeroyPom 1873, 3, 196); *reinette bretagne* (Chevalier 1992). Der Apfel verdankt den Namen wahrscheinlich

seiner bretonischen Herkunft, wie LeroyPom bemerkt: "pourrait bien être originaire de la *Bretagne*" (1873, 3, 196).

Bretonneau
(1862, Tours). LeroyPom führt den Apfelnamen auf einen Familiennamen zurück: Die Sorte sei dem Pomologen *Pierre Bretonneau* gewidmet worden (cf. 1873, 3, 160).

Briolait (C)
wird als Cidreapfel (1987, Normandie) ausgewiesen. Die Frucht reife zur dritten Reifezeit. Der Saft, der aus dieser Apfelsorte gewonnen wird, sei "doux, pâle, arômes fins" (cf. Chaib 7c). Vielleicht ist der Apfelname *briolait* zu dem Ortsnamen *Briollay* (Maine-et-Loire) (Encarta 1998) zu stellen. Auch eine Verbindung zu *briolet* "petit vin, piquette" (LA 20, 1, 869c) ist möglich. Der aus dieser Apfelsorte gewonnene Cidre könnte einen ähnlichen Geschmack haben wie ein leichter Wein oder Tresterwein. Eine Verbindung zu bretonisch *bri* "Lehm" (FEW 1, 521b) ist auch nicht auszuschließen (cf. *argile, testacée*).

Brute-marma
wird als Apfel- und Birnensorte (FUR 1690, s.v. *pomme*) (FUR 1690, s.v. *poire*) ausgewiesen. Das erste Namenselement ist offensichtlich auf *brute* "roh, unverarbeitet" zu lt. *brutus* "lourd, pesant" (Rob Hist 1992, 1, 303a) zurückzuführen. Bei dem zweiten Namenselement –*marma* handelt es sich sehr wahrscheinlich um eine Verballhornung oder evtl. eine volksetymologische Interpretation zu einem Ortsnamen: LA 20 weist drei Toponyme aus, die infrage kommen könnten: *Marmagne* (Cher), *Marmagne* (Saône-et-Loire) oder *Marmande* (Lot-et-Garonne) (Bd. 4, 697b). Der Apfelname geht wahrscheinlich wie auch der Birnenname *brute-manna* (LA 19, 2.2, 1361b) auf die Form und den Geschmack der Früchte zurück: Der Birnenname *manne* (1690) wird folgendermaßen erklärt: "Elle doit à sa saveur, très-sucrée lorsqu'elle est cuite, le nom de poire *manne*" (LeroyPom 1869, 2, 573).

Bucey
Pomme de bucey (Aube) (Cropom). Wahrscheinlich gehört der Apfelname *de bucey* zu dem Toponym *Bucey-en-Othe* (Aube, Champagne-Ardenne) (Encarta 1998).

Bullot
"esp. de pomme grande, jaune et aigre" (1611). v. Wartburg stellt den Beleg zu den "Materialien unbekannten oder unsicheren Ursprungs" (FEW 21, 77b). Im 19. Jh. bedeutet *boulot* "dick und fett". Es handelt sich um eine Ableitung von *boule* "Kugel" (Gam 130b). Seit 1830 bezieht sich das Adjektiv *boulot, otte* "gros et court" vor allem auf Personen (GRob 1985, 2, 117b). *Bullot* ist als "tas arrondi" ausgewiesen (FEW 1, 608b). Der große Apfel erhält den Namen vermutlich aufgrund seiner großen und schweren Frucht und ist im FEW 1, 607b unter *bulla* "Blase" aufzuführen.

Buveurs
Pomme des buveurs (1848). Der Apfel verdankt den Namen wohl seinem guten Fruchtsaft, zu welchem LeroyPom bemerkt: "suffisante, fraîche, très-sucrée, possédant une délicieuse saveur d'anis" (1873, 3, 165).

Byret rouge de la pyle (C)
wird als Cidreapfel (1987, Normandie) ausgewiesen und folgendermaßen beschrieben: "doux, très parfumé, coloré, arômes fins" (Chaib 7c). Das erste Namenselement *byret* könnte auf das Lexem **bura* "grober Wollstoff" zurückgeführt werden, welches in den Bedeutungen "Wollstoff" und "Farbenbezeichnung" ("brun, noirâtre, gris [du temps]") ausgewiesen wird (cf. FEW 1, 630b-631a). Das erste Namenselement könnte sich also auf ein bräunlich-graues Fruchtfleisch oder Schale beziehen. Das zweite Namenselement *rouge* spiegelt wahrscheinlich eine rote Fruchtschale wider. Das dritte Namenselement *de la pyle* könnte sich darauf beziehen, dass die Apfelsorte aus der Ortschaft *La Pyle* (Eure) (Encarta 1998) stammt.

Cabarelle
(1994) (Cropom). Dieser Name könnte auf die Bezeichnung für einen Korb zurückgeführt werden: Das FEW 2.1, 241b-243a stellt mfr. *cabar* zu **capacium* "Korb". Die Wortfamilie sei vor allem in Südfrankreich und auf der Pyrenäenhalbinsel vertreten, aber durch die Versendung der Früchte nach dem Norden sei das Wort auch dort bekannt geworden (cf. *cabassou*).

Cabaret
(Cropom 2001, 14); *Cabarette* (Nord) (Cropom). Der Name ist wahrscheinlich durch den Geschmack der Frucht motiviert. Vielleicht besteht ein Zusammenhang zwischen dem Apfelnamen *cabaret* oder *cabarette* und dem Begriff *cabaret* "une plante dont les feuilles sont semblables à celles du lierre (...)". FUR 1727 beobachtet die Wirkungen dieser Pflanze: "L'infusion des racines, et des feuilles de *cabaret* faite dans un vin, est vomitive" (FUR 1727, s.v. *cabaret*). Möglicherweise handelt es sich um eine Apfelsorte, die so sauer ist, dass sie Brechreiz erregt. Nicht auszuschließen ist eine Verbindung mit fr. *cabaret* "lieu où l'on vient boire, restaurant" (1275) oder mfr. *cabaret* "petit réduit à l'entrée d'une maison" (FEW 2.1, 135a).

Cabassou
(Jarez) (Cropom); (Cévennes) (Cropom 2001, 14). Der Apfel könnte seinen Namen der guten Transporttauglichkeit verdanken, oder geht der Apfelname auf die Form eines Korbes zurück (*cabas* "un panier contenant des figues ou des raisins" [1364] [Rob Hist 1992, 1, 314ab]). Der Name ist vielleicht auch durch den Umstand bedingt, dass es sich um einen Massenträger handelt, der körbeweise zur Weiterverarbeitung gebracht wird; cf. FEW 2.1, 241b, s.v. *capacium* "Korb": mfr. *cabas* "esp. de raisin tourangeau" (1549), nfr. "figues contenue dans le cabas" (1704). Auch eine Verbindung zu dem Toponym *Cabasse* (Var, Provence) (Encarta 1998) ist nicht ausgeschlossen.

Cabusse
(Lozère) (Cropom 2001, 14). Der Name könnte auf eine runde Apfelform zurückgeführt werden. Vielleicht handelt es sich bei dem Namen *cabusse* um eine Ableitung von *cabus* "variété de chou à grosse tête ronde et feuilles lisses" (13. Jh.) zu lt. *caput* "tête" (Rob Hist 1992, 1, 316b); das FEW 2.1, 343b weist nur *cabusse* "tête de chou" (Jura) aus.

Cadeau du général
LeroyPom weist *cadeau du général* (1851) und *présent du général* (1852) als Synonyme der Apfelsorte *reinette d'angleterre* aus (1873, 4, 616). Möglicherweise hat ein General diese Sorte gezüchtet oder als Geschenk von einem Pomologen erhalten. Denkbar wäre wegen dem Alternativname *reinette d'angleterre* auch, dass ein General die Sorte von England nach Frankreich importiert hat.

Cadeline
(Jersey) (FEW 21, 79a). Ein Bezug zwischen den Apfelnamen *cadeline* und dem Toponym *Cadelina (val)* "vallée de la Suisse, dans les Alpes Lépontiennes, Canton des Grisons" (LA 19, 3.1, 42b) ist unwahrscheinlich, da der einzige Beleg für den Apfelnamen auf die Insel Jersey weist. Es könnte sich um eine Sorte handeln, die "aus einem Gefäß kommt" oder "für ein Gefäß bestimmt ist": Mfr. *cade* bezeichnet "vase pour conserver le vin" (cf. FEW 2.1, 32b). Vielleicht ist der Apfel für die Destillation bestimmt: *Huile de cade* werde durch eine "distillation du bois du cade" gewonnen und wird auf diese Weise beschrieben: "odeur âcre" (NPRob 1996, 281b). Der Name geht also wohl auf den Verwendungszweck der Sorte zurück.

Caillade
(Corrèze) (Cropom 2001, 14). *Caille* wird seit 1120 ausgewiesen und bezeichnet den "oiseau du genre de la perdrix, au plumage brun tacheté". Folgende Redewendungen werden im Zusammenhang mit dem Lexem *caille* ausgewiesen: *gras, rond, chaud comme une caille*. *Caille* wird also als "symbole d'embonpoint" (Rob Hist 1992, 1, 324a) verwendet. Bei dem

Apfelnamen handelt es sich um eine Ableitung von *caille*, weil der Apfel dick und rund wie eine Wachtel ist; das FEW 2.2, 1387a weist die beiden Bedeutungen "gefleckt" und "fett" mit zahlreichen Belegen aus. Denkbar wäre auch eine Ableitung von dem Toponym *Caille* (Alpes-Maritimes) (Encarta 1998).

Caillouel (C)
wird als Cidreapfel (1987, Normandie) (Chaib 8a) ausgewiesen. Außerdem ist die Birnensorte *poire de caillouel* (13. Jh.) "sorte de poire mûrissant très tard" ausgewiesen; *caillouel* (15. Jh.), *caillouet* (16. Jh.), *poire de calliot* (1669) (FEW 2.1, 96b). v. Wartburg verwirft die Theorie, welche den Birnennamen auf das Toponym *Caillaux* (Bourgogne) zurückführt. Diese Ableitung scheitere an der afr. Form mit *-el*, sowie an der Tatsache, dass sich daneben auch Belege mit *ch-* finden (cf. FEW 2.1, 98a). Sowohl der Apfel- als auch der Birnenname sind wahrscheinlich durch das steinige Fruchtfleisch motiviert. Der Name ist daher zu mfr. *cailloueux* "où il y a beaucoup de *cailloux*" (FEW 2.1, 96b) zu stellen.

Calamine
(FUR 1690, s.v. *calamine*); (Hu 2, 55a [Verweis auf: Serres]); *calamania (des vénitiens)* (1540) (LeroyPom 1873, 3, 235). Dieser Baum ist schon vor 1500 in Frankreich, Italien und in der Schweiz kultiviert worden (cf. LeroyPom 1873, 3, 237). Bei dem Namen *calamine* handelt es sich vermutlich um eine Auszeichnung, wie LeroyPom bemerkt: "Les Italiens les appellent *calamila* pour leur préexcellence, particulièrement aux environs de Rome et de Bologne; puis à Venise, *calamania*, mais fautivement (1873, 3, 236); evtl. liegt wegen dunkler Schalenfarbe eine volksetymologische Interpretation des italienischen Namens zugunsten von nfr. *calamine* "résidu charbonneux de la combustion de l'huile, de l'essence" vor (FEW 2.1, 31b) (cf. *charbois*). Inwieweit und ob überhaupt der Apfelname und der belgische Ortsname *Calamine (la)* (PRobNP 352a) in Zusammenhang stehen, ist unklar.

Calleville ...
Die Apfelsorte *calleville* wird mit folgenden Namensbelegen ausgewiesen: *calville* (1544), mfr. *calvil* (FEW 2.1, 96b-98b); *calville* (1630) (PRob 1990, 240b); *pomme de calville* (1694) (Ac 1694, 2, 165b); *pommes de caleville* (1680) (Ri 1680, 2, 187b). Die Belege stammen aus Paris, Valenciennes; die Ardennnen, Vienne, Charente, Haute-Vienne, Corrèze, Savoie und Isère (FEW 2.1, 99b). Außerdem werden folgende Namensvarianten ausgewiesen: *cadlin* (Normandie), *calvine* (Genf), *calvire* (Languedoc) und *caravella* (Italien) (Li 1885, 1, 462c). Der Name ist wahrscheinlich zu dem Toponym *Calleville* (Eure) zu stellen (FEW 2.1, 99b). Die Apfelsorte, die aus der Region Haute-Normandie stammt, findet Verbreitung in den Regionen Ile-de-France, Nord, Champagne-Ardenne, Limousin, Rhône-Alpes und Languedoc sowie in der Schweiz und in Italien. *Calleville aromatique* (1867, Frankreich). Es handelt sich um eine dt. Sorte, die folgendermaßen datiert wird: "remonte à la fin du XVIIIe siècle". Der Namenszusatz *aromatique* geht auf den guten Geschmack der Sorte zurück, zu welchem LeroyPom bemerkt: "possédant un savoureux parfum" (1873, 3, 171). *Calleville barré* (1670). Das zweite Namenselement *barré* spiegelt die Musterung der Frucht wider, welche LeroyPom folgendermaßen beschreibt: "rayé de rouge" (1873, 1, 172). *Calleville blanche melonne à côtes* (1776). Diese *Calleville*-Untersorte erhält ihren ersten Namenszusatz *blanche* wegen der Farbe des Apfels, zu der LeroyPom bemerkt: "jaune-paille". Das Namenselement *melonne à côtes* geht wahrscheinlich auf die Größe ("volumineuse") und die Form ("très-inconstante, tantôt conique-ventrue ou irrégulièrement arrondie, tantôt conique allongée") des Apfels zurück (cf. LeroyPom 1873, 3, 174). *Calleville blond* (1845, Rouen). Der Namenszusatz *blond* bezieht sich auf die Farbgebung der Frucht, zu der LeroyPom bemerkt: "unicolore, d'un beau jaune clair" (1873, 3, 179). *Calleville boisbunel* (1859). Das zweite Namenselement dieser Apfelsorte geht auf den Namen des Züchters, einen M. *Boisbunel* (Rouen), zurück (cf. LeroyPom 1873, 3, 180). *Calleville de gascogne* (1670) (LeroyPom 1873, 3, 173). Der Namenszusatz *de gascogne* stellt die Apfelsorte zu der geschichtlichen Landschaft im Südwesten Frankreichs. Wahrscheinlich stammt die Sorte aus dieser Gegend. *Calleville de grugé* (1849). Der Namenszusatz dieser *calleville*-Sorte ist zu dem Toponym *Grugé-l'Hôpital* (Maine-et-Loire) zu stellen (cf. LeroyPom 1873, 3, 185). *Calleville de maussion* wird seit

1864 für Belgien ausgewiesen. Dennoch handelt es sich nach LeroyPom um eine "variété française" (cf. 1873, 3, 186). Wahrscheinlich ist *Maussion* ein (belgischer) Ortsname. *Calleville d'oullins*, *calville d'oullins* (1989-1992) (Cropom); *kalvill von oullins* (1850, Frankreich) (Vo 1993, 251). Der Name der *calleville*-Untersorte ist wahrscheinlich zu dem Ortsnamen *Oullins* (Rhône) (PRobNP 1550b) zu stellen. *Calleville garibaldi* (1860, Belgien). Das Namenselement *garibaldi* geht auf einen "général italien" zurück, dem die Sorte gewidmet worden sei (cf. LeroyPom 1873, 3, 184). *Calleville rose* oder *calleville de rose* (1600, Deutschland). Der Name ist durch die Farbgebung der Schale motiviert, zu welcher LeroyPom bemerkt: "amplement lavée et fouettée de *rose* tendre" (1873, 3, 189); (1992-1994) (Cropom). *Calleville rouge mont d'or* (1998-2000) (Cropom). Der erste Namenszusatz *rouge* könnte auf eine rote Farbgebung zurückgehen. Das zweite Namenselement *mont d'or* ist wahrscheinlich, wie die Bezeichnung einer Käsesorte, zu dem Toponym *Mont-d'or* (1874) zu stellen: "nom d'un fromage du Doubs" (Rob Hist 1992, 2, 1267b). *Calleville saint-sauveur* (LA 19, 12.2, 1355); (1863) (LeroyPom 1873, 3, 199). LeroyPom stellt diesen Apfelnamen zu dem Toponym *Saint-Sauveur* "commune de Breteuil (Oise)" (1873, 3, 199).

Caluau noire
De *caluau*, *calvau noire* (1608). Vielleicht geht der Apfelname *caluau noire* wie auch *caillot rosat* und *caillouel* auf gall. *caljo-* "Stein" zurück. Dieser Name könnte auf die Ähnlichkeit der Schale mit einem Stein zurückgeführt werden. LeroyPom bemerkt zu Schale und zum Fruchtfleisch: "noire en l'escorce" und "blanche en la chair" (1873, 3, 71-72); cf. *poire de caillouel* (13.-15. Jahrhundert) (FEW 2.1, 96b).

Calvi
wird für "Alpes-Maritimes et le Var" als Apfelsorte (Cropom 2001, 14) ausgewiesen. Möglicherweise handelt es sich bei *calvi* um eine Variante von dem Apfelnamen *calleville*: *calvine*, *calvire* werden als Alternativnamen von *calleville blanc d'hiver* ausgewiesen (LeroyPom 1873, 3, 199). Auch eine Verbindung zum korsischen Ortsnamen *Calvi* (Encarta 1998) ist nicht völlig ausgeschlossen.

Camiere
wird seit 1608 als "sorte de pomme" ausgewiesen (Hu 2, 65b [Verweis auf: Serres VII, 26]); (FEW 21, 77b [Verweis auf: Cotgr 1611]); *camière* (1838, Normandie) (FEW 21, 77b). Wahrschcinlich ist der Apfelname *camiere* zum Toponym *Camiers* (Pas-de-Calais) (GE 8, 1085b) zu stellen.

Camuezar
Der Apfelname *camuezar* wird seit 1628 als *pomme de reinette d'espagne* belegt; *camoise blanche* (1628); *camoisas du roi d'espagne* (1670) (FEW 21, 78a); *camoèse* als "esp. de pomme, calville" (FEW 21, 78a [Verweis auf: LeroyPom 3, 669]); sp. *camueça* (1599); *camueza* (1604, 1623), sp. *camuesa* (1601); kat. *camosa* (FEW 21, 78a). LeroyPom weist den Apfelnamen *camuzar* (1862) mit den Namensvarianten *camuezas* (1628), *camoise blanche* und *camoisas du roi d'espagne* (1788) aus (LeroyPom 1873, 4, 669). Der Apfel *camuezar* könnte den Namen wegen seiner Form erhalten haben. Diese beschreibt LeroyPom folgendermaßen: "conique-ventrue ou conique-arrondie, quelque peu côtelée près l'œil et très-déprimée, sur une face, à chacune de ses extrémités" (1873, 4, 669). Vielleicht handelt es sich bei *camuezar* um eine Ableitung von *camus*, use "court et plat, en parlant du nez" (LA 20, 1, 988b). Dieses Adjektiv ist seit 1243 belegt und wird auf den Beinamen *Camus* (1221) zurückgeführt (GRob 1985, 2, 306a). Außerdem weist v. Wartburg die Birnennamen *camessine*, *camouzine* und *camusette* aus. Das Verhältnis von *camessine* zu *camouzine* und *camusette* bleibt unklar. v. Wartburg räumt ein, dass die it. Form *pera camoglina* möglicherweise darauf hinweist, dass diese Birne zuerst in *Camogli* bei Genua gezüchtet wurde (cf. FEW 21, 80a [Verweis auf: Hubschmid]).

Canada
Pomme de canada (1632), *canada* (1867) (FEW 2.1, 167b); *reinette du canada* (1873), *reinette monstrueuse du canada* (1771), *reinette de canada* (1798-1823), *grosse reinette du canada* (1831), *du canada* (1842). Als Alternativname dieser Sorte weist LeroyPom *reinette de caen* und *de caen* aus (1873, 4, 637). *Pomme de canada* (1632), *reinette du canada* (1775), *canada* (1873). Diese Sorte sei "assez répandue en Pays d´Auge" (Chevalier 1992). Vo 1993, 251 geht von einer englischen Herkunft aus und notiert, dass sie schon vor 1800 in Deutschland bekannt gewesen sei. Zu dem Namen und der Herkunft dieser Sorte bemerkt LeroyPom: "ne vient pas du *Canada*" (1873, 4, 640 [Verweis auf: Downing, *The Fruits and fruit trees of America*, 1869, p. 115]). Außerdem wird darauf hingewiesen, dass der Apfelname in Kanada unbekannt ist: "ce mot, dans cet emploi, est inconnu en français canadien" (GRob 1985, 2, 306ab). Auch wenn diese Sorte nicht aus Kanada stammt, ist der Namensgeber mit Sicherheit davon ausgegangen, dass es sich um eine kanadische Sorte handelt.

Canari (C)
wird als Cidreapfel (Rennes 1991, 28) ausgewiesen; *Petit canari* (1998) als Cidreapfel (Rennes 1998). Der Apfelname geht vermutlich auf eine gelbe Farbgebung des Apfels zurück: *canari* "serin de couleur jaune vif" bezeichnet auch allein die Eigenschaft "de couleur jaune vif" (Rob Hist 1992, 1, 336b); cf. Nice *canari* "variété de raisin noir" (FEW 2.1, 172a). *Canari* wird als Entlehnung aus dem Spanischen interpretiert: *canari* "à la livrée jaune et brun olivâtre" (NPRob 1996, 295a).

Candelier
(1404) (LeroyPom 1873, 1, 21). Wahrscheinlich geht der Apfelname *candelier* auf die Berufsbezeichnung *candalier* "marchand de cire" (FEW 2.1, 178a) zurück, weil die Frucht durch eine wächserne Schale auffällt. Auch eine Zusammenhang mit dem Begriff *chandelier* (Eure) "pièce de bois placée au centre de la croisée d´un pressoir, et autour de laquelle tourne la meule qui broie les pommes" (FEW 2.1, 181a) ist möglich, wobei hier die Motivation verloren gegangen wäre.

Canelle
Canelle verte (Jarez) (Cropom); *pomme de cannelle* (1760). Der Apfel verdankt den Namen seinem Aroma, zu dem LeroyPom bemerkt: "possédant une saveur aromatique qui rappelle assez bien le goût de la *cannelle*" (1873, 3, 200). Auch eine Verbindung mit dem Toponym *Canelle* (Corsica) (Encarta 1998) ist möglich.

Canino des clos
(1994) (Cropom). Der Apfelname *canino* ist vielleicht zu dem it. Stadtnamen *Canino* (Viterbe) (PRobNP 368a) zu stellen. Der Namenszusatz *des clos* geht wahrscheinlich darauf zurück, dass die Sorte windempfindlich ist und deshalb nur in geschützten Anlagen gedeiht: *Clos* bezeichnet "terrain cultivé *clos* de haies" (Rob Hist 1992, 1, 436b).

Cappe (C)
ist seit 1536 als "sorte de pomme" ausgewiesen (Hu 2, 87a [Verweis auf: Serres VI, 26]); *cappe* "esp. de pomme" (1385) (FEW 21, 77b [Verweis auf: 1385, Tilander Glan; 1507, Gdf; Ol de Serres, norm. id. RIFI 5, 107]). Seit 1866 ist *cappe* in den Bedeutungen "variété de pomme", "croûte qui se forme à la surface du cidre" und "assemblage de bois dont on enveloppe, dans les raffineries de sucre, une forme cassée" (LA 19, 3.1, 327a) belegt. *La petite chappe* ist als einer der "pommiers à cidre" ausgewiesen. Die Früchte werden zur "troisième classe" gezählt und reifen Ende Oktober (Ro 1789, 215b). Für die Normandie ist *cappe* "pellicule qui se forme à la surface des cidres" (FEW 2.1, 275a) ausgewiesen. Da ein Beleg für den Apfelnamen auf die Normandie weist, geht v. Wartburg von einer Benennung nach dem Ortsnamen *Les Cappes* (Pas-de-Calais) aus. Er stellt den Namensbeleg allerdings mit einer gewissen Vorsicht zu den "Materialien unbekannten oder unsicheren Ursprungs" (cf. FEW 21, 77b).

- 40 -

Carabiller
wird seit 1989 als Apfelname (Cropom) ausgewiesen. Vielleicht handelt es sich bei dem Obstnamen um eine Ableitung, die wie *carabe* "insecte coléoptère carnivore" (1668) zu lt. *carabus* "crustacé du genre langouste" (Rob Hist 1992, 1, 347a) zu stellen ist. Möglicherweise besitzt der Apfel eine auffällig gefärbte oder harte Schale?

Carabine
(Cantal) (Cropom). Der Name ist wahrscheinlich durch die längliche Apfelform motiviert, die einem Karabiner ähnelt. *Carabine* (1611) bezeichnet "l'arme des *carabins*, soit primitivement une petite arquebuse, puis (1694) une arme à feu légère à canon rayé" (Rob Hist 1992, 1, 347a).

Caractères
À *caractères* (1760), *reinette caractère* (1839). Der Apfel verdankt den Namen seinen Flecken: "de ces traits bruns et fins, imitant un feuillage ou des *caractères*, dont sa peau jaune verdâtre est toute recouverte" (LeroyPom 1873, 4, 708). Auch den Namen der Apfelsorte *de caractères* (1808) führt LeroyPom auf eine besondere Farbgebung zurück: "en partie recouverte d'une couche roussâtre très-transparente, sous laquelle apparaissent de nombreux réseaux et linéaments dorés" (1873, 3, 296).

Caraisie
wird als Apfelname für Oise ausgewiesen (Cropom 2001, 14). Wahrscheinlich erhält die Apfelsorte den Namen *caraisie* aus demselben Grund wie die Birnensorte *carisi*. *Carésis* wird als Name der "especes de poires uniquement bonnes à la fabrication du poiré" (LA 20, 2, 1035a) ausgewiesen; *carési* (Rouen 1537); *carisi; carisy*. Der Apfelname *caraisie* sowie auch der Birnenname *carisi* gehen vermutlich auf den Ortsnamen *Quierzy* (Aisne) zurück (cf. FEW 21, 80a).

Carcavelle
(Hte-Savoie) (Cropom 2001, 14). Vermutlich handelt es sich bei dem Namen *carcavelle* um eine regionale Variante des Apfelnamens *calleville*. Li 1885 weist für Italien die Namensform *caravella* aus (Bd. 1, 462c).

Cardinale
oder *de cardinal* (1670). Der Apfel verdankt den Namen seiner roten Farbgebung, zu welcher LeroyPom bemerkt: "une couche de carmin brillant" (1873, 3, 65). Auch der Name der Apfelsorte *cardinal rouge* (1859) gehe auf die Farbgebung zurück. Die Frucht sei "presque entièrement lavée et striée de rouge foncé" (LeroyPom 1873, 3, 203).

Cardon (C)
wird als Cidreapfel (1987, Normandie) (Chaib 8b) ausgewiesen. Wahrscheinlich geht der Apfelname auf eine stachelige Fruchtschale und ein ungenießbares Fruchtfleisch zurück. *Cardon* bedeutet "artichaut sauvage" (1507) (NPRob 1996, 307b). Das Lexem *carduus* "Diestel" (FEW 2.1, 369a) sei wegen des dornigen und ungenießbaren Teiles der Artischocke der Name einer Artischockensorte geworden: "le *cardon* porte une pomme épineuse qu'on ne mange point" (FUR 1727, s.v. *cardon*). Auch eine Verbindung zwischen dem Cidreapfel *cardon* und dem sp. Toponym *Cardona* (LA 20, 1, 1034a) ist möglich, wobei der Stadtname dann später vielleicht volksetymologisch als mögliche Herkunft für den Fruchtnamen gewählt wurde.

Carmaignole
Pomme de carmaignolle "esp. de pomme" (1536), *carmignola* "reinette grise" (Drôme) (FEW 2.1, 378ab). Der Apfelname geht auf *carmagnola*, den Namen einer Stadt im Piemont, zurück, die dort in dessen furchtbarstem Teil gelegen ist. Daher würden mehrere Fruchtarten nach ihr benannt (cf. FEW 2.1, 378ab).

Carnette (C)
wird als Cidreapfel (1987, Normandie) ausgewiesen. Der Saft, der aus dieser Sorte gewonnen wird, ist "pâle, abondant, doux, arômatique" (Chaib 8a). Das Lexem *carne* (1835, Normandie) geht auf altnormandisch *carn* "viande" und afr. *char(n)* "chair" zurück. Bei dem Namen könnte es sich aber auch um die "forme apocopée (tronquée de sa dernière syllabe), récente et argotique, de *carnage*" handeln, die in Lothringen seit 1807 in der Bedeutung "mauvaise viande" ausgewiesen ist (Rob Hist 1992, 1, 353b). Der Apfelname ist wahrscheinlich durch eine rote Farbgebung motiviert (cf. *boucherot*). Das Suffix *–ette* spiegelt vermutlich eine kleine Frucht wider.

Caroline auguste
(Franche-Comté) (Cropom). Die Apfelsorte *caroline-auguste* wird als "variété allemande" nach Frankreich importiert. Joseph Schmidberger züchtet sie in einem österreichischen Kloster. Diese Sorte sei erstmals im Jahre 1818 gereift und habe den Namen einer bayrischen Prinzessin, die 1816 "impératrice d´Autriche" geworden sei (cf. LeroyPom 1873, 3, 205), erhalten.

Carpentin (C)
wird als dt. Sorte seit 1867 in Frankreich belegt. Es handelt sich um einen Cidreapfel, dem LeroyPom eine ausgezeichnete Qualität zuschreibt (cf. 1873, 3, 206). Wahrscheinlich verdankt der Apfelname seinen Namen einem Geräusch, das durch die Sorte verursacht wird, wenn die Frucht vom Baum fällt. *Carpentin* könnte eine Ableitung sein zu afr. *charpenter* "frapper vigoureusement (dans la bataille)", *carpenter* "tailler à grands coups", mfr. *charpenter* "faire du bruit en remuant des objets lourds", *carpenter* "rosser qn." (FEW 2.1, 400b). Vielleicht besitzt der Apfel eine massive Gestalt und / oder wird erst als Fallobst aufgelesen.

Carrée d´hiver
(Morvan) (Cropom). Das Namenselement *carrée* spiegelt wahrscheinlich eine viereckige Fruchtform wider und ist deshalb zu dem Adjektiv *carré,ée* (1121) "qui forme un angle droit" und "fort, largement développé" (Rob Hist 1992, 1, 354b) zu stellen. Der Namenszusatz *d´hiver* bezieht sich auf eine späte Reifezeit während des Winters.

Carrel (C)
wird als Cidreapfel (Rennes 1991, 28) ausgewiesen. Der Apfelname geht auf eine vermutlich viereckige Form der Frucht zurück (cf. *carré d´hiver*). Wahrscheinlich ist der Apfelname *Carrel* zum Diminutiv von *quarel* zu stellen: "par analogie de forme avec celle d´un *carreau*". Die aktuelle Form *carreau* wird durch *quarrel* (1080), *quarel* (1160) und *carreau* (12. Jh.) belegt (Rob Hist 1992, 1, 355a).

Carrey
v. Wartburg leitet den Apfelnamen *poumes de carrey* "esp. de pommes rouges" (Bearn.) von *carrus* "Karren" (FEW 2.1, 426b-430b) ab. Der nähere semantische Zusammenhang zwischen der Apfelsorte und einem Karren wird nicht erläutert. Es gibt keinen Grund, *carrey* von der Familie von *quadratus* zu trennen, zu der *carrel* gehört (*poma + de + quadrata*).

Cassou
(Aquitaine) (Cropom 2001, 14). Möglicherweise handelt es sich um einen Kochapfel. Bei dem Apfelnamen *Cassou* könnte es sich um eine Apokope von dem Lexem *cassoulet* (1897) handeln, welches "plat cuit au four" bezeichnet. Es handelt sich um den Diminutiv von *casso* "poêlon", welches auf "l´ancien provençal *cassa*, à l´origine du français *casse*" zurückgeht (Rob Hist 1992, 1, 361a) (cf. *cassolette*).

Cateau
(Ile de France) (1989-1992) (Cropom). Vielleicht geht dieser Apfelname auf das erste Namenselement der Ortschaft *Cateau-Cambrésis (Le)* (Nord) (PRobNP 393a) zurück.

Cave
De *cave* (Oise) (Cropom 2001, 14). *Cave* bezeichnet "lieu souterrain où l'on conserve d'ordinaire provisions et vin". Dieses Lexem wird auch auf "boîte servant à transporter des vins, liqueurs (1669) et, autrefois, des parfums" übertragen (Rob Hist 1992, 1, 368b). Seit 1851 ist die Bedeutung "les vins conservés dans une cave" belegt (NPRob 1996, 323ab). Der Name geht wahrscheinlich auf den Verwendungszweck der Sorte zurück: Es könnte sich um einen haltbaren Einkellerungsapfel handeln. Eher unwahrscheinlich ist eine Ableitung des Namens von der Fruchtform: *Cave* bedeutet "creux, cavé" und ist als Variante von *concave* ausgewiesen (FUR 1727, s.v. *cave*).

Cerette
(Corrèze) (Cropom 2001, 14). Wahrscheinlich handelt es sich bei dem Apfelnamen *cerette* um eine Ableitung von dem Ortsnamen *Cérét* (Pyrénées-Orientales) (Encarta 1998). Auch eine Verbindung mit *Cérat* (1538) zu lt. *ceratum* von *cerare* "frotter avec la cire" ist möglich (Rob Hist 1992, 1, 377b). Der Name könnte darauf zurückgehen, dass der Apfel eine wächserne oder gelbe Fruchtschale hat wie eine Birnensorte: mfr. *cirette* "esp. de poire jaune" (FEW 2.1, 595a).

Cervos
ist für Die (Drôme) als "sorte de pomme" belegt. v. Wartburg stellt den Namensbeleg zu den "Materialien unbekannten oder unsicheren Ursprungs" (FEW 21, 79b). Der Apfelname könnte auf *cervoise* "Kräuterbier" (12. Jh.) (Gam 204a) zurückgehen, weil der Cidre dem Geschmack dieses Getränkes ähnelt. Denkbar wäre auch ein Zusammenhang zwischen dem Apfelnamen und dem Toponym *Cervos* (Portugal) (Encarta 1998).

Chailleux
Chailleux oder *chailleul* (Bretagne) (Rennes 1991, 28); *chailleux* ("Maine et Perche") (Cropom). LeroyPom weist die Sorte, die schon viel älter zu sein scheint, seit 1870 aus. Er zitiert einen M. Rieffel, um die Sorte näher zu beschreiben: "J'ignore l'origine du nom *chailleux*, mais dans tout le canton de Nozay il existe, ainsi appelés, de vieux arbres grands comme des *chênes*" (cf. 1873, 3, 210 [Verweis auf: *Procès-Verbaux* du Congrès, 14ᵉ session; et *Journal* de ladite Société de Paris, 2ᵉ série, t. III, p. 690.]). Der Name bezieht sich wahrscheinlich auf die Größe des Baumes und ist deshalb zur Wortfamilie von *cassanus* "Eiche" (FEW 2.1, 459ab) zu stellen, wobei allerdings die Lautentwicklung nicht einfach zu erklären ist.

Chalerie
wird für "Maine et Perche" (Cropom) ausgewiesen. Es ist nicht unmöglich, dass der Apfelname *chalerie* zu der Wortfamilie *calere* "warm sein", *chaler* "chauffer", *se chaler* "se brûler" (FEW 2.1, 82b) gehört; vielleicht geht der Name auf einen Verwendungszweck als Kochapfel zurück.

Champ gaillard
(Provence) (Cropom); (H.Alpes 1998). Wahrscheinlich ist das zweite Namenselement zu *gaillard* (1080), °*galia* "force", "plein de vie (du fait de sa constitution robuste)" zu stellen; *gaillard* wird als Substantivierung von *château gaillard* "château fort" (Rob Hist 1992, 1, 861b) ausgewiesen. Als besonderes Merkmal dieser Sorte wird vermerkt, dass der Baum "les sols profonds" (cf. Provence, S. 5) schätze. Der Name *champs gaillard* könnte einen starken Baum widerspiegeln, der besonders guten Boden benötigt. Außerdem ist eine Verbindung mit dem Namen der Ortschaft *Château-Gaillard* (Ain, Rhône-Alpes) (Encarta 1998) möglich. Als Alternativname für *champ gaillard* wird *Jean Gaillard* angegeben (H.Alpes 1998). Dieses Gebiet ist okzitanisch geprägt, deshalb wird hier der Name volksetymologisch umgedeutet.

Championne en vitamines
(Vienne) (Cropom 2001, 14). Bei diesem Namen handelt es sich um eine moderne Schöpfung. Das erste Namenselement *championne* "femme qui soutient un combat contre qqn" wird seit

1558 ausgewiesen (Rob Hist 1992, 1, 386ab). Die Sorte verdankt ihren modernen Namen mit großer Wahrscheinlichkeit ihrem starken Vitamingehalt. *Vitamine* wird seit 1913 belegt (NPRob 1996, 2400b).

Chance
(1842). Der Apfel erhält den Begriff *chance* als Name, weil es sich um einen eher schwächeren Baum handelt. Wahrscheinlich bestimmt das Glück in einem großen Maße, wie stark die Ernte ausfällt. LeroyPom beschreibt die Apfelsorte als schwächlich: "Ce pommier n'est pas assez vigoureux pour qu'il soit prudent, quand on le destine au plein-vent". Darüber hinaus hält er aber auch fest, dass die Sorte sich durch einen ausgezeichneten Geschmack ("très-agréablement parfumée") auszeichne (LeroyPom 1873, 4, 700).

Chapeau
(1598). Der Name geht auf die Form des Apfels zurück, die einem Hut ähnele: "La pomme *Huttlins*, ainsi nommée en Suisse, notamment à Boll et à Wall, pour sa forme turbinée, en façon de Bonnet, de *Chapeau*" (LeroyPom 1873, 4, 561) (cf. *bonet de bonnétage*).

Charbois
Pommier *charbois* "pommier doucin" (FEW 21, 79a). Der Apfelname ist wahrscheinlich zu *carbo* "Kohle" (FEW 2.1, 354b/356b) zu stellen, weil die Frucht durch eine dunkle Fruchtschale auffällt.

Charbon
Die Apfelsorte *pomme de charbon* (1873) beschreibt LeroyPom folgendermaßen: "un peu brunâtre sous la peau" (1873, 3, 143). Wahrscheinlich geht dieser Name auf eine dunkle Farbgebung zurück (cf. *charbois*).

Chargiot
bezeichnet eine "variété de pomme" (LA 19, 3.1, 988a); "variété de pomme douce" (1838, Normandie) (FEW 21, 78b). Vielleicht ist der Apfelname *chargiot* zu dem Lexem *charge* "Last, Aufladen" (12. Jh.) zu stellen (Gam 208a), weil es sich bei der Apfelsorte um einen Massenträger handelt.

Charmant blanc
(1780). Dieser Name spiegelt die schöne und weiße Farbgebung der Frucht wider, zu welcher LeroyPom bemerkt: "jaune blanchâtre nuancé de vert du côté de l'ombre" (1873, 4, 589-599).

Charrière (C)
wird als Cidreapfel (Rennes 1991, 28) ausgewiesen. Dieser Name könnte darauf zurückgehen, dass es sich um einen Massenträger schlechter Qualität handelt (cf. *chargiot*). Der Name wäre dann zu folgender Wortfamilie zu stellen: *charrier* (1080) "transporter dans un *chariot*, un *char*" (Rob Hist 1992, 1, 390b). Auch ein Bezug zu einem saftigen Fruchtfleisch wäre möglich: *Charrée* (1280) geht auf lt. *cathara* "(eau) propre, qui purifie" zurück (Rob Hist 1992, 1, 393b). Oder ist der Apfelname *charrière* zu einem Toponym oder zu einem Personennamen zu stellen? Als Ortsnamen sind *La Charrière* (Allier) oder (Deux-Sèvre) (Encarta 1998) belegt. Außerdem wird in den ausgewerteten Quellen folgende Person mit dem Familienname *Charrière* ausgewiesen: *Charrière (Isabelle van Tuyll van Serooskerken van Zuylen, Mme de)* (1740-1805) (PRobNP 432b).

Chasseur de menznau
(Elsass) (BVosges, S. 5). Der Name geht wahrscheinlich auf eine grüne Farbgebung der Frucht zurück und ist deshalb zur Wortfamilie von *chasseur, -euse* (12. Jh.) "celui qui s'adonne à la chasse" (Rob Hist 1992, 1, 395a) zu stellen. Die Sorte stammt wahrscheinlich aus der Schweiz: *Menznau* (Schweiz) (NL 1948, 2, 191a)

Châtaignier (C)
Pomme de castegnier (Normandie, 1370) (FEW 2.1, 465b), *chastaigne* "esp. de pomme" (15. Jh.) (FEW 2.1, 464b); *pomme de châtaignier* (1536) (GRob 1985, 2, 520b); "*châtaignier*" (1697) (Rob Hist 1992, 1, 396a); *le châtaigné* (FUR 1727, s.v. *pomme*); *châtaignier* als Cidreapfel der Normandie (Chaib 8a). Nach LeroyPom ist der Name durch die Besonderheit des Fruchtfleisches motiviert (cf. 1873, 3, 213). Littré vertritt dieselbe Etymologie: "à chair de blancheur farineuse d'où lui vient peut-être le nom, par comparaison avec la chair de la *châtaigne*" (Li 1885, 1, 574c); nicht ganz auszuschließen ist, dass die Schale für die Namengebung verantwortlich zu machen ist (cf. *hérisson* "Kastanienfrucht").

Chatenon
oder *chatenou* (1613) (LeroyPom 1873, 3, 421). Der Apfelname *chatenon* könnte sich auf den Ortsnamen *Châtenois* (Bas-Rhin) (PRobNP 436a) beziehen. Oder ähnelt der Apfel möglicherweise einer jungen Katze und geht der Name *chatenon* deshalb auf das Lexem *chaton* "jeune chat" (FEW 2.1, 515b) zurück?

Chazé
Pomme de chazé (1848). Der Name ist zu einem Toponym zu stellen. LeroyPom verweist auf zwei Orte mit diesem Namen: "deux communes de ce nom situées dans le département de Maine-et-Loire" (1873, 3, 215).

Chemise de soie blanche
wird auch als *chemisette blanche* "Horsets Schlotterapfel" und "Weißes Seidenhemdchen" ausgewiesen. Der Name geht auf die weiße Farbgebung des Apfels zurück, die Vo 1993, 492 folgendermaßen beschreibt: "hellgrün, später gelblich-weiß". Vielleicht spiele auch die seidige Schale und Form des Apfels eine Rolle bei dieser Namensmotivation: "kleiner abgestumpft länglich-runder, ziemlich gleichmäßig gebauter Apfel".

Chemisette blanche
(1598). Der Apfel verdankt den Namen seiner Farbgebung, zu der LeroyPom bemerkt: "jaune clair, plus ou moins nuancée de rose tendre sur la face exposée au soleil" (1873, 3, 216).

Cherbourg (C)
(1987, Normandie) wird als Cidreapfel (Chaib 8a) ausgewiesen. Sicherlich geht der Name auf das Toponym *Cherbourg* (Manche) (PRobNP 441a) zurück.

Cherin
ist für Rennes als "pommier sauvage" belegt. *Seran* ist für St-Paul (Haute-Savoie) als "variété de pomme de forme allongée" ausgewiesen (FEW 21, 78b). Diese beiden Namen werden von v. Wartburg zu den "Materialien unbekannten oder unsicheren Ursprungs" gestellt. Möglicherweise besteht ein Zusammenhang zwischen der Wortfamilie von *carus* und dem Apfelnamen *cherin*: *cher, chère* ist mit *chier* seit 980 ausgewiesen und wird auf lt. *carus* zurückgeführt (NPRob 1996, 360a); *chérir* "aimer tendrement", "attacher un grand prix à (qqch.)" ist als Ableitung von *cher* seit 1155 belegt (NPRob 1996, 360b); *chérot* "trop cher, coûteux" ist seit 1833 ausgewiesen (NPRob 1996, 360b); die Form *cherin* wäre dann durch Suffixwechsel zu erklären. Auch eine Verbindung zu einem sp. oder fr. Ortsnamen ist möglich: *Cherin* (Andalucía, Spain), *Serain* (Aisne) (Encarta 1998).

Chérubine (C)
wird als Cidreapfel (Rennes 1991, 28) ausgewiesen. Der Name könnte auf die Farbgebung der Frucht zurückgehen: *Une face, un teint de chérubin* bezeichnet "un visage rond et des joues colorées", dazu mfr. *chérubin* "visage rose d´une personne" (FEW 2.1, 635a). Außerdem wird die Redewendung "beau, joli, gracieux comme un *chérubin*" (NPRob 1996, 360b) belegt. Der Apfel verdankt den Namen wahrscheinlich seiner schönen Farbgebung, denn *chérubin* bezieht sich u.a. auf die Farbe der Backen von Kindern (FEW 2.1, 635a; dort nachzutragen).

Cheval (C)
Pomme de cheval ist als Cidreapfel für den Nordosten des Pays d´Auge belegt. Die Apfelform beschreibt Chevalier als "forme érigée" (cf. Chevalier 1992). Vielleicht geht der Name des Apfels auf eine markante Form zurück, die an einen Pferdekopf erinnert. Auch ein Zusammenhang mit dem Ortsnamen *Le Cheval Blanc* (Seine-Maritime) (Encarta 1998) kann nicht ausgeschlossen werden.

Chicra (C)
v. Wartburg weist *chicra* "pomme sauvage" und *chicrier* "pommier sauvage" aus. Der Apfel verdankt den Namen wahrscheinlich seiner kleinen Form (und evtl. schlechten Qualität). v. Wartburg stellt den Obstnamen zu *tsikk-* "klein" mit dem Hinweis, dass sich mit der Vorstellung des Kleinen oft die Nuance der Geringschätzung, der Verachtung verbinde (cf. FEW 13.2, 369a-370a).

Chiéra
ist für Basses-Alpes als "pomme sauvage" und *chiériér* als "pommier sauvage" (FEW 21, 79b) belegt. *Chieri, chiers* ist als "ville d´Italie (Piémont)" ausgewiesen (GE 11, 18ab). Möglicherweise geht der Apfelname auf diesen it. Stadtnamen zurück. Der geographische Beleg des Namens würde für diese Etymologie sprechen. Ein Zusammenhang mit *Chiers* "Riv. du N. de la Lorraine" (PRobNP 444b) ist dagegen unklar. *Chière* "chair; visage" ist seit 1866 belegt; *chier, chière* als "forme ancienne du mot *cher*" (LA 19, 4.1, 94d). Da es sich um eine "pomme sauvage" handelt, wird der Name von NPRob 1996, 365a auf die Wortfamilie von fr. *chier* "cacare", span. *cagar* zurückgeführt. Diese Erklärung ist phonetisch wie semantisch problematisch, so dass die Erklärung aus dem Toponym die größte Wahrscheinlichkeit besitzen dürfte.

Chourreau
(Gers) (Cropom 2001, 14). Wahrscheinlich ist der Name durch das saftige Fruchtfleisch des Apfels motiviert. Möglicherweise handelt es sich bei dem Apfelnamen *chourreau* um eine Ableitung von *chourre* "fontaine, eau jaillissante" (FEW 13, 379b).

Chupi
v. Wartburg weist *chupi* als "esp. de pomme" aus. Er stellt den Namensbeleg zu den "Materialien unbekannten oder unsicheren Ursprungs". Er vermutet, dass der Apfelname auf den fr. Familiennamen *Chupin*, eine griechischen Variante von *Choupin, Chopin*, zurückgehe (cf. FEW 21, 79a). Beeinflusst könnte diese Namenswahl möglicherweise durch *chopine* "mesure de capacité d´environ un demi-litre pour les liquides" und *chopiner* "boire du vin en excès" (Rob Hist 1992, 1, 415b-416a) worden sein.

Cibrîsy (C)
ist für Valognes (Manches) als "variété de pommes à cidre" ausgewiesen. v. Wartburg stellt den Namensbeleg zu den "Materialien unbekannten oder unsicheren Ursprungs" (FEW 21, 79a). Die Motivation dieses Namens lässt sich durch die hier ausgewerteten Quellen nicht erklären.

Cimetière ...
Pomme de cimetière ist für "Maine et Perche" (Cropom) belegt. Diese Sorte wurde wahrscheinlich auf einem (ehemaligen) Friedhofsgelände gefunden. *Cimetière de blangy* (Pays d´Auge) (Li 1885, 1, 622c). Diese Sorte stamme aus *Blangy* (cf. Auge). Als Namensvariante wird auch *Blangy* (cf. LA 19, 4.1, 301a) ausgewiesen. Wahrscheinlich wurde diese Apfelsorte auf dem Friedhof der Ortschaft *Blangy-sur-bresle* (Seine-Maritime) (PRobNP 263a) gefunden. *Cimetière d´orbec* (C) (1987, Normandie) wird als Cidreapfel (Chaib 8a) ausgewiesen. Dieser Name ist wohl zum Ortsnamen *Orbec* (Calvados) (PRobNP 1534a) zu stellen.

Cinq-cartons
De cinq-cartons wird seit 1670 ausgewiesen. Der Apfel verdankt den Namen wahrscheinlich seiner Größe und seinem Gewicht. LeroyPom vermutet, dass es sich um einen Alternativnamen zu *pomme de livre* handle: "On peut le supposer, en raison surtout du volume considérable" (cf. 1873, 3, 436); cf. mfr. nfr. *carton* "feuille plus ou moins épaisse et rigide", boîte légère" (FEW 2.1, 627b). Vermutlich sind die fünf Fruchtkammern dieser Apfelsorte ähnlich wie kleine Kartons ausgeformt.

Cire
Pomme-cire (1536) (Hu 1, 694b [Verweis auf: Serres]); *pomme cire* "esp. de pomme". v. Wartburg stellt den Apfelnamen zur Wortfamilie von *céra* "Wachs" (FEW, 2.1, 597b). Wahrscheinlich verdankt der Apfel den Namen einer hellen Farbgebung. Der Name der Birnensorte *cire* (1670) geht wohl auf die Schalenfarbe zurück, zu der LeroyPom bemerkt: "jaune-paille très-clair ou jaune-*cire* blanchâtre" (1867, 1, 518).

Citron de ...
Citron de carmes ist als Doppelname von *reinette jaune hâtive* ausgewiesen (LeroyPom 1873, 3, 218). Wahrscheinlich ist der Apfelname durch eine gelbe Farbgebung (cf. LeroyPom 1873, 4, 697) motiviert. *Carmes* wird auf *Carmel (le)* oder *ordre de Notre-Dame du Mont-Carmel* zurückgeführt (PRobNP 378b). *Citron de pont-l'évêque* (C) (1987, Normandie). Das erste Namenselement *citron* geht wahrscheinlich auf die Farbgebung zurück: "peu coloré" (Chaib 8a). Das Namenselement *de pont-l'évêque* gibt möglicherweise die Herkunft der Apfelsorte aus der Ortschaft *Pont-Évêque* (Isère) (PRobNP 1664b) an. *Citron de surville* (C) (1987, Normandie) (Chaib 8a). Auch dieser Apfelname spiegelt wahrscheinlich eine auffallend helle Farbgebung wieder und bezieht sich auf ein Toponym: *Surville* ist der Name von drei verschiedenen Ortschaften (Calvados, Eure, Manche) (Encarta 1998). *Citron d'hiver* (1628, Orléans). Der Apfel verdankt den Namen wahrscheinlich seiner Farbe ("jaunâtre") und seinem säuerlichen Geschmack ("aigrelette"). Der Namenszusatz *d'hiver* bezieht sich wahrscheinlich auf seine späte Reifezeit ("novembre-mars") (LeroyPom 1873, 3, 221); (1998-2000) (Cropom).

Claguet (C)
wird seit 1583 als "variété de pomme savoureuse" und als Cidreapfel ausgewiesen. v. Wartburg stellt den Beleg zu den "Materialien unbekannten oder unsicheren Ursprungs" (FEW 21, 77b); mfr. *claguet* "sorte de pomme" (Hu 2, 303a). Der Apfel verdankt den Namen wahrscheinlich einem trockenem Fruchtfleisch. Aus diesem Grund ist der Apfelname *claguet* vermutlich zu *claque* (1306) zu stellen, welches als onomatopoetisches *klakk-* "exprimant un bruit sec, bref et assez fort, d'où l'interjection *clac*" (Rob Hist 1992, 1, 430b) belegt wird.

Claque pépins
(Normandie) (Chevalier 1992); (1998-2000) (Cropom). Der Name *claque pépins* ist wahrscheinlich dadurch motiviert, dass das Kerngehäuse ein Geräusch verursacht. Die Beschreibung, die zu dieser Apfelsorte geliefert wird, spricht für diese Namensherführung: "très grandes loges où les pépins sont libres". Als Alternativname wird außerdem *pommes à sonnettes* (Chevalier 1992) ausgewiesen. Dieser Beleg ist zu dem Schallwort *klakk-* (FEW 726b) unter 2b bei den Pflanzennamen (S. 728b) zu stellen.

Claron
(Jarez) (Cropom). Vielleicht verdankt der Apfel den Namen *claron* einer hellen Farbgebung und ist deshalb zur Wortfamilie *clarus* "hell" zu stellen. v. Wartburg belegt unter anderem die Ableitung afr. *clarion* "brillant" (13. Jh.) (FEW 2.1, 739a-740a). Oder besteht ein Zusammenhang mit dem Toponym *Cléron* (Doubs, Franche-Comté) (Encarta 1998)?

Clémentine
wird für Hte-Savoie ausgewiesen (Cropom 2001, 14). *Clémentine* wird seit 1929 als Ableitung vom Suffix *-ine* in *mandarine* und von dem Namen "père *Clément*" belegt. Es

handelt sich um den "moine agrumiculteur, qui obtint ce fruit en Oranie, vers 1902, en croisant un mandarinier et un oranger amer" (Rob Hist 1992, 1, 432b). Wahrscheinlich besitzt der Apfel die Form und Farbgebung dieser Südfrucht. Oder liegt eine Ableitung von dem Toponym *Saint-Clémentin* (Deux-Sèvres, Poitou-Charentes) (Encarta 1998) vor?

Clermontoise
(Ile de France) (Cropom). Wahrscheinlich bezieht sich der Apfelname auf die Herkunft der Obstsorte aus der fr. Stadt *Clermont*-Ferrand (Puy-de-Dôme, Auvergne) (Encarta 1998).

Clin
(Rennes 1991, 28). *Clin* wird seit 1450 als "déverbal de *cligner*" ausgewiesen und wird ausschließlich in dem lexikalisiertem Syntagma *clin d'oeil* verwendet (Rob Hist 1992, 1, 434a). Der Name könnte sich auf die ins Auge fallende Fruchtfarbe beziehen.

Clochard
Reinette clochard (19. Jh., Deux-Sèvres) (H.Alpes 1998); (Chevalier 1992); *reinette clochard* und *une clochard* (1975) bezeichnen "pomme à peau gris jaune, très parfumée" (NPRob 1996, 392b). Vermutlich ist der Name durch eine graugelbe Farbgebung des Apfels motiviert.

Cloche
Pomme cloche ist "probablement d'origine helvétique" (H.Alpes 1998); *cloche* (Franche-Comté) (Cropom). Der Name *cloche* ist wahrscheinlich durch die Fruchtform ("gros calibre, forme conique, légèrement côtelée") und durch die Farbgebung ("jaune pâle lavé d'orange") (H.Alpes 1998) motiviert.

Closente (C)
La closente wird als Cidreapfel (Ro 1789, 215b) ausgewiesen. Der Name könnte auf *closet* "petit enclos" (14. Jh., Normandie) (FEW 2.1, 755b) zurückgehen, was bedeuten würde, dass er recht windempfindlich ist. Nicht ganz auszuschließen lässt sich, dass der Apfelname zu einem Eigennamen zu stellen ist. In den ausgewerteten Quellen zu dem Familienname *Closen* wird folgende Person ausgewiesen: *Closen (Charles, baron de)*, Gründer der "société d'agriculture de la Bavière", wurde 1787 in "Deux-Ponts" geboren (LA 19, 4.1, 471a). Auch ein Zusammenhang mit dem Toponym *Close Lande* (Ille-et-Vilaine, Bretagne) (Encarta 1998) lässt sich nicht völlig widerlegen, doch bleibt diese Verbindung vor allem phonetisch schwierig.

Clos renaux (C)
Der Cidreapfel wird folgendermaßen beschrieben: "douce, fragilité des branches, mise à fruit rapide" (Chevalier 1992). *Clos* bezeichnet "terrain cultivé clos de haies" (Rob Hist 1992, 1, 436b); "un *clos* d'arbres fruitiers" (NPRob 1996, 393b). Der Name geht wahrscheinlich auf den Umstand zurück, dass diese Sorte auf dem geschützten Grundstück einer Privatperson *Renaux* gezüchtet wurde. Möglicherweise besteht auch ein Zusammenhang zu einem Ortsnamen: Dabei käme das Toponym *Château-Renault* (Indre-et-Loire, Centre) (Encarta 1998) infrage.

Clou (C)
De clou wird als Cidreapfel (1987, Normandie) (Chaib 8a) ausgewiesen. Der Name könnte dadurch motiviert sein, dass es sich um einen kleinen Apfel (ohne viel Fruchtfleisch) handelt: Der Name wäre dann zu folgender Redewendung zu stellen: *être maigre comme un clou* "très maigre" (GRob 1985, 2, 667a). Auch eine Ableitung von einem der folgenden Ortsnamen ist möglich: *Cloué* (Vienne, Poitou-Charentes) oder *Cloux* (Côtes-d'Or) (Encarta 1998).

Cocherie flagellée (C)
(1838) wird als "variété de pomme à cidre" ausgewiesen. Als Namensvariante ist *cocherie* belegt. v. Wartburg stellt die Belege zu den "Materialien unbekannter oder unsicheren

Ursprungs" (FEW 21, 78b); *cocherie* und *cocherie flagellée* werden mit dem Hinweis "on dit ordinairement *cocherie flagellée*" versehen (LA 19, 4.1, 506d). Dieser Name ist nicht eindeutig zu erklären: Bei dem ersten Namenselement *cocherie* handelt es sich wahrscheinlich um eine Ableitung zu *calcare* "mit Füssen treten", afr. *chauchier* "pressurer le raisin" (12. Jh.) (FEW 2.1, 64a). Das zweite Namenselement *flagellée* ist vielleicht zu *flageller*, lt. *flagellare* "battre avec le fléau" (Rob Hist 1992, 1, 800b) zu stellen. Der Apfelname spiegelt also die Art wider, wie er gekeltert wird. Ein Zusammenhang mit den Ortsnamen *La Cochère* (Orne) oder *Cocherel* (Seine-et-Marne, Île-de-France) (Encarta 1998) ist unklar, ebenso mit dem Regionalnamen *cauchois*.

Cœur de ...
Pomme cœur de boeuf (1776), *coeur-boeuf* (1768), *calville coeur de boeuf* (1846, Poiteau) (LeroyPom 1873, 3, 226). Die Apfelsorte *coeur-de-boeuf* (1866) ist "gros et arrondi, rouge noirâtre, recouvert d'une teinte azurée, comme la prune" (LA 19, 12.2, 1355). LeroyPom leitet den Apfelnamen von der Farb- und Formgebung ab: "Il vient évidemment de la couleur, puis du facies du fruit, qui, posé sur l'œil, peut à la rigueur passer pour cordiforme" (1873, 3, 228). Der Beleg ist im FEW 2.2, 1171a neben *cœur de bœuf* (1704) "fruit du cachimentier" nachzutragen. **Cœur de pigeon** (Franche-Comté) (Cropom 2001, 14); *Cœur de pigeon* (1766), *gros cœur de pigeon* (1804) (Normandie) (LeroyPom 1873, 4, 566). Auch dieser Apfel verdankt den Namen seiner Form- und Farbgebung, welche LeroyPom folgendermaßen charakterisiert: "pomme de moyenne grosseur, plus longue que ronde, formée en cœur, prend aisément le rouge" (1873, 4, 567). Das FEW 2.2, 1171a weist nur einen Kirschnamen aus: *cœur de pigeon* "esp. de bigarreau".

Coing ...
Coing d'hiver (1670). Dieser Name ist durch die Schalenfarbe ("toute jaune" [LeroyPom 1873, 3, 229]) motiviert. Zu dem Lexem *coing* wird folgende Redewendung ausgewiesen: *Être jaune comme un coing* (NPRob 1996, 401b); *pomme de coing* "coing" (1611) (FEW 9, 155a). **Coing de franche-comté** (Cropom). Der Namenszusatz *de franche-comté* bezieht sich wahrscheinlich auf die Herkunft des Apfels. **Coing du rhône** (Jarez) (Cropom). Der Namenszusatz geht vermutlich darauf zurück, dass der Apfel aus dem fr. Departement *Rhône* kommt.

Colapuis
(Nord) (Cropom); *colapuy* (Ile de France) (1989-1992) (Cropom); *collapuy* (Oise) (Cropom 2001, 14). Diese Namensbelege bleiben ohne Erklärung. Vielleicht handelt es sich um ein in den ausgewerteten Quellen nicht belegtes Toponym? Evtl. lautet die ursprüngliche Namensform *collem ad puteum*. In den ausgewerteten Quellen wird die Ortschaft *Puy Calvel* (Lot, Midi-Pyrénées) (Encarta 1998) ausgewiesen.

Colin-tampon (C)
"esp. de pomme à cidre" (Somme). Das erste Namenselement *colin* stellt v. Wartburg zum heiligen *Nikolaus*, der in Frankreich einer der populärsten Heiligen gewesen ist. Diese Häufigkeit habe der Verwendung des Namens und seiner Koseformen zu Spottausdrücken stark Vorschub geleistet (cf. FEW 7, 110b-111a). Das zweite Namenselement *tampon* ist wahrscheinlich durch seine kleine Form motiviert.

Commandant lacassaigne (C)
wird seit 1987 für die Normandie als Cidreapfel ausgewiesen (Chaib 8a). Der Apfelname setzt sich aus einer Berufsbezeichnung (*commandant*) und einem Eigennamen zusammen: Folgende Person wird mit einem ähnlich lautenden Familiennamen in den ausgewerteten Quellen belegt: *Lacassagne (Antoine Marcellin Bernard)* sei 1884 in Villerest (Loire) geboren worden und sei "biologiste et radiologue français" gewesen (PRobNP 1157a).

Comte
(Franche-Comté) (Cropom). Der Apfelname geht wie auch der Name einer Käsesorte (*comté* "fromage à pâte pressée cuite, dense, au goût fruité" [PRob 1996, 428b]) auf die Bezeichnung der historischen fr. Provinz *Franche-Comté* zurück.

Condom
Pomme de condom (1849). LeroyPom führt den Apfelnamen auf den Stadtnamen *Condom* (Gers) (1873, 3, 232) zurück.

Coquerelle dure (C)
wird als Cidreapfel (1987, Normandie) (Chaib 8a) ausgewiesen. *Coquerelle* "ensemble de trois noisettes dans leur capsule verte" ist seit 1690 (NPRob 1996, 472a) belegt. *Coquerelle* "l'eau de gramen ou chien-dent" ist seit dem 16. Jh. belegt (Li 1885, 1, 803a). Der Name könnte auf büschelweise wachsende Früchte und das Aroma des Saftes zurückgehen. Außerdem wird diese Sorte als hart beschrieben. Oder handelt es sich um eine volksetymologische Interpretation zu einem Toponym *Coquelles* (Pas-de-Calais) oder *Cocquerel* (Somme) (Encarta 1998)? Das zweite Namenselement *dure* weist wahrscheinlich auf ein hartes Fruchtfleisch hin.

Coqueret
ist seit 1536 als "variété de pomme" (Hu 2, 537b [Verweis auf: Serres, VI, 26]) ausgewiesen. *Coqueret* "Judenkirsche" ist seit dem 16. Jh. mit den Namensvarianten *coqueret* und *coquerelle* belegt (Gam 253b). Die Frucht wird als "mou, rouge, semblable à une petite cerise, d'un goût aigrelet & fort amer" beschrieben (FUR 1727, *coqueret*). Seit dem 16. Jh. wird *coqueret* als "l'eau distillée de l'herbe de bassinet ou *coqueret*" erläutert (Li 1885, 1, 803a [Verweis auf: Serres, 971]). Rob Hist 1992 belegt *coqueret* als "terme de botanique" seit 1545 und führt diesen Begriff auf *coq* aufgrund der Farbe ("la couleur rouge de ce fruit" [Rob Hist 1992, 1, 495a]) zurück. Der Apfelname *coqueret* könnte auf eine rote Farbgebung oder den Geschmack der *coqueret* zurückgeführt werden, weil der Apfel einen ähnlichen Geschmack wie die Judenkirsche ("aigrelet & fort amer" [FUR 1727, s.v. *coqueret*]) hat. Der Beleg ist zu k☐k- (FEW 2.2, 857a-865a) zu stellen.

Corail
(1873). Der Name ist durch die Farbgebung der Apfelsorte motiviert, die LeroyPom folgendermaßen beschreibt: "colorée de rouge-brun à l'insolation et faiblement ponctué de gris dans le voisinage de l'œil" (1873, 3, 335) (cf. mfr. *coralisé* "rendu rouge comme le *corail*" (FEW 2.2, 1178b).

Cordonnière
(1998) (Cropom). *Cordonniere* bezeichnet die "femme d'un *cordonnier*" (FUR 1727, s.v. *cordonniere*). Der Apfelname erklärt sich wahrscheinlich aus der lederartigen Schale der Frucht.

Coriandre rose
oder *coriandre rosa* (1842). Der Name geht wahrscheinlich auf den Geschmack ("douée d'un arrière-goût anisé-musqué parfumant délicieusement la bouche") und die Farbe ("très maculée defauve autour du pédoncule") des Apfels zurück. Die Beschreibungen, die LeroyPom leistet, sprechen für diese Namenserklärung (cf. 1873, 3, 240).

Cormeilles
(1370) (LeroyPom 1873, 3, 21). Wahrscheinlich ist der Apfelname zu dem Toponym *Cormeilles* (Eure, Oise) (Encarta 1998) zu stellen.

Cornil
(1360) (LeroyPom 1873, 3, 21). Der Apfelname *cornil* bezieht sich vermutlich auf das Toponym *Cornil* (Corrèze) (Encarta 1998).

Coste (C)
wird als Cidreapfel (Ro 1789, 215b) ausgewiesen. Wahrscheinlich spiegelt dieser Name eine auffallende Apfelform wider: *coste* bezeichnet einen "os plat et courbé autour de la poitrine" (FEW 2.2, 1245a); "ridelle" (1530), "saillie qui orne une surface concave ou convexe" (NPRob 1996, 482b). Vielleicht spielt auch der Geschmack eine Rolle bei der Namensgebung: *coste* wird auch in der Bedeutung "sorte de gingembre, esp. d'épice" (12.-13. Jh.) belegt (FEW 2.2, 1254a).

Côtelé ... (C)
Côtelé (C) wird als "variété de pomme à cidre" (LA 20, 2, 510b) ausgewiesen; *côtelé* (FEW 2.2, 1250b [Verweis auf: Lar 1869]). Wahrscheinlich ist der Name durch die kantige Apfelform motiviert: *Côtelé,ée* bezeichnet "qui est couvert de côtes" (Li 1885, 1, 829b); *côtelé* "pourvu de côtes (herbe, fruit)" (1829) (FEW 2.2, 1250b). *Côtelée de caumont* (C) (1987, Normandie) ist als Cidreapfel belegt (Chaib 8a). Der Namenszusatz *de caumont* gibt wahrscheinlich die Herkunft des Apfels an: *Caumont* (Calvados) (LA 20, 2, 53b).

Couchine
(1536) (Hu 2, 579a [Verweis auf: Serres]). Wahrscheinlich handelt es sich bei dem Apfelnamen *couchine* um eine Ableitung von dem Lexem *couchis*. Für die Normandie ist die Bedeutung "Grundstück, das soeben erst in Weideland verwandelt wurde" (Gam 261a) belegt. Es könnte sich um eine Apfelsorte handeln, die besonders gut auf Weideland gedieh bzw. die bei der Umwandlung mit besonderer Präferenz ausgebaut wurde.

Coudre
Pomme de coudre ("Maine et Perche") (Cropom). Wahrscheinlich geht der Apfelname auf das Toponym *Coudres* (Eure) (Encarta 1998) zurück. Möglich ist auch ein Zusammenhang mit *coudrier* "noisetier" (1555) und *coudre* "coudrier" (NPRob 1996, 486a). Vielleicht besitzt der Apfel einen nussigen Geschmack ("un goût de noisette") und / oder eine nussbraune Farbgebung (*couleur de noisette* [PRob 1996, 1493a]).

Couleur de chair
Wahrscheinlich ist dieser Apfelname durch die Farbe und Beschaffenheit der Fruchtschale motiviert. LeroyPom beschreibt die Sorte folgendermaßen: "coriace, à fond jaune blafard ou blanc jaunâtre" (1873, 4, 530-531).

Courbis
(Provence) (Cropom). Vielleicht geht der Name auf die Form zurück. Bei dem Apfelnamen *Courbis* würde es sich dann um eine deverbale Bildung zu *courbe* "ce dont la forme, la direction ne comportent aucun élément droit ou plan, couramment et spécialement en géométrie" (Rob Hist 1992, 1, 514b) handeln. Wahrscheinlich ist der Apfelname durch eine auffallend harmonisch geformte Frucht motiviert.

Courdaleaume (C)
wird als "variété de pomme à cidre" (FEW 21, 77b [Verweis auf: Serres]) ausgewiesen. Außerdem belegt v. Wartburg die Namensform *court d'aleaume* (FEW 21, 77b [Verweis auf: AcC 1836-Lar 1869, norm. id. MRust 1842, 3, 255]). v. Wartburg stellt die beiden Belege zu den "Materialien unbekannten oder unsicheren Ursprungs" (FEW 21, 77b). Die Birnensorte *aleaume* wird seit 1628 ausgewiesen (LeroyPom 1867, 1, 446). Vielleicht ist er zu dem Familiennamen *Aleaume* zu stellen. In den ausgewerteten Quellen wird der fr. Dichter *Louis Aleaume* (1525-1596) ausgewiesen LA 19, 1, 188b). Lautet die ursprüngliche Namensform vielleicht *cour d'aleaume*? Die Apfelsorte könnte auf dem Hof der Familie *Aleaume*

gezüchtet worden sein. Oder handelt es sich möglicherweise um die Namensform *court d'aleaume*? Es würde sich dann um einen Apfel handeln, der eine auffallend kurze Form hat.

Courtin
Diese Apfelsorte ist im Jahre 1860 von M. *Courtin* (Maine-et-Loire) gezüchtet worden. Es handelt sich also bei dem Apfelnamen um einen Eigennamen. Außerdem weist LeroyPom darauf hin, dass kein Zusammenhang zwischen der Apfelsorte *courtin* und *pomme curtin* bestehe (cf. 1873, 3, 244).

Court-noué (C)
wird als Cidreapfel (1987, Normandie) (Chaib 8b) ausgewiesen. Der Apfel verdankt den Namen wahrscheinlich einer auffallenden Form. Es handelt sich vielleicht um eine kurze und gedrungene Form: *Noué, nouée* bezeichnet "dru, serré" (15. Jh.) und "contracté, serré comme par un noeud" (NPRob 1996, 1501b), cf. auch *courtpendu*.

Courtpendu ...
(1560) (GRob 1985, 2, 1023a); *court-pendu, courpendu* und *capendu* (FUR 1727, s.v. *courtpendu*); *pommes des capendu* oder *carpendu* (Li 1885, 2, 868b); *capendu* (Ri 1680, 1, 108b); *pomme de capendu* (Ac 1694, 2, 165b). Als Alternativname ist *courte queue* ausgewiesen. Es handle sich den Ausführungen Vottelers zufolge bei diesem Apfel um eine mehrere hundert Jahre alte Sorte, die wahrscheinlich aus Holland stammt (cf. Vo 267-268). Das FEW 21, 77ab stellt den Namen zu dem Toponym *Capendu* (Normandie). Littré gibt folgende Namenserklärung an: "peut-être le préfixe *ca*... et *pendu* mal pendu, *court pendu*" (Li 1885, 2, 868b). Bei dem Namen *courtpendu* handelt es sich um eine volksetymologische Umdeutung der älteren Namensform *capendu* wegen des kurzen Stiels, die sich durchgesetzt hat wie auch der folgende Namensbeleg beweist. *Courtpendue de la quintinye* (C) wird als einer der "pommiers à cidre" (Ro 1789, 202ab) ausgewiesen. Der Namenszusatz *de la quintinye* geht vermutlich auf einen Eigennamen zurück. Wahrscheinlich wird die Sorte *La Quintinie (Jean de)* (1626-1688) einem fr. Agronom (cf. LA 20, 5, 343b) gewidmet.

Coutras
wird als eine sehr alte Sorte ausgewiesen: "très ancienne" (H.Alpes 1998); *coutras* (1870). LeroyPom führt den Namen auf einen Ortsnamen zurück: "La pomme *de coutras* (Gironde)". Zur Datierung dieser Sorte vermerkt LeroyPom: "cultivée de temps immémorial dans les Pyrénées et le bassin sous-pyrénéen" (1873, 3, 247).

Couturée
wird seit 1868 als Alternativname für die Apfelsorte *pomme nath* ausgewiesen. LeroyPom kann den Namen nicht erklären: "n'ayant rien vu dans les caractères extérieurs de cette variété qui le puisse justifier" (1873, 3, 248). Der Name könnte ursprünglich auf eine auffällige Musterung der Sorte zurückgehen. Das Kennzeichen dieser Sorte ist vielleicht später verschwunden; cf. *couture* "cicatrice" (13. Jh.) (FEW 2.2, 1099a).

Cramoisie de croncels
(Aube) (Cropom). Der Apfelname geht wahrscheinlich auf die Farbgebung zurück: *cramoisi* bezeichnet "rouge foncé" (Rob Hist 1992, 1, 522a). Außerdem wird die Birnensorte *cramoisie* (1852) ausgewiesen. LeroyPom beschreibt sie folgendermaßen: "striée de roux et de brun, rayée ou granitée de fauve dans le bassin ombilical, et largement carminée sur le côté du soleil" (1867, 2, 343); *cramoisine* (FUR 1690, s.v. *poire*). Auch das FEW 2.1, 708b-709b weist unter *kirmiz* (ar.) "Schildlaus" nur Belege für einen Birnennamen aus. Bei dem Namenszusatz *de croncels* könnte es sich um einen in den Quellen nicht belegten Ortsnamen handeln.

Crapaud
(Champagne) (Cropom 2001, 14); *craboudy* (Somme) (Cropom 2001, 14). Der Apfelname *crapaud* bezieht sich wahrscheinlich auf die hässliche Fruchtschale: *Crapaud* bezeichnet auch

einen "homme laid physiquement ou moralement" (Rob Hist 1992, 1, 522b). Außerdem wird die Birnensorte *crapaut* (1628), *bergamote crapaud* (1846) oder *bergamote bufo* ausgewiesen. LeroyPom führt den Birnennamen auf die Farbgebung und Beschaffenheit der Schale zurück: "par la *bigarrure* et la rudesse de la peau" (1867, 1, 229). Der Apfelname ist neben den Beleg nfr. *crapaudine* "esp. de poire, *ambrette d'été*" (1690) (FEW 16, 363b) einzufügen.

Crassoux (C)
wird als Cidreapfel (Rennes 1991, 28) ausgewiesen. Bei dem Apfelnamen *crassoux* handelt es sich wahrscheinlich um eine regionale Ableitung von dem Adjektiv *crasseux, -euse* "qui est couvert de *crasse*, très sale" (NPRob 1996, 504a). Der Name bezieht sich wahrscheinlich auf eine fleckige Farbgebung.

Croquet
Pomme de croquet wird als "une espece de châtaigné" (FUR 1690, s.v. *pomme*) ausgewiesen; (1752 Lüttich, Ardennes und Ardèche) (FEW 2.2, 1360a). Der Apfelname *croquet* ist vermutlich zur Wortfamilie von *croquer* (13. Jh.), *crokier* "frapper", *krokk-* "exprimant un bruit sec" (NPRob 1996, 516b) zu stellen. Wahrscheinlich verdankt der Apfel den Namen der Tatsache, dass sein Fruchtfleisch beim Anbeißen ein Geräusch verursacht: "broyer sous la dent avec un bruit sec (parfois absolument *croquer dans une pomme*)" (Rob Hist 1992, 1, 535a); *croquet* (1642) "biscuit mince, sec et croquant, aux amandes" (NPRob 1996, 516b).

Crotte
(LeroyPom 1873, 3, 117). v. Wartburg stellt *crôte* "postophe" (Savoie) zu den "Materialien unbekannten oder unsicheren Ursprungs" (FEW 21, 79b). LeroyPom weist *postophe* als Apfelsorte aus (1873, 4, 582-585). Der Name geht vermutlich auf die Form der Frucht zurück, zu der LeroyPom bemerkt: "assez inconstante, elle est le plus souvent cylindrique-allongée ou ovoïde-arrondie, mais toujours côtelée au sommet, aplatie à la base et généralement un peu moins ventrue d'un côté que de l'autre" (1873, 3, 118): *Crotte* geht auf *krotz* "brique mal moulé", "épaisse, motte de terre", "fruit rabougri" zurück. Außerdem wird *crotte en chocolat* (seit 1900) (Rob Hist 1992, 1, 536a) ausgewiesen.

Cuir
De cuir (1776). Der Apfel verdankt seinen Namen der Tatsache, dass die Schale einem Stück Leder ähnelt. LeroyPom vergleicht die Fruchtschale dieser Sorte mit einem "morceau de maroquin vert-olive dont le dessus seroit usé, râpé, bronzé ou chagriné" (1873, 4, 485-486 [Verweis auf: Mayer 1801]); cf. auch dt. *Lederapfel*.

Cuisinotte
Cousinotte rouge d'hiver (1992-1994) (Cropom); *cousinot* (Vo 1993, 92); "Geflammter Kardinal", "Gestreifter *Cousinot*", "Purpurrother *Cousinot*" (Vo 1993, 157); *cousinette* "Art kleiner Apfel", *coussinette* (Normandie) (FEW 21, 1495b). Vo 1993, 157 bemerkt zu der Herkunft dieses Apfels, dass es sich um eine früher weitverbreitete, sehr alte Apfelsorte handle, die wahrscheinlich aus Deutschland stamme. Zu diesem Apfelnamen werden verschiedene Erklärungsansätze geleistet: So sei der Name der Stechmücke (*cousin*) auf einige Bezeichnungen von Pflanzen übertragen worden. v. Wartburg weist aber darauf hin, dass zwischen den anderen Pflanzen, die mit *cousin* bezeichnet werden, und dem Apfelnamen *cousinette* oder *coussinette* keine Beziehung bestehe. Er stellt diese Namensbelege zu den "Materialien unbekannten oder unsicheren Ursprungs" (cf. FEW 21, 1495b). LeroyPom verwirft eine Ableitung von dt. *Polsterapfel* oder *pomme coussin*. Aufgrund von Belegen für *cuisinotte* geht er davon aus, dass der Name auf folgende Eigenschaft der Sorte zurückgeht: "la plupart d'entre elles étant plus propres pour la *cuisine*, que pour la table" (LeroyPom 1873, 3, 246). Der Name geht also auf den Verwendungszweck als Brat- und Haushaltsapfel zurück.

Cul ...
Cul blanc "esp. de pomme" (QChamps) (FEW 2.2, 1507b). *Cul* ist seit 1180 ausgewiesen und wird auf lt. *culus* zurückgeführt (GRob 1985, 3, 99b). Dieses Lexem ist sehr produktiv in verschiedenen "locutions famières" (Rob Hist 1992, 1, 541ab). Als eine Bedeutung wird "derrière humain" belegt (NPRob 1996, 523a). Der Apfelname geht sicher auf die Form und die Farbe der Frucht zurück. *Cul de bouteille* (Rennes 1991, 28). *Cul* bezeichnet "fond de certains objets": *cul de bouteille* (NPRob 1996, 523a). Diese Sorte könnte dadurch auffallen, dass ihr Fruchtsaft dazu neigt, auf dem Flaschenboden einen Satz zu bilden. Möglich wäre auch, dass diese Sorte durch eine konkave Form auffällt, wie sie auf Flaschenböden zu finden ist. *Cul d'oison* (1998-2000) (Cropom). Der Name geht wahrscheinlich auf die Form des Apfels zurück: *Oison* "petit de l'oie" (13. Jh.) (NPRob 1996, 1528a). *Cul-noué* (C) wird als Cidreapfel (Normandie) (Chaib 9b) ausgewiesen; *Cul-noué* (1866) als "pomme à cidre" (LA 19, 5, 639a). Als Adjektiv ist *cul* seit 1845 als "couleur vert-foncé" belegt (FEW 2.2, 1515a). Der Name könnte durch die Farbe und die Form motiviert sein: *Noué, nouée* "dru, serré" wird seit dem 15. Jh. ausgewiesen und auf *nouer* zurückgeführt. Dieses Adjektiv bezeichnet "contracté, serré comme par un noeud" (NPRob 1996, 1501b). Das zweite Namenselement *noué* könnte allerdings auch darauf zurückgehen, dass die Sorte zur Weihnachtszeit reift: v. Wartburg stellt *noué* zu *natalis* "Weihnachten" (FEW 7, 37ab).

Cunet (C)
wird als Cidreapfel (Normandie) ausgewiesen (Chaib 8a); mfr. *cunoet* (1583) als "variété de pomme à cidre"; *pomme de cunoet, conet* (Indre-et-Loire) (FEW 21, 77b). Der Apfelname *cunet* ist wahrscheinlich zu lt. *cuneolus* "kleiner Keil" zu stellen. Im Französischen bezeichne *cuneolus* einen Kuchen, der ursprünglich und zum Teil heute noch Keilform habe (cf. FEW 2.2, 1530b). Der Name geht wahrscheinlich auf einen keilförmigen Apfel zurück.

Curé
(Normandie) (Cropom); *De Curé* (1864, Rouen). LeroyPom stellt den Apfelnamen zu einem Ortsnamen: "des pommes *de Curé* (nom local)" (cf. 1873, 3, 352).

Curtin
(1608) (LeroyPom 1873, 3, 244). Wahrscheinlich gehört der Name zu dem Toponym *Curtin* (Isère, Rhône-Alpes) (Encarta 1998).

Cusset (C)
bezeichnet eine "variété de pomme à cidre" (1838) (FEW 21, 78b); (Jarez, Maconnais) (Cropom); (Mont d'Or) (H.Alpes 1998). Wahrscheinlich stammt die Sorte aus der Ortschaft *Cusset* (Allier) (PRobNP 542a).

Dagorie
ist als "variété de pomme jaune pâle" (FEW 21, 77b [Verweis auf: Cotgr 1611; AcC 1838-Lar 1870]) belegt; *doux dagorie* (1842). v. Wartburg stellt die Vermutung an, dass der Name auf den Familiennamen *Dagory* (FEW 21, 77b) zurückgehen könnte.

Dame
oder *de dame* (1670) wird als Alternativname für *de bohémien* ausgewiesen. Vielleicht verdankt der Apfel den Namen seinem guten Geschmack? LeroyPom bemerkt zu dieser Apfelsorte: "doué d'un parfum qui, plus ou moins marqué, a beaucoup d'analogie avec celui de la violette" (1873, 3, 254).

Damelot (C)
bezeichnet seit 1866 eine "variété de pomme" (LA 19, 6.1, 45a). 1885 wird dieser Apfelname als veraltet ausgewiesen (Li 1885, 2, 949a). *Damelot* ist als Cidreapfel für die Bretagne ausgewiesen (Rennes 1991, 28). *Damelot* bedeutet auch "jeune homme" (Gf 2, 415). Der Apfelname könnte auf **domnicellus* "vornehmer junger Mann", afr. mfr. *dam(o)isel* "jeune gentilhomme qui n'était pas encore reçu chevalier" zurückgehen, wegen eines schönen

Äußeren des Apfels (cf. *demoiselle*). Denkbar wäre aber auch, dass die Sorte auf dem Anwesen eines "seigneur d'un pays de petite étendue" (FEW 3, 135a) entstanden ist und der Name sich daher auf diese Bedeutung von *damelot* bezieht.

Dameret (C)
wird als "esp. de pomme à cidre" (Normandie, 1553) (FEW 3, 125a) belegt. *Dameret* "cidre très capiteux" wird mit folgendem Vermerk ausgewiesen: "Le *dameret* excelent Ha la couleur telle. Si j'en beuvois bien souvent, Faudroit la hardelle" (Hu 2, 699b). Der Saft dieses Cidreapfels wird folgendermaßen beschrieben: "doux, coloré, parfumé, 3ème saison, cidre de bonne conservation" (Chaib 9a); *dameret* "fruit à couteau et fruit à pressoir" (LeroyPom 1873, 3, 113). *Dameret* bezeichnet "celui qui affecte trop de propreté, & qui veut plaire aux Dames. Un *dameret* est un homme à bagatelles, & qui ne s'attache à rien de solide" (FUR 1727, s.v. *dameret*). Der Name *dameret* könnte eine volksetymologische Interpretation von *d'ameret* sein. Dann müsste es sich ursprünglich um einen bitteren Apfel gehandelt haben: "*la pomme dameret* ou *d'ameret*" (Hu 2, 699b [Verweis auf: Jean le Houx, Chansons du Vau de Vire, I, 64]). v. Wartburg weist den Apfelnamen unter *domina* "Herrin" (FEW 3, 123b) aus. Er geht davon aus, dass der Name nicht zur Wortfamilie von *amorus* gehören kann. Stattdessen räumt er einen Zusammenhang mit *amarus* (cf. FEW 3, 127b) ein. LeroyPom charakterisiert die Apfelsorte *dameret* durch ihre Schönheit und Größe, ("le plus bel effet par sa grosseur et son ravissant coloris"). Gleichzeitig notiert er aber, dass andere Apfelsorten diese Sorte bei weitem übertreffen (cf. LeroyPom 1873, 3, 113), was eher an *amarus* denken lässt. Wahrscheinlich lieferte das schöne Aussehen des Cidreapfels die Motivation für die volksetymologisch erklärbare Umbenennung.

Damyon (C)
(1611) wird als "variété de pomme qui donne un cidre très clair" ausgewiesen. v. Wartburg stellt den Beleg zu den "Materialien unbekannten oder unsicheren Ursprungs" (FEW 21, 77b); (1694) *dame-Jeanne* "sorte de bonbonne (*jaquelin*) l'excellent vin du cru renfermé dans des *dames-jeannes* de la grandeur de trois bouteilles" (NPRob 1996, 533a). *Dame-Jeanne* bezeichnet eine "très-grosse bouteille de grès ou de verre" (LA 19, 6.1, 45a). *Dame-Jeanne* (1701), *dame-jane* (1694) "bonbonne" wird auf *jane* (1586) "bouteille, récipient pour les liquides" zurückgeführt. Der Name des Cidreapfels geht wahrscheinlich auf den Namen für ein Gefäß zurück, weil die Frucht eine ähnliche Form besitzt: Es handelt sich bei *Dame-Jeanne* um einen "emploi plaisant" des weiblichen Vornamens *Jeanne*, der "par allusion à la forme rebondie de cette bouteille" gegeben wird (Rob Hist 1992, 1, 551b). P. Guirard vermutet eine "corruption de la forme provençale *demejana, lt. *dimidiana", der Femininbildung zum Adjektiv *dimidius* "demi" (GRob 1985, 3, 144a).

Daniel
(1398) (LeroyPom 1873, 3, 21). Vielleicht reift diese Sorte zum Feiertag des Heiligen, der am 15. Oktober begangen wird (GDU, 6.1, 73d)?

Datte
(Brie) (Cropom). Der Name könnte auf eine längliche Form zurückgehen. Die Pflaume *datte* erhält diesen Namen vermutlich, weil sie "un peu allongée, d'une forme régulière et agréable" ist (Ro 1789, 382b).

Daudent
(1838) wird als "variété de pomme" ausgewiesen. v. Wartburg stellt den Namensbeleg zu den "Materialien unbekannten oder unsicheren Ursprungs" (FEW 21, 78b [Verweis auf: AcC 1838-Lar 1922]); (LA 19, 6.1, 143b). Der Name bleibt ungeklärt. Vielleicht besteht ein Zusammenhang mit dem Ortsnamen *Audencourt* (Encarta 1998). Möglicherweise haben sich aus einer ursprünglichen Form *d'audencourt* später die Formen *daudencourt* und schließlich *daudent* evtl. unter volksetymologischem Einfluss entwickelt?

Défiance
(1860, Frankreich). Der Apfel verdankt den Namen wahrscheinlich seiner Schönheit und einer schlechten Qualität: "avertir le public que la bonté de ce fruit ne répondait pas à ses charmants dehors" (LeroyPom 1873, 3, 259).

Delcon
(1998-2000) (Cropom). Der Apfelname *delcon* ist wahrscheinlich zu dem Toponym *Doulcon* (Meuse, Lorraine) (Encarta 1998) zu stellen.

Demoiselle
De dames, des dames (1776), *de demoiselle* (1598) (LeroyPom 1873, 3, 254); *pommes des dames* (1833, Anjou) (LeroyPom 1873, 3, 256). *Demoiselle* (1598) wird als Alternativname von *chemisette blanche* ausgewiesen. Diese Sorte wird folgendermaßen beschrieben: "ayant un arôme particulier très-agréable" (LeroyPom 1873, 3, 259). *Damoiselle* (C) (1817, Orne) wird als Cidresorte verwendet. LeroyPom charakterisiert diese Sorte folgendermaßen: "Ses pommes sont allongées, d'une saveur douce et agréable", "produit bel effet par sa grosseur et son ravissant coloris" (1873, 3, 112). Außerdem wird der Birnenname *demoiselles* als Alternativname von *poire de vigne* ausgewiesen. Die Birnennamen *demoiselle* oder *vierge* werden folgendermaßen mit Fruchteigenschaften in Zusammenhang gebracht: "car elle est frêle, délicate, un rien la ternit, c'est peut-être de là que lui vient le nom de *vierge*, ou *demoiselle*" (LeroyPom 1869, 2, 736-737). Wahrscheinlich erhält auch der Apfel den Namen *demoiselle* aufgrund eines empfindlichen Fruchtfleisches; ist im FEW 3, 133a, s.v. **domnicella* "vornehmes Mädchen" unter III. 2 Pflanzen (S. 134a) nachzutragen.

Deux ans
De deux ans (1598). Der Name geht wahrscheinlich auf die Frostresistenz des Baumes zurück. LeroyPom charakterisiert die Sorte folgendermaßen: "ses fleurs résistent aux intempéries du printemps" und "cet arbre est le dernier de tous les pommiers pour conserver ses feuilles vertes aux gelées de l'hyver" (cf. 1873, 3, 299-300).

D'gau (C)
Der Apfelname *pommes de d'gau* (Neuville) bezeichnet "pommes à cidre tombées en septembre" (FEW 21, 79a). Wahrscheinlich handelt es sich um eine wilde Apfelsorte, die aus dem Wald stammt: Seit dem 11. Jh. ist afr. *gaut* "forêt, bocage, petit bois" belegt (FEW 17, 486a). Gf weist die Bedeutung *gau* "bois, forêt, bocage, terre inculte où croissent des broussailles" aus (Bd. 4, 247bc).

Dieu
(1628). Der Name zeichnet die Qualität der Sorte aus, zu welcher LeroyPom bemerkt: "en raison surtout de sa fertilité, de la beauté de ses produits et de leur longue conservation, qui permet, jusqu'à la fin de l'hiver, de les transporter au loin sans nul inconvénient" (1873, 3, 344). Der Apfel verdankt den Namen also seiner Fruchtbarkeit, Schönheit und guten Haltbarkeit. Die Frucht der Stechpalme wird vielerorts als *poire (pomme) du bon dieu* (FEW 3, 57b) bezeichnet.

Diot (C)
Diot roux und *diot blanc* werden als Cidreäpfel (Bretagne) (Rennes 1991, 28) ausgewiesen; *diot roux* "pommiers à cidre" (Pays d'Auge) (Chevalier); *diorose* (Vallée de Seille) "pomme d'api" (FEW 21, 79a). Es handelt sich um eine lautliche Variante von *deus* "Gott" (FEW 3, 57b) (cf. *dieu*).

Dix-huit pouces
(1833, Belgien). Der Apfel verdankt den Namen wahrscheinlich seiner Größe und seinem Gewicht. LeroyPom charakterisiert die Sorte folgendermaßen: "une grosseur si considérable, que les jardiniers, dans le Brabant surtout, l'ont surnommé la *Mère des Pommes*" (1873, 4, 601).

Dobée (C)
wird als Cidreapfel (Rennes 1991, 28) ausgewiesen. Es könnte sich um eine Sorte handeln, die als Fallobst verwendet wird: *Dober* ist als Variante von *dauber* belegt (FUR 1727, s.v. *dober*). Dieses Verb wird in der Bedeutung "battre à coups de poing, comme font les petites gens, et les écoliers" ausgewiesen (FUR 1727, s.v. *dauber*). Wahrscheinlich verdankt der Apfel den Namen *dobée* der Tatsache, dass er als Fallobst viele Druckstellen aufweist. Der Beleg ist zu **dubban* (anfrk.) "schlagen" (FEW 3, 167a) zu stellen.

Dodonne
(1798) (LeroyPom 1873, 4, 704). Wahrscheinlich ist der Apfelname *dodonne* zu der Wortfamilie von *dod-* zu stellen: Vielleicht spiegelt der Name eine massive Form wider? *Dodu* bezeichnet "qui a de l'embonpoint". Auch ein Zusammenhang mit der Grundbedeutung des "Hin- und Herschwenkens" (FEW 3, 112a-113b) ist möglich. Vielleicht besitzt der Apfel einen langen und flexiblen Fruchtstiel, an dem die Frucht im Wind hin- und herschwenkt. Doch bleibt die Motivation durch die gedrungene Form die wahrscheinlichste Erklärung.

Domaine (C)
(1987, Normandie) wird als Cidreapfel (Chaib) ausgewiesen; *domaines* (Chevalier 1992). Vielleicht ist der Apfelname *domaine* zu lt. *dominium* "propriété" (NPRob 1996, 672b) zu stellen. Im übertragenen Sinne ist *domaine*, *domaines* utile als "profit, utilité, qu'on tire d'un domaine, d'une propriété" (Hu 3, 242b) ausgewiesen; cf. *domaine* "ferme, métairie" (FEW 3, 130b). Möglicherweise handelt es sich um eine Verkürzung der Zusammensetzung von *domaine* und einer Ortsbezeichnung oder eines Personennamens, wobei diese dann später weggefallen sind. Außerdem lässt sich der Apfelname evtl. zu der belgischen Parkanlage *Domaine Royal* (cf. Encarta 1998) stellen.

Double ...
Double-agathe (LeroyPom 1873, 3, 265). Der erste Namenselement *double* könnte auf eine ungewöhnliche Größe der Früchte zurückgeführt werden: *Double* zu lt. *duplus* bezeichnet "deux fois aussi grand, aussi considérable" (Rob Hist 1992, 1, 627b). Bei dem zweiten Namenselement *agathe* handelt es sich wahrscheinlich um den Vornamen einer Frau, welcher diese Sorte gewidmet wurde. *Double-amphorette* (LeroyPom 1873, 3, 265). Der Name könnte auf eine ungewöhnliche Größe und Form der Frucht zurückgeführt werden. *Amphore* bezeichnet "récipient antique de terre cuite et une mesure antique de vingt litres environ" (1534) (Rob Hist 1992, 1, 67b). *Double-api* (LeroyPom 1873, 3, 265). Dieser Name geht wahrscheinlich auf eine ungewöhnliche Größe der Frucht zurück (cf. *api*). Diese Sorte ist vielleicht doppelt so groß wie der ursprüngliche Kultivar der Apfelsorte *api*. *Double-belle-fleur* (LeroyPom 1873, 3, 265). Der Name geht auf die ungewöhnliche Größe der Frucht und die schöne, große Blüte des Baumes zurück. *Double bon ente* (H.Alpes 1998). Der Apfel verdankt den Namen seiner ungewöhnlichen Größe und wahrscheinlich dem Züchtungsverfahren: *ente* (1140) bezeichnet den "arbre greffé" (Rob Hist 1992, 1, 697b). *Double bon pommier* (Nordfrankreich) (H.Alpes 1998). Der Name zeichnet diesen Apfelbaum aus: Es handelt sich um gute und besonders große Früchte: "gros calibre", "blanche, croquante, assez ferme". Diese Sorte eigne sich vorzüglich "pour les jus et les usages culinaires" (H.Alpes 1998). *Double-reinette de macon* (1628), *reinette double de damason* (1670), *reinette de damason* (1800) (LeroyPom 1873, 4, 706-707). *reinette de macon, renette von Damason* (Vo 1993, 378). Diese Sorte stamme aus *Mâcon* (Saône-et-Loire) (cf. LeroyPom 1869, 2, 48). Das erste Namenselement bezieht sich sehr wahrscheinlich auf die Größe der Frucht, auch wenn der Apfel lediglich als "de grosseur: moyenne" eingestuft wird. *Double rose* (Provence) (Cropom); (1989-1992) (Cropom). Der Name geht wahrscheinlich auf eine große Blüte zurück.

Douce ... (C)
Douce-ente (C) (1987, Normandie) wird als Cidreapfel (Chaib 10c) ausgewiesen. Während sich das erste Namenselement *douce-* wahrscheinlich auf einen sortentypischen süßen

Geschmack bezieht, handelt es sich beim zweiten Element sicher um einen Fachbegriff der Hortikultur: *ente* "arbre greffé" (Rob Hist 1992, 1, 697b). ***Douce-morelle*** (C) (1987, Normandie). Der Saft von diesem Cidreapfel wird folgendermaßen charakterisiert "doux, assez parfumé" (Chaib 8a); *douche-morelle* "esp. de pomme à cidre" (Normandie) (FEW 3, 176b); *douce morelle* "variété de pomme à cidre" („dans la haute Normandie´, 1868 – Lar 1872) (FEW 6, 551b). Der Name spiegelt wahrscheinlich einen süßen Geschmack und eine braune Fruchtschale des Apfels wider: *morelle* (13. Jh.) zu *moreau, elle*, vlt. °*maurellus* "brun comme un Maure" (NPRob 1996, 1439b). ***Douce-morelle d´aumale*** (C) als Cidreapfel (LA 20, 4, 985a); *douce morelle d´Aumale* (1868 – Lar 1874) (FEW 6, 551b). Diese Sorte ist wahrscheinlich zu dem Ortsnamen *Aumale* (Seine-Maritime) (PRobNP 146b) zu stellen; nfr. *douce morelle* "variété de pomme à cidre" (Normandie) (1868-1874), *douce morelle d´Aumale* (1868-1874) (FEW 6.1, 551b). ***Douce sonnante*** wird seit 1598 als Apfelname ausgewiesen (LeroyPom 1873, 3, 421 [Verweis auf: Jean Bauhin]). Das erste Namenselement *douce* ist offensichtlich durch das süße Fruchtfleisch motiviert, zu dem LeroyPom 1873 bemerkt: "bien sucrée" (3, 422). Das zweite Namenselement *sonnante* geht auf ein durch die Sorte verursachtes Geräusch zurück: "de petits et peu nombreux pepins qui, non attachés, résonnent très-distinctement quand on agite le fruit" (LeroyPom 1873, 3, 422).

Doucin (C)

wird als Cidreapfel (Rennes 1991, 28) ausgewiesen (1680) (Rob Hist 1992, 1, 629b); *douçain* (GRob 1985, 3, 651b); (Ri 1680, 1, 254a); *doucin* (18. Jh.) (LA 19, 6, 1154a); *doucin* "Zwergapfelbaum" (18. Jh.) (Gam 330a). Die Belege weisen auf die Manche, Mayenne, Eure und Moselle (FEW 3, 176b); *doucin* beschreibt eine "variété de pommier à fruits doux" (Rob Hist 1992, 1, 629b), *douçain* "pomme à trochets" (FEW 3, 176b). Die Apfelbäume, die auf den *doucin* aufgepfropft werden, geben "des fruits moins nombreux, mais plus beaux et plus précoces, ils rapportent ordinairement vers la seconde ou la troisième année" (LA 19, 6, 1154a). Das Lexem *doucin* wird auf *doux* zurückgeführt ("de *doux*" [GRob 1985, 3, 651b]). Der Apfelname geht vermutlich wie *ente* (cf. *douce-ente*) auf einen Fachbegriff der Hortikultur zurück: "variété de pommier (*Malus acerba*) utilisé comme porte-greffe" (PRob 1990, 574a).

Dourdaine (C)

wird als Cidreapfel (Rennes 1991, 28) ausgewiesen. Wahrscheinlich handelt es sich bei dem Apfelnamen *dourdaine* um eine Ableitung von dem Ortsnamen *Dourdain* (Ille-et-Vilaine) (Encarta 1998).

Douverret (C)

"pomme à cidre" (FEW 14, 508b); *doux-veret* (1611) (FEW 3, 176b). Der Apfelname *douverret* setzt sich wahrscheinlich aus einer Kombination von *doux / vert* zusammen. Der Name soll also einen süßlichen Geschmack und die grüne Farbgebung des Apfels als Charakteristika benennen.

Doux ...

Das erste Namenselement *doux* der folgenden Apfelsorten ist wahrscheinlich durch einen süßen Geschmack motiviert. ***Doux à l´agnel*** (C) wird als Cidreapfel (Normandie) (Chaib 8a) ausgewiesen; *Doux-agnel* (1866) "variété normande de pommes à cidre" (LA 20, 1, 954a); *Doux-agnel* oder *Doux-à-l´agneau* "variété de pomme à cidre, du Bocage du Cotentin etc." (Li 1885, 2, 1236b). *Agnel* (12. Jh.) wird auf spätlt. *agnellus, agnella*, den Diminutiv von *agnus* zurückgeführt. Heute werden a*gneau, agnelle* ausgewiesen, die "petit de la brebis" und "viande d´agneau" bezeichnen (NPRob 1996, 44a). Der Apfelname *doux à l´agnel* könnte auf ein zartes Fruchtfleisch zurückgeführt werden. Vielleicht ist die Sorte so zart, weich und süß, dass sich ein Bezug zu *agnel* einstellt. ***Doux amer*** (C) (Rennes 1991, 28). Der Name geht wahrscheinlich auf den süß-bitteren Geschmack der Frucht zurück. ***Doux à troche*** (C) (Rennes 1991, 28); *douce (à trochets)* (FEW 3, 176b), *Doux à trochet* (1768). Der Name wird folgendermaßen erläutert: "ses fruits sont excessivement rapprochés sur chaque branche, à tel point qu´on les dirait attachés par masse à un seul pédoncule". Die Sorte erhält diesen Namen also irrtümlich: "Il n'en est rien, cependant; ce qui détruit complètement la signification que comportait le synonyme *Doux à trochet*" (LeroyPom 1873, 3, 267). *Doux avoine* (C) (Rennes 1991, 28). Das zweite Namenselement *avoine* könnte eine gelbe Farbgebung (cf. LA 20, 1, 479bc) widerspiegeln. Auch ein Zusammenhang mit dem Ortsnamen *Avoine* (Indre-et-Loire) (PRobNP 160b) ist möglich. *Doux-ballon* (C) wird als "variété de pomme à cidre" (Li 1885, 2, 1236b) ausgewiesen; mfr. *doux-balon* "esp. de pomme douce" (1611) (FEW 3, 176b [Verweis auf: Cotgr 1611]). *Ballon* "grosse balle pour jouer" wird im "usage courant" auf "verre à boire sphérique (en apposition *verre ballon*)" übertragen (Rob Hist 1992, 1, 171b). Der Apfel verdankt den Namen wahrscheinlich einer kugelförmigen Frucht. *Doux-blanc* (C) (1768, Normandie) wird als Cidreapfel ausgewiesen. LeroyPom erklärt den Namen folgendermaßen: "de la douceur de son eau, puis de la couleur blanchâtre de sa peau" (1873, 3, 268). *Doux bouvet* (C) (Rennes 1991, 28). Das zweite Element *bouvet* hebt vielleicht seine schwerfällige Form ab: *Bouvet* "jeune boeuf" (1600) bezeichnet auch "rabot servant, en menuiserie" (NPRob 1996, 255a). *Doux coursier* (C) (Rennes 1991, 28). Das zweite Namenselement *coursier* könnte den Apfel einer guten Transporttauglichkeit verdanken: *Coursier, -ière* bezeichnet "employé chargé d'effectuer diverses courses, notamment des livraisons" (Rob Hist 1992, 1, 516b); afr. mfr. *coursier* "apte à la course (d'un animal)" zu *cursus* "Lauf" (FEW 2.2, 1576). *Coursier* könnte jedoch auch zu gall. *col-enno* "Stechpalme" gestellt werden (cf. centr. *coursier* [FEW 2.2, 886a]). Vielleicht fällt diese Sorte durch ein dornig bezähntes Laub auf und / oder der Apfel ist korallenrot wie die Früchte der Stechpalme. *Doux d'argent* (1790, Anjou) (LeroyPom 1873, 3, 267). Die Apfelsorte *doux-d'argent* wird folgendermaßen beschrieben: "moyen, arrondi, lisse, jaune clair, rosé au soleil" (LA 19, 12.2, 1355); *doux argent* (LA 20, 5, 694c). Das zweite Namenselement *argent* ist wahrscheinlich durch die Farbe der Frucht motiviert. *Doux de la noëtte* (C) (Rennes 1991, 28). Wahrscheinlich besteht ein Zusammenhang zwischen dem Namenselement *de la noëtte* und *noisette* "Haselnuss" (FEW 7, 256b). Vielleicht handelt es sich um eine harte und / oder braune Frucht? Oder ist das Namenselement zu dem Toponym *La Noe* (Ille-et-Vilaine) (Bretagne) (Encarta 1998) zu stellen? *Doux-évêque* (C) wird folgendermaßen charakterisiert: "doux", "coloré" (Chaib 8a). Während das erste Namenselement einen süßlichen Geschmack erahnen lässt, bezieht sich das zweite Namenselement *evêque* wahrscheinlich auf die Farbe: "le violet, couleur distinctive de l'*évêque*" (NPRob 1996, 845a); *doux-aux-guêpes* "variété de pomme à cidre" (Li 1885, 2, 1236b). Diese volksetymologische Interpretation zeichnet das Bild eines süßen Apfels, der Wespen anzieht. Außerdem wird die Namensform *Doux-auxvêpes* (1866) als Apfelname ausgewiesen. Die Sorte wird folgendermaßen beschrieben: "moyen, jaune pâle, strié de rouge vif, fruit d'hiver" (LA 19, 12.2, 1355). *Doux-aux-vespes* wird als Alternativname von *doux-évêque* belegt (Chaib 8a). *Vêpres* bezeichnet die "heures de l'office, dites autrefois le soir, aujourd'hui dans l'après-midi" (NPRob 1996, 2371a). Diese volksetymologische Interpretation könnte sich darauf beziehen, dass die Sorte als Dessertapfel am Nachmittag oder Abend verzehrt wird. Das FEW 3, 177b weist mfr. *doux-auvesque* (1611), *douce aux vépes, doux aux véques, doux évêque* mit dem Hinweis "entweder *évêque* oder *guêpe* ist durch Volksetymologie in den Namen hineingelegt worden". *Doux granda* (C) ist als Cidreapfel (Rennes 1991, 28) belegt. Das Namenselement *granda* bezieht sich wahrscheinlich auf die Größe der Frucht oder des Baumes: *Grand* "qui dépasse la moyenne; qui a une valeur supérieure" zu lt. *grandis* "grand", "avancé en âge" und "sublime, imposant" (Rob Hist 1992, 1, 909b/910a); *grant, granda* zu *grandis* "gross" (FEW 4, 219a-223b). Auch ein Zusammenhang mit dem sp. Toponym *Granda* (Oviedo) (Encarta 1998) ist denkbar. *Doux juvigny* (C) wird als Cidreapfel ausgewiesen und folgendermaßen beschrieben: "moyen, ovale, arrondi, lisse, jaune, lavé de rouge" (LA 19, 12.2, 1355). Das zweite Namenselement ist vermutlich zu dem Toponym *Juvigny* (Manche) (LA 19, 9.2, 1135d) zu stellen. *Doux-lozon* (C) (1987, Normandie) wird als Cidreapfel (Chaib 8a) ausgewiesen. Das zweite Namenselement gehört wahrscheinlich zu dem Ortsnamen *Lozon* (Manche) (Encarta 1998). *Doux mari* (C) wird als Cidreapfel (Rennes 1991, 28) ausgewiesen. Das zweite Namenselement *mari* ist nicht eindeutig zu erklären. Vielleicht ist es zu lt. *maritus* "accouplé, uni (à la vigne, en parlant d'un arbre)" (Rob Hist 1992, 1, 1192a) zu stellen. Der Name könnte sich auf folgende Bezeichnung der Hortikultur beziehen: *marier des vignes avec des ormeaux* (1690), *marier la vigne* (1769), *se marier à l'ormeau* "être cultivée sur hautains" (FEW 6,

349a). ***Doux normandie*** (C) (Chevalier 1992); *Doux-normandie* wird als Cidreapfel der Normandie (Chaib 8a) ausgewiesen. Das zweite Namenselement ist wahrscheinlich zu dem Namen der Region zu stellen, aus der die Sorte stammt. ***Doux railé*** (C) wird als Cidreapfel (Rennes 1991, 28) ausgewiesen. Das Namenselement *railé* ist vielleicht zum Toponym *Riaillé* (Loire-Atlantique) (Encarta 1998) zu stellen. ***Doux rité*** (C) wird als einer der "pommiers à cidre" (Ro 1789, 215b) ausgewiesen. Der Apfel verdankt den Namen wahrscheinlich dem süßen Geschmack seines Fruchtsaftes. Das Namenselement *rité* ist also zu *rister* "presser" (FUR 1727, s.v. *rister*) zu stellen. ***Doux-véret*** (C) wird als Cidreapfel (1987, Normandie) ausgewiesen; *doux-veret* (1611) (FEW 3, 176b). Der Saft ist "doux, parfumé, très coloré" (Chaib 8a). Der Name soll wahrscheinlich den süßen Geschmack und die Farbe des Apfels widerspiegeln. Der Birnenname *veret* "grand poirier donnant une poire juteuse de couleur verte" (FEW 14, 508b) spricht dafür, dass auch *véret* auf die grüne Farbe zurückgeht. Oder ist das zweite Namenselement *véret* zum Toponym *Véretz* (Indre-et-Loire) (Encarta 1998) zu stellen? ***Doux veret conard*** (C) ist als Cidreapfel belegt. Die Frucht sei von kleiner Gestalt (cf. Chevalier 1992). ***Doux-vert*** wird als "variété de pomme" (Li 1885, 2, 1236b) ausgewiesen. Der Name geht wahrscheinlich auf einen süßlichen Geschmack und eine grüne Farbgebung zurück.

Drap d'or
wird als "variété de pomme" (LA 19, 6, 1191b) ausgewiesen. LeroyPom belegt diese Apfelsorte seit 1598 für Orléans und geht davon aus, dass es sich um eine bretonische Sorte handle (cf. 1873, 3, 273); "Goldzeugapfel" (DA 1889, 338 [Verweis auf: IH 1, p. 263, Diel 3, p.115]). Der Apfel verdankt den Namen also wahrscheinlich einer goldenen Schalenfarbe.

Duchâtel
(1851, Paris). LeroyPom führt den Apfelnamen auf den Eigennamen *Duchâtel* zurück: "Comte Duchâtel, si longtemps ministre sous le règne de Louis-Philippe Ier" (1873, 3, 276).

Duchesse de brabant
(1858, Belgien). LeroyPom geht davon aus, dass diese Sorte "Mme la *duchesse de Brabant*" (1873, 3, 277) gewidmet worden ist.

Duquesne
(1862, Belgien). Bei diesem Apfelnamen handelt es sich um einen Eigennamen: LeroyPom bemerkt, dass die Obstsorte einem belgischen Pomologen gleichen Namens gewidmet worden sei (cf. 1873, 3, 278).

Dureau
Pomme de Dureau (1622) (Hu 3, 290a [Verweis auf: E. Binet, Merv. de nat., p. 276]). Dieser Apfel verdankt den Namen wahrscheinlich einer harten Schale. Die Apfelnamen *dureau*, *dure-peau* und *duret* sind entweder zu *durus* "hart" zu stellen wie *poire de durci* "poire d' hiver qui n'est bonne que cuite" (FEW 3, 194a) oder zu *duracinus* "hartschalig" (Belege für Kirsche, Pfirsich und Aprikose sind vorhanden) (FEW 3, 187b-188a).

Dure-peau (C)
wird als Alternativname von dem Apfelnamen *Morelle* "pomme à cidre" (LA 20, 4, 985a) ausgewiesen. Der Name ist wohl durch eine harte Schale motiviert (cf. *dureau*).

Duret
bezeichnet eine "variété de pomme" (Li 1885, 2, 1254c); "variété de pomme à chair *dure* et peu sucrée" (LA 20, 2, 1010a); *durette* (Rhône) (Cropom 2001, 14). Der Name ist sicher durch das harte Fruchtfleisch motiviert (cf. *dureau*).

Écarlate (C)
Dieser Cidreapfel wird mit folgendem Beleg ausgewiesen: "Il y a des pommes qui rendent le cidre clair et comme vin françois: entre lesquelles celle appellée en Cotentin *escarlate* le fait

rouge" (Li 1885, 2, 1266a); *écarlate d'été* (Reifezeit: "août-septembre") (LeroyPom 1873, 3, 281), *écarlate d'hiver* (Reifezeit: "janvier-mars") (LeroyPom 1873, 3, 282); *escarlate* "esp. de pomme rouge" (Ol de Serres), nfr. *écarlate* "esp. de fraise" (Enc 7, 277b) (FEW 19, 150a, s.v. *saqirlat* "prunkvoller Stoff"). Der Apfel verdankt den Namen sicher seiner Farbe: *Écarlate* bezeichnet "couleur d'un rouge éclatant obtenue par un colorant tiré de la cochenille" (NPRob 1996, 702b).

Écarlatin (C)
Escarlatin (1605) "variété de pomme" (Hu 3, 590a); *escarlatin* "espece de cidre que l'on fait dans le Côtentin, qui ressemble en couleur au vin paillé, et l'égale presque en bonté" (FUR 1727, s.v. *escarlatin*). *Écarlatin,-ine* wird als Substantiv und als Adjektiv gebraucht: *Cidre écarlatin* oder *écarlatin* "cidre du Cotentin" (LA 19, 7.1, 51b). LeroyPom weist *escarlatine* als Synoym der Apfelsorte *écarlate d'hiver* aus. Das FEW 19, 150a belegt *pomme escarlatin* "esp. de pomme rouge" (Ol de Serres) und nfr. *écarlatin* "cidre dont la couleur se rapproche de celle du vin" (1740, Cotentin). Diese Sorte wird folgendermaßen beschrieben: "en grande partie lavée de rouge-brun clair et striée de carmin foncé, surtout à l'insolation" (1873, 3, 281-282). Der Apfelname geht mit Sicherheit auf die Farbgebung der Frucht zurück: *écarlatin* "cidre de couleur rougeâtre" (LA 20, 3, 14a); cf. oben *écarlate*.

Eclat
(Normandie) (Cropom); *Pomme d'éclat* (1865, Seine-Inférieure). LeroyPom erklärt den Namen folgendermaßen: "pour l'ensemble des qualités qui le distinguent" (1873, 3, 284). Die Sorte verdankt den Namen *éclat* also ihrer hervorragenden Qualität. Der Apfelname ist zu **slaitan* (anfrk.) "Spalten" zu stellen: nfr. *éclat* "caractère brillant de la beauté, d'un grand nom, de la puissance, etc." (1639) (S. 142a). Das FEW 17, 142a stellt die "variété de pomme cultivée surtout en Normandie" (Besch 1845 – Lar 1870) ohne weitere Erklärung hinter folgende Bedeutung von *éclat*: "portion de la tige enracinée d'une plante que l'on a détachée pour la replanter et obtenir un nouveau sujet" (Lar 1870).

Egyptiac (C)
wird als Cidreapfel ausgewiesen, der folgendermaßen beschrieben wird: "douce amère", "sphérique". Die Sorte reife zur dritten Reifezeit (cf. Chevalier 1992). Bei diesem Namen handelt es sich wahrscheinlich um eine Herkunftsbezeichnung: *Egypte* wird als "nom de pays, emprunté au latin *Aegyptus*, repris au grec *Aiguptos*" ausgewiesen (Rob Hist 1992, 1, 668a). Evtl. ist diese Namenswahl beeinflusst durch eine auffällige Musterung der Fruchtschale: *Égyptienne* bezeichnet "étoffe de soie à rayures, à la mode dans la seconde moitié du XVIIIe" (Rob Hist 1992, 1, 668a).

Enfer
Pomme d'enfer (Landes) (Cropom 2001, S. 14); *d'enfer* (1635). Diese Sorte stammt aus Deutschland. Der Name geht wahrscheinlich auf die Farbe zurück, zu welcher LeroyPom bemerkt: "entièrement lavée de brun violacé, striée de rouge lie de vin" (cf. 1873, 3, 143). Auch ein Zusammenhang mit dem belgischen Toponym *Enfer* (Hainaut) (Encarta 1998) ist nicht ausgeschlossen.

Épice (C)
Pomme espice "espèce de pomme" (1536), *espice* (1611) (FEW 4, 153b); *épicé* als Cidreapfel (Ro 1789, 215b). *Épice* wird auf lt. *species* "espèces" zurückgeführt (NPRob 1996, 793a). Seit 1245 bezeichnet dieser Name auch "friandises sucrées, obtenues en faisant confire des fruits avec des aromates" (Rob Hist 1992, 1, 708). Das Partizip Perfekt wird sowohl in der Bedeutung "assaisonné avec des *épices*" (Li 1885, 2, 1459a) als auch in der übertragenen Bedeutung "un prix exagéré" (1640) (Rob Hist 1992, 1, 708a) belegt. Neben diesen beiden Bedeutungsvarianten dürfte vor allem auch die Farbe des Apfels eine Rolle bei der Namensgebung gespielt haben: *Épice* bezeichnet "couleur brune" (LA 20, 3, 215a).

Équielé (C)
"pommiers à cidre" (Ro 1789, 215b). Wahrscheinlich geht der Apfelname *équielé* auf das Toponym *écueillé* (Indre, Centre) (Encarta 1998) zurück. Evtl. besteht aber auch ein Zusammenhang zwischen dem Namen und der Form des Apfels: *Équille* "Sandaal" wird auf fr. *esquile* "Knochensplitter" zurückgeführt, wegen der "nach vorn zu spitzig verlaufenden Gestalt des Fisches" (Gam 376b). Der Apfelname könnte auch zu **skalja* (germ.) "Schale" gestellt werden, cf. *équille* (FEW 17, 88b), weil die Sorte eine feste Schale aufweist.

Espèce-arnoult (C)
wird als Cidreapfel (1987, Normandie) (Chaib 7b) ausgewiesen. Wahrscheinlich ist der Apfelname *espèce-arnoult* zum Ortsnamen *Saint-Arnoult-en-Yvelines* (Encarta 1998) zu stellen.

Estranguillon
Pomme d'estranguillon (1544), *pomme de stranguillon* (1542). Der Apfel verdankt den Namen seinem Geschmack. v. Wartburg charakterisiert den Geschmack des Apfels folgendermaßen: "pomme très aigre, pomme sauvage" (FEW 12, 290a). Außerdem wird eine Birnensorte mit folgenden Namensbelegen ausgewiesen: *Estranguillon* (1530), *poire d'estranguillon* (1611), *d'étranguillon* (1669), *estranguillonne* (1600) (FEW 12, 290a). LeroyPom bemerkt zum Geschmack der Birnensorte: "son insupportable astringence" (1869, 2, 146).

Estre
De l'estre (Aube) (Cropom). Wahrscheinlich ist der Apfelname zu dem Toponym *Estrée* (Pas-de-Calais) (Encarta 1998) zu stellen.

Étoile
Pomme étoilée, pomme d'étoile (Ro 1789, 212a); *étoile* "sorte de pomme" (1771) (FEW 12, 253a); *étoilée* "variété de pomme, appellée aussi pomme d'étoile" (1866) (LA 20, 3, 322a); (LA 19, 7.2, 1066b); *reinette étoilée* (Chevalier 1992); *api étoilé; pomme étoilée* "Sternapfel" (Vo 1993, 452). Der Apfel erhält den Namen aufgrund seiner Form: "divisée sensiblement en cinq côtes, ce qui la fait nommer *pomme étoilée;* l'oeil est presqu'à fleur du fruit, et derrière les cinq échancrures qui le bordent il s'élève cinq petites bosses ou tumeurs" (Ro 1789, 212a).

Étourneau
D'étourneau oder *d'estorneau* (1498, Poitou) (LeroyPom 1873, 3, 288). Wahrscheinlich geht der Apfelname auf den Ortsnamen *Escornebéou* (Landes) (Encarta 1998) zurück.

Faghu
Pomme de faghu (Côtes-du-Nord) wird als "pomme sauvage" ausgewiesen. v. Wartburg stellt den Namensbeleg zu den "Materialien unbekannten oder unsicheren Ursprungs" (FEW 21, 79a). Dieser Name bleibt ungeklärt.

Fameuse
Diese Apfelsorte sei entstanden aus Samen, welche die ersten Siedler von Frankreich nach Amerika gebracht haben (1730, Vermont) (cf. Vo 1993, 136). *Fameuse* wird im Kanadischen substantiviert und bezeichnet eine "pomme de grosseur moyenne, de saveur délicieuse" (FEW 3, 409a). Der Apfelname drückt also eine besondere Wertschätzung der Sorte aus.

Faro
(Brie, Aube) (Cropom). Wahrscheinlich besteht eine Verbindung zwischen dem Apfelnamen und dem Begriff *faro* (1833) "bière belge faite avec du malt d'orge additionné de froment non germé" (NPRob 1996, 894b). Möglicherweise besteht auch ein Bezug zu dem portugiesischen Stadtnamen *Faro* (PRobNP 717a).

Fausse champagne
(Franche-Comté) (Cropom). *Champagne* bezeichnet "vin blanc que l'on prépare en *Champagne*" (1695). Es könnte sich um eine Cidresorte handeln, deren Produkt *Champagner* ähnelt. Außerdem ist *champagne* seit 1905 in der Bedeutung "couleur jaune très pâle rappelant celle de ce vin" (Rob Hist 1992, 1, 386a) belegt. Wahrscheinlich schäumt der Cidre wie *Champagner* auf und / oder besitzt eine ähnliche Farbe.

Fédérale
(1867, Frankreich). Es handelt sich um die englische Sorte *federal pearmain* "Staatenpärmäne" (1833) (LeroyPom 1873, 3, 291). Wahrscheinlich soll der Name *fédérale* diese Sorte auszeichnen.

Feinte (C)
wird als Cidreapfel (1987, Normandie) ausgewiesen, dessen Saft folgendermaßen beschrieben wird: "très doux, parfumé, bien coloré" (Chaib 8a). Seit 1928 ist als Begriff der Hortikultur *feinte* "deux pentes douces, semicirculaires, adossées l'une à l'autre" (LA 20, 3, 444a) ausgewiesen. Der Apfelname ist wahrscheinlich durch die Form der Frucht motiviert. Diese Apfelsorte wird zu den vier Veredelungsgrundlagen für Apfelsorten gezählt: "le pommier se greffe en *fente* ou en *écusson* sur le *sauvageon*, sur le *franc*, sur le *doucin*, et sur le *paradis*, et ces quatre sujets font du genre du pommier" (Enc III, Tomes XIII-XVII, S. 8, 6a).

Fenouillet ...
Fenouillet (1628) (Rob Hist 1992, 1, 788a); "Anisapfel" oder "Fenchelapfel" (1738) (FEW 3, 454a/b); *fenouillet gris, fenouillet petit, fenouillet rouge, fenouillet gros* (LA 19, 12.2, 1355). Die Belege weisen auf eine Herkunft der Apfelsorte aus Anjou (FUR 1727, s.v. *fenouillet*). Weitere Belege weisen auf die südlichen Alpen, den Hérault und die Gascogne (FEW 3, 454a/b). Der Apfel verdankt den Namen seinem Geruch: *fenouillet* durch "Suffixtausch für *fenouillé*" (Gam 420b); *Fenouillet* "petite pomme grise dont le parfum rappelle celui du *fenouil*" (PRob 1990, 770a). *Fenouillet de chine* "moyen, gris et vert" (LA 19, 12.2, 1355). Wahrscheinlich soll der Namenszusatz *de chine* angeben, dass die Sorte aus *China* stammt. Auch ein Zusammenhang mit dem korsischen Namen *Chine* (Haute-Corse) (Encarta 1998) ist nicht auszuschließen.

Fer (C)
Pomme de fer (C) (1598, Schweiz) (LeroyPom 1873, 3, 299); (1628, Orléans) (LeroyPom 1873, 3, 299-300); *pomme de fer* (Chevalier 1992); *pum de fer* "esp. de pomme qui mûrit tard" (FEW 3, 476a). LeroyPom zählt diese Sorte zu den "variétés destinées au pressoir". Sicherlich geht der Apfelname auf die Farbe der Fruchtschale zurück: "sa peau gris-roux" (LeroyPom 1873, 3, 300). Vielleicht besitzt der spät reifende Apfel außerdem ein hartes Fruchtfleisch?

Fernand cogners
(Maine et Perche) (Cropom). Dieser Apfel wurde einer Person (vielleicht dem Züchter der Sorte?) gewidmet.

Fertile de ...
Fertile de falaise (Chevalier 1992). Das erste Namenselement *fertile* der folgenden Apfelnamen ist wahrscheinlich durch die Fruchtbarkeit motiviert. Das zweite Element *de falaise* bezieht sich wohl auf die Herkunft der Sorte: *Falaise* (Calvados) (Encarta 1998). *Fertile-des-vallots* (C) ist als Cidreapfel (1987, Normandie) (Chaib 8a) belegt. Das zweite Namenselement *des-vallots* könnte sich auf einen Eigennamen beziehen. Folgende Person mit diesem Familiennamen könnte in Frage kommen: *Vallot (Joseph)* (1854-1925) "astronome et géographe français" (PRobNP 2127b).

Feuillemorte
(Brie) (Cropom). Wahrscheinlich verdankt der Apfel den Namen seiner Farbgebung: *Feuillemorte* (1590) bezeichnet "de la couleur des *feuilles mortes*, brun roux assez clair" (GRob 1985, 4, 488a).

Feuilles d'aucuba
(1839, Paris). Die Sorte erhält den Namen wegen der Farbgebung ihrer Blätter. LeroyPom bemerkt zu diesem Baum: "les taches ou panachures des feuilles – particularité d'où lui vint son nom" (1873, 3, 302). *Aucuba* ist als Name für einen "arbuste ornemental à feuilles persistantes d'un vert pâle marbré de jaune" (GRob 1985, 1, 692b) ausgewiesen.

Fevrette
(Franche-Comté) (Cropom). Möglicherweise besteht ein Zusammenhang zwischen dem Apfel- und dem Ortsnamen *Ferrette* (Haut-Rhin) (Encarta 1998). Auch eine Verbindung mit *fevre* (Pikardie) zu *faber* "Schmied" (FEW 3, 341b) ist möglich: Vielleicht handelt es sich um eine auffallend harte Frucht (cf. *fer*)?

Figotte
wird als "pomme séchée au four et aplatie" (Pas-de-Calais) ausgewiesen (FEW 3, 496a). Wahrscheinlich geht der Namen darauf zurück, dass der getrocknete Apfel die Form von Feigen hat.

Figue
Pomme-figue (Ro 1789, 214a); *Pomme figue d'été* (1598) (Doubs) (LeroyPom 1873, 3, 304-305). Vermutlich erhält der Apfel diesen Namen aufgrund seiner Form und einer sortentypischen Missbildung: "de forme irrégulière" (Ro 1789, 214b). Der besondere Charakter dieser Apfelsorte liegt in folgender Eigenschaft: "Les produits de cette variété sont effectivement, et de façon constante, dépourvus de pepins" (LeroyPom 1873, 3, 305).

Filasse (C)
wird als Cidreapfel (1987, Normandie) (Chaib 8b) ausgewiesen. Dieser Namen ist vermutlich durch die Farbgebung des Apfels motiviert: *Filasse* wird unter anderem in der Bedeutung "blond pâle" (Rob Hist 1992, 1, 796b) ausgewiesen. Ein weiterer Anknüpfungspunkt für die Namensgebung könnte ein trockenes Fruchtfleisch mit Fasern sein: *Filasse* bezeichnet "des viandes insipides ou qui se tirent par longs filets, que ce n'est que de la *filasse*" (FUR 1727, s.v. *filasse*).

File jaune
(1996) (Cropom). Es handelt sich bei dieser Apfelsorte offensichtlich um Spalierobst mit gelben Früchten oder Blättern. *File* bezeichnet "une suite dont les éléments sont placés l'un derrière l'autre" (1464) (Rob Hist 1992, 1, 797a).

Flammèche
(1840, Angers). Diesen Apfelnamen führt LeroyPom auf die Farbgebung zurück: "en raison sans doute de sa peau si fortement fouettée et striée" (1873, 3, 307).

Flandre
(Morvan); *de flandres* (Aube) (Cropom); *rambour de flandre*. Der Name geht auf das Herkunftsland Flandern zurück (cf. LeroyPom 1873, 4, 601).

Flava
(1848, Belgien). LeroyPom geht davon aus, dass der Apfelname durch eine gelbe Farbgebung motiviert ist: "qui tire évidemment son nom de la couleur jaune clair" (LeroyPom 1873, 3, 308). v. Wartburg weist *flavus* "rotgelb" (FEW 3, 614b) aus. Der Apfelnamen ist wahrscheinlich zu mfr. *flavastre* "jaunâtre" (1612) (S. 615a) zu stellen.

Fleur de ... (C)
Fleur-d'auge (C) (1866) wird als Tafel- und Cidreapfel ausgewiesen: "à manger et à cidre" (LA 19, 12.2, 1355). Vermutlich verdankt der Apfel den Namen seiner schönen Blüte und seiner Herkunft aus dem *Pays d'Auge* "région de Normandie" (PRobNP 144a). *Fleur de mai* bezeichnet eine "petite pomme à couteau précoce" (Seine-Inférieure) (FEW 3, 631b). Der Name geht wahrscheinlich auf die frühe Reifezeit der Sorte zurück.

Fleurette
(Normandie) (Cropom). Dieser Name ist nicht eindeutig zu erklären. Wahrscheinlich verdankt der Apfel den Namen einer kleinen Blüte (evtl. auch Einfluss von *crème fleurette* "première crème très fluide qui se forme au-dessus du lait" [PRob 1996, 935a]). Auch eine Verbindung mit dem Toponym *Fleuré* (Orne) (Encarta 1998) ist möglich, jedoch wenig wahrscheinlich.

Fleuritard
(Lorraine) (Cropom 2001, 14). Vielleicht gehören der Apfelname *Fleuritard* wie auch die Namen *fleuretis* "sorte de contrepoints fleuri formé par des ornements", *fleuron* "ornement sculpté représentant une fleur" oder *fleuraison* "épanouissement des fleurs" zu der Wortfamilie von *flos* "Blume" (FEW 3, 630ab). Vielleicht besitzt die Apfelsorte eine sortentypisch prächtige Blüte?

Foire-à-dives (C)
wird als Cidreapfel (Normandie, 1987) (Chaib 8b) ausgewiesen. Die Sorte verdankt ihren Namen wahrscheinlich der Tatsache, dass sie auf einem regelmäßig stattfindenden Markt in *Dives* (Oise) (Encarta 1998) gehandelt wird.

Fondante
(1598). LeroyPom charakterisiert diese Apfelsorte als "mi-fondante" (1873, 3, 135). Der Name geht also auf das schmelzende Fruchtfleisch zurück: *Fondant* bezeichnet "qui se dissout, *fond* dans la bouche" (PRob 1990, 802b).

Fouc (C)
wird als "pomme à cidre" (Cotentin) (FEW 21, 78b [Verweis auf: Besch 1845-Lar 1872]) ausgewiesen. *Foucq* (1727) bezeichnet eine "troupe assemblée", wobei die Anzahl dieser Gruppe auf zehn festgelegt wird: "pour avoir *foucq* ne faut avoir que assemblée de dix" (cf. FUR 1727, s.v. *foucq* [Verweis auf: Bouteiller]). *Fouc* wird in der Bedeutung "troupeau" ausgewiesen (Gf 4, 48b). Möglicherweise geht der Apfelname darauf zurück, dass die Früchte büschelweise reifen; er wäre dann im FEW 15.2, 187b, s.v. **fulk* "Menge" nachzutragen. Das FEW 15.2, 187b geht aber von einer höheren Anzahl aus: "entre 10 et 25 personnes" (Verweis auf: *Bouteiller*, FN 1, p. 188).

Foüasse
Pomme de foüasse (FUR 1690, s.v. *pomme*); *pomme de foüaße* (FUR 1727, s.v. *pomme*). Der Apfelname geht wahrscheinlich auf den Verwendungszweck dieser Sorte als Backapfel zurück: *Fouace* (12. Jh.) wird zu vlt. °*focacia* "pain cuit sous la cendre du foyer" zu *focus* "foyer" (NPRob 1996, 957a) gestellt. *Fouace* bezeichnet "sorte de galette cuite sous la cendre" (Hu 4, 178a) und "galette de fleur de froment cuite au four ou sous la cendre" (NPRob 1996, 957a). Für die Auvergne wird die Bedeutung "brioche en forme de couronne, parfumée à la fleur d'oranger" (GRob 1985, 4, 649b) ausgewiesen. Wahrscheinlich diente der Apfel als Füllung für Obstkuchen, speziell "pain, gâteau que les parrains et les marraines donnent à leurs filleuls le jour de Noël" (FEW 3, 647b).

Fraise
Diese Apfelsorte stammt aus der Umgebung von New York und wurde 1820 in Frankreich eingeführt. Die Frucht besitzt ein "arôme exquis" (H.Alpes 1998). LeroyPom erklärt den Namen folgendermaßen: "elle doit son nom à la forme la plus commune, ainsi qu'à la saveur

de son eau" (LeroyPom 1873, 3, 311). Der Name ist also durch die Form und den Geschmack des Apfels motiviert. Dieser Beleg ist im FEW 3, 749a s.v. *fragum* "Erdbeere" nachzutragen.

Fralignes
Pomme de fralignes (Aube) (Cropom); *De fraligues* (1998-2000) (Cropom). Der Apfelname ist wohl zu dem Toponym *Fralignes* (Aube) (Encarta 1998) zu stellen.

Framboise
(Niederlande, 1771) (LeroyPom 1873, 3, 312); *Pomme framboise*. Der Apfel verdankt den Namen seinem Geschmack ("arome de *framboise*") und seiner Farbgebung ("maculé de rose strié de rouge") (LA 19, 12.2, 1355); cf. mfr. nfr. *framboise* "goût aromatique de certaine sorte de vin" (1562) zu **brambasi* (anfrk.) "Brombeere" (FEW 15.1, 239a).

Francatu
wird seit 1536 ausgewiesen. Als Namensvariante ist *franc-estu* "esp. de pomme" belegt (FEW 3, 761ab); *francatu, francestu* (1540), *franc-estu* (1589), *franc-esteu* (1652), *de franquetu* (1667), *franquestu* (1670), *francatu commun* (1755) (LeroyPom 1873, 3, 314); *frankattu* (Aube) (Cropom); *pomum franceturum* (1536), *francestu, franc-estu* (1589) (LeroyPom 1873, 3, 315). Die Bedeutung wird folgendermaßen erläutert: "*Franc-Estu*, indique à n'en pouvoir douter que ce pommier poussa spontanément, *franc* de pied; *estut* signifiait effectivement, au moyen âge: être, subsister, exister". Der Name geht also auf einen Fachbegriff der Hortikultur zurück (LeroyPom 1873, 3, 315). Zu der Namensform mfr. nfr. *pomme de franc-estu* (1536) (S. 169b) bemerkt das FEW 15.2, 170b, dass es nicht klar sei, was im zweiten Teil des Wortes stecke.

Franche-brière (C)
oder *franche-bruyère* wird als Cidreapfel (1987, Normandie) (Chaib 8b) ausgewiesen. Wahrscheinlich handelt es sich um einen Zufallssämling. Das erste Namenselement *franche* ist wahrscheinlich zu *franc, franche* (1080) "qui présente des caractères de puretés, de naturel" (NPRob 1996, 967a) zu stellen. Das zweite Namenselement *brière* bezieht sich möglicherweise auf den Namen der Region, wo er gefunden wird: *Brière* (eine) or *Grande-Brière* "région de marais" (Loire-Atlantique). Seit 1970 wird diese Region als "parc naturel régional" klassifiziert (PRobNP 318b). Das zweite Element der Namensvariante *Franche-bruyère* ist entweder zu einem belgischen Toponym zu stellen (*Bruyère* bezeichnet sechs belgische Orte, cf. Encarta 1998) oder eine volksetymologische Uminterpretation von *Brière*.

Franc ...
Franc pépin (Maine et Perche) (Cropom); *Franc-Pépin* (LeroyPom 1873, 3, 313). Das erste Namenselement bezieht sich auf einen Fachbegriff der Hortikultur: mfr. *franc* "(arbre) qui produit des fruits doux sans avoir été greffé", "arbre non sauvageon" (1680) (FEW 3, 761ab); *franc* "arbre qui n'est point sauvageon", "enter sur le *franc*" (Ri 1680, 1, 351b). Auch das zweite Namenselement *pépin* bezieht sich auf das Züchtungsverfahren der Sorte. Zu dem Birnennamen *poire de pepin* (1488, Maine-et-Loire) bemerkt LeroyPom: "Son nom indique qu'elle fut gagnée de semis" (cf. 1869, 2, 516) (cf. *pépin*). *Franc roseau* (Franche-Comté) (Cropom). *Franc-roseau* (1850, Angers) (LeroyPom 1873, 3, 314). *Roseau* "nom usuel de plantes aquatiques à tige droite et lisse" wird als Diminutiv von afr. *raus* oder *ros* "désignant lui aussi une plante aquatique à tige droite et lisse" ausgewiesen. Dieses Lexem wird auf folgende Bedeutungen übertragen: "la fragilité", "la vulnérabilité", "la flexibilité" (Rob Hist 1992, 2, 1833b).

Frangée
wird für "Maine et Perche" als Apfelname ausgewiesen (Cropom). LeroyPom belegt *frangée* (1785, Sarthe) als Alternativnamen von *impériale ancienne*. Er erklärt den Namen, indem er ihn auf die Musterung der Schale zurückführt: "Son surnom *de frangée*, venu des nombreuses vergetures qui recouvrent sa peau" (1873, 3, 395). Der Apfelname *frangée* ist also durch eine auffallende Schale motiviert.

Franquette
wird als "esp. de pomme" (1771) ausgewiesen. Bei dem Namen handelt es sich wahrscheinlich um eine Ableitung von mfr. *franc* "(arbre) qui produit des fruits doux sans avoir été greffé" (1680), "arbre non sauvageon" (cf. FEW 3, 761ab). Dieselbe Namenserklärung weist außerdem das FEW 15.2, 163a aus: *franquette* "esp. de pomme" (Trév 1752-1771) als Ableitung von *frank* (frk.) "Franke" mit dem Hinweis auf die Bedeutung "kultiviert (von Obstbäumen)"; cf. *francatu, franche-brière, franc*.

Frémy
(Maine et Perche) (Cropom). LeroyPom weist den Apfelnamen seit 1873 aus und stellt ihn zum Eigennamen des Züchters: M. *Frémy* (Maine-et-Loire) habe die Sorte gezüchtet (cf. 1873, 3, 317).

Frequin ... (C)
Frequin (C) "variété de pomme" (LA 20, 3, 635b); *fréquins* "pommes de deuxième saison" (LA 20, 5, 694c); *frequin rouge* wird für "tout le Pays d'Auge" belegt (Chevalier 1992). Folgende Belege werden durch v. Wartburg zusammengestellt: *fréquin* "esp. de pomme à cidre" (1828, Normandie), *fraischian* "esp de pomme douce-amère" (Jersey), *fréchoret* "boisson rafraîchissante" (Isère) und *fraichon* "vin pas encore fermenté qu'on prend à la sortie du pressoir" (13. Jh., Judenfranzösisch, Nordfrankreich, Mittelalter) (FEW 3, 808a). Die Apfelsorte *frequin rouge* wird mit folgenden Namensformen belegt: *fresquin, fréchin* und *fraiquet* (Chaib 8ab). *Fresguin* wird als Cidreapfel (Ro 1789, 215b) ausgewiesen. Der Apfelname geht offensichtlich auf den frischen Geschmack dieser Sorte zurück und ist deshalb zu *frisk* (germ.) "frisch" (FEW 3, 807a; FEW 15.2, 173a) zu stellen. Chaib weist *fréquin blanc, frequin doux, fréquin rouge* und *gros frequin rouge* als Cidreäpfel aus (Chaib 8ab). *Frequin-lajoie* (C) ist als Cidreapfel (1987, Normandic) (Chaib 8ab) belegt. Das zweite Namenselement gehört vielleicht zu einem Familien- oder Ortsnamen *Lajoie*. *Frequin long* (C) wird als Cidreapfel (1987, Normandie) (Chaib 8ab) ausgewiesen. Das zweite Namenselement bezieht sich wahrscheinlich auf seine längliche Fruchtform.

Friandise
(1867, Angers). Diese Sorte stammt aus den Niederlanden. Der Apfel verdankt den Namen seinem Geschmack und seiner Farbe: "Ainsi nommée pour son excellence, que semble augmenter encore son ravissant coloris" (cf. LeroyPom 1873, 3, 318).

Frire
À *frire* (1650). Der Apfelname geht auf den Verwendungszweck der Sorte als Brat- und Backapfel zurück: *Pomme à frire*. LeroyPom vermerkt bei der Sortenbeschreibung: "fricassée dans la poêle, elle fait un délicieux manger" (1873, 3, 177).

Furcy-lacaille (C)
wird als Cidreapfel (1987, Normandie) (Chaib 8b) ausgewiesen. Dieser Namen lässt sich nicht eindeutig erklären. Das erste Element bleibt enigmatisch (vielleicht liegt ein Eigenname vor); das zweite Namenselement *lacaille* geht vermutlich auf einen Eigennamen zurück: In den ausgewerteten Quellen wird folgende Person zu diesem Familiennamen ausgewiesen: *La Caille (abbé Nicolas Louis de)* wurde 1713 in Rumigny (Champagne) geboren (PRobNP 1156b).

Gahute
v. Wartburg weist *gahute* "pomme" und *gahut* "poire" aus. Er stellt die Belege zu den "Materialien unbekannten oder unsicheren Ursprungs" (FEW 21, 82b). Die Motivation dieses Namens kann anhand der hier ausgewerteten Quellen nicht geklärt werden.

Galcière
(Auxois) (Cropom). Dieser Name ist nicht eindeutig zu bestimmen. Besteht ein Zusammenhang zwischen den Apfelnamen *galcière* und *pomme de glace*? Oder ist der Apfelname *galcière* zu einem Toponym zu stellen? Dann käme nur der Regionalname *Galice* "communauté autonome d'Espagne" (PRobNP 799a), ein Apfelanbaugebiet, infrage.

Galena
Pouma galena (Vaudioux) "pomme sauvage"; *galenier* "pommier sauvage" (FEW 21, 79a). Der Name könnte durch die Apfelform motiviert sein: Anorm. *gale* "gâteau plat"; *gališŏ pum*□ "petite galette remplie de ronds de pomme". Diese Wortfamilie stamme aus der Normandie. Die Bedeutungen "Stein" und "Fladen" erklären sich aus einem Vergleich der Fladen mit den flachen, runden Kieselsteinen am Strand (cf. FEW 4, 42a-45ab). Der Apfel würde damit den Namen seiner flachen und runden Formgebung verdanken.

Galo-bayeux (C)
LA 19 weist diesen Namen seit 1866 als Tafel- und Cidreapfel aus (Bd. 12.2, 1355). Der Apfelname ist wahrscheinlich zu dem Ortsnamen *Bayeux* "très vieille ville *gauloise*" (LA 20, 1, 610a) zu stellen; das erste Element gehört zum Stamm **gallos* (gall.) "Stein" (FEW 4, 42).

Galop
(1583) ist als "esp. de pomme" (FEW 21, 77b) belegt. v. Wartburg vermutet einen Zusammenhang zwischen *galop* und *galoppu* "varietà di vite a frutto bianco" und siz. *galóffu* "specie di pera" (FEW 21, 77b [Verweis auf: Wagner Leben 82; ML 4688]). Bei dieser Sorte könnte es sich um einen Apfel handeln, der die Verdauung antreibt: v. Wartburg weist das Lexem *galop* "grande quantité d'eau courante" aus, das er auf *walahlaupan* (anfrk.) "gut springen" zurückführt (FEW 17, 484a).

Galopin rouge (C)
(1987, Normandie) wird als Cidreapfel ausgewiesen. Der Saft dieser Sorte ist "coloré" (Chaib 8b). Sehr wahrscheinlich wurde diese Sorte einem Pomologen gewidmet, den LeroyPom allerdings mit als Autor kennt: "L.-G. *Galopin* et Fils, pépiniéristes à Liège, *Catalogue de 1866*, p. 26" (LeroyPom 1873, 4, 550). Möglich ist auch eine Erklärung aus einem sehr saftigen Fruchtfleisch und einer Formgebung, die der eines Trinkgefäßes ähnelt: *Galopin* wird als Personifizierung eines Gefässes auf "demi-setier de vin" übertragen. Außerdem weist v. Wartburg die Bedeutungen "cruchon rempli de cidre", "pichet d'une contenance d'un demi-litre" (cf. FEW 17, 485a-486a) aus.

Gamache
"variété de pomme" (1849) (FEW 21, 78b); (Li 1885, 2, 1825a); (LA 19, 8.2, 977d). v. Wartburg liefert für den Apfelnamen zwei verschiedene Erklärungsansätze, die er gleichberechtigt gelten lässt: Entweder ist der Name zu "fr. *gamache*" zu stellen oder er gehört zu einem Ort *Gamaches* (cf. FEW 21, 78b). Folgende Ortschaften kommen infrage: *Gamaches* (Somme) oder *Gamaches-en-Vexin* (Eure) (Encarta 1998).

Gare de ... (C)
Gare de baty (C) wird als Cidreapfel (Rennes 1991, 28) ausgewiesen. Das erste Namenselement ist wahrscheinlich durch eine auffällige Farbgebung motiviert: **garr-* "scheckig", mfr. *garre* "de deux couleurs, bigarré" (1360), *gâre* "rouge et blanc" (Rennes, Nantes) (FEW 4, 64b). Ein Zusammenhang mit dem Lexem *gare* (1690) zu *varer* (1180, Bretagne) °*warôn* "avoir soin" (NPRob 1996, 1001a) ist sehr unwahrscheinlich. Das zweite Namenselement *de baty* ist wahrscheinlich zu einem Familien- oder Ortsnamen zu stellen: *Baty (Gaston)* (1885-1952) war "directeur, metteur en scène et théoricien du théâtre" (PRobNP 205a). Als Ortsnamen wird *Les Baty* (Belgien) (Encarta 1998) ausgewiesen. Es ist möglich, dass es sich um den Kultivar eines Angehörigen der Familie *Baty* handelt. *Gare de maure* (C) wird als Cidreapfel (Rennes 1991, 28) ausgewiesen. Sicher liegt hier eine Komposition mit *maure* vor, weil die Sorte durch eine dunkle Farbgebung auffällt (cf.

maure). Ein Zusammenhang zwischen dem Apfelnamen *gare de maure* und dem Ortsnamen Maure (Pyrénées-Atlantiques) (Encarta 1998) ist eher unwahrscheinlich.

Gastelet (C)
wird seit 1732 als "variété de pomme" (FEW 21, 78b) ausgewiesen. *Gastelet* bezeichnet eine "esp. d´excellente pomme à cidre" (1611). v. Wartburg führt den Apfelnamen *gastelet* auf frk. **wastil* "Kuchen" zurück; afr. *gastelet* "petit gâteau". Die Belege weisen auf Flandern, Valenciennes, Nord, Côte-d´Or, Marne und die Schweiz (FEW 17, 547b). Der Name könnte auf die Verwendung dieser Sorte als Backobst oder eher wohl auf die besondere Form zurückgehen.

Gaudine
Pome gaudine bezeichnet "pomme sauvage". Die Bezeichnung für eine Apfelsorte wird zu afr. *gaudine* "bois" und mndl. *gaudine* "wilde Tiere" (FEW 17, 486ab) gestellt. Dies lässt vermuten, dass der Name auf die Herkunft der Sorte aus dem Wald verweist. Folglich handelt es sich um eine wilde Apfelsorte.

Gaumont (C)
(1987, Normandie) ist als Cidreapfel (Chaib 8b) belegt. Der Name gehört vielleicht zu einem Eigennamen. Folgende Person in den ausgewerteten Quellen trägt diesen Namen: *Gaumont (Léon)* (1863-1946); er war "inventeur et industriel français" (PRobNP 814a) (cf. *gomont*).

Gay
v. Wartburg weist *gay* "sorte de pomme hâtive" (1842, Normandie) (FEW 21, 78b) aus. Bei diesem Apfelnamen kann nicht eindeutig geklärt werden, ob es sich um eine Ableitung von einem Familien- oder einem Ortsnamen handelt: *Gay (Claude)* forschte als Mitglied der "Académie des sciences" über die Herkunft der Kartoffel (cf. LA 20, 3, 736a); *Gay-Lussac (Louis Joseph)* (1778-1850) war "physicien et chimiste français" (PRobNP 815a). Oder ist der Apfelname *gay* zu dem belgischen Ortsnamen Gay (Namur) (Encarta 1998) zu stellen? Die fehlende Präposition *de* spricht eher für die Ableitung von einem Familiennamen.

Geai
Pomme de geai (1866, Pays de Caux) (LeroyPom 1873, 3, 320). Sehr wahrscheinlich erhielt der Apfel den Namen wegen seiner farblichen Ähnlichkeit mit einer Vogelsorte. LeroyPom beschreibt die Farbgebung der Frucht folgendermaßen: "rubanée de carmin foncé, maculée de roux squammeux autour du pédoncule, faiblement ponctuée de brun clair, et parfois montrant quelques taches noirâtres" (1873, 3, 320). *Geai* bezeichnet einen "oiseau (passériformes) au plumage bigarré" (NPRob 1996, 1006a). Der Name ist im FEW 4, 21a unter *gajus* "Häher" nachzutragen.

Gelas
Diese Apfelsorte ist für Alpes-Maritimes und Var belegt (Cropom 2001, 14). Der Name ist evtl. zum Papstnamen *Gélase Ier (saint)* zu stellen, dessen Feiertag am 21. November begangen wird (cf. PRobNP 816b). Möglicherweise reift die Sorte erst Ende November. Ein Zusammenhang zwischen dem Apfelnamen *gelas* mit dem Ortsnamen Gela "en Sicile" (PRobNP 816b) ist unwahrscheinlich.

Gelée
De gelée (1652, Frankreich). Die Motivation von diesem Namen erklärt LeroyPom folgendermaßen: "il porte le nom *de Gelée*, parce que lors que l´on mange son fruit, il semble que l´on mange de la glace" (1873, 3, 325). Der Name bezieht sich also auf die Auffälligkeit des Fruchtfleisches.

Gelineau
(1868). Diesen Apfelnamen stellt LeroyPom zu einem Familiennamen: M. *Gelineau* war "horticulteur à Angers" (1873, 3, 317).

Gendreville
(Brie) (Cropom). Wahrscheinlich gehört dieser Apfelname zu dem Ortsnamen *Gendreville* (Vosges) (Encarta 1998).

Général
LeroyPom weist den Apfelnamen *général* seit 1660 aus. Außerdem belegt er die Namensform *La Générale*. Dieser Name geht vielleicht auf den prototypischen Charakter der Sorte zurück, zu dem LeroyPom bemerkt: "de grosseur moyenne et fort ressemblante à la vraie *calville d'été*" (1873, 3, 322). *Général, -ale, -aux* geht auf lt. *generalis* "qui appartient à un genre" (NPRob 1996, 1009a) zurück. Oder wurde die Apfelsorte einem bestimmten *Général* "celui qui commande en chef une armée, une unité militaire importante" (NPRob 1996, 1009a) oder einer *générale* "supérieure de certains ordres religieux" (1740), "épouse d'un général" (1802) (NPRob 1996, 1009a) gewidmet? Zahlreiche Birnennamen werden mit dem Element *général* gebildet (cf. LeroyPom 1869, 2, 217), dies zeigt, dass in einer Sekundärmotivation der Namen tatsächlich mit Eigennamen von Generälen verbunden wurde.

George
Pomme de george wird als "esp. de pomme" (1536) (FEW 4, 118b) ausgewiesen. Der Apfel *george* verdankt seinen Namen wahrscheinlich wie der Ciderapfel *saint-georges* der Tatsache, dass er zum Feiertag des *Saint Georges* reift. Zwei verschiedene Daten werden zum Feiertag des Heiligen angegeben: der 23. April (cf. PRobNP 823a) oder der 10. November (LA 20, 3, 763 b). Da diese Sorte in den Monaten Oktober und November reift, könnte der Apfelname auf das Datum im November zurückgeführt werden.

Gérard (C)
wird als Cidreapfel (Rennes 1991, 28) ausgewiesen. *gérard rouge* ist als Cidreapfel (Normandie) belegt, der zur ersten Saison reift (cf. Chaib 8b). Vermutlich steht der Apfelname in Beziehung zu dem Vornamen *Gérard*: *Gérard de Brogne (saint)* (880-959) war "fondateur de l'abbaye bénédictine de Brogne" und reformierte die Klöster *Saint-Pierre, Saint-Bavon, Saint-Wandrille* und *Le Mont-Saint-Michel*. Sein Feiertag wird am 3. Oktober gefeiert (PRobNP 825a).

Germaine
(1660). v. Wartburg erklärt den Obstnamen dadurch, dass der Frauenname *Germaine* wohl von Züchtern zu Ehren bestimmter Frauen [...] übertragen worden sei (cf. FEW 4, 120a [Verweis auf: Ol de Serres - Oud 1660]); *germaine* (Chevalier 1992); *germaine* für Jarez (Cropom). *La germene* (1793) wird auch als Cidreapfel ausgewiesen, der Ende Oktober reift (cf. Ro 1789, 215b). LeroyPom weist *germaine* als Alternativnamen von *pearmain d'hiver* aus (LeroyPom 1873, 4, 541-542 [Verweis auf: Serres, 1608, p. 626]). *Pomme permaine* (1200, Normandie) (LeroyPom 1873, 4, 543). Dieser Name geht auf die Größe der Frucht zurück: lt. *permagna* "très grande" (Li 1885, 3, 1069a). Möglicherweise handelt es sich bei *germaine* und *permaine* tatsächlich um denselben Kultivar. Dabei ist *permaine* ab einem bestimmten Zeitpunkt nicht mehr gemeinsprachlich verständlich und funktioniert deshalb dann nicht mehr als Appellativ. Bei *germaine* handelt es sich daher mit großer Wahrscheinlichkeit um eine volksetymologische Interpretation, die sich auf Anknüpfungspunkte wie einen Frauen- oder Heiligennamen stützt. Zur Verwirrung der Namensvarianten *germaine-permaine* trägt zudem auch noch der Birnenname *saint germain* bei. Die Birne stammt aus der Sarthe (FEW 4, 120a) oder aus einer Abtei bei Paris (Vo 1993, 595). Zu der Herkunft und somit zur Erklärung des Namen, existieren zwei verschiedene Theorien: v. Wartburg geht davon aus, dass die Birne nach dem Dorf *Saint-Germain* bei La Flèche (Sarthe) benannt ist (FEW 4, 120a), Votteler hingegen vertritt die Ansicht, dass es sich um eine sehr alte Sorte aus der Abtei *Saint-Germain* bei Paris handle (cf. Vo 1993, 595). v. Wartburg vermutet, dass der Birnennamen auf den Ortsnamen *Saint-Germain* (Sarthe) (cf. FEW 4, 120a) zurückgeht.

Gibeaumé
(Haute-Saône) (Cropom). Der Name *gibeaumé* ist wohl zu dem Ortsnamen *Gibeaumeix* (Meurthe-et-Moselle) (Encarta 1998) zu stellen.

Gilet (C)
wird als Cidreapfel (Rennes 1991, 28) ausgewiesen. Möglicherweise handelt es sich um eine amerikanische Sorte: *Gillet's Seedling* wird von einem Mann dieses Namens gezüchtet: "Quant à l'obtenteur, le plus ancien synonyme de cette variété – *Gillett's Seedling: Semis de Gillett* – nous apprend son nom" (LeroyPom 1873, 3, 125).

Girard (C)
ist als Cidreapfel (1987, Normandie) (Chaib 8b) belegt; *pomme de girard* "espèce hâtive de pomme à cidre". Diese Sorte erhält den Namen eines Heiligen, weil sich die Früchte bis zu dessen Feiertag halten: Der heilige *Girard* hat seinen Festtag am 29. November. Der Obstname geht mit großer Sicherheit darauf zurück, dass die Äpfel bis zu diesem Tag gegessen sein müssen (cf. FEW 4, 138a).

Giraudette
Der Apfelname *giraudette* wird mit folgenden Namensvarianten ausgewiesen: *girodeta* (1560), *giradotte* (1628) und *girandette* (1780). Die Namensvariante *girodeta* war sehr beliebt "en Savoie et dans le Dauphiné" (LeroyPom 1873, 4, 574-575); *giraudette* "esp. de pomme" (1611). Diese Sorte erhält den Namen eines Heiligen, weil die Äpfel wahrscheinlich zu dessen Feiertag reifen: *Géraud* (855-909) war Graf und später Benediktiner in Aurillac und hat sein Fest am 13. Oktober (cf. FEW 4, 119a).

Girensola
(1300, Nîmes); *poma girensola* "variété de pomme" (FEW 21, 77a). v. Wartburg stellt diesen Beleg zu den "Materialien unbekannten oder unsicheren Ursprungs". Evtl. ist die Apfelsorte so wegen ihrer sp. Herkunft benannt: Für Spanien ist folgendes Toponym ausgewiesen: *Gironella* (Catalonia) (Encarta 1998).

Girgueto
"variété de pomme" für Montauban (Tarn-et-Garonne) (FEW 21, 79b). Vielleicht handelt es sich um eine Namensvariante der Apfelsorte *girouette*.

Girodèle
wird als Alternativname von *reinette verte* (LeroyPom 1873, 3, 323) ausgewiesen. Evtl. besteht auch ein Zusammenhang zwischen dem Apfelnamen und dem Toponym *Girodelle* (Ardennes) (Encarta 1998)? Wahrscheinlich besteht zwischen den drei Apfelnamen *girensola*, *girgueto* und *girodèle* wegen ihrer Formgebung ein Zusammenhang mit der Wortfamilie *gyrare* "herumdrehen", wie auch bei mfr. *girasole* "pierre précieuse analogue à l'opale" (1542), mfr. *giresol* "esp. de chicorée" (1528) (FEW 4, 358b), cf. unten *girouette*.

Girouette
wird als "sorte de pomme" (1842, Normandie) ausgewiesen. Der Apfel könnte den Namen einer gedrehte Form verdanken. Sicher liegt hier eine Ableitung von *girer* vor. v. Wartburg weist mfr. *girouette* "flèche, banderole mobile au sommet d'un édifice, qui tourne au vent" und stellt dieses Lexem zu anord. *vedrviti* "Wetterfahne" (cf. FEW 17, 421a).

Giscoundéto
ist für Campagnac (Aveyron) als "esp. de pomme ronde, ferme, blanche, à peau fine, jaunissant à complète maturité et se conservant longtemps" ausgewiesen. v. Wartburg stellt diesen Beleg zu den "Materialien unbekannten oder unsicheren Ursprungs" (cf. FEW 21, 79b). Dieser Name bleibt ungeklärt.

Glace
Pomme de glace (LA 19, 8.2, 1283b); *pomme de glace* (1690) (FEW 4, 142a); *pomme de glace (d' hiver)* (1561, Marseille); *glacée* "esp. de pomme" (1690) (FEW 4, 141b/142a); *pomme de glace* (Li 1885, 2, 1876c); "*pommes glacées & les glacées*" (FUR 1690, s.v. *pommes glacées & les glacées*). Ro 1789, weist *pomme de glace* als Alternativnamen der Apfelsorte *Transparente* aus (cf. S. 214a). Mit dem Namen *Pomme de glace* wird auf das empfindliche Fruchtfleisch und einen frostig-glasierten Zustand hingewiesen: "mais aussitôt que le point de sa maturité est passé, sa chair devient ferme, un peu transparente, de couleur verdâtre, comme si elle avoit été frappée et pénétrée de *gelée*, ou comme du melon d'eau nouvellement mis au sucre" (Ro 1789, 214a).

Glane (C)
wird als Cidreapfel (Pays d'Auge) (Chevalier 1992) ausgewiesen. Die Frucht wird folgendermaßen beschrieben: "douce", "petit fruit". Sie reift zur dritten Saison (cf. Chevalier 1992). *Glane* wird in den Bedeutung "petite quantité" und "ce que l'on recueille derrière les autres" (1611) (Rob Hist 1992, 1, 892b) ausgewiesen. Der Apfelname ist wahrscheinlich durch eine kleine Form, eine späte Reifezeit und die Tatsache, dass er nicht gepflückt, sondern nach dem Schütteln aufgelesen wird, motiviert. Möglicherweise besteht aber auch ein Bezug zwischen dem Apfelnamen *glane* und dem Ortsnamen *Glannes* (Marne) (Encarta 1998).

Godard (C)
ist als Cidreapfel (1987, Normandie) ausgewiesen. Wahrscheinlich verdankt der Apfel den Namen seinem guten Geschmack, denn er wird folgendermaßen beschrieben: "très doux, coloré, parfumé" (Chaib 8b). *Godard* bezeichnet einen "homme adonné aux plaisirs de la table" und "réjoui" (FEW 4, 184ab [Verweis auf: Besch 1845; Lar 1930]). Evtl. gibt es auch Anknüpfungspunkte mit einem Heiligen- oder Familiennamen: *Godard (saint)* oder *Gildard* sei als "évêque de Rouen" (6. Jh.) gewesen (Feiertag am 8. Juni) (LA 20, 3, 812a). *Godard* wird aber auch als Familienname belegt (cf. FEW 4, 185b).

Gomont
Gaumont wird als Alternativname der Apfelsorte *reinette de gomont* ausgewiesen. Diese Sorte reift November bis Februar. Der Apfelsaft wird als "très-abondante, bien sucrée, savoureusement acidulée et parfumée" beschrieben. Die Beschreibung und Reifezeit könnten dafür sprechen, dass es sich bei *gomont* und *gaumont* nicht um dieselbe Sorte handelt, weshalb die Namen hier getrennt behandelt werden. LeroyPom vermerkt zur Herkunft der Sorte *pomme de gomont* folgendes: "Il porte le nom d'une localité des Ardennes située près d'Asfeld, le bourg *de Gomont*, duquel il est sans doute originaire" (1873, 4, 683-684). Der Apfelname ist also wohl zu einem Toponym zu stellen.

Gorge de pigeon
(1790, Deutschland) (LeroyPom 1873, 3, 293). Sehr wahrscheinlich erhält der Apfel den Namen wegen seiner auffallenden Farbgebung: *Gorge-de-pigeon* (1653) bezieht sich auf die "couleur mêlée dont la teinte paraît varier selon les points de vue" (FEW 4, 337b).

Gougeon (C)
wird als Cidreapfel (Rennes 1991, 28) ausgewiesen. Der Name ist vielleicht durch eine spitz zulaufende Form des Apfels motiviert: *Goujon* bezeichnet "cheville de bois ou de métal" (1170), "axe d'une poulie" (1567), "petite gouge de sculpteur" (1690) (Rob Hist 1992, 1, 902b). *Goujon* wird auf *gouge* "outil formant un demi-tube et servant à creuser" zurückgeführt (Rob Hist 1992, 1, 902b). Oder besteht ein Bezug des Apfelnamens zu dem Ortsnamen *Gourgeon* (Haute-Saône) (Encarta 1998)?

Gouillo
wird für Limagne (Puy-de-Dôme) als "esp. de pomme" (FEW 21, 79b) ausgewiesen. Es könnte sich um eine minderwertigen Sorte handeln, weil das Klima des Puy-de-Dôme sich

nicht für den Anbau von Äpfeln eignet. In diesem Fall böte sich auch eine Ableitung von *gouille, envoyer à la gouille* "envoyer au diable; jeter au rebut" (FEW 20, 3, 833a) an. Der Zusammenhang zwischen dem Apfelnamen und dem Ortsnamen *Gouillons* (Eure-et-Loir) (GE 19, 47b) ist unklar.

Grain ...

Grain d'or (Deux-Sèvres) (Cropom); (1848, Tours). Das erste Namenselement *grain* ist vermutlich durch die Form motiviert: LeroyPom beschreibt die Frucht als "moyenne et parfois moins volumineuse" (1873, 3, 332). Das Namenselement *d'or* bezieht sich wahrscheinlich auf die Farbgebung der Frucht, zu welcher LeroyPom bemerkt: "jaune d'or, fortement carminée sur le côté de l'insolation, marbrée, sur l'autre face, de brun-gris squammeux, et parsemée d'énormes points roux formant étoile" (1873, 3, 332). ***Grain jaune*** (1998-2000) (Cropom). Der Name geht wahrscheinlich wie *grain d'or* auf die Form- und Farbgebung des Apfels zurück; cf. nfr. *graine jaune* (Sav Br 1723 – Trév 1771), *pomme granoi* "esp. de pomme" (1671-1700) zu *granum* "Korn" (FEW 4, 227b).

Grand ...

Grand alexandre (1885) (GE 27, 198a); "origine moscovite, fin XVIIIéme siècle" (H.Alpes 1998). Diese Sorte wird einer Person gewidmet. Der Apfelname ist wahrscheinlich motiviert durch die Größe ("très gros calibre [O > 90 mm]") und Qualität ("croquante, assez tendre, très sucrée", "parfum très prononcé") der Früchte (H. Alpes 1998). ***Grande-pomme d'été*** (1865). Der Name *grande-pomme* bezieht sich auf die Größe der Früchte. LeroyPom beschreibt den Apfel als "volumineuse". Der Nameszusatz *d'été* bezieht sich darauf, dass die Sorte in den Monaten August und September reift (cf. LeroyPom 1873, 3, 337). ***Grand-mère*** (Touraine) (Cropom). Der Name könnte darauf zurückgeführt werden, dass die Sorte rundlich, grau und rau ist und deshalb einer alten Frau ähnelt. ***Grand-sultan*** (1855, Angers). Der Name soll wahrscheinlich die Größe der Früchte widerspiegeln, zu welcher LeroyPom bemerkt: "au-dessus de la moyenne" (1873, 4, 846). ***Grand-talon*** (1598). Dieser Name ist durch die auffallende Form der Frucht motiviert, zu welcher LeroyPom bemerkt: "il semble sortir du bois et manquer de pédoncule, tellement il est attaché court" (1873, 3, 303). ***Grandville*** (Normandie) (Cropom 2001, 14). Der Apfelname ist zu einem Eigennamen zu stellen. Folgende Person wird zu diesem Familiennamen in den ausgewerteten Quellen vorgestellt: *Grandville (Jean Ignace Isidore Gérard, dit)* (1803-1847) war "dessinateur et graveur français" (PRobNP 865b). Da kein Namensbeleg mit der Präposition *de* vorliegt, ist eine Ableitung von dem Ortsnamen *Grandville* (Aube) oder (Liège, Belgien) (Encarta 1998) unwahrscheinlicher.

Grebeussot

(Franche-Comté) (Cropom). Bei *grebeussot* handelt es sich offensichtlich um eine Apfelsorte die ein Geräusch verursacht. P. Guiraud vermutet als Etymon lt. *crepare* "craquer, faire entendre un cliquetis" (Rob Hist 1992, 1, 916ab). Der Name ist zur Wortfamilie von lt. *crepare* "klappern, knacken, dröhnen, rasseln, schnalzen" und "bersten, platzen" (FEW 2.2, 1320b) wahrscheinlich deshalb zu stellen, weil die Sorte durch ihr festes Fruchtfleisch auffällt.

Grenat

(1854). Diese Apfelsorte verdankt den Namen *grenat* wahrscheinlich ihrer Schalenfarbe, zu der LeroyPom bemerkt: "presqu'entièrement lavée de rouge-amaranthe, ponctuée de brun clair et quelque peu tachée de fauve autour du pédoncule" (1873, 4, 761). Der Apfelname ist also zu *granum* "Korn" zu stellen, cf. afr. *pum de grenat* "grenade (fruit)" (12. Jh.) (S. 237b). Für das 12. und 13. Jahrhundert wird das Adjektiv *grenat* "rot" (FEW 4, 240a) ausgewiesen. Möglicherweise besteht auch ein Zusammenhang zwischen dem Apfelnamen und dem Toponym *Grenant* (Haute-Marne) (Encarta 1998).

Grignon
Pomme de grignon (1858). LeroyPom stellt diesen Apfelnamen zu einem Toponym: "la ferme-école de *Grignon*, près Versailles" (1873, 3, 343).

Grillot
Grillot (pomme de) (1605) (Hu 4, 380a); *grillot de montbéliard* (Franche-Comté) (Cropom); *De grillot* oder *grillotte* (LeroyPom 1873, 4, 530-531); *crillaut* (1613), *grelot* (1866) (LeroyPom 1873, 3, 421). Diese Apfelsorte verdankt ihren Namen möglicherweise der Tatsache, dass die Frucht sich als Backapfel eignet: *Grillon, grillet* oder *grillet* bezeichnet "un petit insecte noir, [...], qui se plaît dans les lieux chauds, comme fours et cheminées" (FUR 1727, s.v. *grillon, grillet* ou *grillot)*; *grillot* (1765) "perche servant à maintenir le verre d'une glace dans le four" (GRob 1985, 4, 1058b). Wahrscheinlich gehört der Apfelname zu *grillus* "Grille" (FEW 4, 268a).

Gris...
Grise-dieppois (C) wird als Cidreapfel (1987, Normandie) (Chaib 8b) ausgewiesen. Das erste Namenselement bezieht sich wahrscheinlich auf eine graue Farbgebung der Schale. Bei dem zweiten Namenselement *Dieppois* liegt offensichtlich eine Ableitung von dem Toponym *Dieppe* (Seine-Maritime) (PRobNP 594b) vor, weil die Sorte aus dieser Gegend stammt. *Grismêlé* (C) wird als Cidreapfel (1987, Normandie) ausgewiesen. Wahrscheinlich ist der Name durch die Farbgebung der Schale motiviert, welche folgendermaßen charakterisiert werden: "pâle" (Chaib 8b). *Gris-mollet* (C) wird als Cidreapfel (1987, Normandie) (Chaib 8b) ausgewiesen. Während das erste Namenselement sich auf die Farbgebung bezieht, lässt das zweite Element vielleicht ein auffallend weiches Fruchtfleisch vermuten: *Mollet, -ette* (12. Jh.) bedeutet "un peu mou, agréablement mou au toucher" (NPRob 1996, 1426b). Ein Zusammenhang zwischen dem zweiten Namenselement und einem Eigennamen ist ebenfalls möglich. Zu dem Familiennamen werden folgende Personen in den ausgewerteten Quellen vorgestellt: *Mollet (Claude)* war "horticulteur français, jardinier" und verstarb 1613 (cf. LA 20, 4, 928b); *Mollet (Guy)*, ein fr. Politiker, wurde 1905 in Flers (Pas-de Calais) geboren (PRobNP 1405b).

Groin d'âne (C)
ist als Cidreapfel (Pays d'Auge) ausgewiesen, der folgendermaßen beschrieben wird: "douce, petit fruit" (Chevalier 1992). Der Name könnte auf eine abgestumpfte Apfelform zurückgehen, die der Schnauze eines Esels oder Schweins ähnelt: *Groin de porc* bezeichnet "museau du porc, du sanglier" und "museau court et tronqué" (Rob Hist 1992, 1, 923a).

Gros...
Gros-bon (FUR 1690, s.v. *pomme)*. Das erste Namenselement ist wahrscheinlich durch die Größe der Frucht motiviert, das zweite weist die Qualität der Sorte aus. *Gros coq* (C) wird als Cidreapfel ausgewiesen (Ro 1789, 215b). Sehr wahrscheinlich ist der Apfelname *Coq* durch eine rote Schalenfarbe motiviert: "rouge comme un *coq*" (Rob Hist 1992, 1, 495a). Die Hypothese der Motivierung des Namens durch die Farbe lässt sich wegen der unzureichenden Beschreibung der Apfelsorte nicht verifizieren. Das Adjektiv *gros* bezieht sich sicherlich auf die große Fruchtform. *Gros-cul* (C) wird als Cidreapfel (1987, Normandie) (Chaib 8b) ausgewiesen. Der Name könnte durch die Form motiviert sein. *Gros-doux* (C) (1768) ist als Cidreapfel (LeroyPom 1873, 3, 267) belegt. Der Saft der Cidresorte *Gros-doux* wird als "doux, pâle" (Chaib 8b) charakterisiert. Der Apfelname geht auf Größe und Geschmack der Frucht zurück. *Gros faros* (Ro 1789, 200b-201b); *Gros fareau* (1866) (LA 19, 1.2, 1355); *Gros fareau* ist "assez gros, rouge foncé" (LA 19, 1.2, 1355); der *Gros faros* ist "gros, aplati par les extrémités" (Ro 1789, 200b-201a). Möglicherweise ist der Name *faros* durch die Form des Apfels motiviert. *Faraud, aude* (1740) bezeichnet "personne qui affecte maladroitement l'élégance, le bon ton, qui cherche à se faire valoir" (NPRob 1996, 893b) (cf. *faro)*. *Gros-nez de mouton* wird als Doppelname von *tête de chat* ausgewiesen: "on l'y surnomma presqu'aussitôt *Tête d'Ange* et *Tête de Seigneur!*" (LeroyPom 1873, 4, 842-843). Wahrscheinlich ist der Name motiviert durch die Form des Apfels. *Gros œil* (C) (Hu 2, 303a

[Verweis auf: Liebault, III, 49 (G., Compl.)]); *gros-oeil* "sorte de pomme à cidre" (1611) (FEW 14, 316b). Diese Sorte besitzt mit großer Sicherheit einen auffallend großen "bourgeon naissant" (NPRob 1996, 1522b). *Gros-papa* (1830). Den Namen führt LeroyPom auf eine große Frucht zurück. Diese sortentypische Größe scheint allerdings nicht konstant aufzutreten: "Du reste la dénomination *Gros-Papa* lui convient peu, cette variété produisant rarement, même en cordon ou espalier, de très-volumineux fruits" (cf. LeroyPom 1873, 4, 356). *Gros vert* (Pays d'Auge) (Chevalier 1992); (XVIIIe siècle), "fruit angevin". Der Name *gros vert* ist durch die Größe ("au-dessus de la moyenne") und Farbgebung ("*vert* clair à l'ombre, jaunâtre et parfois mouchetée de rose à l'insolation") (LeroyPom 1873, 3, 359) des Apfels motiviert.

Groseille
Pomme de groseille (Rennes 1991, 28); *pomme groseille* (Rennes 1998); *groseille* (Maine et Perche, Touraine) (Cropom). *Groseille* bezeichnet nicht nur eine Frucht ("baie du groseillier"), sondern auch einen Farbton ("un rose vif") (Rob Hist 1992, 1, 924b). Es ist zu vermuten, dass der Apfel den Namen wegen der Farbgebung seiner Schale erhielt. Ein Zusammenhang zwischen dem Apfelnamen *groseille* und dem Ortsnamen *Saint-Georges-des-Groseillers* (Orne) (Encarta 1998) ist nicht völlig auszuschließen.

Grosse ...
Das erste Namenselement der folgenden fünf Apfelnamen spiegelt wahrscheinlich eine große Fruchtform wider: *Grosse-luisante* (1859, Gironde). Diese beschreibt LeroyPom als "volumineuse". Das zweite Namenselement ist wohl durch den Glanz der Fruchtschale motiviert: "sa peau semblant vernie" (LeroyPom 1873, 3, 360). *Grosse mignonnette d'herbassy* (Jarez) (Cropom). Das zweite Namenselement bezieht sich wahrscheinlich auf eine harmonische Farb- und Formgebung. Das dritte Element *d'herbassy* kann nicht eindeutig geklärt werden: Wahrscheinlich gehört es zu einem Ortsnamen: *Saint-Donat-sur-l'Herbasse* (Drôme) oder *Herbisse* (Aube) (Encarta 1998)? *Grosse-pomme de long-bois* (1780). Das Namenselement *de long-bois* verdankt diese Sorte der Form des Baumes, zu dessen Zweige LeroyPom folgendes bemerkt: "nombreux, érigés, de longueur moyenne, un peu grêles, légèrement géniculés" (1873, 3, 343-344). *Grosse pomme de marché* (Cropom). Der Namenszusatz *de marché* kennzeichnet einen Marktapfel und spricht für die gute Qualität der Apfelsorte.

Grougnot
(1992-1994) (Cropom). Sehr wahrscheinlich erhält der Apfel den Namen aufgrund seiner spindelförmigen Frucht: v. Wartburg weist für Dijon *grougnot* "chicorée sauvage" aus und stellt das Lexem zu *grunium* "Rüssel des Schweines" (FEW 4, 293b) (cf. *groin d'âne*).

Grue
Grue (1776) oder *pomme de grue* wird als Alternativname von *suisse panachée* (LeroyPom 1873, 4, 826) ausgewiesen. *Le grout* ist als einer der "pommiers à cidre" belegt. Die Früchte reifen reif Ende Oktober (Ro 1789, 215b). Das Lexem *gruel* (1170), *gruau* (1360), geht auf afr. *gru* "grain grossièrement moulu" zurück (Rob Hist 1992, 1, 925b). Dies lässt vermuten, dass der Apfelname wegen eines körnigen Fruchtfleisches gegeben wurde. Wahrscheinlicher ist aber die *pomme de grue* zu *grus* "Kranich" zu stellen, weil die Farbgebung des Apfels der des Vogels ähnlich sein könnte. Das Adjektiv *gruyer* bezieht sich auf folgenden Farbton: "grisâtre comme la grue (du faisan)" (1636) (FEW 4, 296b).

Guelton
wird seit 1885 als "pomme d'hiver" (GE 27, 198a) ausgewiesen. Vermutlich zeichnet dieser Name eine schmackhafte Frucht aus. Sicher liegt hier ein Zusammenhang mit der Wortfamilie *gueule* "repas copieux; banquet donné à un grand nombre de personnes"; *gueuletonner* "faire un *gueuleton*" (LA 20, 3, 907b) vor.

Guéret (C)
wird als Cidreapfel (Rennes 1991, 28) ausgewiesen. Denkbar wäre, dass diese Sorte nicht wie die meisten Obstsorten auf einer Wiese, sondern auf einem (Getreide-) Feld wächst: *Guéret* wird in der Bedeutung "un champ couvert de moissons" (Rob Hist 1992, 1, 927b) ausgewiesen; *guéret* (1390) zu *vervactum* "Brachfeld" (FEW 14, 332b).

Guibour (C)
Mfr. *guybourc, guibour* "pomme à cidre" (1836, Normandie) (FEW 4, 305b). v. Wartburg stellt den Apfelnamen zu einem Eigennamen *Guybourc* und *Guibour* (cf. FEW 4, 305b). LA 20 3, 908c stellt den Autor *Anselme (Pierre Guibours)* (1625-1694) mit diesem Namen vor. Wahrscheinlicher ist jedoch ein Zusammenhang mit *Guibourt (Nicolas-Jean-Baptiste-Gaston)* (1790-1867). Diese Person wurde 1832 "professeur titulaire d'histoire naturelle des médicaments à l'École supérieure de pharmacie". Die unterschiedlichen Forschungsgebiete des Professors legen nahe, dass er sich auch mit der Pomologie beschäftigt hat (cf. GE 19, 546b). Wie ist aber dann die Datierung für das Mittelalter verständlich?

Guibray (C)
wird als Cidreapfel (1987, Normandie) (Chaib 8c) ausgewiesen. v. Wartburg stellt diesen Apfelnamen zu einem Toponym: *Guibray* sei "Vorstadt von Falaise", wo regelmäßig ein Markt (*la Guibray*) abgehalten werde (cf. FEW 4, 305a-306a).

Guille de seyun
(1998-2000) (Cropom); *guille de seyun* (Franche-Comté) (Cropom). Das erste Namenselement ist wahrscheinlich zu nfr. *guille* "morceau de bois conique" (1877) (FEW 16, 305b-308a) zu stellen. Der Name ist also durch eine kegelförmige Frucht motiviert. Der Namenszusatz *de seyun* lässt sich durch die hier ausgewerteten Quellen nicht erklären. Möglicherweise handelt es sich bei *Seyun* um einen Orts- oder Familiennamen.

Guyot-roger (C)
ist als Cidreapfel (Normandie, 1987) ausgewiesen und wird folgendermaßen beschrieben: "très coloré, doux, acidulé, parfumé" (Chaib 8c). Der Apfelname *guyot* gehört wahrscheinlich, wie auch der Birnenname *guyot* "poire sucrée, variété parmi les plus cultivées en France" (1924), zum Eigennamen *Jules Guyot* (NPRob 1996, 1061b). Das zweite Namenselement *roger* ist wohl durch die rote Farbgebung motiviert: *De roger* oder *de rogier* (Normandie, 12. Jh.) werden als Alternativnamen von *Pomme rougeâtre* (LeroyPom 1873, 4, 785) ausgewiesen.

Halveiche
wird für die Vogesen in der Bedeutung "pomme sauvage" ausgewiesen. v. Wartburg stellt den Beleg zu den "Materialien unbekannten oder unsicheren Ursprungs" (cf. FEW 21, 79a). Die Motivation dieses Namens bleibt unklar.

Hamelet (C)
wird als Cidreapfel (1987, Normandie) (Chaib 9a) ausgewiesen. Der Apfelname ist zur Wortfamilie *hamel* (1170) zu stellen. Diese ist vor allem in Ortsnamen belegt und geht auf das Lexem *haim* "petit village" zurück. *Le Hamel* und *Hamelin* werden als Toponyme ausgewiesen (Rob Hist 1992, 1, 940b). Vielleicht stammt der Cidreapfel aus der Ortschaft *Hamelet* (Somme) (Encarta 1998)?

Hardi
Pomme de hardi wird als Alternativname von *rouge de stettin* ausgewiesen. Als Namensvariante ist *de jardi* (LeroyPom 1873, 4, 783) belegt. Wahrscheinlich gehört der Apfelname zur Wortfamilie von afr. *hardier* "rendre, devenir dur": *Hardi, ie* ist seit dem 11. Jh. belegt (NPRob 1996, 1071b). FUR leitet dieses Adjektiv von lt. *arduus* oder dt. *hart* "dur, ferme" ab (FUR 1727, s.v. *Hardi*). LeroyPom beschreibt das Fruchtfleisch als "assez tendre ou croquante". Möglicherweise ist dieser Apfel aber im Herbst auffallend hart und wird erst

während ihres langen Reifeprozesses genussreif: Diese Sorte hält sich Dezember bis April (cf. LeroyPom 1873, 4, 784). Bei dem Apfelnamen könnte es sich allerdings auch um eine Auszeichnung handeln, cf. *hardi* "noble généreux" zu **hardjan* (anfrk.) "härten" (FEW 16, 155a).

Hardy (C)
ist als Cidreapfel (1987, Normandie) (Chaib 8c) belegt. Wahrscheinlich ist dieser Apfelname zu einem Eigennamen zu stellen. Für diese Namenserklärung spricht die Tatsache, dass LeroyPom den Birnennamen *beurré hardy* (LA 19, 12.2, 1265) auf folgende Person zurückführt: "M. *Hardy*, alors directeur du Jardin du Luxembourg" (LeroyPom 1867, 1, 379).

Hauchecorne (C)
wird als Cidreapfel (1987, Normandie) (Chaib 8a) ausgewiesen. Wahrscheinlich ist der Apfel einem bekannten Pomologen gewidmet worden: LeroyPom weist nicht die Apfelsorte, sondern nur den Literaturverweis aus, welcher die Existenz der Person *A. Hauchecorne* belegt: "1873, L. de Boutteville et A. *Hauchecorne*, *Supplément aux Procès-Verbaux du Congrès pour l'étude des fruits à cidre*, brochure in-8°" (LeroyPom 1873, 3, 48).

Haut-bois de l'orne (C)
wird als Cidreapfel (1987, Normandie) (Chaib 8c) ausgewiesen. Der Apfelname geht vermutlich auf die besondere Struktur des Baumes zurück: *hautbois* "instrument de musique à vent, à anche double, de perce conique" (1586) (NPRob 1996, 1076b) bezeichnet neben dem Musikinstrument auch den "sureau commun" (LA 19, 9.1, 110d). Vielleicht ist der Apfelname auf **bosk* (germ.) "Busch" (S. 447b); cf. mfr. nfr. *hautbois* (FEW 1, 453a), zurückzuführen wegen einer Baumform, die an den hohen Strauch oder Baum des Holunders erinnert. Das zweite Namenselement bezieht sich mit Sicherheit auf ein Toponym: *Orne* "dép. du N.-O. de la France" (PRobNP 1539a). Ein Zusammenhang zwischen dem zweiten Namenselement *orne* und *orme* "Ulme" ist nicht auszuschließen.

Haute-...
Pomme *haute-bonté* wird für Poitou als "une de ces antiques variétés dont la trace se retrouve sûrement à travers les siècles" (LeroyPom 1873, 3, 347) ausgewiesen. *Haute-bonté* (FUR 1727, s.v. *Haute-bonté*); *haute-bonté, la pomme de haute-bonté* (Ro 1789, 215a); "variété de pomme d'automne" (LA 20, 3, 971b). Der Name zeichnet die Qualität der Sorte aus. *Haute-branche* (C) ist als einer der "pommiers à cidre" (Ro 1789, 215b) belegt; (1987, Normandie) (Chaib 9a). Offensichtlich ist der Name durch den hochstämmigen Baum motiviert. *Branche* bezeichnet "les arbres fruitiers, les fruits" (FEW 1, 496ab).

Haut-goût
(Maine et Perche) (Cropom). Dieser Name zeichnet den Geschmack der Frucht aus.

Hauville (C)
wird als Cidreapfel (1987, Normandie) (Chaib 9a) ausgewiesen. Dieser Apfel verdankt seinen Namen wahrscheinlich der Tatsache, dass er aus dem Ort *Hauville* (Eure) (Encarta 1998) stammt.

Havardais (C)
wird als Cidreapfel (Rennes 1991, 28) ausgewiesen. Die Motivation dieses Namens bleibt unklar. Wahrscheinlich geht der Apfelname auf einen Personen- oder Ortsnamen zurück.

Henri dumont
(Aube) (Cropom). Wahrscheinlich wird diese Apfelsorte einer Person (vielleicht dem Züchter?) gewidmet.

Herbage-sec (C)
ist als Cidreapfel (1987, Normandie) (Chaib 9a) belegt. Der Name bezieht sich auf eine Landschaftsform: "La richesse de la basse Normandie, de la Hollande consiste en *herbages*"

(FUR 1727, s.v. *herbage*); weil der Apfel dort gut gedeiht ("se plaît dans les *herbages* peu fertiles" [Auge]) erhielt er diesen Namen; cf. fr. *herbage* "pâturage, prairie naturelle où l'on fait paître les bestiaux" (FEW 4, 405b).

Hérisson (C)
wird als Cidreapfel (Chevalier) ausgewiesen. Der Name ist durch eine evtl. stachelige Fruchtschale motiviert; cf. auch die im FEW 4, 238b / 239a aufgeführte übertragene Bedeutung: aost. *éreus* "bogue de châtaigne". Auch ein Zusammenhang zwischen dem Apfelnamen und dem Toponym *Hérisson* (Allier oder Naumur, Belgien) (Encarta 1998) wäre denkbar.

Héroet
Mfr. *pomme d'heroet* "variété de pomme" (1570), *pome d'eroet* (1732), *hérouet* (1840). v. Wartburg stellt den Apfelnamen mit einigen Vorbehalten zu dem Familiennamen *Héroet* (cf. FEW 21, 78a).

Herpinière (C)
wird als Cidreapfel (Rennes 1991, 28) ausgewiesen. Vielleicht handelt es sich bei dem Apfelnamen *herpinière* um eine Ableitung von dem Ortsnamen *Bois-Herpin* (Essonne, Île-de-France) (Encarta 1998).

Herset
Les pommes d'herset (Hu 2, 303a [Verweis auf: Liebault, III, 49 (G., Compl.)]). Der Apfelname *herset* könnte auf ein Toponym zurückgehen: Die belgische Stadt *Herselt* ist für ihren Obstanbau bekannt (cf. PRobNP 957a).

Heurelival (C)
wird seit 1611 als "variété de pomme aigre" (FEW 21, 78a) ausgewiesen; "the name of a soure apple, fit to make cyder" (Gf 4, 471c). Der Apfelname *heurelival* steht wahrscheinlich mit dem Adjektiv *heurible* (Le Havre, Eure und Evreux) "précoce", "chaud et précoce (fruit, légumes, terre)" in Zusammenhang; *heurif* (Normandie) "précoce (fruit)"; *pomme aurive* "tombée avant la maturité" (Cotentin) (FEW 4, 470a). Dieser Apfelname spiegelt also wahrscheinlich das Reifeverhalten der Sorte wider. Außerdem könnte hier eine Verbindung zwischen der letzten Silbe des Namens und dem Morphem *val* und *vallée* in Sekundärmotivation vorliegen. Vielleicht stammt die Sorte aus einem Tal oder gedeiht gut an einer Hanglage.

Hommet (C)
wird als Cidreapfel (Chaib 9a) ausgewiesen; *hommée* (1849) "variété de pomme" (FEW 21, 78b); (Normandie): *hommelet* "variété de pomme à cidre" (FEW 4, 454b); *hommei* (FEW 21, 78b [Verweis auf: Mrust 1842, 3, 255]). Wahrscheinlich ist der Name durch die Form des Cidreapfels motiviert: Seit 1530 ist der Diminutif *hommet* "petit homme" (FEW 4, 454b) belegt. Oder gehört der Apfelname zu einem Toponym? v. Wartburg führt verschiedene normannische Ortsnamen (*Le Houlme, Le Homme, le Hommet*) auf das altnordische Lexem *holmr* "kleine Insel" (FEW 16, 223b) zurück. LA 19 weist das Toponym *Homme (L')* (Sarthe) (Bd. 8.2, 362a) aus.

Hôpital
LeroyPom weist die Apfelsorten *gros-hôpital* und *petit-hôpital* für die Seine-Inférieure aus (1873, 4, 553); *pomme d'hôpital (Bailleul)* "pommes à couteau" (Pays d'Auge); (Chevalier 1992). Wahrscheinlich gehört der Apfelname zu einem Toponym: z.B. *L'Hôpital* (Moselle, Cantal, Lot oder Yonne); *L'Hôpital-Camfrout* (Finistère) oder *L'Hôpital-du-Grosbois* (Doubs) (Encarta 1998).

Hormilcant (C)
wird als Cidreapfel (1987, Normandie) ausgewiesen. Der Saft, der aus dieser Apfelsorte gewonnen wird, ist "doux, un peu amer, coloré, légèrement acidulé". Die Frucht reift zur dritten Reifezeit (Chaib 8a). Die Motivation dieses Namens bleibt unklar. Vielleicht besteht ein Zusammenhang zu *ulmus* "Ulme", cf. *horme* (13. Jh.) (FEW 14, 5a); cf. auch *or-milcent*.

Hougue
De la hougue (Cropom). Der Apfelname ist wahrscheinlich zu einem Toponym zu stellen: *La Hougue* befindet sich auf der Insel Jersey (cf. Encarta 1998).

Huchette
(Rennes 1991, 28). Wahrscheinlich liegt bei dem Apfelnamen *huchette* eine Ableitung von *huche* "coffre où tombe la farine", "caisse percée de trous, que l'on immerge pour placer le poisson que l'on veut conserver" (12. Jh.) (Rob Hist 1992, 1, 979b) vor, weil es sich um einen Einkellerungsapfel handelt; evtl. kann auch bei der Namengebung eine Rolle gespielt haben, dass der Apfel in *huchettes* transportiert wurde (cf. *bonne hotture*); cf. *huchette* (1392-1464) "petite *huche*" zu **hutica* "Truhe" (FEW 4, 519). Dieses Wort sei ursprünglich auf Nordfrankreich beschränkt gewesen (S. 520a).

Hurluva (C)
(1655) wird als "esp. de pomme à cidre" (FEW 21, 78b) ausgewiesen. v. Wartburg führt mfr. *hure de lou* "carotte sauvage" auf **hura* "struppiger Kopf" zurück (FEW 4, 515b/516a). *Hurluberlu* bezeichnet "coiffure en usage au XVIIe siècle" (LA 19, 8.2, 459cd). Dieses Lexem geht vermutlich auf *hurelu* "ébouriffé" zurück, welches sich wiederum von *hure* und *berlu* "qui a la berlue" ableitet (NPRob 1996, 1110b). Der Apfel könnte den Namen der Tatsache verdanken, dass es sich um eine Sorte mit struppiger Schale handelt.

Ile
Pomme d'Ile (1863, Dordogne). LeroyPom führt den Apfelnamen auf ein nicht weiter identifiziertes Toponym zurück: "l'une des diverses localités dont elle porte le nom" (1873, 3, 394).

Impériale
(1670). Dieser Name zeichnet die Qualität der Apfelsorte aus. LeroyPom bemerkt zur Namensgebung: "ce fut son mérite qui lui valut le nom d'*Impériale*" (1873, 3, 395).

Isabelle luizet
(1992-1994) (Cropom). Diese Apfelsorte wurde offensichtlich einer weiter nicht identifizierbaren Frau gewidmet.

Jacob
(Rennes 1998). Der Name *Jacob* ist als Alternativname der Apfelsorte *passe-pomme d'été* belegt (LeroyPom 1873, 4, 530 [Verweis auf: Mayer 1776]). Er geht wahrscheinlich auf den Vornamen einer Person zurück, die mit der Namensgebung geehrt werden soll. Vielleicht handelt es sich bei *Jacob* um den Vornamen eines Züchters (evtl. Zusammenhang mit *jacques lebel*?).

Jacques lebel
ist als "variété de pomme" (Schweiz) (FEW 5, 234a) belegt. LeroyPom führt den Apfelnamen auf den Eigennamen des Züchters zurück: "M. *Jacques Lebel*" (1873, 3, 401).

Jambe de lièvre (C)
wird als Cidreapfel (Rennes 1998) ausgewiesen. Der Apfel verdankt den Namen wahrscheinlich seiner länglichen Fruchtform.

Jamette (C)
Jamette petite und *jamette grosse* werden als Cidreäpfel (Rennes 1991, 28) ausgewiesen. Die Motivation dieses Namens ist nicht eindeutig zu klären: Ist der Apfelname *jamette* zu dem Ortsnamen *Jametz* (Meuse) (Encarta 1998) zu stellen? Oder handelt es sich bei dem Namen um eine Ableitung von *jambe*? Möglicherweise sind die Äpfel länglich geformt? *Jambette* wird als Diminutiv von *jambe* "spécialisé avec quelques sens techniques, en construction (1400-1402), agriculture, puis (1831) en marine" (Rob Hist 1992, 1, 1064a) ausgewiesen.

Jardi
Die Apfelsorte *de jardi* wird mit dem Alternativnamen *pomme de hardi* (LeroyPom 1873, 3, 370; LeroyPom 1873, 4, 783) ausgewiesen. Vermutlich handelt es sich um eine Sorte, die sich vor allem für den Hausgarten eignet. Bei dem Namen könnte es sich um eine Verkürzung von *jardin* zu *jardi* handeln.

Jarni (C)
wird als Cidreapfel (1987, Normandie) (Chaib 9a) ausgewiesen. Der Apfelname *jarni* könnte auf den Ortsnamen *Jarny* "comm. de Meurthe-et-Moselle" (PRobNP 1064b) zurückgehen. Möglicherweise handelt es sich um einen Cidreapfel, der durch einen schlechten Geschmack auffällt. Dann könne der Name *jarni* auch volksetymologisch zu folgendem Fluch gestellt werden: *Jarni* "zum Henker" zu *jarni dieu, jarnibleu, jarnigué, jarniguienne* (verballhorntes *je renie dieu* "ich leugne Gott") (Gam 537a [Verweis auf: Dict. Gén]), das als "espèce de juron jadis fort usité: *Jarni!* v'la où l'on voit les gens qui aiment (Molière)" ausgewiesen ist (LA 20, 4, 157c).

Jaune
Pomme jaune (1866) (LA 19, 12.2, 1355); *pomme de jaune* (Sarthe, 17. Jh.). Dieser Name ist sicher durch die Farbe der Frucht motiviert. LeroyPom beschreibt die Schale als "jaune clair passant au jaune foncé sur la partie frappée par le soleil" (1873, 3, 402).

Jaunet ... (C)
Jaunet (C) wird als "pommiers à cidre" (Ro 1789, 215b) ausgewiesen; *jaunet; gannel* "sorte de pomme" (Normandie) (FEW 4, 26b). Der Name ist wohl durch eine gelbe Farbgebung motiviert. *Jaunet-de-gournay* (C) ist als Cidreapfel (1987, Normandie) (Chaib 9a) belegt. Das zweite Namenselement gehört wahrscheinlich zu dem Ortsnamen *Gournay* (Seine-Maritime) (Encarta 1998). Oder handelt es sich um den Familiennamen *de Gournay* (cf. PRobNP 854a)? *Jaunet pointu* (C) wird als Cidreapfel (1987, Normandie) (Chaib 9a) ausgewiesen. Das zweite Namenselement ist vermutlich durch eine spitzwinklige Fruchtform motiviert.

Jaunette d'allondans
(Franche-Comté) (Cropom); *gannette* "sorte de pomme" (Pas-de-Calais) (FEW 4, 26b); *de belles pommes jaunettes* (LA 20, 4, 161c). Während das erste Namenselement sich wahrscheinlich auf eine gelbe Farbgebung (*jaunet, -ette* "un peu jaune" [Rob Hist 1992, 1, 1067b]) bezieht, könnte das zweite auf den Ortsnamen *Allondans* (Doubs) (Encarta 1998) zurückgehen.

Jauquinot
wird als "sorte de pomme très rouge" (FEW 21, 79a [Verweis auf: PtArd 12.5.1927]) ausgewiesen; *jauquinet* (FEW 21, 79a); möglich erscheint eine Verbindung mit *gallus* "Hahn", cf. FEW 3, 47a; die Motivation läge dann in der roten Farbe der Frucht (cf. *gros coq*).

Jean colin
(Franche-Comté) (Cropom). Diese Apfelsorte wurde einer Person (vielleicht des Züchters?) gewidmet.

Jean grelat
(Aube) (Cropom). Der Name ist zu einem Eigennamen (vielleicht dem des Züchters?) zu stellen.

Jeanne hardy
(Ile de France) (Cropom); *jeanne hardy* (1878, Versailles) (Vo 1993, 239-240). Die Apfelsorte wird einer Person gewidmet. Vielleicht handelt es sich um eine Verwandte von "M. *Hardy*, alors directeur du Jardin du Luxembourg" (LeroyPom 1867, 1, 379). Diesem wurde die Birnensorte *beurré hardy* (LA 19, 12.2, 1265) gewidmet.

Jeannetonne (C)
wird als Cidreapfel (Pays d'Auge) ausgewiesen. Der Apfel wird folgendermaßen beschrieben: "douce, fruit moyen". Der Baum ist "rustique" (Chevalier 1992). *Jeanneton* wird als Diminutiv von *jeannette* "fille de moyenne vertu" (Rob Hist 1992, 1, 1068b) belegt. Vielleicht soll der Name eine durchschnittliche Qualität und / oder eine weibliche Form des Apfels widerspiegeln?

Jennet
(1583) bezeichnet "esp. de pomme" (FEW 21, 78a). v. Wartburg vermutet, dass *jennet* sich von *joannet* ableitet (FEW 21, 78a). Wahrscheinlich reift diese Sorte zum Feiertag von *Saint-Jean*? *Jennette* und *Raule's Janet* sind als Apfelnamen für Amerika ausgewiesen (cf. FEW 21, 78a [Verweis auf: LeroyPom 1869, 3, 714]).

Jolibois
(Morvan, Sud-Champagne, Aubc) (Cropom). Der Name spiegelt wohl die Schönheit des Baumes wider.

Joly ... (C)
Joly (C) (*joly blanche, joly rouge*) wird als Cidreapfel (1987, Normandie) (Chaib 9a) ausgewiesen. Vielleicht ist der Apfelname zu einem Familiennamen zu stellen. Folgende Person wird in den ausgewerteten Quellen mit dem Namen *Joly* vorgestellt: *Joly (Nicolas)* war "physiologiste et anthropologiste français" und schrieb unter anderem die Werke *Recherches sur les vers à soie et leurs maladies* (1858) und *Recherches sur l'origine, la génération et la fructification de la levure de bière* (1861) (LA 20, 4, 187b). Nach dem Inhalt dieser Werke zu schließen, könnte er sich auch mit Cidreäpfeln beschäftigt haben und der Züchter des Apfelsorte sein. Gegen diese Vermutung spricht hingegen, dass der Autor dem Süden Frankreichs zuzuordnen ist: "né à Toulon en 1812, mort à Toulouse en 1885" (LA 20, 4, 187b). *Joly de bonneville* (C) ist als Cidreapfel (1987, Normandie) (Chaib 9a) belegt. Wahrscheinlich gibt das zweite Namenselement die Herkunft dieser Sorte aus der Ortschaft *Bonneville* (Haute-Savoie) (PRobNP 279b) an.

Joseph de brichy
(1855, Belgien) (LeroyPom 1873, 3, 407). Diese Apfelsorte wurde einer Person (vielleicht dem Züchter?) gewidmet.

Joséphine
(1803, Frankreich). Diese Apfelsorte wurde der Kaiserin *Joséphine* gewidmet (cf. LeroyPom 1873, 3, 409).

Judain (C)
ist als Cidreapfel (Rennes 1998) belegt. *Pomme de judée* (Bonnefond, 1653) wird als Alternativname von *pigeonnet-jérusalem* ausgewiesen (LeroyPom 1873, 4, 565). Den Namen *jérusalem* erläutert LeroyPom folgendermaßen: "Elle n'a pour l'ordinaire que quatre loges séminales qui forment une croix à quatre branches égales, d'où elle a vraisemblablement reçu le nom de *Jérusalem*" (LeroyPom 1873, 4, 567). *Judée* wird als "région de Palestine" belegt

(PRobNP 1091a). Die Ortsangabe *Judain* und *de Judée* beziehen sich auf den Aufbau und die Form der Frucht.

Juillet
Pomme de juillet ist als Apfel der Bretagne (Rennes 1998) belegt. Den Namen verdankt die Apfelsorte wahrscheinlich der frühen Reifezeit im Monat.

Jumelles (C)
wird als Cidreapfel (1987, Normandie) (Chaib 9a) ausgewiesen. Der Name gehört wohl zum Ortsnamen *Jumelles* (Maine-et-Loire) (LA 20, 4, 211a). Sekundär könnte der Name dadurch motiviert sein, dass die Äpfel paarweise wachsen. In den Beschreibungen zur Sorte liegt allerdings kein Hinweis vor, der ein paarweises Reifen der Früchte belegt: "On le dit aussi des fruits qui viennent doubles, et attachez ensemble, pendans à une même queuë"; "plusieurs cerises *jumelles*" (FUR 1727, s.v. *jumeau*).

Kerlivio
(1760, Bretagne). Der Apfelname *kerlivio* wird als Alternativname von *teint-frais* ausgewiesen. LeroyPom führt ihn auf den Familiennamen *de Kerlivio* zurück, weil eine Angehörige dieser Familie ("Dlle *de Kerlivio*") sich für die Sorte eingesetzt habe (cf. 1873, 4, 840-841).

Lambron
(Touraine) (1989-1992) (Cropom). Vielleicht besteht ein Zusammenhang zwischen dem Apfelnamen *lambron* und dem Ortsnamen *Lombron* (Sarthe) (Encarta 1998).

Languette (C)
wird als Cidreapfel (1987, Normandie) (Chaib 9a) ausgewiesen. Der Name ist wahrscheinlich durch eine längliche Form motiviert: *languette* "objet de forme mince, plate, étroite et allongée *languette* de pain" (NPRob 1996, 1258b).

Lanscailler
(Nord) (Cropom). Vielleicht gehört der Name zu einem fr. Familiennamen.

Lanterne
Pomme du lanterme (1866) (LA 19, 12.2, 1355); *pomme lanterne* "Laternenapfel" (Vo 1993, 282). LeroyPom führt den Apfelnamen auf einen alten Brauch zurück: In der Normandie hätten Kinder an bestimmten Feiertagen ("la veille de Noël, ou le soir avant la messe de minuit") Laternen aus Papier durch die Straßen getragen (cf. LeroyPom 1873, 3, 424). Der Apfel erhält den Namen wahrscheinlich, weil er aufgrund seiner Form ("abgestumpft kegelförmiger, meist ziemlich gleichmäßig gebauter Apfel") und seiner Farbe ("hellgrün-grünlichgelb") (Vo 1993, 282) einer Laterne ähnelt; cf. *lanterne* "champignon d´Amérique qui a la forme d´un cul de lampe renversé" (1812) (FEW 5, 166a). Denkbar wäre auch, dass diese Kinder mit Äpfeln belohnt wurden.

Large-face d´amérique
wird seit 1803 als fr. Name einer amerikanischen Sorte ausgewiesen (LeroyPom 1873, 3, 425-426). Der Name ist wohl durch die Größe der Äpfel ("très-gros fruit") und die amerikanische Herkunft der Sorte motiviert.

Larguet (C)
ist als Cidreapfel (1987, Normandie) (Chaib 9a) belegt. Der Name bezieht sich wahrscheinlich auf eine schlaffe Fruchtschale. Das FEW 5, 187b weist *largue* "lâche, pas assez tendu (surtout corde)" (1845) aus; *largue* hat (wie das Derivat *larguet*) die Bedeutung "schlaff" und "nicht angespannt" (17. Jh.) (Gam 553a).

Laurier
(Franche-Comté) (Cropom); (Gers) (Cropom 2001, 14). Der Name *laurier* soll wahrscheinlich die gute Qualität oder Fruchtbarkeit dieser Sorte auszeichnen: *Laurier* (1080) wird als Ableitung von afr. *lor* ausgewiesen. Dieses Lexem bezeichnet sowohl den Baum und seine "feuillage (...) pour symboliser la gloire du vainqueur" und "la gloire, le succès" (Rob Hist 1992, 1, 1112b); cf. nfr. *laurier-cerisier* "prunus lauro-cerasus" (1654), *laurier-cerise* (1690) (FEW 5, 208b [Verweis auf: RIFI 5, 308]).

Lauson
(1497) (LeroyPom 1873, 3, 21). Dieser Name ist nicht eindeutig zu erklären. Vielleicht gehört der Apfelname *lauson* zu einem der folgenden Ortsnamen: *Lausanne* (Vaud Canton, Schweiz), *Liausson* (Hérault, Languedoc-Roussillon) oder *Lasson* (Calvados) (Encarta 1998); möglich ist auch eine Erklärung aus einem Eigennamen.

Lavigne
(1998-2000) (Cropom). Vielleicht ist der Apfelname *lavigne* zu dem Ortsnamen *Lavigny* (Jura) (Encarta 1998) zu stellen.

Lazarelle
Pomme lazarelle stammt aus Florenz (FUR 1690, s.v. *pomme*). Dieser Apfelname bezieht sich offensichtlich auf den Heiligennamen *Saint Lazare*: Wahrscheinlich ist dieser Name durch die fleckige Apfelschale motiviert: *Lazare* bezeichnet "du pauvre ulcéreux" (ProbNP 1188a); *Lazarus* als der Name des vom Aussatz Heimgesuchten (cf. FEW 5, 208b [Verweis auf: RIFI 5, 308]). Möglicherweise besteht auch ein Zusammenhang mit dem Feiertag des *Saint Lazare* "évêque de Marseille", dessen Feiertag am 17. Dezember (GE 20, 1078a) begangen wird. Oder ist die Sorte bei der "ancienne léproserie du prieuré *Saint-Lazare*" in Paris gezüchtet worden (PRobNP 1188a)? Dazu würde passen, dass es sich um eine gebildete Form handelt.

Legeas
(1860). LeroyPom stellt diesen Apfelnamen zu einem Eigennamen: "Le pommier *Legeas* porte un nom qui m'est connu pour appartenir à la nombreuse famille des jardiniers angevins" (1873, 3, 429).

Le lieur
(1846) wird als Alternativname von *reinette d'angleterre* ausgewiesen (LeroyPom 1873, 4, 616). Vielleicht wird diese Sorte einer Person gewidmet: *LeLoir (Luis Federico)* ist "biochimiste argentin d'origine française" (PRobNP 1198a). Oder besteht ein Zusammenhang zwischen dem Apfelnamen *Le Lieur* und dem Toponym *Lieury* (Calvados) (Encarta 1998)? Möglich ist auch, dass es sich um eine umgestaltete Entlehnung aus dem Englischen handelt: Bei dem Birnennamen *leurs* (1839, Seine-Inférieure) handelt es sich um eine "mauvaise lecture du nom de la poire *Lewis*": Diese Sorte wird 1819 von John Lewis "dans le Massachusetts" gezüchtet (LeroyPom 1869, 2, 29). Der Alternativname *reinette d'angleterre* könnte für diese Erklärung sprechen.

Lestre
Pomme de lestre (1786, Corrèze) (LeroyPom 1873, 3, 430). Der Apfelname ist wohl zu dem Ortsnamen *Lestre* (Manche) (Encarta 1998) zu stellen.

Lièvre (C)
wird als Cidreapfel (1987, Normandie) ausgewiesen. Der Saft dieser Sorte ist "très coloré" (Chaib 9a). Der Name ist vielleicht durch eine farbliche Ähnlichkeit zwischen dem Apfel und einem Hasen motiviert. Möglicherweise handelt es sich um eine grau-braune Frucht. Der Beleg ist zu *lepus, -ore* "Hase" zu stellen (FEW 5, 258b).

Lion
Lion d'automne (Cropom); *lion d'hiver* (Franche-Comté) (Cropom). Ein Zusammenhang zwischen einem Apfel und dem Tier Löwe ist nicht wahrscheinlich. Wahrscheinlich ist der Apfelnamen stattdessen zu dem Ortsnamen *Lion* (Aube) zu stellen (Encarta 1998).

Livre
De livre (1817) (LeroyPom 1873, 3, 113). LeroyPom erläutert den Namen mit folgendem Zitat: "Le *pommier de livre*, qui tire son nom de la grosseur et de la pesanteur de son fruit" (LeroyPom 1873, 3, 113 [Verweis auf: Renault]).

Locard (C)
Locart (Hu 5, 35b [Verweis auf: E. et A. Mizaud, Mais. champ., p. 286 (6.), èd. 1607]); *gros-locard* (1873) (FEW 21, 78a); für Pays d'Auge werden *locard blanc* und *locard vert* als Cidreäpfel ausgewiesen (Chevalier 1992); *lokar* "esp. de pomme aigre" (Ille-et-Vilaine), *locard* "variété de pomme à couteau", *locâ* "esp. de pomme tardive" (Loir-et-Cher) (FEW 21, 78b). Die Apfelsorte *gros locard* beschreibt LA 19 als "assez gros, vert clair, coloré rose". Die Sorte hält sich bis Januar (cf. LA 19, 12.2, 1355). *Locard blanc* ist "aigre, gros fruit", *locard vert* "aigre, très grosse, pollen infécond" (Chevalier 1992). Die Sorte *locard blanc* reift zur zweiten, die Sorte *locard vert* zur zweiten und dritten Reifezeit. Beide Sorten sind für "tout le Pays d'Auge" ausgewiesen (Chevalier 1992). Hu weist zu *locart* folgendes Zitat aus: "Esquels (sauvageaux) faut mettre quatre ou cinq greffes qui doivent estre cueillies et gardees en terre de pieca, si ce n'estoit qu'on ne peust encores trouver ces arbres des tardives qui ne fussent point encore bourjonnes, comme de capendu, housseau, *locart*, etc." (Hu 5, 35b [Verweis auf: E. et A. Mizaud, Mais.champ., p. 286 (6.), èd. 1607]). Möglicherweise liegt eine Ableitung vom Stamm [lok-] (< gall. *leuka* "Weiße", FEW 5, 262b) vor; der Name wäre damit durch das helle Fruchtfleisch motiviert.

Loisel
(1855, Belgien). LeroyPom stellt den Apfelnamen zu dem Eigennamen *loisel*, weil ein Mitglied dieser Familie die Sorte gezüchtet habe (cf. 1873, 3, 439).

Long-bois (C)
Pomme de Long-bois (1690) (LeroyPom 1873, 3, 65); *Long-bois* "pommiers à cidre" (Ro 1789, 215b). Die Apfelsorte *long bois* besitzt einen "arbre rustique" (Chevalier 1992). Der Apfelname könnte auf die Besonderheit des Baumes zurückgehen. Die Äste von der Sorte *de long-bois* beschreibt LeroyPom folgendermaßen: "nombreux, généralement érigés, faiblement duveteux au sommet, des plus longs et des plus coudés, assez grêles" (1873, 3, 65).

Longuequeue
wird seit 1583 als "variété de pomme" ausgewiesen (FEW 2.1, 526a, s.v. *cauda* "Schwanz"). Der Apfelname ist offensichtlich durch einen langen Fruchtstiel motiviert (cf. *courtpendu*).

Loquet
De loquet (1670) oder *loquette* (1780) (Lorraine) (LeroyPom 1873, 3, 423). Vielleicht erhält diese Apfelsorte diese Namen wegen einer auffallend glatten Fruchtschale und einer flachen Fruchtform. v. Wartburg weist die Lexeme *liquette, lequette* und *loquette* "petit traîneau d'enfant; petit bateau à fond plat" zu *lixare* "glätten" (FEW 5, 381a-383b) aus. Wahrscheinlicher bleibt eine Verbindung mit dem Stamm [lok-], cf. oben *locard*.

Lorraine
Pomme de lorraine (1662) (LeroyPom 1873, 4, 598-599). Der Apfelname ist zu einem Toponym zu stellen. Die Sorte stammt sicher aus der Region *Lorraine*.

Luc
De luc (Oise) (Cropom 2001, 14). Gehört der Apfelname zu dem Ortsnamen *Luc* (Aveyron) oder *Luc (Le)* (Var)? Möglich ist auch ein Zusammenhang zwischen dem Namen und der

Reifezeit des Apfels: Vielleicht reift die Sorte zum Feiertag von *Luc (saint)*, der am 18. Oktober gefeiert wird (cf. PRobNP 1259a)?

Luxembourg
Pomme du luxembourg (1842). LeroyPom erklärt den Apfelnamen, indem er davon ausgeht, dass er im *jardin du luxembourg*" angepflanzt wurde. Die Apfelsorte entstand also wahrscheinlich in einer "pépinière d'arbres fruitiers" in Paris (1873, 3, 444).

Madame
wird als Alternativname von der Apfelsorte *reinette du canada* ausgewiesen (LeroyPom 1873, 4, 446). Wahrscheinlich wurde die Apfelsorte *madame* einer Angehörigen der Königsfamilie gewidmet: Zum Birnennamen *monsieur* bemerkt LeroyPom: "puisque jadis on désignait ainsi, (...); par les noms *Monsieur, Madame*, le frère et la belle-sœur uniques ou plus âgés du roi" (cf. 1869, 2, 738), bleibt diese Deutung sehr wahrscheinlich.

Madeleine
bezeichnet eine "variété de pomme" (1840, Maine-et-Loire) (FEW 6, 23b); "variété de pomme" (LA 19, 10.2, 889d); *magdlaine* (Rennes 1991, 28); *madeleine rouge* (H.Alpes 1998). LeroyPom verweist auf *madeleine blanche* und führt den Namen auf die Reifezeit der Frucht zurück: "Il doit sa dénomination à l'époque de maturité de ses produits, mangeables dès le 15 juillet, et parfaitement mûrs le 22, jour où l'on fête *sainte Madeleine*" (1873, 4, 447). Seit 1701 bezeichnet *madeleine* "des espèces de fruits (poires, pommes) qui parviennent à maturité à l'époque de la *Sainte-Madeleine*" (Rob Hist 1992, 1, 1161b).

Magenta
(1861, Angers). Dieser Name bezieht sich auf *Magenta* "mémorable victoire remportée sur les Autrichiens, le 4 juin 1859, par l'armée française". Die Namenswahl ist offensichtlich durch die imposante Statur des Baumes motiviert, zu der LeroyPom bemerkt: "très-bel arbre pour plein-vent, à tige droite et de notable grosseur" (1873, 4, 447-448).

Magnifique
(1790). Diese Apfelname bezieht sich wohl auf die gute Fruchtbarkeit der Sorte, zu der LeroyPom bemerkt: "La grande fertilité de ce pommier ne nuit en rien à sa végétation" (1873, 3, 394-395) (cf. *impériale*).

Mai
(Morvan) (Cropom); *De mai* (Franche-Comté) (Cropom). Der Monat *Mai* wird in verschiedenen Redewendungen ausgewiesen, die in Verbindung mit "idée de bonheur, de prospérité" (Rob Hist 1992, 2, 1167b) stehen. Vermutlich zeichnet die Sorte eine lange Haltbarkeit der Äpfel aus, die bis in den Monat *Mai* reichen kann.

Maître
Pomme de maître (Elsass) (Cropom). Der Apfel könnte von ausgezeichneter Qualität sein und deshalb den Namen *de maître* erhalten haben. Möglicherweise ist er einem Individuum gewidmet worden, wobei sich nur der Titel der Person im Apfelnamen erhalten hat.

Malicâno
bezeichnet "pomme sauvage" (Languedoc); *poumo malicâno* (FEW 21, 79b). Wahrscheinlich ist der Name durch den sauren Geschmack der Früchte motiviert: *Malique* bezeichnet "acide de la pomme" (GRob 1985, 7, 580b). Der Apfel könnte sich aus dem Lexem *malique* und dem Suffix *–anus* zusammensetzen.

Malingre
Pomme de malingre (1536). Diese Apfelsorte erhält ihren Namen sicherlich aufgrund der schlechten Qualität oder einer auffälligen Form des Apfels: *Malingre* (1598) und *malingros* (1225) werden überzeugend auf afr. *mingre* "chétif" und *haingre* "faible, décharné" mit

Einfluß von *mal* und *malade* zurückgeführt (NPRob 1996, 1337a). FUR 1690 beobachtet, dass sich "les gueux" als *malingres* bezeichnen "quand ils excitent les gens à leur donner l'aumosne en faisant paroistre quelque maladie ou difformité vraye ou apparente" (s.v. *malingre*). Ein Zusammenhang zwischen dem Apfel- und einem Familienname ist zumindest aus chronologischen Gründen nicht sehr wahrscheinlich: *Malingre* (Claude) (1580-1653) (LA 19, 10.2, 1017d).

Mallières (C)

wird als Cidreapfel (1987, Normandie) (Chaib 9a) ausgewiesen. Der Apfel könnte wegen einer massiven Formgebung einem Pferd ähneln: *Mallier, -ière* (1250) wird auf *malle* zurückgeführt. Seit dem 14. Jh. bezeichnet dieser Begriff "cheval qui portait la *malle* ou que l'on mettait dans le brancard d'une *malle* de poste" (Rob Hist 1992, 2, 1175b). Oder ist der Apfelname *mallières* durch eine fleckige Fruchtschale motiviert? *Maille* (13. Jh.) "tache", *melle*, *maillat* "moucheté" und *mellé*, *meslé* sind beeinflusst durch *mesler (misculare)* (S. 18a) und gehen auf *macula* "Fleck, Masche" (FEW 6, 12b-18a) zurück.

Malvoisie

De malvoisie wird seit 1776 für Böhmen ausgewiesen (cf. LeroyPom 1873, 4, 550). Dieser Apfelname ist evtl. zu dem belgischen Toponym *Malvoisin* (Namur, Belgien) (Encarta 1998) zu stellen? Möglicherweise schmeckt der Apfel wie *malvoisie* "Malvasierwein", so dass er nach dem Namen der griechischen Stadt *Malvasia* (Gam 593a) benannt wäre.

Maman lili

(Thiérache) (Cropom 2001, 14). Diese Sorte wurde wahrscheinlich einer Frau gewidmet, die den Spitznamen *maman Lili* trägt.

Manchon (C)

ist als Cidreapfel (Pays d'Auge) belegt. Die Frucht wird folgendermaßen beschrieben: "douce légèrement amère, gros fruit" (Chevalier 1992). *Manchon* (1200) bezeichnet seit dem 18. Jh. folgende geometrische Form: "pièce cylindrique dans divers domaines (marine, armurerie, anatomie et enfin mécanique)" (Rob Hist 1992, 2, 1178a). Der Name geht wahrscheinlich auf die Fruchtform zurück.

Marabot (C)

wird als Cidreapfel (1987, Normandie) (Chaib 9a) ausgewiesen. Der Name geht mit großer Wahrscheinlichkeit auf die Form des Apfels zurück. Der Begriff *marabout* "homme laid, mal bâti" wurde auf "une espèce de cafetière à large ventre" übertragen (Li 1885, 3, 435c). Außerdem wird die Bedeutung "constructions cubiques, surmontées d'une coupole hémisphérique et blanches à la chaux" ausgewiesen (LA 20, 4, 660c). Aufgrund der Form wurde dieses Lexem auch auf die Bedeutung "bouilloire à ventre large et couvercle en coupole (primitivement importée de Turquie)" übertragen (cf. PRob 1996, 1349a). Das FEW 19, 131b weist *marabout* für Normandie als "variété de muscari comosum cultivée dans les jardins" und "rhus cotinus" aus, beide Pflanzen werden benannt nach den einer Perücke gleichenden Blattbüscheln" (cf. 132a).

Marçonnaise (C)

ist als Cidreapfel (Rennes 1991, 28) belegt. Vielleicht handelt es sich bei dem Apfelnamen *marçonnaise* um eine Ableitung von dem Ortsnamen *Marconne* (Pas-de-Calais) (Encarta 1998).

Maréchal

Der Apfelname *du maréchal* (1776) bezieht sich wahrscheinlich auf die Größe der edlen Frucht. LeroyPom charakterisiert die Frucht als "grosse" (1873, 4, 483).

Maria (C)
wird als Cidreapfel (1987, Normandie) (Chaib 8a) ausgewiesen. Die Motivation für diesen Namen ist nicht eindeutig zu erklären: Wurde diese Sorte einer Frau gewidmet? Oder reifen die Äpfel zum Feiertag der Heiligen *Maria* (15. August) (PRobNP 1317b)?

Marie ...
Marie doudou (Thiérache) (Cropom 2001, 14). Diese Sorte wurde wahrscheinlich einer bestimmten Frau gewidmet. Evtl. handelt es sich bei dem zweiten Namenselement *doudou* nicht um einen Familiennamen, sondern um eine Reduplikation zum Adjektiv *doux* wie sie in der Kindersprache vorkommt (cf. *tonton* zu *oncle* [Rob Hist 1992, 2, 2132b]). *Marie la douce* (C) bezeichnet "pommiers à cidre". Die Früchte werden zur "deuxième classe que l'on cueille à la fin de septembre et au commencement d'octobre" gezählt (Ro 1789, 215b). *Mois de Marie* bezeichnet den Monat Mai (FEW 6.1, 335b). Dieser Name könnte auf den besonders süßlichen Geschmack der Frucht zurückgehen. *Marie louise* ist für Franche-Comté belegt (Cropom); *marie-louise* (LA 19, 12.2, 1266). Diese Apfelsorte wurde einer Frau gewidmet. Die Birnensorte *marie-louise* wurde von dem Abt *Duquesne* 1809 in Mons (Hainaut) gezüchtet. Er hat die Sorte 1810 *Marie-Louise*, der zweiten Frau von Napoléon, gewidmet (cf. LeroyPom 1867, 2, 400). *Marie madeleine* (Brie) (1992-1994) (Cropom). Wahrscheinlich wurde die Apfelsorte einer bestimmten Frau gewidmet. *Marie mesnard* (C) wird als Cidreapfel ausgewiesen (cf. Chevalier 1992). Auch diese Apfelsorte wurde offensichtlich einer Frau gewidmet.

Marin onfroy (C)
wird als Cidreapfel (Chevalier 1998) ausgewiesen. Dieser Name ist seit 1551 mit verschiedenen Schreibweisen ausgewiesen: *marin onfrey* (1551, Normandie), *marin ofré* (1560), *marin-onfroy* (Verweis auf: Cotgr 1611), *marin-onfré* (1732) (FEW 6, 344ab); *marie honfroy, marin-onfroy* (1842), *marin* (Calvados), *marinanfrai, marinonfroi* (Normandie), *marinonfroi* (Eure), *marin-anfray, marion-anfré, marin-ronflé* (Evreux), *mari(e)-nonfré* (Dozulé), *mari-nonfroy* (Lieuvin), *mari-nanfrai, marin-onfré, marin-onfroi* (Lisieux), *mari(e)-nonfré* (Mesnil-Auz. Villette), *marin-onfroi* (Condé), *marinanflé, marionflé* (Vimoutier), *marin-onfré* (Avranches, St-Sauveurs), *marynounfrei* (Bayeux), *marin-blanc, marin-rouge* (Rouen) (FEW 6, 344ab); *marie-hinfray* (Chaib 9a). Der Apfel wird folgendermaßen beschrieben: "esp. tardive de pomme à cidre" (FEW 6, 344b); "esp. de pomme à cidre tardive bonne à manger cuite" (FEW 21, 78b). 1992 wird diese Apfelsorte folgendermaßen gekennzeichnet: "variété ancienne qui disparaît" (Chevalier 1992). v. Wartburg erklärt den Namen an einer Stelle seines Werkes, an der er ihn auf *Marin-Offray* zurückführt, dass von Träger dieses Namens die Apfelsorte wohl eingeführt habe. Die Namensformen *offray, offroy* und *offré* berücksichtigt v. Wartburg als Varianten des Familiennamens *Auffray* (cf. FEW 6, 344b). Als Überschrift für die zahlreichen Belege wählt v. Wartburg *Marin Offré* (FEW 6, 344a). An anderer Stelle analysiert v. Wartburg den Namen als zwei Elemente. *marin* analysiert er als Adjektiv, dessen Funktion er nicht näher deuten kann (cf. FEW 21, 78b/79a). Es könnte sich bei *marin* um den Name eines Heiligen handeln, dessen Feiertag am 4. September begangen wird (GE 23, 199b). Das zweite Element geht möglicherweise auf das Adjektiv *froid* zurück, weil dieser Apfel erst mit Beginn der Winterkälte reife (cf. FEW 21, 78b/79a). Außerdem ist *Marin* als Ortsname ("du dép. de la Haute-Savoie") ausgewiesen (GE 23, 119b). Evtl. besteht auch ein Zusammenhang zwischen dem ersten Namenselement und dem Lexem *marin* (1751) "officier de marine" (GRob 1985, 6, 260b). Nach der jetzigen Quellenlage kann das Problem nicht geklärt werden.

Maroquin
De maroquin (1776). Der Name geht auf die Farbe und die Beschaffenheit der Schale zurück. LeroyPom zitiert Mayer 1801: "Imaginez – dit-il d'abord au sujet de la peau de ce fruit – un morceau de maroquin vert-olive dont le dessus seroit usé, râpé, bronzé ou chagriné (...)" (1873, 4, 686 [Verweis auf: Pomona franconica, Tome III, pp. 130-132]); cf. auch oben *cuir*.

Martel
(Jarez) (Cropom 2001, 14). Der Apfelname ist offensichtlich zum Ortsnamen *Martel* (Lot, Midi-Pyrénées) (Encarta 1998) zu stellen.

Martrange (C)
bezeichnet "pomme de châtaignier" (1626), *martranche* (1895), *maltranche rouge* (1839), *martranche* "pomme rouge, de bonne espèce" (FEW 21, 79a); *martrange* (1670), *maltranche rouge* (1839), "Les *pommes de Châtaigner* sont appelées *Martrange,* en Anjou" (1690) (LeroyPom 1873, 3, 212). *Martrange* wird als Cidreapfel (1987, Normandie) ausgewiesen. Der Saft dieser Apfelsorte wird folgendermaßen beschrieben: "doux, parfumé, arômatique, bien coloré". Die Sorte reift zur dritten Saison. Als Alternativname von *martrange* wird *martremble* (Chaib 9b) ausgewiesen. Wahrscheinlich verdankt dieser Apfel den Namen seiner farblichen Ähnlichkeit mit dem Fell eines Marders. Dann würde es sich bei dem Apfelnamen *martrange* um eine Ableitung von *martre* (1080) (NPRob 1996, 1360b) handeln, die im FEW 16, 537 nachzutragen wäre.

Mate-brune
(1859). Dieser Name ist durch die Beschaffenheit und Farbe der Schale motiviert. LeroyPom beschreibt sie als "entièrement lavée de brun violacé" (1873, 3, 143).

Matois (C)
wird als "pommiers à cidre" (Ro 1789, 215b) ausgewiesen; *mattois* (Pays d´Auge). Die Apfelsorte *matois* reife zur zweiten Reifezeit (cf. Chevalier 1992). Bei dieser Sorte handelt es sich wahrscheinlich um eine Sorte, die ursprünglich früher reifte (cf. *hâtiveau*). Der Name könnte auf *matutinus* "morgendlich" zurückgeführt werden: v. Wartburg weist mfr. *matois*, npr. *raisin matinié* "variété de raisin précoce, à grain ronds, blancs et doux" und nfr. *matinié* "variété de vigne" (FEW 6.1, 536b-538b) aus.

Matthias
(1598). Diese Sorte reift "février-mai" (LeroyPom 1873, 3, 299). Außerdem wird die Birnensorte *pwêr de matî* ausgewiesen, die v. Wartburg zu *Matthaeus* (FEW 6.1, 518a) stellt. Der Feiertag von *Matthieu (saint)* wird am 21. September begangen (PRobNP 1340a). Es ist nicht eindeutig zu bestimmen, weshalb der Apfel den Namen des Heiligen *Matthias* erhalten hat, weil die Sorte erst nach dem Feiertag reift.

Maure
Pomme de maure. Dieser Name ist durch die dunkle Farbe des Apfels motiviert. LeroyPom beschreibt die Sorte als "entièrement lavée de brun violacé, striée de rouge lie de vin" (1873, 4, 458).

Meaugris (C)
wird als Cidreapfels (1987, Normandie) (Chaib 9b) ausgewiesen. Diese Sorte könnte ihren Namen der Tatsache verdanken, dass das Holz des Apfelbaumes zum Bau der Cidrepresse eingesetzt wird: *Méau* bezeichnet "petites solives qui forment un grillage dans les grands pressoirs" (Li 1885, 3, 481a). LeroyPom beschreibt das Holz des Apfelbaumes als "lourd, doux, luisant, de couleur grise" und bemerkt zu seiner Verwendung: "Les vis de pressoir sont faites uniquement de ce bois" (cf. LeroyPom 1873, 3, 48); *méau* (1867) zu nfr. *moyau* "chacune des petites solives formant le grillage d´un pressoir" (1732, NMrust 2, 492) (FEW 6.1, 27a, s.v. *magis, -idis* "Backtrog"). Oder gehört das erste Namenselement *meau* zu dem Ortsnamen *Meaux* (Seine-et-Marne) (PRobNP 1348a)? Denkbar wäre auch ein Zusammenhang mit *meau* (Haute-Marche, 1586) zur Wortfamilie *mel* "Honig" (FEW 6.1, 646a).

Médaille d´or (C)
wird als Cidreapfel (Chaib 9b) ausgewiesen; (1928) (LA 20, 5, 694c). Wahrscheinlich zeichnet der Name *médaille d'or* die Qualität der Apfelsorte aus. Außerdem ist die

Birnensorte *médaille d'or* (1750, Belgien) belegt. LeroyPom notiert, dass diese Sorte von ausgezeichneter Qualität sei. Der Äpfelname könnte sekundär durch die Farbgebung ("brillante et habituellement onctueuse, jaune d'or") (cf. 1869, 2, 200) motiviert sein.

Mélélande
(Elsass) (Cropom). Vielleicht besteht ein Zusammenhang zwischen dem Apfelnamen *mélélande* und dt. *Mehl*, weil der Apfel durch ein besonders mehliges Fruchtfleisch auffällt? Dt. *Mehlbeere* wird in Frankreich als *mèlèmbèr* rezipiert (cf. FEW 16, 546a).

Melle
(1536) (FEW 21, 78b). Dieser Name könnte zu einer Bezeichnung für die Obstsorte *Apfel* gehören: *Malum* "Apfel"; lt. *malus* "Apfelbaum" zu *melus* (3. Jh.) wurde im Galloromanischen zunehmend durch *pomum* verdrängt, so dass die Vertreter von *mē lum* nur noch in der Bedeutung "Holzapfel" überlebt haben, also zur Bezeichnung einer Frucht, die kommerziell wertlos war (cf. FEW 6, 122b-123a). Weniger wahrscheinlich ist ein Zusammenhang zwischen dem Apfelnamen und dem Toponym *Melle* (Région Flamande), wo es eine "école d'horticulture" (PRobNP 1357a) gibt. Außerdem wird noch *Melle* "Deux-Sèvres" (PRobNP 1357a) ausgewiesen.

Melon
Die Apfelname *melon* ist sicher ursprünglich mittels Augmentativs von *mē lon* "Apfelbaum" abgeleitet worden. Die Apfelsorte wird folgendermaßen beschrieben: "énorme, déprimé, ventru" (LA 19, 12.2, 1355). Sicherlich ist dieser Name durch die Form der Frucht motiviert. Offensichtlich ähnelt der Apfel einer Melone; LeroyPom charakterisiert sie als "volumineuse", "très-inconstante", was wohl zu einer Sekundärmotivation führte. Außerdem weist er die Namensform *melonne* (1783) (1873, 3, 173-174) aus.

Menerbe (C)
wird als "variété de pomme" (Normandie) (FEW 21, 78b) ausgewiesen; *manerbe* ist als Cidreapfel der Normandie (Chaib 9a) belegt. Möglicherweise geht der Apfelname *menerbe* oder *manerbe* auf den Ortsnamen *Ménerbes* (Vaucluse) (GE 23, 648b) zurück.

Menetot
(1536), *mennetot* (1611) (FEW 21, 78a). Der Apfelname *menetot* oder *mennetot* ist wahrscheinlich zu einem Ortsnamen zu stellen. Vielleicht stammt die Apfelsorte aus der Ortschaft *Menetou-Salon* (Cher) (LA 20, 4, 800a) oder *Menet* (Cantal) (LA 19, 11.1, 28c).

Mercier
(Touraine) (Cropom). Der Apfelname *mercier* geht wahrscheinlich auf die Berufsbezeichnung *mercier, -ière* (11. Jh.) "marchand" (Rob Hist 1992, 2, 1226b) zurück. Es handelt sich offensichtlich um einen Marktapfel, also einen Apfel von guter Qualität. Ein Zusammenhang zwischen dem Apfelnamen und dem Familiennamen *Mercier* ist nicht auszuschließen. Folgende Personen werden in den ausgewerteten Quellen mit diesem Namen vorgestellt: *Mercier* (Louis Sébastien) "écrivain français" (1740-1814) und *Mercier* (Désiré) "prélat belge" (1851-1926) (PRobNP 1364b).

Mère ...
Mère de ménagère: Die *pomme de livre* wird mit folgenden Alternativnamen ausgewiesen: *mère de ménage* (1820), *ménagère* (1842), *dame de ménage* (1854) und *femme de ménage*. Bei *mère de ménage* handelt es sich um eine dt. Sorte, die seit 1840 von LeroyPom auch für Frankreich ausgewiesen wird. Der Name stellt eine Übersetzung des dt. Apfelnamens *Hausmütterchen* dar. Zunächst sei *mère de ménage*, dann *ménagère* in Frankreich gebräuchlich (LeroyPom 1873, 3, 435-437) gewesen. Diese Sorte wird als "fruit d'apparat de goût médiocre" (LA 19, 12.2, 1355) klassifiziert. Der Apfel verdankt den Namen wahrscheinlich der Tatsache, dass er von durchschnittlicher Qualität ist und daher vor allem als Haushaltsapfel verwendet wird: *ménager, -ère* (15. Jh.) bezeichnet "médiocre" und

"économique" (Rob Hist 1992, 2, 1221a). *Mère des pommes* (1854). Der Name *mère des pommes* geht auf die Größe des Apfels zurück, zu welcher LeroyPom bemerkt: "une grosseur si considérable, que les jardiniers, dans le Brabant surtout, l'ont surnommé la *mère des pommes*" (1873, 4, 601). Die Apfelnamen sind zu FEW 6.1, s.v. *mater* "Mutter" und dort zu 2b Pflanzen (S. 473b) zu stellen.

Mériennet (C)
wird als Cidreapfel (1987, Normandie) ausgewiesen. Die Frucht reift zur zweiten Reifezeit. Der Saft, der aus dieser Apfelsorte gewonnen wird, ist folgendermaßen charakterisiert worden: "cotion rosée, très parfumée" (Chaib 9b). Vielleicht bezieht sich dieser Name auf die Reifezeit der Sorte und ist deshalb zu *méridien, -ienne* zu lt. *meridianus* < *meridien* "midi" zu stellen (NPRob 1996, 1389b) (cf. *matois, hâtiveau*).

Merveille
Pomme de merveille (FUR 1690, s.v. *pomme de merveille*). LeroyPom führt den Namen auf die Farbe der Frucht zurück: "Son nom *de Merveille* me semble bien justifié par l'admirable coloris de sa peau, joint à la délicate saveur de sa chair" (1873, 4, 361). Wahrscheinlich besteht kein Zusammenhang zwischen dem Apfelnamen *merveille* und dem Pflanzennamen *pomme de merveille*, zu welchem FUR 1727 bemerkt: "Les feuilles prises avec du vin fort propres pour calmer les douleurs et pour guérir les playes: L'huile dans laquelle on a fait infuser le fruit, est bonne aussi pour les playes, pour la douleur des hemorroïdes, pour la brûlure, et pour les hernies" (s.v. *pomme de merveille*). Außerdem wird der Birnenname *merveille* (1690) ausgewiesen (LeroyPom 1869, 2, 141); *merveille d' hiver* (1721) "espèce de poire de novembre, vert clair, et tachetée" (FEW 6, 144b).

Messire jacques (C)
Der Name dieses Cidreapfels (1987, Normandie) (Chaib 8a) bezieht sich wahrscheinlich auf den Eigennamen *Jacques*, der als "nom de plusieurs rois d'Écosse" (PRobNP 1056b) belegt ist. Das erste Namenselement dient zur Auszeichnung: *Messire* wird ausgewiesen als "ancienne dénomination honorifique réservée d'abord aux grands seigneurs (...), puis ajoutée au titre des personnes de qualité ou placée devant le nom des prêtres, avocats, médecins" (NPRob 1996, 1392a).

Mestayer
(1845, Maine-et-Loire). LeroyPom führt den Namen auf den Züchter der Sorte zurück (1873, 4, 464).

Mettais (C)
wird als Cidreapfel (Pays d'Auge) ausgewiesen. Diese Sorte reift zur zweiten Reifezeit. Die Frucht wird folgendermaßen beschrieben: "douce amère, petite, peau marbrée et rugueuse". Der Baum wird als "rustique" (cf. Chevalier 1992) charakterisiert. Vielleicht ist der Name zu *métoikos* (gr.) "Einwanderer" (FEW 6.2, 61b) zu stellen oder wegen *met, -ete* "mol, faible" (S. 521b) zu *mattus* (FEW 6.1, 518b). Denkbar wäre auch ein Zusammenhang mit *matutinus* "morgendlich" (FEW 6.1, 536b), weil es sich um eine früh reifende Sorte handelt (cf. *mériennet*).

Meunier
Pomme de meunier (1835, Maine-et-Loire) (LeroyPom 1873, 4, 465); *pépin meunier* (Normandie) (Cropom). *Meunier, -ière* "personne possédant ou exploitant un moulin" wird seit 1174 ausgewiesen. Dieses Lexem wurde aufgrund der farblichen Analogie ("le blanc de la farine") auf eine "espèce de poisson" übertragen (cf. Rob Hist 1992, 2, 1238b/1239a). Auch der Apfelname ist offensichtlich durch eine weiße Farbgebung motiviert, zu der LeroyPom bemerkt: "vert clair nuancé de jaune sur le côté de l'ombre" (1873, 4, 465).

Mi-août (C)
Pomme de mi-août wird als Cidreapfel (Rennes 1991, 28) ausgewiesen. Wahrscheinlich geht der Apfelname auf die Reifezeit der Sorte zurück. Den Birnennamen *d'a my-dou* oder *de la mi-août* (1600) erklärt LeroyPom indem er auf die Reifezeit der Birne hinweist: "poire *de la Mi-Août* (...), puisqu'elle mûrit vers le milieu de ce mois" (cf. 1867, 1, 240).

Michelin (C)
ist als Cidreapfel (1987, Normandie) (Chaib 8a) belegt. Der Apfelname geht vermutlich auf einen Familien- oder Heiligennamen zurück. Vielleicht reift diese Apfelsorte zum Feiertag des Heiligen *Michael* (29. September) (cf. PRobNP 1379b)?

Michelotte
(Brie) (Cropom). Dieser Apfelname gehört zum Eigen- oder Heiligennamen *Michel*. Das diminutive Suffix *-otte* spielt sicher auf die kleine Frucht an.

Mignonne
Migonne d'automne (1628), *mignonne d'hiver, ignonnette* und *mignonnette* (LeroyPom 1873, 4, 467-468); *mignonennette* (1998-2000) (Cropom). Es handelt sich wahrscheinlich um einen kleinen und schönen Apfel. LeroyPom charakterisiert die Frucht folgendermaßen: "elle est à la fois exquise, charmante de forme et de couleur" (1873, 4, 467-468). *Mignonnette* (1687) dient als Bezeichnung für "divers objets de petit format" (Rob Hist 1992, 2, 1242b/1243a). Der Name bezieht sich also auf eine sortentypisch kleine Form und Schönheit der Apfelsorte; *mignonne* "esp. de prune" (1715), "espèce de pêche" (1701) und "esp. de poire d'un rouge foncé" (FEW 6.2, 141b).

Migraine barrée
(Jarez) (Cropom 2001, 14). Der Apfel verdankt das erste Namenselement *migraine* wahrscheinlich seiner roten Farbgebung: *Migraine* (15. Jh.) wird zu *milgrana* "grenade (fruit)" gestellt (FEW 4, 237a). Das zweite Namenselement *barrée* bezieht sich wohl auf das Streifenmuster der Frucht.

Mirabelle
Diese Apfelsorte wird seit 1846 ausgewiesen, ist aber schon "de toute antiquité chez les bas Normands" bekannt. LeroyPom kann den Namen nicht erklären: "rien de caractéristique ne rapproche toutefois, extérieurement, cette *pomme Mirabelle* de la prune jaune d'ambre ainsi nommée" (1873, 4, 471); cf. nfr. *mirabelle* "petite prune de couleur jaune" (1628) (FEW 6.2, 143a).

Moisson
Moisson blanche, moisson rayée und *moisson rouge* (Auxois) (Cropom). Der Name bezieht sich wahrscheinlich auf die Reifezeit der Apfelsorte: *Moisson* bezeichnet "époque, produit de la récolte" (Rob Hist 1992, 2, 1261b). Diese Sorte erhält ihren Namen also, weil sie im Juli oder August reift: "La *moisson* se fait en France en Juillet ou en Août" (FUR 1727, s.v. *moisson*); châten. *poire moûechon* "poire du temps de la *moisson*" (FEW 6.2, 48b).

Moncel
(1851); *moncelle*; *mancelle* (Sarthe) (LeroyPom 1873, 4, 473). Bei diesem Apfelnamen könnte es sich um eine Ableitung von einem Toponym handeln. Die Ortsnamen *Moncel-sur-Seille* (Lorraine) oder *Moncel-lès-Lunéville* (Meurthe) (Encarta 1998) kommen infrage.

Monsieur
Pomme de monsieur (Rennes 1998). Seit 1564 ist die Birnensorte *poire de monsieur* ausgewiesen (FEW 11, 457a). Zum Birnennamen *monsieur* bemerkt LeroyPom: "puisque jadis on désignait ainsi, (...); par les noms *Monsieur, Madame*, le frère et la belle-sœur uniques ou plus âgés du roi" (cf. 1867, 2, 738). Wahrscheinlich wurde auch die Apfelsorte einem Angehörigen der Königsfamilie gewidmet; mfr. nfr. *poire de monsieur*, nfr. *prune de monsieur* (FEW 11, 457a).

Monstrueuse de bergerac
(1873). Das erste Namenselement *monstrueuse* ist durch die Größe und die Form der Frucht motiviert, die LeroyPom folgendermaßen charakterisiert: "volumineuse", "globuleuse irrégulière ou conique-arrondie, côtelée au sommet" (1873, 4, 475); cf. nfr. *monstrueux* "variété de pêche" (1715-1903) (FEW 6.3, 100a). Das zweite Namenselement *de bergerac* stellt LeroyPom in Beziehung zur Herkunft der Sorte: "semblant la rattacher à la Dordogne" (1873, 4, 476).

Montaigne
(1859, Gironde). Diese Apfelsorte charakterisiert LeroyPom als "fruit d'ornement et de médiocre qualité" (1873, 3, 359). Vielleicht wurde diese Apfelsorte einem Mitglied der Familie *Montaigne* (PRobNP 1414b) gewidmet. Oder ist der Name zu **montanea* "Gebirge" zu stellen wie *montagne* "espèce de vin rouge français" (FEW 6.3, 103a) (cf. *alpi*)?

Montalivet
(1804) (LeroyPom 1873, 4, 478). Der Apfel wird folgendermaßen beschrieben: "très-gros, arrondi, vert mat, rougissant quelquefois au soleil" (LA 19, 12.2, 1355). LeroyPom führt den Apfelnamen auf einen Eigennamen zurück: "comte de *Montalivet*" (1766-1823) (LeroyPom 1873, 4, 478).

Montdespic
Pomme de montdespic (1862). LeroyPom geht davon aus, dass die Apfelsorte zum "château de *Montdespic*" (Gironde) gehöre (1873, 4, 474).

Monte en haut (C)
wird als Cidreapfel (Rennes 1991, 28) ausgewiesen. Diese Apfelsorte könnte ihren Namen dem für sie typischen hochstämmigen Baum verdanken; cf. *haut monté* "(cheval) qui a les jambes trop longues" (Ac 1762-Lar 1903) (FEW 6.3, 107b). Der Name ist offensichtlich zur Wortfamilie von *monter* zu stellen: *Monte* wird als "dérivé régressif de *monter*" ausgewiesen (Rob Hist 1992, 2, 1268b).

Morelle (C)
wird als "pomme à cidre" ausgewiesen (LA 20, 4, 985a). Das FEW 6.1, 551b belegt *morelle* seit 1931 als Apfelsorte. Wahrscheinlich geht der Name auf eine braune Fruchtschale zurück und gehört daher zu *morelle* (13. Jh.) zu vlt. °*maurellus* "brun comme un *Maure*" (NPRob 1996, 1439b) (cf. *douce-morelle* und *douce-morelle d'aumale*).

Morre de lebre
ist als Apfelname (Gers) ausgewiesen (Cropom 2001, 14). Dieser Name geht wahrscheinlich wegen einer gedrungenen Furchtform auf das provenzalische Lexem *morre* "museau, groin" (1222-1232) zurück (cf. Rob Hist 1992, 2, 1271a). Es handelt sich also um eine regionale Namensvariante der Apfelsorte *museau de lièvre*. Das FEW 6.3, 277b stellt nfr. *museau de lièvre* "sorte de pomme" zu *musus* "Maul" (S. 275b). *Morre de lebre* müsste unter **murr* "Schnautze", cf. apr. *morre* "museau, groin" (13. Jh.), aufgeführt werden.

Mottet
(Haute-Saône) (Cropom). *Motte* "amas de terre, tertre, château" wird auf °*mutt(a)* zurückgeführt. Dieses Lexem erhält sich in einer Vielzahl von Toponymen und Eigennamen: *Mote, Mothe, Motte, Lamotte, Delamotte, Mottaz, Motier, Mottet, Moton* (cf. Rob Hist 1992, 2, 1279a). Sicher gehört der Apfelname zu *mutt* (vorröm.) "Bodenerhebung" (FEW 6.3, 294a). Als Bedeutungen bieten sich u.a. "Haufen", "Klümpchen", "Schneeball" oder "Käseleib" an, aber auch *mottet* "petit garçon" (Lyon, Dauphiné) (S. 298a).

Moulin à vent (C)
Le petit moulin à vent wird als einer der "pommiers à cidre" (Ro 1789, 215b) ausgewiesen. *Moulin-à-vent* als Cidreapfel (1987, Normandie) (Chaib 9b). *Moulin à vent* wird folgendermaßen beschrieben: "douce amère, petit fruit". Der Baum dieser Sorte wird als "rustique" und "tardive" charakterisiert (cf. Chevalier 1992). Vielleicht ist der Apfelname wie die Bezeichnung einer Weinsorte auf ein Toponym zurückführen: *Moulin-à-vent* bezeichnet "vin rouge du Beaujolais issu du vignoble de ce nom" (NPRob 1996, 1448a).

Moûr de pô
(1998-2000) (Cropom). Dieser Name könnte sich aus den beiden Elementen *maurus* "Bewohner der Landschaft Mauritania" (FEW 6.1, 546b) und *pellis* "Fell" (FEW 8, 164b) zusammensetzen, weil die Sorte eine auffallend dunkle Schale besitzt (cf. *morelle, peau*).

Mouronnet
wird als "variété de pomme dont la peau est grisâtre" ausgewiesen. Das FEW 6.1, 551b stellt den Namen zu *Maurus* (S. 546b), weil die Apfelsorte eine dunkle Farbgebung besitzt (cf. *morelle*).

Mousse rouge (C)
ist als Cidreapfel (1987, Normandie) (Chaib 9b) belegt. Dieser Name bezieht sich wahrscheinlich auf einen schäumenden Fruchtsaft ("boisson qui *mousse*" [PRob 1996, 1449b]); cf. *mousse* "écume qui se forme sur l'eau et sur quelques liqueurs quand on les bat et qu'on les verse de haut" (1680) (FEW 16, 568a, s.v. *mosa* [anfrk.] "Moos"). Das zweite Namenselement *rouge* ist offensichtlich durch eine rote Farbgebung motiviert (cf. *moussette*).

Moussette (C)
wird als Cidreapfel (1987, Normandie) (Chaib 9b) ausgewiesen. Wahrscheinlich bezieht sich dieser Name auf einen schäumenden Fruchtsaft; cf. *moussette* "esp. de pomme" (FEW 16, 568a). Das diminutive Suffix *-ette* lässt an eine kleine Fruchtform denken (cf. *mousse rouge*).

Muscadet (C)
wird als "une espece de petite pomme douce, dont on fait d'excellent cidre" (Normandie) (FUR 1727, s.v. *muscadet)* ausgewiesen. Der Name geht sicherlich auf den Muskatgeschmack des Apfels zurück; cf. nfr. *pomme muscadelle* "pomme qui a un goût de *musc*" (Cotgr 1611 – Wid 1675) und mfr. *muscadet* "cidre ayant un goût de *musc*" (Cotgr 1611), "petite pomme douce qui donne un excellent cidre" (FUR 1701- Lar 1949) (FEW 19, 133a).

Museau de ...
Museau de chien (Jura) (Cropom 2001, 14). Vielleicht besitzt dieser Apfel eine Ähnlichkeit mit einer Hundeschnauze, weil er eine gedrungene Form und rote Farbe besitzt. *Museau de lièvre d'alos* wird für "nos contrées de l'Ouest" ausgewiesen; *gros museau de lièvre d'alos* (1870); nfr. *museau de lièvre* "sorte de pomme" (1807) (FEW 6.3, 277b, s.v. *musus* "Schnautze"). Die Apfelsorte *museau de lièvre* besitzt eine Besonderheit der Früchte, zu welcher LeroyPom bemerkt: "ils sont précieux sous ce rapport, surtout si l'on a soin, avant de les présenter au feu, d'en piquer la peau avec une épingle, car toute leur pulpe s'extravase alors en une mousse légère qui compose un mets réellement délicieux" (1873, 3, 355). Der Name *museau de lièvre* geht sicherlich wie *museau de chien* auf die Form zurück. Wahrscheinlich stammt die Sorte aus *Alost*, fr. Variante von *Aalst* (Belgien) (PRobNP 1a) (cf. *morre de lebre*).

Nationale
(1871, Rhône). Diese Sorte wurde von Monsieur Roux (Rhône) gezüchtet (H.Alpes 1998); *La nationale* für Jarez und Maconnais (Cropom). Es handelt sich wahrscheinlich um ein Züchterprodukt, welches den auflebenden fr. Nationalstolz im Jahr der dt. Reichsgründung widerspiegelt.

Neige
Pomme de neige (1628, Orléans) (LeroyPom 1873, 4, 483); (FUR 1690, s.v. *pomme*). *Pomme neige* "Belgischer Schneeapfel" reift ab September und wird als sehr guter frühreifender Tafel- und Wirtschaftsapfel beschrieben, der "hellgrün, später grünlichgelb" ist (cf. Vo 1993, 427). Der Apfelname geht vermutlich auf die helle Farbgebung der Frucht zurück: LeroyPom zitiert Merlet, der 1677 die folgende *pomme de neige* folgendermaßen beschreibt: "blanche dehors et dedans" (1873, 4, 483).

Nez-de-mouton
(1776). Der Name ist wahrscheinlich durch durch die Form der Frucht motiviert: LeroyPom charakterisiert den Apfel folgendermaßen: "a le pédoncule assez court et peu fort, la peau d´un blanc jaunâtre et verdâtre, mais qui parfois, près du pédoncule, se nuance de roux olivâtre" (1873, 4, 561). Das FEW 6.3 weist folgende Belege aus, die im Zusammenhang mit dem Apfelnamen stehen könnten: *nez de chien* "mélange de bière et d´eau-de-vie" (1867) (S. 31b) und *poire de mouton* "poire précoce, bonne à manger" (S. 207b).

Nicolayé (C)
(Sarthe) (Cropom 2001, 14); *nicolayer* (1770, Sarthe). Es handelt sich um einen Cidreapfel: "On l´utilise beaucoup pour la fabrication du cidre" (LeroyPom 1873, 4, 491). *Nicolayer* stammt wahrscheinlich aus Russland: "présumée de Russie"; "s´il en était ainsi, on devrait alors l´appeler *Nicolaïf*" (LeroyPom 1873, 4, 490); die Apfelsorte trägt also den Namen eines russischen Zaren.

Noble rouge
(1868, Frankreich), *Edelrother* (1859, Deutschland) (LeroyPom 1873, 4, 491-492). Der Name geht wahrscheinlich auf die ausgezeichnete Qualität und eine rote Farbgebung der Frucht zurück; cf. *nobilis* "vortrefflich; adlig", afr. *noble* "distingué, relevé au-dessus des autres, qui l´emporte sur les autres par les qualités, les mérites" (FEW 7, 157b).

Noël-deschamps (C)
wird als Cidreapfel der Normandie ausgewiesen. Die Frucht reift zur dritten Reifezeit. Der Saft, der aus dieser Apfelsorte gewonnen wird, ist "doux, un peu amer, très coloré" (cf. Chaib 9b). *noël des champs* wird folgendermaßen beschrieben: "douce, petit fruit, riche en sucre" (Chevalier 1992). Wahrscheinlich verdankt diese Sorte ihr erstes Namenselement *Noël* der späten Reife zur Weihnachtszeit; *poires de Grisnoé* (QChamps) "esp. de poires qui mûrissent tard" (FEW 7, 38a). Das zweite Namenselement *deschamps* könnte die Sorte der Tatsache verdanken, dass sie besonders gut auf dem Feld gedeiht. Vielleicht lautet die ursprüngliche Namensform *noël-des-champs*. Es könnte sich um knallrote Äpfel handeln, die auf dem winterlichen Feld wie Christbaumkugeln auffallen.

Noire
Pomme noire (Ro 1789, 211b-212a). Dieser Name ist wahrscheinlich durch die sehr dunkle Farbgebung des Apfels motiviert, zu der LeroyPom bemerkt: "Son singulier coloris, lui permettant de figurer brillament, quoique sans profit pour les convives, dans les corbeilles de dessert" (1873, 4, 493). Das FEW 7 weist nfr. *noirin* "cépage rouge de Bourgogne" (1802) (S. 132b) und *vin noir* "vin rouge foncé" (1611) (S 130b) aus.

Noir-ver
"pomme sauvage" (1611) (FEW 14, 513b). Der Name geht wahrscheinlich auf die Farbgebung der Frucht zurück; cf. *noir ver* "pomme, poire qui n´est pas encore tout à fait mûre" (Normandie, 1611) (FEW 7, 131b).

Nonpareille
(1755) "grosse pomme d´automne" (FEW 7, 650b). Diese Sorte ist aber noch viel älter, weil die fr. Sorte schon 1724 sehr gut bei den Engländern bekannt gewesen ist. Diese hatten die Sorte bereits während der Herrschaft von Königin Elisabeth (1558-1603) aus Frankreich

bezogen (LeroyPom 1873, 4, 495). Bei diesem Namen kann es sich um eine Auszeichnung handeln. Die Übersetzungen ins Deutsche sprechen dafür: "Sondergleichen", "Vortrefflicher" (DA 1889, 404-662). Das FEW 7 stellt *nonpareille* "grosse pomme d'automne" (1755) und nfr. *nompareille* "esp. de poire excellente" (1660) zu *pariculus* "gleichartig" (S. 648b).

Normande (C)
wird als Cidreapfel (1987, Normandie) (Chaib 9a) ausgewiesen. Der Name gibt wohl die Herkunft der Sorte an.

Noron (C)
ist als Cidreapfel (1987, Normandie) belegt. Die Frucht reift zur zweiten Reifezeit. Der Saft, der aus dieser Apfelsorte gewonnen wird, ist "très coloré, doux" (Chaib 9b). Die Motivation dieses Namens bleibt ungeklärt.

Notre dame (C)
Pomme de Notre-Dame (1667) (LeroyPom 1873, 4, 598); *Pomme de Notre Dame* (FUR 1690, s.v. *pomme*); *Notre Dame* als Cidreapfel der Normandie (Chaib 9b). Möglicherweise geht der Name auf die Reifezeit zurück: Der Feiertag von *Marie (sainte)* wird am 15. August begangen (PRobNP 1317b). Die Frucht reift ab Ende August: "fin d'août et se prolongeant parfois jusqu'en octobre" (cf. LeroyPom 1873, 4, 599); mfr. *poire de Nostre Dame* "esp. de poire" (FEW 3, 126b).

Nouvelle france
(Brie) (Cropom). Der Name ist wahrscheinlich zu dem Toponym *Nouvelle-France* "les possessions françaises au Canada" (PRobNP 1507a) zu stellen. Vielleicht wurde diese Apfelsorte von Kanada nach Frankreich importiert, wobei die Herkunftsbezeichnung als Name beibehalten wurde.

Oeuf de pigeon (C)
wird als "variété de pomme à cidre" (LA 19, 12.2, 1355) ausgewiesen. Diese Apfelsorte verdankt den Namen wahrscheinlich der Tatsache, dass sie wegen ihrer Form- und Farbgebung einem Taubenei ähnelt; *œuf de pigeon* (1874) neben *pigeon* und *pigeonnet* als Apfelnamen (FEW 8, 557a).

Oger
Diese Apfelsorte wird folgendermaßen beschrieben: "agréable au goût" (1611) (cf. FEW 21, 78a). Wahrscheinlich ist der Apfelname zu dem Ortsnamen *Oger* (Marne) (LA 20, 5, 183a) zu stellen.

Oignon (C)
wird als Cidreapfel (Rennes 1998) ausgewiesen; (Haute-Saône) (Cropom). Wahrscheinlich erhielt diese Apfelsorte den Namen *oignon*, weil ihre Frucht der Form und Farbe einer Zwiebel ähnelt. Außerdem wird seit 1628 eine Birne mit diesem Namen benannt, die LeroyPom folgendermaßen beschreibt: "sphérique, très-aplatie à ses extrémités et souvent moins volumineuse d'un côté que de l'autre" (cf. 1869, 2, 473-474).

Oléose
(LA 19, 12.2, 1355); *Pomme oléose* (1873). Der Name bezieht sich auf eine Besonderheit der Apfelsorte, die LeroyPom folgendermaßen charakterisiert: "transpirant au fruitier (...) une espèce d'huile très-abondante, graissant les mains lorsqu'on touche le fruit" (1873, 3, 120-121). Der Apfelname *oléose* ist also durch einen Fettfilm auf der Fruchtschale motiviert und zur Wortfamilie von *oleum* "Öl" (FEW 7, 341a) zu stellen.

Omelette (C)
ist als Doppelname von der Cidresorte *marin-onfroy* belegt (Chaib 9a), die folgendermaßen beschrieben wird: "sorte de pomme ronde d'un côté et plate de l'autre" (FEW 6, 344b). Der Apfelname geht offensichtlich auf die Formgebung zurück.

Or
Die Apfelsorte *pomme d'or* wird folgendermaßen beschrieben: "moyen, un peu allongé, vert, jaunâtre, plaqué de gris rouge clair au soleil, excellent fruit d'hiver" (LA 19, 12.2, 1355). Der Name geht wohl auf die Farbgebung zurück. Der Birnenname *poire d'or* (1628, Orléans) wird hingegen folgendermaßen erklärt: "tout aussi laudatif que l'autre" (LeroyPom 1869, 2, 295). Während der Apfelname wahrscheinlich auf die Farbe zurückgeht, handelt es sich bei dem Birnennamen eindeutig um eine Auszeichnung.

Orange ...
Pomme d'orange (Pays d'Auge) wird folgendermaßen charakterisiert: "acidulée, fruit moyen" (Chevalier 1992); (Rennes 1991, 28). Der Apfel erhält diesen Namen wohl aus denselben Gründen wie eine Birne (*orange* [FUR 1690, s.v. *poire*]) wegen der kugelrunden Form und seiner auffallenden Schale. LeroyPom bemerkt zur Birne: "Leur nom paraît venir de quelque ressemblance de forme et de peau avec les *Oranges*" (LeroyPom 1869, 2, 483). *Orange d'anjou* (1835). Der Apfel verdankt den Namen *orange* seiner Farbe und seinem Aroma. LeroyPom charakterisiert die Frucht folgendermaßen: "jaune-*orange* à l'insolation", "suffisante ou abondante, sucrée, acidule, de saveur assez agréable". Der Namenszusatz *d'anjou* bezieht sich auf die Herkunft der Sorte: LeroyPom zählt sie zur "pomone angevine" (1873, 4, 517). *Orange de périgord* (1869, Périgord). Diese Sorte erhält den Namen *orange* aufgrund ihres Geschmacks. LeroyPom charakterisiert den Fruchtsaft als "sucrée, ayant une délicieuse saveur acidulée et parfumée qui tient un peu du goût de l'*orange*" (1873, 4, 519). Der Namenszusatz *de périgord* bezieht sich mit Sicherheit auf die Region *Périgord* (Département Dordogne) (cf. Encarta 1998).

Orge-pépin (C)
Orge-pépin-rouge, *orge-pépin-blanc* und *orge-pépin-rayé* werden als Cidreäpfel ausgewiesen (Rennes 1991, 28). Wahrscheinlich verdanken die Äpfel den Namen ihrer Reifezeit. Den Birnenname *orge* erklärt LeroyPom folgendermaßen: "Ces poires tirent leur nom de l'époque à laquelle elles mûrissent: au temps où l'on coupe l'*orge*" (1867, 2, 245). Denkbar wäre auch, dass ein Zusammenhang zwischen dem gelben Apfel und der gelber Farben der Gerste besteht.

Orgueil (C)
(1987, Normandie) wird als Cidreapfel ausgewiesen, der folgendermaßen beschrieben wird: "doux, coloré, parfumé" (Chaib 9a). Dieser Name soll wohl die ausgezeichnete Qualität der Apfelsorte hervorheben und ist deshalb zur Wortfamilie von **urgoli* (anfrk.) "Stolz" (FEW 17, 414b) zu stellen.

Oriole
(Normandie) (Cropom). Wahrscheinlich erhält die Apfelsorte den Namen *oriole* wegen ihrer Farbe: v. Wartburg weist afr. *oriol* "Goldamsel" aus und stellt den Vogelnamen zur Farbe *aureolus* "goldgelb" (FEW1, 178ab). Ein Zusammenhang mit dem Toponym *Oriolles* (Charente) (Encarta 1998) ist nicht völlig auszuschließen.

Or-milcent (C)
ist als Cidreapfel (1987, Normandie) ausgewiesen. Als Alternativname ist *hormilcant* belegt. Die Frucht reift zur dritten Reifezeit. Der Saft, der aus dieser Apfelsorte gewonnen wird, ist "doux, un peu amer, coloré, légèrement acidulé" (Chaib 9b). Für diesen Name lassen sich nur Erklärungsansätze zusammentragen: Das erste Namenselement *or* könnte auf eine goldene Farbgebung zurückgeführt werden (weniger wahrscheinlich ist eine Verbindung mit *hormin* "espèce de sauge"). 1885 wird dieser Name als veraltet klassifiziert (Li 1885, 2, 2049a). Denkbar wäre es auch, dass der ursprüngliche Name *hors + mis + cent* lautet, weil die Sorte

mehr als 100 Früchte trägt (cf. *hormis* "außer" ist erstarrt aus *hors* + *mis* + Substantiv [Gam 527b]). Außerdem wird die englische Apfelsorte *Millicent Barnes, Millicent* seit 1903 für England ausgewiesen (Bu 1983, 251). Möglicherweise geht der Name auf *Millicent* und eine goldene Farbgebung zurück; cf. auch *hormilcant*.

Ornement de table
(1842). Bei dieser Sorte handelt es sich um eine englische Sorte. Der Name betont die Schönheit der Sorte. LeroyPom charakterisiert den Apfel folgendermaßen: "a pour principal mérite sa jolie peau bicolore jaune et rose" (1873, 4, 520); cf. afr. *ornement* "ce qui sert à embellir" (12. Jh.) (FEW 7, 418a).

Orpolin jaune (C)
wird als Cidreapfel (1987, Normandie) (Chaib 9b) ausgewiesen. Der Apfelname könnte auf die Elemente *or*, *pol[-ir]* und das Suffix *-inus*, also auf eine goldene Farbe und einen besonderen Glanz der Fruchtschale, zurückgehen. Der Pflanzenname *orpin* wird auf *or* und *peint* zurückgeführt und als Variante für *orpiment* ausgewiesen. Diese Pflanze besitzt "des fleurs d'un beau jaune d'or" (LA 19, 11.2, 1506d).

Ostogate
ist als "pomme doux d'argent" (1846) belegt; "pomme douce à trochets" (Saumur). v. Wartburg stellt den Apfelnamen zu den "Materialien unbekannten oder unsicheren Ursprungs" (FEW 21, 78b). *Pomme ostogate* wird als Alternativname zu *doux d'argent* (LeroyPom 1873, 3, 266) ausgewiesen. Der Name bleibt ohne Erklärung.

Outre-passe
D'outre-passe (1690). Der Name bezieht sich offensichtlich auf eine späte Reifezeit der Sorte, zu der LeroyPom bemerkt: "se prolongeant jusqu'en avril et souvent même beaucoup plus tard" (1873, 3, 195); cf. afr. *outre* "au-delà de (au sens temporel)" und *passer outre* "mourir" (1611) (FEW 14, 8ab). Außerdem wird afr. outrevin "excellent vin" ausgewiesen (FEW 14, 8b), vielleicht besitzt *outre* auch eine auszeichnende Bedeutung?

Ozanna (C)
ist als Cidreapfel (1987, Normandie) (Chaib 9b) belegt. Wahrscheinlich ist dieser Apfelname zum sp. Ortsnamen *Ozanna* (Castille and León) (Encarta 1998) zu stellen. Ein Zusammenhang mit dem Familiennamen *Ozanne (Nicolas-Marie)* (wurde 1728 in Brest geboren) (LA 20, 5, 299c) oder mit dem Flussnamen *Ozanne* (Eure-et-Loir) (LA 19, 11.2, 1641a) ist ebenfalls nicht auszuschließen.

Panachée
(1613). Der Apfel verdankt den Namen wohl seiner Farbgebung, die LeroyPom folgendermaßen charakterisiert: "*panachée* de blanc sur le côté de l'ombre, fouettée de rose terne sur celui du soleil" (1873, 4, 827).

Pape
(Franche-Comté) (Cropom 2001, 14). In der Zoologie bezeichnet *pape* einen "petit passereau au plumage rouge et violacé (1764)". Diese Namenswahl wird folgendermaßen begründet: "par allusion à la couleur de l'ancien habit pontifical" (Rob Hist 1992, 2, 1417b/1418a). Wahrscheinlich geht auch der Apfelname auf eine farbliche Motivation zurück. Möglicherweise jedoch bezieht sich der Apfelname auf die Qualitäten der Frucht selber. Der Name *de pape* wird seit 1544 als italienische Birnensorte belegt (LeroyPom 1869, 2, 639); *poire de pape* (LA 19, 2.2, 1361b). LeroyPom erklärt den Namen folgendermaßen: "grosses et d'une saveur très-agréable, qualités qui leur ont valu ce nom, comme également celui de *Royal* a été appliqué, pour leur mérite, à divers autres fruits" (1869, 2, 639).

Papillon (C)
Dieser Cidreapfel (1987, Normandie) wird als "très coloré" (Chaib 8b) charakterisiert. Wahrscheinlich geht der Name darauf zurück, dass der Apfel sehr bunt ist: *Papillon* wird in der Bedeutung "un petit chien de toutes couleurs" (LA 20, 5, 356c) ausgewiesen.

Paradis
Pomme de paradis (Maine et Perche), *calville rouge de paradis* (Cropom). LeroyPom führt den Namen auf die biblische Gedankenwelt zurück: "nous apprennent que la pomme dans laquelle Ève et Adam mordirent avec tant de convoitise, appartenait précisément à cette variété, d'où vient qu'ensuite on lui donna le nom du lieu alors habité par eux, le *Paradis* terrestre" (LeroyPom 1873, 4, 524 [Verweis auf: Historia stirpium 1552]). Vielleicht geht der Name auf ein verführerisches Äußere des Apfels zurück. Die Beschreibung von LA 19 könnten diese Erklärung unterstützen: *Paradis (pomme de)* ist "petit" und "lavé de rose au soleil" (cf. 12.2, 1355). Wahrscheinlich steht dieser Name im Zusammenhang mit anderen Apfelsorten, die zu den Veredelungsgrundlagen gezählt werden: "le pommier se greffe en fente ou en écusson sur le *sauvageon*, sur le *franc*, sur le *doucin*, et sur le *paradis*, et ces quatre sujets font du genre du pommier" (Enc III, Tomes XIII-XVII, S. 8, 6a).

Parc
De parc (Normandie) (Cropom). Bei dieser Sorte könnte es sich um einen Baum handeln, der einer anspruchsvollen (Schnitt-) Pflege bedarf, wie sie vor allem in Parkanlagen mit ausgebildetem Personal geleistet werden kann.

Paré
De paré wird als Apfelsorte ausgewiesen (Cropom). Ist der Apfelname zu einem Familiennamen zu stellen? In den ausgewerteten Quellen wird folgende Person mit diesem Namen vorgestellt: *Paré (Ambroise)* (1509-1590) gilt als Vater der modernen Chirurgie (cf. PRobNP 1573b).

Parfumée
(1818, Belgien). Dieser Name bezieht sich wahrscheinlich auf den Duft der Sorte. LeroyPom charakterisiert das Fruchtfleisch als "aromatique" (1873, 4, 525).

Pâris
(1598). Diese Apfelsorte stammt aus "Transylvanie, maintenant province autrichienne". Die Namenswahl begründet LeroyPom folgendermaßen: Der Schäfer *Pâris* sei von Jupiter ausgewählt worden, der schönsten Göttin "une pomme d'or" zu überreichen (cf. 1873, 4, 526-527). Der Name aus der griechischen Mythologie soll wahrscheinlich die Qualität und Schönheit des Apfels auszeichnen.

Parure (C)
wird als Cidreapfel (1987, Normandie) (Chaib 9b) ausgewiesen. Wahrscheinlich soll der Name die Schönheit der Frucht betonen und geht deshalb auf *parure* "objets précieux et de petite taille, qui servent à orner le vêtement" (NPRob 1996, 1598b) zurück. LA 20 weist außerdem folgendes Zitat aus: "Les fleurs sont la *parure* d'un jardin" (Bd. 5, 396b). Möglicherweise fällt der Apfel durch eine schöne Farbgebung und kleine Gestalt auf.

Passe- ...
Die folgenden drei Apfelnamen werden mit dem Namenselement *passe-* gebildet, das mit folgender Bedeutung erläutert wird: *passer* "surpasser" (Rob Hist 1992, 2, 1442b). ***Passebon*** (1462, Normandie) (Gf 6, 24b); *pomme de passebon* "pomme de première qualité" (FEW 7, 725a); *passe-bon* als Alternativname von *passe-pomme d'été* (LeroyPom 1873, 4, 530-532). Dieser Name soll wohl die Qualität der Sorte auszeichnen. ***Passe-pomme*** (1544). Der Name soll auf die frühe Reifezeit der Äpfel hinweisen: "qui fait allusion à l'extrême fugacité de ce fruit" (LeroyPom 1873, 4, 532). Außerdem werden die Untersorten *passe-pomme rouge* und *passe-pomme blanche* (LA 19, 12.2, 1355) ausgewiesen. ***Passe-rose striée*** (1839) wird als dt.

Sorte ausgewiesen (LeroyPom 1873, 4, 533); "Edler Rosenstreifling" (DA 1889, 197 [Verweis auf: IH 4, p. 435]). Der Name geht wahrscheinlich auf die Farbgebung der Frucht zurück.

Passelin
(Hu 5, 667b [Verweis auf: Anc. Poésies, I, 278]). Vielleicht handelt es sich bei dem Apfelnamen *Passelin* um eine Ableitung von dem Ortsnamen *Passel* (Oise) (GE 26, 55a).

Pasteur
De pasteur (1847) oder *pomme pastour* (1852) wird von Deutschland nach Frankreich importiert. Zur sortentypischen Farbgebung bemerkt LeroyPom: "jaune-beurre du côté de l'ombre, marbrée et fouettée de carmin sur l'autre face" (1873, 4, 534-535). Der Apfelname geht vermutlich auf eine rötliche Farbgebung zurück. Außerdem wird der Birnenname *pastorale* (1675) (LeroyPom 1869, 2, 508) ausgewiesen; *pastourelle* (FUR 1727, s.v. *pastourelles*). Auch dieser Name geht auf die Schalenfarbe zurück, die LeroyPom folgendermaßen beschreibt: "maculée de roux foncé autour du pédoncule et vermillonnée sur le côté du soleil" (1869, 2, 508).

Pâtissière
(1998-2000) (Cropom). Der Apfel verdankt den Namen wahrscheinlich der Tatsache, dass er sich besonders für die Verarbeitung in einer Konditorei eigne, wegen seines ausgezeichneten Geschmacks (cf. *crème pâtissière* [1750] "préparation qui entre dans le fourrage de certains gâteaux" [Rob Hist 1992, 2, 1451a]).

Patte de loup
(Maine et Perche) (Cropom); *patte de loup* (1835, Maine-et-Loire); *pomme de loup* (1670). Das erste Namenselement *patte* hebt wahrscheinlich die Form des Apfels hervor: "sphérique, sensiblement comprimée aux pôles et souvent ayant un côté plus développé que l'autre" (LeroyPom 1873, 4, 535). Möglicherweise bezieht sich das zweite Namenselement *de loup* auf eine graue Farbgebung. Die Fruchtschale charakterisiert LeroyPom folgendermaßen: "rugueuse, brun-fauve, nuancée de vert, légèrement squammeuse et fortement ponctuée de gris" (LeroyPom 1873, 4, 536).

Pauline de vigny
(1849). LeroyPom stellt diesen Apfelnamen zu einem Eigennamen: Bei *Pauline de Vigny* handelt es sich um eine Angehörige der Familie des Grafen *Alfred de Vigny*, "le poëte, l'académicien si connu par ses nombreux ouvrages" (1873, 4, 537).

Pauvre
Pomme du pauvre (Lisieux) (Chevalier 1992); *de pauvre* (Normandie) (Cropom). Die Frucht wird folgendermaßen beschrieben: "douce, sucrée, gros, plat" (Chevalier 1992). Möglicherweise handelt es sich um eine Sorte, die als Nahrungsmittel der Armen gedient hat, weil die Frucht groß, nährstoffreich und anspruchslos in der Pflege ist. Für diese Namenserklärung spricht die Beschreibung einer vergleichbaren Birnensorte: *Balosse* "une véritable ressource pour la ferme et pour la classe ouvrière, car il vient aux champs sans soins et donne des récoltes abondantes" (1867, 1, 177).

Pay bou
wird als Apfelname für die Pyrenäen ausgewiesen (Cropom 2001, 14). Der Name ist wohl zu dem Ortsnamen *Bou* (Loiret, Centre) (Encarta 1998) zu stellen.

Peau ...
De peau (1776). Dieser Name bezieht sich wahrscheinlich auf die Schale, zu welcher LeroyPom bemerkt: "rugueuse, à fond vert-pré, entièrement ou presque entièrement lavée de gris bronzé, ponctuée de roux, souvent verruqueuse et souvent aussi veinée ou réticulée de fauve près l'œil et le pédoncule, puis, à bonne exposition solaire, nuancée faiblement de rouge

sombre" (1873, 4, 685). *Peau de chien* (Perche) (Cropom 2001, 14). Wahrscheinlich betont dieser Name die raue Fruchtschale, die einem Hundefell ähnelt. *Peau de vache* (C) "pommiers à cidre" (Ro 1789, 215b); *peau de vache* "esp. de pomme à cidre" (FEW 8, 165b). Der Name könnte sich auf eine Fruchtschale beziehen, die wie ein Kuhfell gefleckt ist. *Peau de vache ancienne* (C) wird als Cidreapfel (1987, Normandie) ausgewiesen. Wahrscheinlich ist der Name durch die Farbgebung der Frucht motiviert, zu welcher Chaib bemerkt: "très coloré" (cf. S. 9b). Das Namenselement *ancienne* weist diese Untersorte als ursprünglichen Typus der Sorte *Peau de vache* aus. *Peau de vache musquée* (C) ist als Cidreapfel (1987, Normandie) (Chaib 9b) belegt. Der Namenszusatz *musquée* geht wahrscheinlich auf den Geschmack der Sorte zurück. *Peau de vache nouvelle* (C) ist als Cidreapfel (1987, Normandie) (Chaib 9b) belegt. Bei dieser Sorte handelt es sich wahrscheinlich um eine neuere Untersorte der Cidresorte *Peau de vache* (cf. *peau de vache ancienne*). *Peau de vache régénérée* (C) ist als Cidreapfel (1987, Normandie) belegt, dessen Saft "excessivement coloré, doux" ist (Chaib 9c). Bei dieser Sorte handelt es sich wohl wie auch bei *Peau de vache nouvelle* um eine neuere Untersorte der Cidresorte *Peau de vache*. *Peau-de-vieille* (1605) bezeichnet eine "variété de pomme" (Hu 3, 590a [Verweis auf: Serres, VI, 26]). Wahrscheinlich ist der Name durch eine runzelige Schale motiviert.

Pêche
Pomme pêche (Vienne) (Cropom); (1842, Angers) (LeroyPom 1873, 4, 545). Der Apfelname *pêche* soll offensichtlich auf eine Ähnlichkeit (in Form, Farbgebung und Geschmack) zwischen dem Apfel und einem Pfirsich hinweisen. LeroyPom weist bei diesem Namen aber darauf hin, dass es sich um eine "fausse dénomination" handle, da sich die Apfelsorte vom Pfirsich grundsätzlich unterscheide (cf. 1873, 4, 545). Außerdem wird eine Birnensorte mit diesem Namen ausgewiesen: Der Name *poire pêche* (1845, Belgien) ist wahrscheinlich durch die Form ("passant généralement de la turbinée écrasée ou arrondie"), die Farbe ("jaune pâle et verdâtre, semée de points rouges maculée de fauve autour du pédoncule") und den Geschmack ("vineuse, possédant un parfum particulier, aussi prononcé qu'exquis") (LeroyPom 1869, 2, 514) der Birne motiviert.

Pépie (C)
wird als einer der "pommiers à cidre" ausgewiesen. Die Früchte werden zur "troisième classe" gezählt und reifen "à la fin d'octobre" (Ro 1789, 215b). *Pépie* "Pipps" bezeichnet eine Vogelkrankheit (Gam 684a). Folgende Redewendungen werden abgeleitet: *avoir la pépie* "avoir très soif", *ne pas avoir la pépie* "parler ou boire beaucoup" und *vous nous ferez avoir la pépie* "vous ne vous versez pas à boire" (LA 20, 5, 471c). Der Name geht wahrscheinlich auf ein saftiges Fruchtfleisch zurück.

Pépin ...
Pomme de pepin (1361, Rouen) (Gf 6, 90b [Verweis auf: Tabellionn. de Rouen, Reg. 1, pass]). Der Name lässt sich mit folgenden Belegen erläutern: *Pépin* bezeichnet seit 1333 "jardinier" und seit 1361 "jeune pommier" (Rob Hist 1992, 2, 1473a); *pépin* "jeune pommier provenant de semis, de 3 à 4 ans", "nom d'une variété de pomme à cidre" (Normandie) (FEW 8, 208a, s.v. *pep-* "klein"). Der Apfelname bezieht sich wahrscheinlich auf den Baum: *Pepin* ist als "jeune pommier, provenu de semis, de l'âge de 3 à 4 ans que l'on vend pour former des *pépinières*" (Normandie) ausgewiesen (Gf 6, 90b). Außerdem wird der Birnennamen *poire de pepin* (1488, Maine-et-Loire) ausgewiesen. LeroyPom bemerkt zur Motivation dieses Namens: "Son nom indique qu'elle fût gagnée de pépins" (cf. 1869, 2, 516). Wahrscheinlich geht auch der Apfelname auf das Züchtungsverfahren zurück: Heute bezeichnet *pépin* nur noch "la graine qui se trouve dans un fruit (pomme, poire)" (Rob Hist 1992, 2, 1473a). *Pépin de bourgueil* (Touraine) (Cropom). Das zweite Namenselement ist zum Ortsnamen *Bourgueil* (Indre-et-Loire) (PRobNP 300b) zu stellen. *Pépin meunier* (Normandie) (Cropom). Der Namenszusatz *meunier* hebt wahrscheinlich eine helle Farbgebung der Frucht heraus (cf. *meunier*).

Permaine
wird seit 1211 für Rouen ausgewiesen. Aber auch die Engländer sehen sich als Züchter dieser Sorte, können dies aber nicht belegen: "sans en fournir la preuve qu'en 1200 cette pomme existait dans le comté de Norfolk". LeroyPom vertritt die These, dass diese Sorte aus Frankreich stamme (cf. 1873, 4, 543). Littré führt den Namen auf lt. *permagna* "très grande" (Li 1885, 3, 1069a) zurück. Gam spricht sich gegen diese Namensherführung aus. Er führt *permaine* "große Apfelsorte" stattdessen auf das englische Lexem *pearmain* und vlt. *Parmanus* "aus Parma", lt. *Parmensis* (cf. Gam 695b) zurück. Der Name geht mit großer Wahrscheinlichkeit auf die Größe der Frucht zurück. Die Beschreibung, die LeroyPom leistet, sprechen für diese Erklärung: "grosseur: généralement assez volumineux" (1873, 4, 542). Das FEW 6, 49a weist mfr. *permain* "esp. de pomme", *parmain royal* "esp. de rainette" und *permaine* (Normandie, 1842) aus und stellt die Belege zu *magnus* "gross". Der Zusammenhang zwischen dem Apfelnamen *Permaine* und dem Toponym *Parmain* (Seine-et-Oise) ist unklar (LA 20, 4, 385b).

Perpétuelle
(1873, Maine-et-Loire). Der Name *perpétuelle* betont die Frucht- und Haltbarkeit der Sorte: Die Fruchtbarkeit charakterisiert LeroyPom als "abondante", und zur Haltbarkeit bemerkt er: "longue conservation" (1873, 4, 549).

Perroquet
De perroquet (1670). Dieser Name ist durch eine ausgeprägte Farbgebung motiviert, welche LeroyPom als "vert clair jaunâtre, panachée de blanc sur le côté de l'ombre, fouettée de rose terne sur celui du soleil, puis finement et abondamment ponctuée de roux" beschreibt (1873, 4, 826-827). Der Apfel erhält also den Vogelnamen, weil er bunt wie ein Papagei ist. Das FEW 8 weist verschiedene Übertragungen zu *petrus*, bzw. mfr. *paroquet* (1395) und *perroquet* (1537) aus (S. 330b). Die Übertragungen hätten ihren Ausgangspunkt in dem dicken Schnabel der betreffenden Tiere oder in ihren Farben (cf. S. 332b).

Petit ...
Petit (C) wird als Cidreapfel (1987, Normandie) (Chaib 9c) ausgewiesen. Dieser Name betont wahrscheinlich die kleine Form. **Petit-améré blanc** (C) als Cidreapfel (1987, Normandie). Der Name geht wahrscheinlich auf eine kleine Frucht, den bitteren Geschmack und eine helle Farbgebung zurück. Den Fruchtsaft charakterisiert Chaib als "peu parfumé, très amer, très coloré" (S. 9c). **Petit-bon** (1628, Orléans) (LeroyPom 1873, 4, 551); *petit bon* (FUR 1690, s.v. *pomme*). LeroyPom erklärt den Namen folgendermaßen: "En appelant ce fruit *Petit-Bon*, nos pères furent bon inspirés, car il est délicieux et plutôt petit que moyen" (1873, 4, 551). **Petit doux de montgermont** (C) wird als Cidreapfel (Rennes 1991, 28) ausgewiesen; *Petit-Doux* (1768) (LeroyPom 1873, 4, 267). Der Name ist wohl durch eine kleine Gestalt und den süßen Geschmack der Frucht motiviert. Das dritte Namenselement bezieht sich wahrscheinlich auf den Ortsnamen *Montgermont* (Ille-et-Vilaine) (Encarta 1998). **Petite-favorite** (1801, Seine-Inférieure). Das erste Namenselement bezieht sich auf eine kleine Frucht: LeroyPom beschreibt sie als "petite". Das zweite Namenselement bezieht sich auf die Schönheit der Sorte, zu welcher LeroyPom bemerkt: "légèrement marbrée et réticulée de roux foncé" (1873, 4, 466). Die Apfelsorte **petite pomme de long-bois** beschreibt LeroyPom folgendermaßen: "malgré ses rameaux grêles peut former, étant greffé au ras de terre, d'assez convenables plein-vent" (1873, 3, 65). Der Name geht also auf die kleine Frucht und den hochstämmigen Baum zurück. **Petite rose** (1989-1992) (Cropom). Handelt es sich hier um eine neue Sorte oder eine kleine Variante der Apfelsorte *Rose*? **Petite sorte** (C) wird als Cidreapfel (1987, Normandie) (Chaib 10a) ausgewiesen. Der Name ist zur kleinen Fruchtform ("très petite" [Chevalier 1992]) zu stellen. **Petit faros** (Ro 1789, 200b-201b); (Brie, Aube) (Cropom) (cf. *gros faros*). **Petit-manoir** (C) "pommiers à cidre" (Ro 1789, 215b). Diese Apfelsorte ist wahrscheinlich auf einem bestimmten Landsitz gezüchtet oder gefunden worden: *Manoir* bezeichnet "logis seigneurial; petit château ancien à la campagne" (12. Jh.) (NPRob 1996, 1346a); *Manoir* "possession, propriété, habitation à laquelle est jointe une certaine étendue de terre" (FEW 6.1, 183b), "toute habitation de quelque importance, entourée

de terres", "habitation riche des champs" (LA 20, 4, 652a); "surtout en grand nombre dans les pays anglo-normands (*manor-house*)" (LA 20, 4, 652a).

Pied ... (C)
Pied-belet (C) wird als Cidreapfel (1987, Normandie) ausgewiesen und folgendermaßen beschrieben: "doux, peu abondant, parfumé, pâle" (Chaib 10a). Wahrscheinlich ist dieser Name durch die längliche Form und einen guten Geschmack des Apfels motiviert; cf. *belette* "Wiesel" (FEW 1, 319b). Das Lexem *belet* wird als "expression maternelle qu'on adresse à un jeune enfant" (LA 19, 2.1, 490b) ausgewiesen. *Pied court* (C) ist als Cidreapfel (Rennes 1991, 28) belegt. Der Name bezieht sich wahrscheinlich auf den kurzen Stamm dieser Sorte: *Pied* (12. Jh.) wird in folgendem Zusammenhang ausgewiesen: "pris par analogie de la valeur initiale pour la partie par laquelle un objet repose sur le sol (v. 1140), spécialement en parlant de la base d'un végétal (v. 1230)" (Rob Hist 1992, 2, 1514b). *Pied court-oignon* (C) wird als Cidreapfel ausgewiesen (Rennes 1991, 28). Vielleicht handelt es sich bei dieser Sorte um eine nahe am Boden veredelte kurzstämmige Untersorte der Apfelsorte *oignon*? *Pied de cheval* (C) wird als einer der "pommiers à cidre" (Ro 1789, 215b) ausgewiesen. Der Name bezieht sich wahrscheinlich auf eine auffällige Formgebung des Apfels.

Pierre ...
Pomme pierre (Vienne) (Cropom). Wahrscheinlich bezieht sich der Name *pierre* auf eine harte Frucht oder ein körniges Fruchtfleisch, cf. mfr. *pierru* "couvert de pierres", *peyrut* "pierreux (des poires)" (FEW 8, 318b) zu *petra* "Stein, Fels" (FEW 8, 313b). *Pierre le grand* Diese Apfelsorte erhielt der fr. Pomologe André Leroy 1853 von einem russischen Obstbauern aus Riga. Sie wurde dem russischen Zaren *Pierre le Grand* (1672-1725) gewidmet (cf. LeroyPom 1873, 4, 556).

Pigeonnet ...
Pigeonnet commun (Normandie) (Cropom); *pigeonnet blanc d'hiver* (1992-1994) (Cropom); *pomme de pigeon* "variété de pomme à manger délicate" (1690, Eure, Normandie, Pikardie), *pomme de pigeounet* (FEW 8.1, 556b-557a). LeroyPom erklärt die beiden Sorten *pigeon* und *pigeonnet* als identisch und spricht sich für die Verwendung der Namensform *pigeonnet* aus. Der Name ist durch die Farbgebung der Frucht motiviert, zu welcher LeroyPom bemerkt: "fruit couleur gorge de *pigeon*" (1873, 4, 556). *Pigeonnet anglais* (LeroyPom 1873, 4, 556). Dieser Name bezieht sich auf die Farbgebung der Frucht und wahrscheinlich auf die Herkunft der Sorte. *Pigeonnet credé* (1873) (LeroyPom 1873, 4, 556). Diese Sorte erhielt den Namen des 1804 verstorbenen "Professeur *Credé* (de Marburg, dans la Hesse électorale)" (LeroyPom 1873, 4, 564). *Pigeonnet de rouen* (1866) (LA 19, 12.2, 1355); (1873) (LeroyPom 1873, 4, 556). Der Namenszusatz *de rouen* bezieht sich wahrscheinlich auf die Herkunft der Frucht aus der Stadt Rouen (Seine-et-Maritime) (Encarta 1998). *Pigeonnet jérusalem*, *pigeonnet de jérusalem* (Normandie) (Cropom); *jérusalem* (1866) als Alternativname zu *pigeonnet* (LA 19, 12.2, 1355); *pigeonnet jérusalem* (1690, Normandie) (LeroyPom 1873, 4, 565-566). Das zweite Namenselement *jérusalem* ist durch den Aufbau der Frucht motiviert: "Elle n'a pour l'ordinaire que quatre loges séminales qui forment une croix à quatre branches égales, d'où elle a vraisemblablement reçu le nom de *Jérusalem*" (LeroyPom 1873, 4, 567). Vermutlich wird zum kreuzförmigen Aufbau dieses Apfelsorte der Grundriss der Heiligen Stadt assoziiert, weil *Jerusalem* in vier Quartieren aufgeteilt ist *Pigeonnet lucas* (1873) (LeroyPom 1873, 4, 556). LeroyPom stellt das zweite Namenselement *lucas* zu folgender Person: "docteur *Lucas*, directeur de l'Institut pomologique de Reutlingen (Wurttemberg)" (1873, 4, 568).

Pignon
oder *pinon* (1867), *pomme de pignon* (Bordeaux) (1873, 4, 790-792). Dieser Name ist wahrscheinlich nicht zu dem Toponym *Pinon* (Aisne) (Encarta 1998) zu stellen. Möglicherweise besteht ein Zusammenhang mit *pigne*: *Pignon* wird als Synonym von *pigne* "graine comestible du fruit du *pin*" ausgewiesen (Rob Hist 1992, 2, 1519a). Wahrscheinlicher aber handelt es sich um eine am Haus bis zum Giebel gezogene Apfelsorte, wie folgender

Buchtitel nahe legt: Burvenich, Frédéric: *Die Obstbaumzucht an den Giebelmauern (Les Pignons perdus, moyen de les utiliser par la culture fruitière,* Übers. v. M. Lebl. Stuttgart 1877). Der Apfelname ist also zu **pinnio* "Giebel" (FEW 8, 538b) zu stellen.

Pin
Pomme de pin (1690) (FUR 1690, s.v. *pomme*). Dieser Apfelname geht wohl auf eine Ähnlichkeit in Farb- und Formgebung mit einem Kiefernzapfen zurück. FUR 1727 beschreibt die Frucht folgendermaßen: "grosses pommes écailleuses, presque rondes ou pyramidales, de couleur rougeâtre" (s.v. *pin*). Eine Ableitung von dem Ortsnamen *Pin* (Luxembourg, Belgien) (Encarta 1998) ist unwahrscheinlich. Das FEW 8 549b weist *pinot* "liqueur faite avec de l'eau-de-vie et des raisins" und *pinòt* "variété de cépage rouge" aus. Der Vergleich in Form bleibt entscheidend.

Pineau de villeneuve
(Deux-Sèvres) (Cropom). Bei *pineau* (1406) handelt es sich wahrscheinlich um eine Ableitung von *pin* mit dem Suffix *–eau,* die in der Bedeutung "la grappe de ce raisin ressemblant à une *pomme de pin*", "sorte de raisin et le vin fait avec ce raisin", "cépage rouge ou blanc de Bourgogne, de Champagne, d'Alsace" (1835) (Rob Hist 1992, 2, 1524a) ausgewiesen ist. Wahrscheinlich ähnelt die Form des Apfels der einer Traube. Der Namenszusatz *de villeneuve* ist wohl zu einem Toponym (cf. Encarta 1998) oder zu einem Eigennamen zu stellen: *Villeneuve* "famille provençale" (PRobNP 2171b).

Piochon
(Bourbonnais) (Cropom 2001, 14). Dieser Apfelname ist wohl durch eine spitzwinklige Frucht motiviert, welche einer Hacke ähnelt: *Piochon* bezeichnet "petite pioche de jardinier" (Rob Hist 1992, 2, 1525a).

Pipifavas
wird als "variété de pomme" (FEW 21, 78b) ausgewiesen. Wahrscheinlich bezieht sich dieser Name darauf, dass aus dem Apfel ein Saft schlechter Qualität hergestellt wird: *Pipi de chat* bezeichnet "sans valeur, sans importance" und "boisson de mauvaise qualité, fade, éventée ou servie tiède" (TLF 13, 402b). Das zweite Namenselement *–favas* lässt sich evtl. zu apr. *fava* und fr. *fève* stellen und gehört deshalb zu *faba* "Saubohne", die im Altertum sehr verbreitet gewesen ist und hauptsächlich als Nahrung des niedren Volkes, aber auch der Schweine, gedient hat (FEW 8, 340b).

Plate à grosse queue
Diese Apfelsorte wurde 1860 von Deutschland nach Frankreich importiert. Das erste Namenselement geht auf die Form zurück, zu welcher LeroyPom bemerkt: "globuleuse sensiblement comprimée aux pôles et souvent moins développée d'un côté que de l'autre". Das Namenselement *à grosse queue* bezieht sich auf den Fruchtstiel, den LeroyPom folgendermaßen beschreibt: "court, gros ou très-gros" (1873, 4, 573).

Pleureuse
(Franche-Comté) (Cropom). Wahrscheinlich besitzt dieser Apfelbaum eine auffallende Form, welche der einer Trauerweide ähnelt. Der Apfelname könnte sich auf das zweite Namenselement der Trauerweide beziehen: "*Saule pleureur,* à branches tombantes" (NPRob 1996, 2040b) (cf. *saulette*). *Saule pleureur* wird seit 1771 ausgewiesen (FEW 9, 77b). Möglicherweise besteht auch ein Zusammenhang mit mfr. *pleurer* "suinter" (1606), blim. *purá* "laisser couler la sève (arbres)" (FEW 9, 76b), weil der Apfelbaum einen Saft absondert?

Pointue
Pointue (1651). Dieser Apfelname ist durch eine spitzwinklige Apfelform motiviert, welche LeroyPom als "conique-allongée, irrégulière, généralement étranglée, d'un côté, près du sommet, et presque toujours plus ou moins contournée dans son ensemble" beschreibt (1873, 4, 560). *Pointue de trescleoux* (H.Alpes 1998); (Provence, S. 5). Dieser Baum existiert in

zwei verschiedenen Sorten: "l'une, plus ou moins arrondie, assez régulière, l'autre, de forme conique, allongée, se rétrécissant vers l'œil" (H.Alpes 1998). Das erste Namenselement *pointue* bezieht sich wohl auf die spitzwinkligen Äpfel dieser Sorte. Das zweite Namenselement ist zum Ortsnamen *Trescléoux* (Encarta 1998) zu stellen. ***Pointue de trusclone*** (Provence) (Cropom). Der Namenszusatz *de trusclone* ist vielleicht zu einem Ortsnamen zu stellen, der in den ausgewerteten Quellen nicht belegt ist. Evtl. besteht ein Zusammenhang zwischen dem Namenselement *de trusclone* und dem Toponym *Trescléoux* (Encarta 1998)?

Poire
(1540, Savoie, Dauphiné) (LeroyPom 1873, 4, 576); *pomme poire* "une espece de reinette grise" (FUR 1690, s.v. *pomme*); *pomme poire* (Ac 1694, 2, 165b). Der Name ist durch eine birnenförmige Frucht motiviert. LeroyPom bemerkt zur sortentypischen Formgebung: "qui rappelle l'idée d'un piriforme" (1873, 4, 576). Das FEW 8, 575b weist Bearn. *poume perasse* "rainette à la peau rude" aus.

Porge
(Corrèze) (Cropom 2001, 14). Wahrscheinlich ist der Apfelname zu dem Ortsnamen *Le Porge* (Gironde) (Encarta 1998) zu stellen.

Postophe
Postophe d'été, postophe d'hiver (1755) (cf. LeroyPom 1873, 4, 582-583); *postophe d'été, postophe d'hiver* (Ro 1789, 199a/200a). LeroyPom vermutet, dass der Apfelname *postophe* sich auf die Ortschaft *Postroff* beziehen könnte, die er folgendermaßen lokalisiert: "près Sarrebourg (Meurthe)". Eine Ableitung von dem dt. Ortsnamen *Borsdorf* hält er für unwahrscheinlich (cf. 1873, 4, 583-584).

Pouma fina
wird als "pomme douce" (Corréze, H-Vienne) (FEW 3, 563a) charakterisiert. Wahrscheinlich bezieht sich dieser Name auf das feine Fruchtfleisch der Sorte.

Précieuse (C)
(1598). Der Apfel verdankt diesen auszeichnenden Namen seiner Fruchtbarkeit, zu der LeroyPom bemerkt: "la fertilité (...) est si grande, que ses fruits sont excessivement rapprochés sur chaque branche" (1873, 3, 269). Der Name ist zu *pretiosus* "wertvoll" und nfr. *précieux* "dont on peut tirer un grand profit" (1690) (FEW 9, 370a) zu stellen.

Précoce ... (C)
Précoce-david (C) wird als Cidreapfel (1987, Normandie) ausgewiesen. Die Frucht reift zur ersten Reifezeit (cf. Chaib 10a). Der Name geht auf die frühe Reifezeit und einen männlichen Vornamen zurück. Wahrscheinlich wird die Frucht einer Person mit diesem Namen gewidmet. ***Précoce de wirwigne*** (Nord) (Cropom). Der Namenszusatz *de wirwigne* bezieht sich wohl auf den Ortsnamen *Wirwignes* (Pas-de-Calais) (Encarta 1998). Das FEW 9, 285a stellt die Bedeutungen "nom de différents cépages blancs" und "espèce de cerises qui viennent avant toutes les autres" zu *praecox* "frühzeitig; frühreif".

Présent d'automne
oder *Présent de Gelder* (1780, Auvergne). Diese Sorte wird wahrscheinlich als Geschenk empfunden, weil es sich um einen großen und schönen Apfel handelt, den LeroyPom folgendermaßen beschreibt: "grosse pomme à côtes, plus longue que ronde, d'un beau rouge cramoisi foncé". Das FEW 9, 309b weist fr. *présent* "don, cadeau" und *présents de (la) ville* "le vin, les confitures, etc. qu'un corps de ville donne en certaines occasions à des personnes de distinction" (1290-1869) aus. Das Namenselement *d'automne* bezieht sich auf die Jahreszeit, in der die Sorte reift: LeroyPom bemerkt zur Reifezeit: "octobre-décembre" (1873, 3, 190).

Président ... (C)
Président de fays-dumonceau (1850, Belgien). LeroyPom bezieht diesen Apfelnamen auf eine belgische Person: *Président de Fays-Dumonceau* war "vice-président de la Société agricole de l'Est de la Belgique" (cf. 1873, 4, 588). *Président descours* (C) ist als Cidreapfel belegt (Pays d'Auge). Die Frucht wird folgendermaßen beschrieben: "douce, gros fruits, sensible au chancre" (Chevalier 1992). Diese Apfelsorte wurde einer nicht näher zu bestimmenden Person gewidmet.

Prêtre
De prêtre (1780). Diese Apfelsorte verdankt den Namen wohl ihrer farblichen Ähnlichkeit mit der Kleidung eines Geistlichen. LeroyPom charakterisiert die Farbgebung des Apfels folgendermaßen: "elle est en outre ponctuée de fauve; faiblement lavée de rouge-brun" (1873, 3, 134-135). Außerdem wird seit 1660 eine Birnensorte mit diesem Namen ausgewiesen. LeroyPom geht davon aus, dass auch die Birne ihren Namen einer bräunlichen Farbgebung verdankt: "la couleur brune de sa peau, rappelant assez bien la nuance sombre des vêtements ecclésiastiques" (1867, 2, 551); *poire de prêtre* ist "brumali" (Ro 1789, 95b). Außerdem weist das FEW 9 *prune de prêtre* (S. 360a) und für Lüttich *priyèsse* "esp. de mirabelle" (S. 358a) aus.

Prieuré (C)
ist als Cidreapfel belegt (1987, Normandie) (Chaib 10a). Wahrscheinlich entstand die Apfelsorte auf dem Gelände einer *prieuré* "maison régie par un prieur" (Rob Hist 1992, 2, 1630a). Das FEW 9, 394ab weist *prieuré* "église et bâtiments d'un couvent dirigé par un prieur ou par une prieure" (1694) aus; cf. *grand-prieur* "œillet" (1721-1771). Denkbar wäre auch ein Zusammenhang mit einem Eigennamen: *Prieur* war "botaniste genevois" (LA 19, 13.2, 146c). Oder gehört der Apfelname zu dem Toponym *Prieuré* (Schweiz) (Encarta 1998)?

Prince ...
Die Apfelnamen *de prince* oder *prince verte* weist LeroyPom erst für Deutschland (1799) und dann für Frankreich (1870) (1873, 4, 590) aus. Dient dieser Apfelname zur Auszeichnung der Sorte? Oder bezieht er sich auf eine geschichtliche Person? Das Namenselement *prince* findet sich außerdem in verschiedenen Birnennamen: *Prince Albert* beschreibt LA 19 folgendermaßen: "assez gros, verdâtre, ponctué de brun, mi-fondant, peu juteux" (Bd. 12.2, 1266). Diese Sorte wird einem bestimmten Prinzen gewidmet. *Prince Napoléon* (1864, Rouen). LeroyPom stellt diesen Birnennamen zum "*prince Napoléon*, président d'honneur de la Société d'Horticulture de Paris" (1869, 2, 556). *Prince trouvé de montagne, trouvée de montagne* (1675), *trouvée* (1768), *de prince (d'hiver)* (1675) (LeroyPom 1867, 1, 540); *de prince* (FUR 1690, s.v. *poire*), *trouvé de montagne* (FUR 1690, s.v. *poire*); *trouvé* (Ro 1789, 117b-118a). Der vollständige Name dieser Sorte laute *poire de prince trouvé de montagne* (Ro 1789, 117b-118a [Verweis auf: Merlet]). Vielleicht handelt es sich um einen guten Zufallssämling aus den Bergen. *Prince d'orange* wird als Apfelname ausgewiesen (LA 19, 12.2, 1355). Diese Apfelsorte wurde einem niederländischen Prinzen gewidmet, zu dem LeroyPom bemerkt: "*prince d'Orange*, fils aîné du roi des Pays-Bas" (1869, 2, 561). Außerdem belegt LeroyPom die Birnensorte *princesse d'orange* (1820). Diese belgische Sorte sei einer "grande-duchesse de Russie, Anne-Paulowna" gewidmet worden, die 1816 den *prince d'Orange* (cf. LeroyPom 1869, 2, 561) geheiratet hat.

Princesse noble des chartreux
oder *princesse noble* (1775, Chartreux) (LeroyPom 1873, 4, 592). Der Name *princesse noble* soll wahrscheinlich die Sorte auszeichnen. Der Namenszusatz *des chartreux* bezieht sich auf den Ort der Züchtung, zu dem LeroyPom bemerkt: "c'est dans le Catalogue de la célèbre pépinière des *Chartreux* de Paris, pour l'année 1775, que nous en rencontrons la première mention et description" (1793, 4, 592).

Prochain
LeroyPom weist *de prochain* (1800) als fr. Namen der dt. Apfelsorte *pomme de borsdorf* (16. Jh.) (1873, 3, 150-151) aus. Der Name kennzeichnet diese Apfelsorte als importierte Züchtung. Dieser Apfelname ist zu **propeanus* "nahe gelegen", *prochain* "premier, le plus rapproché à partir de l'endroit où on se trouve" (FEW 9, 450a) zu stellen.

Provençale rouge
Diese Apfelsorte wird für die Provence ausgewiesen (Cropom); *provençale rouge d'hiver* (Luberon) (Provence, S. 5). Bei dem ersten Namenselement (*provençale*) handelt es sich um eine Herkunftsbezeichnung. Das FEW 9, 485b weist *provincia* "Provinz" als das "Land zwischen Rhone, Durance und den Alpen" aus. Das zweite Namenselement (*rouge*) bezieht sich offensichtlich auf eine rötliche Farbgebung. Eine Sortenbeschreibung zur Überprüfung dieser Annahme liegt nicht vor.

Pupine
wird seit 1611 ausgewiesen (FEW 21, 78a [Verweis auf: Cotgr 1611; Oud 1660]). Wahrscheinlich ist dieser Name durch die kleine und hübsche Frucht motiviert: **pū ppa* ist in der Bedeutung "kleines Mädchen" belegt. Mfr. *poupin* bezeichnet "petit enfant"; *poupin* "joufflu, qui a une figure enfantine" (FEW 9, 601b-602b). Der Apfel besitzt vermutlich eine pausbäckige Formgebung mit rötlicher Farbgebung. Der Name ist zu **puppa* "kleines Mädchen" zu stellen. Möglich wäre auch ein Zusammenhang zwischen dem Apfelnamen *Pupine* und nfr. *poupée* "greffe entourée d'un linge", *poupée, pupin* "petit pansement dont on entoure un doigt blessé" (FEW 9, 604a). Vielleicht wurde diese Apfelsorte veredelt und das Zusammenwachsen vom Edelreis und der Unterlage hat länger als gewöhnlich gedauert. Daher könnte das Tuch oder Bast, mit dem Reis und Unterlage an der Veredelungsstelle zusammengebunden wurden, dem Namensgeber aufgefallen sein.

Quatre-goûts
Pomme de quatre-goûts (1809), *violette de quatre-goûts* (1842), *reinette des quatres-goûts*. Diese Sorte verdankt ihren Namen einem ungewöhnlichen Geschmack, zu dem LeroyPom bemerkt: "très-sucrée, à peine acidulée, ayant une saveur délicieuse" (1873, 4, 859).

Queue torte (C)
wird als Cidreapfel der Bretagne (Rennes 1991, 28) ausgewiesen. Wahrscheinlich lautet die korrekte Schreibweise des Namens *queue tortue*. Die Sorte würde also ihren Namen einem krummen Stiel verdanken. Für diese Namenserklärung spricht der Beleg für ein Kirschsorte: *Courte-queue* "variété de cerise à queue courte" (1845) (FEW 2.1, 526a, s.v. *cauda* "Schwanz") (cf. *longuequeue*).

Quia
Pomme de quia (Maine et Perche) (Cropom). Wahrscheinlich gehört dieser Apfelname zu einem (in den ausgewerteten Quellen nicht belegten) Ortsnamen.

Quince
(1823). Dieser Name ist wahrscheinlich durch das schwere Gewicht des Apfels motiviert. LeroyPom leistet folgende Beschreibung: "d'énormes proportions", "pèse jusqu'à 12 ou 13 onces" (1873, 3, 229). Der Apfelname ist möglicherweise zu *quindecim* "fünfzehn" (FEW 2.2, 1478b/1479a) zu stellen. Vielleicht besteht ein Zusammenhang zu der Redewendung *donner quinze et bisque à qn.* "lui être fort supérieur" (1636) (S. 1479a).

Racine
(Bourbonnais) (Cropom 2001, 14); *racine rouge* (1989-1992) (Cropom). Diese Sorte verdankt ihren Namen vermutlich der Tatsache, dass der Apfel eine Form wie eine Wurzel besitzt. Evtl. spielte auch die Farbgebung bei der Namensgebung eine Rolle: *Racine* "herbe à teinture" bezeichnet auch "couleur fauve qui se fait avec l'écorce, la feuille de noyer, etc."; *racine* "teindre en couleur fauve" (FEW 10, 19a-20a).

Railé-varin (C)
ist als Cidreapfel (1987, Normandie) (Chaib 10a) belegt. Wahrscheinlich ist das erste Namenselement *railé* durch eine auffallend homogene Formgebung motiviert: *Railé,-e* bezeichnet die Hunde "qui sont tous de même taille" (LA 20, 5, 914a).Vielleicht handelt es sich bei *railé-varin* um eine Apfelsorte, die auf Obstplantagen angebaut wird. Das zweite Namenselement könnte sich auf einen Familiennamen beziehen, der in den ausgewerteten Quellen mit folgender Person belegt ist: *Varin, Warin (Jean)* (1604-1672) "sculpteur et médailleur français" (PRobNP 2137a). Vielleicht stammt diese Sorte von einer Obstplantage der Familie oder einer Ortschaft *Varin*?

Raisin
(Franche-Comté) (Cropom). Dieser Name könnte durch eine geschmackliche Ähnlichkeit zwischen dem Apfel und einer Traube motiviert sein (cf. *pin*). In den ausgewerteten Quellen liegt jedoch keine Beschreibung der Sorte vor, die auf einen weinartigen Geschmack der Apfelsorte schließen lässt. Vielleicht spielt auch das Aussehen und die Form eine Rolle bei der Namensgebung: Das FEW 10, 13a-14a weist darauf hin, dass die Vertreter und Ableitungen von *racemus* auf viele andere Früchte übertragen worden sind, die Traubenform haben und ähnlich aussehen wie Trauben (cf. *pin, pineau de villeneuve*).

Ramane
(Deux-Sèvres) (Cropom). Bezieht sich dieser Name auf eine Besonderheit des Apfelbaumes? Das Lexem *raim, ram* und *rame* wird im 16. Jh. durch *branche* ersetzt und bleibt in einigen Ableitungen wie *ramage, ramée, ramure* erhalten (cf. Rob Hist 1992, 2, 1711b). Wahrscheinlich geht dieser Name auf eine sortentypisch starke Verästelung des Baumes zurück; cf. *ramé* "sorte de poire" (dazu *rameli* "poirier qui porte les *ramé*") (FEW 10, 40b); *ramaneces* "restes", *ramanance* "menues branches qui restent dans les coupes exploitées et qu'on réunit en fagot" (FEW 10, 235b).

Rambault (C)
wird als Cidreapfel folgendermaßen datiert: "150 ans environ" (Cambremer) (Chevalier 1992); *rambault* (Cropom). Der Apfel reift zur dritten Reifezeit. Diese Sorte wird folgendermaßen beschrieben: "acidulée, pomme à 2 fins, tardive, fruit moyen". Der Baum ist "rustique" (Chevalier 1992). Gehört der Apfelname zum Ortsnamen *Rambaud* (Hautes-Alpes) (Encarta 1998)?

Rambour
(1536), *rambourg* (1628), *pomme de rambure* (1680), *pomme de rambourg* (1690), *pomme de rambour* (1669), *rambure* (1611), *remboure* (1659) (FEW 10, 37b); *pommes de rambure* (Ri 1680, 2, 187b); *pomme de rambour* (Ac 1694, 2, 165b); *les rambours, rambour* (1875) (FEW 10, 37b). Die Belege für die Apfelsorte weisen auf Belgien, Charente-Inférieure, Ardennes, Sedan, Vosges, Epinal, Aertigny, Moselle, Chavanat, Châtenois (Belfort), St.-Didier-de-la-Tour (Isère), Cantal und Aurillac (FEW 10, 37b). Die Sorte wird mit folgender Beschreibung ausgezeichnet: "Ce *rambour* vient admirablement dans les vergers, c'est un arbre qui semble réclamer le grand air" (LA 19, 13.1, 668c). Bei der Sorte handelt es sich um "de grosses pommes rondes" (Ri 1680, 2, 187b). v. Wartburg leitet den Namen vom einem Dorf *Rambures* bei Amiens ab (cf. FEW 10, 37b).

Rame (C)
wird als Cidreapfel (1987, Normandie) (Chaib 10a) ausgewiesen. Wahrscheinlich geht der Apfelname *rame* darauf zurück, dass der Baum durch viele Zweige auffällt. Für diese Namenserklärung spricht, dass v. Wartburg die Belege für *ramé* "sorte de poire" und *ramē ki* "poirier qui porte les *ramés*" zur Wortfamilie von **ramus* "Zweig" (FEW 10, 39a-40b) stellt. Außerdem ist eine Verbindung zwischen dem Obstnamen und einem Feiertag möglich: *Rameau* wird als Birnensorte (1844, Belgien) ausgewiesen. Dieser Name wird auf "la fête des *Rameaux*, qui souvent arrive dans la seconde quinzaine de mars" (LeroyPom 1869, 2, 573)

zurückgeführt. Wahrscheinlich hält sich diese Sorte besonders gut und ist auch noch im März genießbar; cf. auch *ramane*.

Rampale
(Corrèze) (Cropom 2001, 14). Handelt es sich bei der Apfelsorte um Spalierobst und liegt deshalb bei dem Apfelnamen *rampale* eine Ableitung von *ramper* (1150) "grimper", "se déplacer sur une surface, sur le sol par un mouvement d'ensemble du corps" (Rob Hist 1992, 2, 1713a) vor; cf. *rampe* "lierre" zu *rampa* (germ.) "Krümmung, Haken" (FEW 10, 658a). Oder ist der Apfelname zu einem Familiennamen zu stellen, der in den ausgewerteten Quellen mit folgendem Familienmitglied ausgewiesen wird: *Rampal (Jean-Pierre)*, ein fr. Flötist, wurde 1922 in Marseille geboren (PRobNP 1721b).

Rateau
(1540). Lt. *ratellianum*, fr. *de rateau*. LeroyPom überlegt, ob der Name sich auf die Musterung der Äpfel beziehen könnte: "doit-il sa dénomination aux larges raies longitudinales dont ses fruits sont entièrement couverts, et qui rappellent assez bien les traces que, sur le sol, laissent après elles les dents d'un râteau?" (1873, 4, 607). LeroyPom führt den Birnennamen *rateau* (1852) auf einen "jardinier de ce nom" zurück (1867, 2, 570). Außerdem werden folgende Namensformen belegt: *rado* (Normandie) (Cropom); *radeau* "pomme, reinette d'Angleterre". v. Wartburg vermutet, dass es sich um eine Umgestaltung aus nfr. *drap d'or de Bretagne* handelt (FEW 21, 79a).

Ravaillac
(Ile de France) (Cropom 2001, 14). Vermutlich ist dieser Apfelname zu einem Familiennamen zu stellen, der in den ausgewerteten Quellen mit folgender Person ausgewiesen ist: *Ravaillac (François)* (1578-1610) (PRobNP 1728a). Auch ein Zusammenhang zwischen dem Apfelnamen *Ravaillac* und dem Toponym *Raffaillac* (Dordogne) (Encarta 1998) ist möglich.

Rayau
v. Wartburg stellt die Belege *rayau* und *reyiau* "sorte de pomme" zu den "Materialien unbekannten oder unsicheren Ursprungs" (FEW 21, 79a). Auch in den hier ausgewerteten Quellen findet sich kein Hinweis auf eine Namenserklärung. Wahrscheinlich ist der Apfelname zu *raye* "rayonnement, éclat" zu *radius* "Strahl; Speiche" zu stellen (FEW 10, 21b).

Rayée d'hiver
wird als dt. Apfelsorte ausgewiesen (1771). Die Sorte verdankt ihren Namen dem sortentypischen Streifenmuster der Schale, zu dem LeroyPom bemerkt: "très-amplement striée et marbrée de carmin brillant, abondamment ponctuée de gris ou de roux et tachée de fauve autour du pédoncule" (1873, 4, 608); cf. *rayer* "briller" und norm. *rayée* (FEW 10, 15a).

Rayotte de nommay
(1992-1994); *rayotte (de nommay)* (Franche-Comté) (Cropom). Wahrscheinlich liegt hier dieselbe Motivation vor wie bei dem Apfelnamen *rayée*. Sicher handelt es sich um eine Ableitung von dem Adjektiv *rayé* mithilfe des Suffixes *-otte*. Der Namenszusatz bezieht sich wohl auf die Ortschaft *Nommay* (Doubs) (Encarta 1998).

Reale d'entraygues
(1989-1992) (Cropom). Das erste Namenselement ist wohl zu *regalis* "königlich" (FEW 10, 201a) zu stellen. Es zeichnet wahrscheinlich die besondere Qualität der Apfelsorte aus. Wahrscheinlich stammt sie aus der Ortschaft *Entraygues* (Aveyron) (Encarta 1998).

Réaux
(Ardennes) (Cropom 2001, 14). Der Apfelname gehört wahrscheinlich zu dem Toponym *Réaux* (Charente-Maritime) (Encarta 1998).

Rebois (C)
wird als "variété de pomme à cidre" (FEW 21, 78b [Verweis auf: AcC 1842-Lar 1875]) ausgewiesen. v. Wartburg stellt den Beleg zu den "Materialien unbekannten oder unsicheren Ursprungs". *Reboi* "espèce de pomme" (LA 19, 13.1, 762d); *rebois* als einer der "pommiers à cidre" (Ro 1789, 215b). v. Wartburg vermutet einen Zusammenhang zwischen dem Apfelnamen *rebois* und dt. *Holzapfel* "wilder Apfel" (FEW 21, 78b). Der Apfelname könnte also auf ein hartes Fruchtfleisch zurückgeführt werden.

Régaille
oder *rigaille* (Cantal) (Cropom). Wahrscheinlich verdankt diese Apfelsorte ihren Namen einem ausgesprochen gutem Geschmack: Die Lexeme *régal, rigale* (1310), *rigalle* (1480) und *regalle* werden als Ableitungen zu afr. *gale* "réjouissance, plaisir, amusement" (Rob Hist 1992, 2, 1746b) ausgewiesen; cf. afr. *regaile* "droit considéré comme inhérent à la royauté" (1174) (FEW 10, 203a) zu *regalis* "königlich" (S. 201a).

Reine de ...
Reine-de-hâtives (C) ist als Cidreapfel (1987, Normandie) (Chaib 10a) belegt. Wahrscheinlich erhielt der Apfel diesen Namen, weil er zu den besten frühen Sorten zählt. ***Reine des reinettes*** wird als fr. Name einer niederländischen Sorte ausgewiesen: *Kroon Renet*. Ihr wird bereits 1873 "une centaine d'années d'existence" zugeschrieben (LeroyPom 1873, 4, 611-612). Bei dieser Sorte scheint es sich um eine ausgezeichnete Untersorte der Apfelsorte *reinette* zu handeln.

Reinette ... (C)
(1535) (FEW 10, 212a); *pomme de reinette* (Ac 1694, 2, 165b); *les reinettes* (Ri 1680, 2, 286a); *pomme de renette* (1535) (PRob 1990, 1649a); *pomme renette* (1549) (Rob Hist 1992, 2, 1754b). Die Belege weisen auf die Niederlande, Westflamen, Südostflandern, Lothringen, Deutschland und Portugal (FEW 10, 212b); *renette* "sorte de pomme dont la chair est ferme, et de très bon goût" (FUR 1727, s.v. *reinette*). Der Namen kann auf den Diminutiv von *regina* "Königin" oder den von *rana* "Frosch" zurückgeführt werden (cf. FUR 1727, s.v. *reinette*). v. Wartburg argumentiert für die Namensherführung von *regina*: "kleine Flecken der holländischen *Renette grise* haben keinerlei Beziehung zu irgendeiner Froschart" (FEW 10, 212b). Als dritter Erklärungsansatz kommt die Ableitung von einem Flussnamen infrage: Zuerst sei *renetia* (15. Jh.) latinisiert belegt, dann *poma renana* (1708). Es handelt sich wohl um eine Ableitung von *Rhin* "Rhein" (Gam 745a/b). Die Apfelsorte *reinette* verdankt ihren Namen mit größter Wahrscheinlichkeit einer fleckigen Fruchtschale, zu welcher FUR bemerkt: "marquées de petites taches, comme les grenouilles" (cf. 1727, s.v. *reinette*); *reinette* oder *rainette* als "nom générique d'un grand nombre de variétés de pommes à couteau, caractérisées en général par la peau tachetée, plus ou moins grise ou jaune au fond" (Li 1885, 4, 1571c). Der Name ist also zu *rana* "Frosch" zu stellen. ***Reinette abry*** (Ile de France) (1989-1992) (Cropom). Die Motivation dieses Namens bleibt ungeklärt. Vielleicht gibt es eine Verbindung zwischen dem zweiten Namenselement *abry* und dem Lexem *abri* "lieu couvert qui protège de la pluie" (1170) zu *apricus* "exposé au soleil" (Rob Hist 1992, 1, 5b)? ***Reinette à cul creux*** (Normandie) (Cropom). Das Namenselement *à cul creux* könnte sich auf eine sortentypische Vertiefung der Frucht beziehen (cf. *cul*). ***Reinette amande*** (1819, Deutschland). Wahrscheinlich ist dieser Name motiviert durch einen mandelartigen Geschmack der Frucht. LeroyPom bemerkt zum Geschmack: "son goût exquis", "sucrée, des plus savoureusement acidulée et parfumée" (1873, 4, 876). ***Reinette d'armorique*** (C) ist als Cidreapfel (Rennes 1991, 28) belegt; *Reinette d'armorique* (Aube, Maine et Perche) (Cropom); *reinette armorique* (Chevalier 1992). Der Namenszusatz *d'armorique* gehört wohl zu *Armorique (Parc naturel régional d')* (Bretagne) (PRobNP 119b). ***Reinette blanche de chatellerault*** (Vienne) (Cropom) wird mit einer Angabe der weißen Farbgebung versehen. Der zweite Namenszusatz bezieht sich wohl auf das Toponym *Châtellerault* (Vienne) (PRobNP 436a). ***Reinette de bailleul*** (Normandie) (Cropom) wird auf den Ort *Bailleul* (Nord) (PRobNP 174b) bezogen. ***Reinette de bayeux*** (1817) ist wahrscheinlich in *Bayeux* (Calvados) (LeroyPom 1873, 4, 625) gezüchtet worden. ***Reinette de bihorel***, Renette von Bihorel (Vo

1993, 376/377); *reinette de bihorel* (1859, Rouen). Diese Sorte sei in Rouen entstanden und LeroyPom erklärt den Namen folgendermaßen: "Il porte le nom de la rue dans laquelle est situé l'établissement de son obtenteur" (1873, 4, 626). Es besteht also nur ein indirekter Zusammenhang zwischen dem Apfelnamen und der Ortschaft *Bihorel* (Seine-Maritime) (PRobNP 255b). **Reinette de bretagne** (1670) (LeroyPom 1873, 4, 633) gedeiht wahrscheinlich besonders gut in der *Bretagne*. **Reinette de brives** (1870). LeroyPom bemerkt zu diesem Namen: "Son nom, *Reinette de Brives*, paraît le rattacher particulièrement à la Corrèze" (LeroyPom 1873, 4, 636). Wahrscheinlich handelt es sich um das Toponym *Brives-la-Gaillarde* (Corrèze) (PRobNP 321a). **Reinette de caux** (Normandie, Aube) (Cropom) geht wahrscheinlich auf das Toponym *Pays de Caux* (LA 20, 2, 52a) zurück. Diese Landschaftsform wird als "plateau crayeux de Normandie (Seine-Maritime)" (PRobNP 396b) beschrieben. **Reinette de champagne** (Franche-Comté, Elsass) (Cropom). Dieser *Reinette*-Name geht auf eine Herkunftsbezeichnung zurück, evtl. beeinflusst durch *champagne* "vin blanc que l'on prépare en *Champagne*" (Rob Hist 1992, 1, 386a). **Reinette de cussy** (LA 19, 12.2, 1355); *Reinette de cusy* (Morvan) (Cropom); *reinette de cuzy* (1628) (LeroyPom 1873, 4, 653); *reinette de cuzy* (Provence) (Cropom). Der Name gehört wohl zu einem Toponym: *Cussy* (Calvados oder Nièvre), *Cusy* (Haute-Savoie oder Yonne) oder *Cuzy* (Saône-et-Loire) (Encarta 1998). **Reinette de france** (Nord) (Cropom). Wahrscheinlich ist das Namenselement *de france* zu *Île-de-France* (Encarta 1998) zu stellen. **Reinette de furnes** (1866) (LA 19, 12.2, 1355) wird zu dem belgischen Toponym *Veurne*, fr. *Furnes* ("région flamande") (PRobNP 2157b) gestellt. **Reinette de la reine** ist "probablement d'origine hollandaise" (18. Jh.) (H.Alpes 1998); (Normandie) (Cropom). Wahrscheinlich zeichnet der Name die Qualität der Sorte aus: "blanchâtre, sucrée, acidulée, bien parfumée" (H.Alpes 1998). **Reinette de la rochelle** (1851, Charente) (LeroyPom 1873, 4, 728) gehört wahrscheinlich zu dem Toponym *La Rochelle* (Charente-Maritime) (Encarta 1998). **Reinette de macon** (1628), *double-reinette de mascon* (1628), *reinette double de damason* (1670), *reinette de damason* (1800) (LeroyPom 1873, 4, 706); *reinette de macon, Renette von Damason* (Vo 1993, 378). LeroyPom stellt diesen Apfelnamen zu folgendem Toponym: "de *Mâcon* (Saône-et-Loire)" (1873, 4, 707). **Reinette de montmorency** (1867, Paris) (LeroyPom 1873, 4, 711). Der Name gehört sicher zu dem Toponym *Montmorency* (Val-d'Oise). Auch eine Verbindung mit dem Familiennamen *Montmoreny* "famille noble française" (PRobNP 1421b) ist möglich. **Reinette de paris** (Pays d'Auge) (Chevalier 1992). Wahrscheinlich findet die Sorte regen Absatz in Paris und wurde dort angebaut. **Reinette de provence** (1989-1992) (Cropom). Der Name verweist wahrscheinlich auf die Herkunft der Sorte aus der *Provence*. **Reinette de rogues** (1858). LeroyPom stellt diese *Reinette*-Sorte zu einem Ortsnamen: "*Rogues*, localité dont elle porte le nom" (Gard) (1873, 4, 730). **Reinette des capucins** (Nord) (Cropom). *Capucin, -ine* wird seit 1542 ausgewiesen und bezeichnet "qui porte un capuchon" und "le membre d'une branche d'un ordre franciscain (XVIe) en raison du vêtement à grand capuchon porté par ces religieux" (Rob Hist 1992, 1, 346a). Vielleicht ist diese Sorte in einem Kloster entstanden oder besitzt der Apfel eine farbliche Ähnlichkeit mit der Kleidung der Mönche? Rob Hist bemerkt zu dieser Farbgebung: "la couleur marron beige de la robe des *capucins*" (1992, 1, 346b). **Reinette des carmes** "Karmeliterrenette" wird als "sehr alte französische Sorte" (1667) (Vo 1993, 254) ausgewiesen. Wahrscheinlich entstand diese Sorte bei einem Karmeliterorden (cf. "ordre du Carmel"). Oder ist dieser Name durch eine weiße Farbgebung ("par allusion à la blancheur de la robe de ces religieux") motiviert? (Rob Hist 1992, 1, 352b). **Reinette d'olargues** (1866). LeroyPom stellt diesen Apfelnamen zu dem Ortsnamen *Olargues* "petite ville" (Hérault) (1873, 4, 718). **Reinette dolbeau** (1840, Angers) wird mit der Namensvariante *d'allebeau* ausgewiesen. LeroyPom notiert zu den Untersuchungen dieser Sorte: "Je n'ai pu me procurer aucun renseignement sur l'état civil de cette variété" (1873, 4, 659). Wahrscheinlich stammt diese in Frankreich nicht zu identifizierende Sorte aus *Dolbeau* (Québec, Canada) (Encarta 1998). **Reinette dorée** (Maine et Perche) (Cropom). Dieser Apfel verdankt das Namenselement *dorée* wahrscheinlich seiner Farbgebung: *Doré, -ée* wird in der Bedeutung "couvert d'une substance imitant l'or" belegt (Rob Hist 1992, 1, 625b). **Reinette d'orléans** (1766). ist zu dem Toponym *Orléans* zu stellen. LeroyPom bemerkt hierzu: "indication de son lieu natal" (1873, 4, 720-721). **Reinette dubuisson** (1998-2000) (Cropom). Wahrscheinlich ist dieser Name zu einem Familiennamen zu stellen: *Dubuisson (Paul)* (1746-

1794) "écrivain et révolutionnaire français" (PRobNP 622b). *Reinette du mans* (Touraine), *reinette du mans, reinette du mans beurre* (Maine et Perche) (Cropom) gehört wahrscheinlich zum Ortsnamen *Mans (Le)* (Sarthe) (PRobNP 1306b). *Reinette du vigan* (LA 19, 1355); *reinette du vigan* (Provence) (Cropom). Dieser Name ist zu dem Ortsnamen *Vigan (Le)* (Gard) (PRobNP 2167b) zu stellen. *Reinette embrunie* (1840, Angers), *reinette enbrunie* oder *reinette enfumée*. Diese Namen sind motiviert durch die Farbgebung der Fruchtschale, zu welcher LeroyPom bemerkt: "couleur brunâtre" (1873, 4, 669). *Reinette fardel* ist für die Normandie (Cropom) belegt. Diese Apfelsorte könnte ihren Namen einer ausgeprägten Fruchtbarkeit verdanken: *Fardel* wird seit 1205 als Ableitung von *farde* "charge, bagage" ausgewiesen (Rob Hist 1992, 1, 779b/780a). Vermutlich muss der Baum viele Früchte tragen? *Reinette fournière* (1784). LeroyPom führt diesen Namen auf den Verwendungszweck der Äpfel als Trockenobst zurück, zu welchem er bemerkt: "parce que les paysans de la vallée de Montmorency en faisaient autrefois secher des *journées* entières" (1873, 4, 673). *Reinette franche* (Normandie) (Cropom). Das Namenselement *franche* kommentiert LeroyPom folgendermaßen: "L´épithète *franche* qui caractérise cette pomme – dit-il – se trouve traduite dans toutes les langues par française, ou la vraie, la *franche*, la décidément bonne et pure *Reinette* de cette nation" (1873, 4, 676). Es handelt sich also um einen ursprünglichen Kultivar der Apfelsorte *reinette*, welche viele Untersorten besitzt. *Reinette franche à côté* (1834, Sarthe). Das Namenselement *à côté* geht auf die Apfelform zurück, zu der LeroyPom folgende Besonderheit notiert: "à cavité souvent très-prononcée" (1873, 4, 678). *Reinette galeuse* (Bretagne) (Cropom 2001, 14). Der Apfel verdankt den Namen wahrscheinlich seiner fleckigen Fruchtschale: *galeux, se* "atteint de la gale"; *bois galeux* "hérissé de protubérances" (PRobNP 993b). *Reinette grise comtoise* (Franche-Comté) (Cropom). Der Namenszusatz *grise* legt nahe, dass es sich um einen grauen Apfel handelt. Das dritte Namenselement bezieht sich wohl auf die Herkunft der Sorte: *comtois, oise* "de Franche-*Comté*" (1661) (NPRob 1996, 428b). *Reinette grise du grand faye* (Normandie) (Cropom). Das Namenselement *du grand faye* ist wohl zu einem Familiennamen zu stellen: *Faye (Hervé)* (1814-1902) ist "astronome français" (PRobNP 721a). *Reinette jules labitte* (Aube) (Cropom), diese Sorte erhält den Namen *Jules Labitte* des Züchters oder einer Person, die geehrt werden soll. *Reinette marbrée, reinette marbrée d´auvergne, reinette marbrée de la creuse* (1998-2000) (Cropom). Vermutlich ist dieser Namenszusatz durch die Musterung der Schale motiviert. *Marbré, -ée* bezeichnet "qui présente l´aspect du *marbre*" (1228) (Rob Hist 1992, 1, 1188b). *Reinette marcel* (Provence) (Cropom). Vielleicht bezieht sich der Apfelname *marcel* auf einen Heiligen, weil die Früchte bis zu dessen Feiertag gegessen sein müssen? Der Feiertag von *Marcel Ier (saint)* wird am 16. Januar gefeiert (PRobNP 1312b). *Reinette musquée* (1608, Frankreich). Diese Sorte verdankt den Namen wahrscheinlich ihrem Muskatgeschmack, den LeroyPom folgendermaßen charakterisiert: "saveur anisée-*musquée* qui n´est pas sans délicatesse" (1873, 4, 714). *Reinette panachée* Diese Sorte stammt aus Vitry-sur-Seine oder aus dem "Jardin des Plantes de Paris". Sehr wahrscheinlich erhielt diese Sorte ihren Namen wegen der Musterung der Schale, zu der LeroyPom bemerkt: "panachée de vert brunâtre" (1873, 4, 724). *Reinette plate de champagne* (Sud-Champagne) (Cropom). Während sich der erste Namenszusatz *(plate)* offensichtlich auf eine flache Form des Apfels bezieht, gibt der zweite *(de champagne)* wohl die Herkunft der Sorte an. *Reinette rouelliforme* (1867) ist als dt. Sorte nach Frankreich importiert worden. Dieser Apfel erhält den Namenszusatz *rouelliforme* wegen seiner Form. LeroyPom setzt den Namen und die Form folgendermaßen in Beziehung: "le nom indique la configuration habituelle" (LeroyPom 1873, 4, 731). *Reinette royale* (Normandie) (Cropom). Dieser Apfel verdankt wahrscheinlich den Namen seiner ausgezeichneten Qualität. Das Adjektiv *royal* bezeichnet "certaines espèces végétales et animales particulièrement remarquables" (16. Jh.) (Rob Hist 1992, 2, 1844b). *Reinette tardive* (1832, Angers). Der Apfel verdankt den Namenszusatz seiner langen Haltbarkeit, zu welcher LeroyPom bemerkt: "mars-juin" (1873, 4, 737). *Reinette tendre* (1790, Angers). Diese Sorte erhält ihren Namen wegen eines zarten Fruchtfleisches, welches LeroyPom als "tendre et peu fine" charakterisiert (1873, 4, 738). *Reinette truite* (1798), *Reinette truitée* (1859). Dieser Name geht auf die farbliche Ähnlichkeit des Apfels mit einer Forelle zurück. LeroyPom beschreibt die Farbgebung der Schale folgendermaßen: "ponctuée, marbrée et réticulée de roux sur la face exposée à l´ombre, maculée de fauve squammeux autour du pédoncule, puis légèrement lavée et fouettée de rouge-brun à l'insolation, où elle est en outre parsemée de points grisâtres" (1873, 4, 642). *Reinette verte* (1660, Anjou). Der Nameszusatz *verte* bezieht sich auf die Farbgebung des Apfels, zu welcher LeroyPom bemerkt: "toute *verte*" (1873, 4, 743). ***Reinette vignat*** (Normandie) (Cropom). Wahrscheinlich gehört diese Apfelsorte zu dem Toponym *Vignats* (Calvados) (Encarta 1998).

Relet
v. Wartburg weist *rellet* "variété de pomme aigre" (1611), *relet* "variété de pomme" (FEW 21, 78a) aus. *Raileu* "pomme à couteau très tardive et qui se conserve longtemps" wird für die Mundart der Vallée d'Yères (Seine-Inférieure) ausgewiesen. Diese Belege stellt v. Wartburg zu den "Materialien unbekannten oder unsicheren Ursprungs" (FEW 21, 78a). Ein Zusammenhang zwischen dem Apfelnamen und dem Toponym *Railleu* (Pyrénées-Orientales) (Encarta 1998) ist wegen der geographischen Distanz zwischen den Belegen eher unwahrscheinlich.

Renaudière (C)
wird als Cidreapfel (Rennes 1991, 28) ausgewiesen. Diese Name gehört wahrscheinlich zu dem Toponym *La Renaudière* (Maine-et-Loire) (Encarta 1998). Auch eine Verbindung mit dem Familiennamen *Renaud* (PRobNP 1742a) ist möglich. Das Suffix *-ière* könnte in diesem Fall auf eine Bedeutung wie "Apfelanlage von *Renaud*" verweisen. Möglicherweise besteht auch ein Zusammenhang zu *Reginhart* "Fuchs", einige Formen haben den Wortausgang *-ard* zugunsten *-aud* vertauscht. Für die Theorie, dass der Apfelname auf den Eigennamen *Renaud* zurückgeführt werden kann, spricht das bei den Formen, die auf *-aud* enden, ebenfalls eine Beeinflussung durch den Namen *Renaud*, dem "Namen des Helden in der afr. Epik und bei Tasso" vermutet wird (FEW 16, 691b).

Renault (C)
ist als Name eines Cidreapfel (1987, Normandie) (Chaib 10a) belegt und gehört wohl zu dem Toponym *Château-Renault* (Indre-et-Loire) oder *Mont-Renault* (Sarthe) (Encarta 1998).

Rene martin (C)
Bei diesem Cidreapfel handelt es sich um eine "variété originaire du Mesnil Durand" (Chevalier 1992). Die Sorte wurde einer Person gewidmet, die anhand der hier ausgewerteten Quellen nicht näher zu bestimmen ist.

Rengelet
v. Wartburg stellt *Pomme de rengelet* (1583) "variété de pomme douce, jaune", *rengelet* (1611) zu den "Materialien unbekannten oder unsicheren Ursprungs" (FEW 21, 78a). *Rengelee* "rangée?" ist mit folgendem Zitat belegt: "il fait planter le fresne, il fait planter l'ormeau, Les pommiers, les poiriers par belles *rengelees*" (Hu 6, 495b [Verweis auf: Vauquelin, Sat., M. de Repichon]). *Renge* geht auf ahdt. *ring* "cercle, anneau" zurück (LA 20, 5, 1013b). Möglicherweise handelt es sich bei der Apfelsorte *rengelet* um Plantagenobst. Oder ist der Name wegen einer auffallenden Musterung oder einem gebogenen Fruchtstiel zu mndl. *ringel* "ring"; aflandr. *rengle* "fil de fer passé dans le nez des porcs" (1280) zu stellen?

Renouvelet (C)
Renouvet (1611) "petite pomme précoce", "cidre qu'on en fait" (FEW 10, 256b); *renouvellet* "pommiers à cidre", "fruits précoces"; *renouvelet* als Cidreapfel (Ro 1789, 215b); *renouvelet* "variété de pomme" (LA 19, 13.2, 967a), (Li 1885, 4, 1621c). *Renouvelet* und *gros renouvelet* werden als Cideräpfel der Normandie ausgewiesen (Chaib 8a-8c). Die mittelalterliche, ererbte Form für *renouveau* "Frühlingserwachen" lautet im 12. und 13. Jh. *renouvel* und bedeutet zunächst "Erneuerung", "Wiederkehr"; sie bildet eine Ableitung vom seit dem 12. Jh. belegten Verb *renouveler* "erneuern" (Gam 756b). Der Apfelname ist durch den frühen Reifezeitpunkt dieser Sorte motiviert.

Rétel
De gros, de petit Rétel "deux pommes fort ressemblantes au gros et au petit *fenouillet* pour la grosseur et la couleur" (Normandie) (Ro 1789, 202a). Die Motivation dieses Namens lässt sich nicht eindeutig erklären. Wahrscheinlich ist der Apfelname *rétel* zu dem Ortsnamen *Rethel* (Ardennes) (LA 19, 13.2, 1068a) zu stellen. Außerdem wird ein "ancien village et commune de France" (Moselle) so genannt. *Rethelois* bezeichnet "ancien petit pays de France en Champagne" (LA 19, 13.2, 1068b). Vielleicht besteht auch ein Zusammenhang mit dem Verb *reteiller* "teiller une seconde fois" ist möglich (Li 1885, 4, 1682c).

Retêt (C)
ist als Cidreapfel (1987, Normandie) belegt. Der Saft, den dieser Apfelsorte trägt, ist "doux, un peu acide, parfumé, coloré" (Chaib 10b). Wahrscheinlich gehört der Name des Cidreapfels zu r_3 *tet3* "boisson faite avec de l'eau, de l'eau-de-vie et du sucre". Es handelt sich um eine Ableitung von $t\bar{\imath}$ $nn\bar{\imath}$ *tare* "widerhallen" (FEW 13.1, 347a). Der Name könnte darauf zurückgehen, dass der Apfel ein großes Gehäuse besitzt, so dass man die Kerne hört.

Rever
(Normandie) (Cropom). Der Apfelname geht auf den Eigennamen von "l'abbé *Rever*" zurück, weil dieser die Sorte veredelt hat (cf. Chevalier 1992).

Révérend wilk
(Vienne) (Cropom). Der Name geht wahrscheinlich auf den Titel und Eigenname einer Person (Züchter?) zurück, der diese Apfelsorte gewidmet wurde.

Riage
v. Wartburg weist *riage* "sorte de pommier?" für das Altpikardische, eine Mundart des Französischen im Mittelalter, aus. Er stellt den Beleg zu den "Materialien unbekannten oder unsicheren Ursprungs" (FEW 21, 77a [Verweis auf: 1222, Cart Ponthieu 129, Prarond, Db]). Dieser Name bleibt durch die ausgewerteten Quellen ohne Erklärung.

Rialette
(Jarez) (Cropom 2001, 14). Wahrscheinlich handelt es sich bei diesem Apfelnamen um eine Ableitung von dem Toponym *Riaillé* (Loire-Atlantique) (Encarta 1998).

Richard
(11. Jh., Normandie). LeroyPom stellt diesen Apfelnamen zu "*Richard* Ier", weil dieser den Apfelbaum durch Zufall gefunden habe (cf. 1873, 4, 753). Es handelt sich um den dritten Herzog der Normandie (942-996) (GE 28, 31b).

Rigolette (C)
wird als Cidreapfel (1987, Normandie) (Chaib 10b) ausgewiesen. Wahrscheinlich handelt es sich bei dieser Sorte um Spalierobst. Der Apfelname *rigolette* könnte eine Ableitung von dem Verb *rigoler* "repiquer en rigoles: *rigoler* de jeunes plants" (LA 19, 13.2, 1212b) sein. *Rigole* bezeichnet "sillon peu profond dans lequel on sème des graines, où l'on dispose de jeunes plants" (LA 20, 5, 1093a) und "tranchées, ou petits fossez qu'on fait pour planter des arbres, entourer des prez, ou pour faire le creux des fondemens d'une muraille de clôture" (FUR 1727, s.v. *rigole*). *Rigolet* wird auch in der Bedeutung "petite *rigole* servant à l'écoulement des eaux folles" (LA 20, 5, 1093a) ausgewiesen. Möglicherweise weist die Apfelsorte auf eine besondere Musterung hin: Ang. *rigolet* "pâte mal cuite et fendue" (S. 687b) wird wegen der "Einschnitte" mit einer *rigole* verglichen (S. 688a) und zu *regel* (mndl.) "gerade Linie" (FEW 16, 686b) gestellt.

Risoul
(Provence) (Cropom); (Provence, S. 5); *Pomme de Risoul* ist "endémique de *Risoul*" (H.Alpes 1998). Der Apfelname bezieht sich also auf ein Toponym, weil die Sorte offensichtlich in der Umgebung von *Risoul* (Hautes-Alpes, Provence) besonders gut gedeiht (Encarta 1998).

Rissel
(1495) (LeroyPom 1873, 3, 21). Der Apfelname *rissel* ist vielleicht zu dem belgischen Ortsnamen *Rijsel* (Flandern) (Encarta 1998) zu stellen.

Rivière (C)
(1611) wird als "excellent cidre" (FEW 10, 415a) ausgewiesen; *pomme rivière, de rivière* (LeroyPom 1873, 4, 755). LeroyPom stellt den Namen zu einem Toponym: "sur le territoire de la commune de la *Rivière*, près Larouchefoucault" (Charente) (1873, 4, 728-729).

Robin
Mfr. *pomme de robin* (1387) "sorte de pomme" (FEW 10, 431b); *pomme de Robin* (Rob Hist 1992, 2, 1816b). v. Wartburg leitet den Apfelnamen von einem Eigennamen ab: "knüpft wohl an eine bestimmte Person an" (FEW 10, 432a). Eine Apfelsorte, die 1853 von der "Société d'Horticulture de Paris" belegt wird, erhält ebenfalls den Namen Robin. Den Namen dieses Apfels führt LeroyPom auf den Züchter der Sorte zurück. Es handelt sich um "M. *Robin*, jardin fleuriste" (LeroyPom 1873, 4, 756 [Verweis auf: Le Jardinier fruitier, 1862, t. I, p. 287]).

Roc quarantaine
De *roc quarantaine* (Nord) (Cropom 2001, 14). Es scheint nicht unmöglich, dass es sich bei diesem Apfelnamen um eine volksetymologische Interpretation zu dem Ortsnamen *Rocquencourt* (Yveslines) (PRobNP 1778a) handelt. Wahrscheinlicher ist jedoch, dass der Name darauf hinweist, dass die Sorte sich bis Ostern hält. *Quarantaine* bezeichnet "un nombre d'environ quarante, spécialement un délai de *quarante* jours (XIIe s.), notamment en parlant des *quarante* jours du carême (XIIe s.)" (FUR 1690, s.v. *Quarantaine*); cf. *quarantain, -e* "hâtif, qui doit fructifier ou fleurir au bout de 40 jours (pois, pomme de terre, giroflée)", nfr. *quarantaine* "esp. de pomme de terre" (FEW 2.2, 1391a). Das erste Namenselement *roc* kann wahrscheinlich zu **rocca* "Fels" (S. 435a) gestellt werden, cf. "grosse pierre brute" (FEW 10, 436a).

Roger (C)
Rogé, roger, rogier, rogelet, roé, roié, rouzeau und *rousseau* werden als Synoyme von *pomme rougeâtre* ausgewiesen (LeroyPom 1873, 4, 758); *beau-roger, gros-roger* (Normandie) als Cidreäpfel (Chaib 7b). Die Namensvarianten *rogé, roger, rogier, rogelet* führt LeroyPom auf eine rote Farbgebung zurück: "noms synonymes de notre mot *rouge* ou *rougeâtre*" (1873, 4, 786).

Roi ...
Roi d'angleterre (1866, Le Havre). Wurde diese Apfelsorte dem englischen König gewidmet? Oder dient das Namenselement *roi* der Auszeichnung der Sorte, welcher LeroyPom eine "qualité première" zuschreibt (1873, 4, 759); nfr. *roi d'angleterre* "variété d'œillet" (1667-1771), nfr. *roi d'été* "variété de poire précoce" (1875, 1752) (FEW 10, 369a). *Roi-guillaume* (1867) (LeroyPom 1873, 4, 759-760). Wahrscheinlich handelt es sich um eine dt. Sorte, die nach Frankreich importiert wurde. Der Züchter widmete diese Sorte offensichtlich einem dt. König und zeichnete dadurch die Qualität der Frucht aus. Dieser Apfelname kann auch zu *guillaume* gestellt werden; cf. "esp. de poire", nfr. *guillemot* "variété de raisin" (1866-1872) (FEW 4, 306b). *Roi très-noble* (1867, Paris) (LeroyPom 1873, 4, 761). Der Name soll wahrscheinlich die Qualität der Sorte auszeichnen.

Rôle
Du *rôle* (Auxois) (Cropom). *Rôle* (15. Jh.) wird auf lt. *rotulus* "petite roue, cylindre" zurückgeführt. Dieser Name bezeichnet den "rouleau, spécialement un rondin de bois pour le chauffage" (Rob Hist 1992, 2, 1822a). Wahrscheinlich verdankt der Apfel den Namen seiner zylindrischen Form.

Romarin blanc
(Cropom). Der Apfelname geht wahrscheinlich auf ein Aroma zurück, das dem der Pflanze Rosmarin ähnelt. *Romarin* werde seit dem Hochmittelalter in den Klöstern von Nordfrankreich kultiviert (cf. Rob Hist 1992, 2, 1828a). Das zweite Namenselement weist auf eine helle Farbgebung hin. Der Apfelname ist zu den Übertragungen von *rosmarinus* "Rosmarin" zu stellen (FEW 10, 488a).

Romeau
De *romeau* (1423) wird als Alternativname von *court-pendu gris* ausgewiesen. Der Name könnte möglicherweise auf eine it. Herkunft oder Verbreitung der Sorte in der Umgebung von Rom verweisen: "L'origine du *Court-Pendu gris* devient difficile à préciser, puisqu'avant 1500 nous voyons ce pommier déjà cultivé chez les Français, les Italiens et les Suisses" (LeroyPom 1873, 3, 237). Wahrscheinlicher ist hingegen eine Ableitung des Apfelnamens von *romeau* zu *romeus* "Pilger", *romieu* "pèlerin" (13. Jh.), *romeu* (FEW 10, 458b), weil die Sorte von einem Rompilger nach Frankreich mitgebracht wurde.

Ronda (C)
ist als Cidreapfel (Rennes 1991, 28) belegt. Wahrscheinlich gehört der Name zu dem sp. Toponym *Ronda* (Andalousien) (PRobNP 1792b), weil der Cidreapfel aus Spanien nach Frankreich importiert wurde. Evtl. ist der Name *ronda* auch noch sekundär motiviert durch eine runde Fruchtform (cf. *ronde* und *rondot*).

Ronde
Pomme ronde (1613). Dieser Apfel verdankt den Namen *ronde* seiner Form, welche LeroyPom folgendermaßen charakterisiert: "globuleuse assez régulière" (1873, 4, 767).

Rondot
(Haute-Saône) (Cropom). Wahrscheinlich ist der Name durch eine runde Apfelform motiviert.

Rosa
(Ile de France, Maine et Perche) (Cropom); *reinette rosa* (Franche-Comté) (Cropom). Offensichtlich geht dieser Name auf die Schalenfarbe zurück.

Rosat blanc
(1670, Schweiz). LeroyPom leitet das erste Namenselement *rosat* von dem Aroma des Fruchtfleisches ab, zu welchem er bemerkt: "l'arôme particulier de sa chair lui aura valu le surnom de *pomme Rosat*". Das zweite Namenselement *blanc* bezieht sich auf die Schalenfarbe, welche LeroyPom als "jaune très-blanchâtre" (1873, 4, 767-768) beschreibt.

Rose ...
De *rose* oder *pomme rose* (LeroyPom 1873, 4, 768); *pomme de rose* für "Maine et Perche" (Cropom). v. Wartburg führt den Namen auf den Geschmack zurück: "le fruit a une saveur de rose" (FEW 10, 477a-484a). Wahrscheinlich geht auch der Apfelname auf den Geschmack zurück, doch bleibt die Motivation durch die Farbe nicht ausgeschlossen. *Rose de berne* (Elsass) (Cropom). Der Namenszusatz *de Berne* bezieht sich wahrscheinlich auf ein Toponym: Zwei verschiedene Ortsnamen kommen infrage: *Bern* (Schweiz) oder *Berne* (Hamburg, Niedersachsen) (Encarta 1998). *Rose de bohême* "pommes d'été" (GE 27, 197-198). Der Name weist wahrscheinlich auf die Herkunft der Apfelsorte: *Bohême* wird als "région historique et géographique constituant la partie occidentale de la Tchécoslovaquie" (PRobNP 270b) ausgewiesen. *Rose de france*, *rose* (1628), *rose de france* (1771). LeroyPom stellt den Apfelnamen zur Farbe der Frucht ("d'un beau vermeil clair, au milieu duquel passent des rayes d'un beau rouge foncé, par conséquent très-agréable à la vue") (1873, 4, 770). Das Namenselement *de france* kann sowohl als Herkunftsbezeichnung sowie auch als Auszeichnung verstanden werden. *Rose des cévennes* (Provence) (Cropom). Wahrscheinlich stammt diese Apfelsorte aus dem fr. Zentralmassif (PRobNP 408b) oder wurde über dieses vermittelt.

Roseau
Rozeau (1628), *rouzeau d'hiver* (1653), *roseau* (1869) (LeroyPom 1873, 4, 785). *Rogé, roger, rogier, rogelet, roé, roié, rouzeau* und *rousseau* werden als Alternativnamen von *pomme rougeâtre* ausgewiesen (LeroyPom 1873, 4, 758). Der Name geht sicher auf die rote Farbe des Apfels zurück und hat mit *roseau* "Schilf" nichts zu tun.

Rosette marbrée
(1776), *Rosette d'été marbrée* (1780). Diesen Namen führt LeroyPom auf die Farbe und Musterung des Apfels zurück, die er folgendermaßen beschreibt: "d'un beau rouge non continu, mais comme rayé ou marbré" (1873, 4, 771); cf. mfr. *poire de rosette* "esp. de poire excellente" (1570) (S. 478b), mfr. *roset* "rouge clair", *rosette* "craie teinte en rouge, dont on se sert pour peindre" (FEW 10, 481a).

Rosine (C)
wird als Cidreapfel (1987, Normandie) (Chaib 10b) ausgewiesen. Bei diesem Namen könnte es sich um eine Ableitung vom Farbnamen *rose* handeln. Auch ein Zusammenhang mit dem Eigennamen *Rosine* (cf. LA 19, 13.2, 1397d) ist nicht völlig ausgeschlossen.

Rossignol (C)
wird als Cidreapfel (1987, Normandie) (Chaib 10b) ausgewiesen. LeroyPom stellt den Apfelnamen zu einem Familiennamen: "feu *Rossignol,* jardinier à Boisguillaume, près de Rouen" (1873, 4, 775).

Rouairie
Pomme de la rouairie (1840, Maine-et-Loire). LeroyPom stellt diesen Apfelnamen zu einem Toponym: "le jardin *de la Rouairie*" (1873, 4, 777), der sonst nicht ausgewiesen ist.

Roubau
De Roubau (1853, Belgien) (LeroyPom 1873, 4, 790). Vielleicht gehört der Apfelnamen *roubau* zu dem Ortsnamen *Roubaix* (Nord) (Encarta 1998)?

Rouennaise hâtive
(1845, Rouen). Bei dem ersten Namenselement handelt es sich um eine Ableitung von dem Toponym *Rouen.* Das zweite Namenselement *hâtive* bezieht sich wahrscheinlich auf die Reifezeit, welche LeroyPom mit "septembre-octobre" angibt (1873, 4, 779).

Rouge ... (C)
Rouge-amère (C) wird als Cidreapfel (1987, Normandie) (Chaib 10b) ausgewiesen. Der Name geht wahrscheinlich auf eine rote Farbgebung und den bitteren Geschmack der Frucht zurück. ***Rouge-bruyère*** (C) (1987, Normandie) wird als Cidreapfel ausgewiesen, dessen Saft folgendermaßen beschrieben wird: "très coloré" (Chaib 10b); *rouge-bruyère* "pomme à cidre" (Normandie), Bray *rouge-brière* (FEW 10, 532b). Möglicherweise geht der Apfelname auf eine Farbgebung, die dem roten Heidekraut ähnlich ist, zurück. Der Name könnte sich jedoch auch von einem Ortsnamen ableiten: Die Ableitung auf -aria bedeutet ursprünglich "ein mit Heidekraut bewachsenes Stück Land" und ist daher als Ortsname sehr häufig (cf. FEW 1, 558b). *Bruyères* ist als "ch.-l. de cant. des Vosges, arr. d'Epinal" ausgewiesen. *Bruyère-sur-Oise* ist eine Ortschaft von "Val-d'Oise" (PRobNP 33a). ***Rouge de daluis*** ist für "Alpes-Maritimes et le Var" (Cropom 2001, 14) belegt. Der Name gehört wohl zu dem Ortsnamen *Daluis* (Alpes-Maritimes) (PRobNP 551a). ***Rouge de villeneuve*** (C) wird als Cidreapfel (Rennes 1991, 28) ausgewiesen. Handelt es sich bei dem Namenselement *villeneuve* um einen Familien- oder Ortsnamen? *Villeneuve* wird als Name einer "famille provençale" ausgewiesen und ist als erstes Element verschiedener Ortsnamen (cf. PRobNP 2171b) belegt. ***Rouge-mulot*** (C) ist als Cidreapfel (1987, Normandie) (Chaib 10b) belegt. Die Apfelsorte *rouge mulot* wird folgendermaßen beschrieben: "douce amère, petit fruit" (Chevalier 1992). Der Name ähnelt wahrscheinlich wegen einer roten Farbgebung und seiner kleinen Form einer Wühlmaus:

mulot "petit rongeur" (13. Jh.) wird auf vlt. *mulus* "taupe" zurückgeführt (NPRob 1996, 1455a).

Rouget ... (C)
Rouget (C), *rougette* "variété de pomme" (LA 19, 13.2, 1440c). Es handelt sich um einen Cidreapfel der Normandie, dessen Saft "amer, un peu acidulé, pâle" ist (Chaib 10b); cf. mfr. *rougelet* "sorte de pomme" (1583) (S. 533b), nfr. *rouget* "sorte de pomme à cidre" (1611-1870) (S. 534a), *rouge d'avoine* "poire à poiré" (FEW 10, 535b). Der Apfelname geht wahrscheinlich auf eine rote Fruchtschale zurück: *Rouget* "légèrement rouge" wird seit dem 13. Jh. als Diminutiv von *rouge* ausgewiesen (NPRob 1996, 2003b). ***Rouget pointu de dol*** (Rennes 1998). Dieser Name setzt sich aus Angaben zu der roten Farbgebung (*rouget*), zu seiner spitzwinkligen Form (*pointu*) und zur Herkunft der Sorte (*de dol*) zusammen. Wahrscheinlich stammt die Sorte aus der Ortschaft *Dol-de-Bretagne* (Ille-et-Vilaine) (PRobNP 606a). ***Rouget de plouer*** (Rennes 1998). Dieser Name ist vielleicht zu dem Ortsnamen *Plouër-sur-Rance* (Côtes-d'Armor) (Encarta 1998) zu stellen. ***Rouget de miniac-morvan*** (Rennes 1998). Wahrscheinlich stammt diese Apfelsorte aus der Ortschaft *Miniac-Morvan* (Ille-et-Vilaine) (Encarta 1998).

Rouleau (C)
wird als einer der "pommes à cidre" ausgewiesen (LA 20, 5, 694c). Wahrscheinlich verdankt der Apfel den Namen seiner walzenförmigen Formgebung: *Rouleau* bezeichnet einen großen "cylindre dont on se sert pour comprimer le sol, écraser les mottes, dépiquer les grains" (LA 19, 13.2, 1447b). Das FEW 10 stellt *rouleau* "pomme enveloppée de pâte et cuite au four" und *roule* "poire ronde" (S. 500b) zu *rotella* "Rädchen" (S. 498a).

Roumentière
(Landes) (Cropom 2001, 14). Bei diesem Apfelnamen könnte es sich um eine Ableitung von dem Ortsnamen *Roumens* (Haute-Garonne) (Encarta 1998) handeln.

Rousse ...
Rousse (Deux-Sèvres) (Cropom). Sehr wahrscheinlich erhält der Apfel den Namen wegen seiner rötlichen Farbgebung: *Roux, rousse* wird auf lt. *russus* "rouge, fauve" zurückgeführt und bezeichnet "une chose de couleur orangée plus ou moins vive" (Rob Hist 1992, 2, 1843b); cf. mfr. nfr. *rousse* "femme qui a les cheveux roux" (16. Jh.) (FEW 10, 588b). ***Rousse-amère*** (C) ist als Cidreapfel (1987, Normandie) (Chaib 10b) belegt. Während sich das erste Namenselement *(rousse)* wahrscheinlich auf eine rötliche Farbgebung bezieht, ist das zweite offensichtlich durch den bitteren Geschmack der Frucht motiviert. ***Rousse-jaune tardive*** (1852). Diese Apfelsorte verdankt den Namen wahrscheinlich ihrer Farbgebung, zu welcher LeroyPom bemerkt: "*jaune* grisâtre sur le côté de l'ombre, jaune d'or brunâtre sur l'autre face, rayée et plus moins réticulée de *roux* clair, maculée de fauve autour du pédoncule". Das dritte Namenselement *tardive* bezieht sich auf eine sortentypisch späte Reifezeit, die auf "décembre-mai" (LeroyPom 1873, 4, 510-511) datiert wird. ***Rousse-latour*** (C) ist als Cidreapfel (1987, Normandie) belegt. Der Saft dieser Apfelsorte ist "coloré" (Chaib 10b). Das zweite Namenselement *latour* leitet sich wahrscheinlich von einem Eigennamen ab. Folgende Personen werden im Zusammenhang mit dem Familiennamen *Latour* ausgewiesen: *La Tour (Georges de)* war "peintre français"; *La Tour (Maurice Quentin Delatour, dit Quentin de)* wird 1704 in Saint-Quentin geboren und ist "peintre et dessinateur français" (PRobNP 1181b).

Rousseau ...
Rousseau wird als "variété typique du Pays d'Ouche" (Chevalier 1992) ausgewiesen. *Rousseau* oder *rousseau d'hiver* sind als Alternativnamen der *pomme rougeâtre* (LeroyPom 1873, 4, 785 [Verweis auf: Saint-Étienne 1670]) belegt. Dieser Apfel verdankt den Namen seiner roten Farbe; cf. mfr. nfr. *rousseau* (Normandie) "esp. de poire à la peau rougeâtre" (1611) (FEW 16, 589b). ***Rousseau du pays d'ouche*** (Normandie) (Cropom). Der Namenszusatz *du pays d'ouche* stellt die Apfelsorte zu folgendem Toponym: *Ouche (pays d')* (Normandie) (PRobNP 1548a).

Rouveau

De rouviau (1533), *de* oder *du rouveau* (1540). Diese Apfelnamen führt LeroyPom auf die rote Farbgebung des Apfels zurück: "*Rouveau*, qui dans la langue romane signifiait rouge" (1873, 3, 228); FEW 10, 529b weist afr. *pomme de rouviau* "reinette rouge" (Paris ca. 1300) für die frühesten Texte aus [< *rubellus* "rötlich"]. Es liegt also dieselbe Motivation wie bei den Apfelnamen *rousse* und *rousseau* vor.

Roux ...

Roux (C) wird als "pomme de *court-pendu*" (FEW 10, 588b) und als Cidreapfel (1987, Normandie) ausgewiesen. Der Apfel erhält den Namen wegen seiner roten Farbgebung, weshalb das FEW 10 den Beleg zu *russus* "fleischrot" stellt (S. 588b). Chaib beschreibt den aus dieser Apfelsorte gewonnenen Saft als "coloré" (S. 10b). ***Roux brillant*** (1840, Boisguillaume-lès-Rouen). Der Apfel erhält den Namen wegen seiner Farbgebung, zu welcher LeroyPom bemerkt: "rouge-brun clair" (1873, 4, 787-788). ***Roux durand*** (Maine et Perche) (Cropom). Wahrscheinlich wird diese Sorte einem Mitglied der Familie *Durand* gewidmet: In den ausgewerteten Quellen wird folgende Person mit diesem Namen vorgestellt: *Durand (Jean Nicolas Louis)* (1760-1834) war "architecte, archéologue et théoricien français" (PRobNP 632a).

Royale

Royale (LeroyPom 1873, 4, 790) oder *royale hâtive* werden seit 1628 als Alternativnamen zu der *passe-pomme d'été* ausgewiesen (LeroyPom 1873, 4, 530). Der Apfelname geht auf die ausgezeichnete Qualität der Sorte zurück: *Royal, -ale, -aux* bezeichnen "certaines espèces végétales et animales particulièrement remarquables" (16. Jh.) (Rob Hist 1992, 2, 1844b). v. Wartburg weist *royaux* "croquets, espèce de pommes" aus und stellt den Namen zu *regalis* "königlich" (FEW 10, 202b). Der Name ist also als Auszeichnung zu verstehen.

Rubanée

(1849). Diese Sorte erhält den Namen wegen einer auffallenden Musterung der Frucht, zu der LeroyPom bemerkt: "panachée de blanc sur le côté de l'ombre, fouettée de rose terne sur celui du soleil" (1873, 4, 827) (cf. *rubané,-ée* "une chose garnie de *rubans*" [Rob Hist 1992, 2, 1845b]); cf. *rubané* "marqué de bandes longitudinales qui ressemblent à des *rubans*" (S. 723a) zu *ringband* (ndl.) "Halsband" (FEW 16, 721b).

Ruque (C)

v. Wartburg stellt den Namensbeleg *pomme de ruque* "pomme qui donne un excellent cidre" zu den "Materialien unbekannten oder unsicheren Ursprungs"; *ruque* (1611) (FEW 21, 78a [Verweis auf: EstL 1583; EstL 1597]). Wahrscheinlich ist der Apfelname *ruque* zu *rū sca* "Rinde" zu stellen. Die Frucht fällt vielleicht durch eine grobe Schale auf. Möglich ist auch eine Erklärung aus der Tatsache, dass die Äpfel mithilfe eines Korbes gepflückt werden: v. Wartburg weist *ruche* "panier rond et haut, fait d'écorce d'arbre pour la cueillette et le transport des fruits". Auch ein Zusammenhang zwischen dem Cidreapfel und der Bedeutung *ruque* "Bottich", *rusquet* "bluteau d'un moulin" (FEW 10, 583ab) ist nicht auszuschließen.

Sabarotte

Pomme de sabarotte "genre de pomme jaune à côté rose" (Ré) (FEW 21, 79a). v. Wartburg vermutet, dass der Apfelname von dem Ortsnamen *Les Sabarottes* (Ré) abgeleitet wird. Er weist aber darauf hin, dass auch der Ortsname von dem Apfelnamen abgeleitet werden könnte (cf. FEW 21, 79a). Vielleicht besteht aber ein Zusammenhang zwischen dem Apfelnamen *sabarotte* und der Wortfamilie von *saba* (12. Jh.). v. Wartburg führt *saba* auf zu lt. *sapa* "eingekochter Most (der zum Trinken oder zum Verstärken des Weins gebraucht wird)" zurück. Im Galloromanischen und in den angrenzenden Gebieten hat sich die Bedeutung zu "Saft (der Pflanzen)" verschoben (FEW 11, 192b). *Sabe* "vin doux cuit qu'on emploie comme condiment" ist seit 1536 ausgewiesen (FEW 11, 191a [Verweis auf: Serres; Cotgr 1611]).

S'adouille
Pomme de s'adouille (1583) (FEW 21, 78a). *Pomme de sadouille* (1597) (Gf 7, 280b), (Hu 6, 669b); *la sandouille* (1536) als Doppelname für *camiere* (FEW 21, 78a), *sandouille* (1611) (FEW 21, 78a). Seit 1858 ist *douil* "vaisseau pour le transport du raisin au pressoir" ausgewiesen. *Douil* geht auf *dolium* "Bütte für den Most" zurück (FEW 3, 118b/119a). Vermutlich handelt es sich bei dieser Sorte um einen Cidreapfel, im eigentlichen Sinn einen Büttenapfel.

Safranée
(1855, Angers). LeroyPom führt den Namen auf eine gelbe Farbgebung des Apfels zurück: "qui doit son nom à la couleur de sa peau" (1873, 4, 796).

Saignette
(Normandie) (Cropom). Der Apfelname *saignette* ist zu *saigner*, lt. *sanguis* "sang" (NPRob 1996, 2022a) zu stellen, weil die Frucht wahrscheinlich auffallend rot gefärbt ist; cf. *saigne* "sève du sureau" (1694) zu *sanguinare* "bluten; bluten machen" (FEW 11, 160a). Evtl. besteht auch ein Zusammenhang zu **sagna* (gall.) "sumpfiges Gelände" (S. 71b), alyon. *saignet* "petit marais", (FEW 11, 72b), weil die Sorte gut auf einem sumpfigen Grundstück gedeiht?

Saint ...
Saint-aubin (C) wird als Cidreapfel ausgewiesen (Chevalier). Der Name ist zu einem Toponym zu stellen. Verschiedene fr. Orte tragen diesen Namen (cf. Encarta 1998). **Saint-bazile** (C) wird zu den Cidreäpfeln gezählt (Ro 1789, 215b). Wahrscheinlich gehört der Name zum Ortsnamen *Bazeille (sainte-)* "bourg et commune" (Lot-et-Garonne) (LA 19, 2.1, 419a). **Sainte marguerite** (C) (Cropom); *marguerite* als Cidreapfel (Rennes 1991, 28); *pomme marguerite* (18. Jh., England). Der Apfel verdankt den Namen seiner Reifezeit, zu der LeroyPom bemerkt: "La maturité de la pomme *Marguerite* coïncidant généralement avec l'époque – 20 juillet – où l'Église fête la sainte ainsi nommée" (1873, 4, 455). **Saint-georges** (C) ist als Cidreapfel mit folgender Reifezeit belegt: "que l'on cueille à la fin de septembre et au commencement d'octobre" (Ro 1789, 215b). Der Apfel verdankt den Namen wahrscheinlich der Tatsache, dass er zum Feiertag des Heiligen reift. Zwei verschiedene Daten werden zum Feiertag des Heiligen angegeben: der 23. April (cf. PRobNP 823a) oder der 10. November (cf. LA 20, 3, 763 b). Da diese Sorte in den Monaten Oktober und November reift, könnte der Apfelname auf den Feiertag im November zurückgeführt werden. **Saint-germain** (1788, Limoges) (LeroyPom 1873, 4, 671); *sainte germaine* (Cantal) (Cropom). Der Name wird auf einen Ortsnamen zurückgeführt, zu dem LeroyPom bemerkt: "il existe jusqu'à trois *Saint-Germain* dans certains départements confinant à la Corrèze" (1873, 3, 429). Außerdem wird die Birnensorte *poire de Saint-Germain* (1625), *Saint-Germain* (1721) (PRob 1990, 1753a) ausgewiesen; *poire de St. Germain* "esp. de poire" (1625) (FEW 4, 120a); *Saint-germain d'hiver* (LA 19, 12.2, 1266); (Sarthe) (FEW 4, 120a). Zur Herkunft der Birne existieren zwei verschiedene Theorien: v. Wartburg geht davon aus, dass sie nach dem Dorf *Saint-Germain* bei La Flèche (Sarthe) benannt sei (cf. FEW 4, 120a). Votteler hingegen vertritt die Ansicht, dass es sich um eine sehr alte Sorte handle, die als Sämling in der Abtei *Saint-Germain* bei Paris gefunden wurde (cf. Vo 595). **Saint-jacques** wird für Aquitaine (Cropom 2001, 14) ausgewiesen. *De Saint-Jacques* (1776) reift Ende Juli bis Anfang August (cf. LeroyPom 1873, 4, 530-531). Die Birnensorte *De Saint-Jacques* (1776) reift ebenfalls Ende Juli bis Anfang August (cf. LeroyPom 1869, 2, 518). Der Apfel- und Birnenname geht wahrscheinlich auf einen Heiligennamen zurück, weil die Früchte früh reifen. Die Feiertage des Heiligen werden am 11. Mai und am 25. Juli begangen (PRobNP 1056a). Ein Zusammenhang mit dem Ortsnamen *Saint-Jacques-de-la-Lande* (Ille-et-Vilaine) (PRobNP 1841a) ist eher unwahrscheinlich. **Saint-jean**, *Sainct-Jan* wird seit 1680 ausgewiesen; *Pomme de la Saint-Jean*. Diese Sorte ist identisch mit der *Pomme Joannine* (1560). Den Namen führt LeroyPom auf die Reifezeit zurück: "tirent leur nom de l'époque de leur maturité, car on les peut manger au jour, environ, où l'on fête la nativité de *saint Jean-Baptiste*" (1873, 4, 798). Der Feiertag wird am 24. Juni begangen (GRobNP 1991, 3, 1598a). *Joannet* ist als "esp. de pomme qui se mange à la *Saint-Jean*" ausgewiesen (FEW 21, 78a

[Verweis auf: RIFI 5, 37]). *De saint-julien* (Ro 1789, 215b); *Saint-Julien* (1852) (Normandie) reift Ende September. Zum Reifeverhalten dieser Apfelsorte wird vermerkt: "se conservant peu, devient vite fade et cotonneuse" (cf. LeroyPom 1873, 4, 678). LeroyPom notiert, dass sich die Apfelsorte *Pomme de Julien* oder *de Saint-Julien* (1768) (Normandie) von November bis Februar (LeroyPom 1873, 4, 707-708) halte. Der Apfelname könnte auf einen Ortsnamen zurückgeführt werden: *Julien (saint-)* wird als Ortsname (Haute-Savoie) ausgewiesen (LA 19, 9.2, 1102d). Eine wahrscheinliche Motivation besteht auch in der Tatsache, dass die Früchte zum Feiertag des Heiligen reifen. *Saint Julien* wird als "evêque du Mans" belegt (FUR 1727, s.v. *Julien*). **Saint-laurent** (C): Dieser Cidreapfel reift zur ersten Reifezeit (1987, Normandie) (Chaib 10b). Der Apfelname geht vermutlich auf den Heiligen zurück, weil die Früchte am 10. August, dem Feiertag des Heiligen, reifen (PRobNP 1184a). Auch eine Verbindung mit dem Toponym *Laurent (saint-)*, das für Jura und die Insel Korsika ausgewiesen (LA 19, 10.1, 253a), ist denkbar. **Saint martin** (C): Dieser Cidreapfel reift zur dritten Reifezeit (Chevalier 1992). Den Namen *saint martin* könnte er also der Tatsache verdanken, dass die Äpfel zum Feiertag des Heiligen (11. November) (cf. PRobNP 1329b) reifen. **Saint-nicolas** (C) wird als Cidreapfel ausgewiesen, der zur zweiten Reifezeit reift (Chaib 10b). Vermutlich müssen die Äpfel bis zum Feiertag des Heiligen gegessen sein. Außerdem wird die Birnensorte *Saint-Nicolas* oder *Beurré de Saint-Nicolas* ausgewiesen, die 1839 "à la Garenne de *Saint-Nicolas*" (Maine-et-Loire) gefunden wurde (LeroyPom 1867, 1, 427). Während der Apfelname wegen seiner Reifezeit auf einen Heiligen zurückgeht, erhielt die Birnensorte den Namen einer Ortschaft. **Saint-philbert** (C) wird als Cidreapfel (Chevalier) ausgewiesen. Gehört der Apfelname zu dem Toponym *Saint-Philbert-sur-Risle* (Eure) (Encarta 1998)?

Saintonge
De Saintonge (1838). Dieser Apfelname gehört zu einem Toponym. LeroyPom bemerkt zur Verbindung zwischen der Obstsorte und der Region: "J'ajoute que fort commune, depuis une centaine d'années, dans la *Saintonge*, elle a fini par y recevoir le nom de cette province" (1873, 3, 374).

Samoyeau
(1869, Angers). LeroyPom stellt den Apfelnamen zu dem Familiennamen des Besitzers M. *Samoyeau* (cf. 1873, 4, 803).

Sang de boeuf
(1994) (Cropom). Wahrscheinlich ist der Apfelname *sang de boeuf* durch die Tatsache motiviert, dass die Früchte so rot wie Rinderblut sind; cf. nfr. *rouge sang de bœuf* "variété de couleur rouge" (S. 171a), *sang-de-bœuf* "deep red colour found on old chinese porcelain" (FEW 11, 179a).

Sanguinole
De sang und *sanguinole* (1544). Die Sorte stammt aus Coburg (Franken). LeroyPom führt die Namen auf die rote Schalenfarbe und ein rotes Fruchtfleisch zurück: "doublement justifiées par la couleur de sa peau, puis de sa chair, sensiblement carminée à la surface" (1873, 4, 805). Das FEW 11 stellt nfr. *sanguine* "variété de poire d'Italie", *pêche sanguine* (Genf) "sorte de pêche violette" (1852), *orange sanguine* "orange dont la pulpe est tachée de rouge" (1907) (S. 166b) zu *sanguineus* "blutig; blutfarben" (S. 164a).

Sansabino
(Aveyron) "esp. de pomme". v. Wartburg stellt diesen Beleg zu den "Materialien unbekannten oder unsicheren Ursprungs" und vermutet, dass es sich bei dem Apfelnamen *sansabino* um den Ortsnamen *St-Savin* (Vienne) handelt (cf. FEW 21, 79b). Auch eine Verbindung mit *Senso-biai* (Provence) "personne maladroite" (FEW 11, 643a) ist möglich.

Sans-...
Sans-fleur (1690) "variéte de pomme à fleurs non apparentes" (FEW 1, 631b); *sans fleur* (FUR 1727, s.v. *sans fleur*); *sans-fleur* "variété de pomme" (LA 19, 14.1, 191d). LeroyPom

erklärt den Namen *sans-fleurir* durch die Tatsache, dass die Blüten kaum erkennbar seien: "cet arbre produit des fleurs munies de pétales; si elles ne les voyent pas, c'est qu'ils restent petits et verts comme les folioles du calices" (1873, 3, 304-305 [Verweis auf: *Pomologie française*, t. IV, n° 46]). *Sans-pareille* (Angers, 1844) wird als Alternativname von *nonpareille ancienne* (LeroyPom 1873, 4, 805) ausgewiesen. Außerdem ist der Birnenname *sanspareille* (1859) als Alternativname von *besi incomparable* (LeroyPom 1867, 1, 275) belegt. Der Name *sans-pareille* ist sicher durch die gute Qualität der Apfel- und der Birnensorte motiviert. *Sans-pépins* (1736, Paris). Diese Apfelsorte verdankt ihren Namen der Tatsache, dass es sich um eine kernlose Frucht handelt. LeroyPom bemerkt zu der sortentypischen Auffälligkeit: "Les produits de cette variété sont effectivement, et de façon constante, dépourvus de pepins" (1873, 4, 805). *Sans-queue* Dieser Apfelname ist durch einen sehr kurzen Fruchtstiel motiviert: "exiguïté de son pédoncule, qui souvent aussi fait qu'on la croit collée sur la branche" (LeroyPom 1873, 4, 805).

Santouchée
LeroyPom weist diesen Apfelnamen seit 1860 für die Vereinigten Staaten aus. Als Namensvarianten sind seit 1869 *panther* und *wildcat* ausgewiesen. Diese Namen sind motiviert durch die Schalenfarbe der Frucht, zu welcher der Pomologe bemerkt: "brun jaunâtre parfois faiblement nuancé de rose sur la partie exposée au soleil, tachée de roux foncé autour du pédoncule, puis ponctuée de gris et de marron" (cf. LeroyPom 1873, 4, 806). Die genaue Bedeutung von *santouchée* bleibt ungeklärt, bezeichnet dieser Begriff die Farbgebung einer Wildkatze? Möglicherweise besteht auch ein Bezug zu *santonicus* "Absinthe" (S. 187a), cf. absinthe *xaintongeois* (1604) (FEW 11, 188a).

Sapin
Mfr. *sapin* bezeichnet eine "esp. de pomme" (FEW 11, 214b). Der Apfelname ist wahrscheinlich durch eine Ähnlichkeit des Apfels mit einer Tanne motiviert, wie die Ausführungen zur Birnensorte *Sapin* nahelegen. Rozier beschreibt die Farbangabe ("la peau est verte") und die Form ("aplatie par la tête", "en diminuant régulièrement et se termine en pointe obtuse ou un peu tronquée") (Ro 1789, 116a). Darüberhinaus wird die Birnensorte *Sapin-doux* (C) (1856, Orne) ausgewiesen und zu den "poiriers dont les produits servent à faire du poiré" (LeroyPom 1867, 1, 69-70) gezählt. Der Apfel- und Birnenname *sapin* geht wahrscheinlich auf eine grüne Farbe und zylindrische Form der Frucht zurück; ist im FEW 11, 214b, s.v. *sappus* "Tanne" nachzutragen.

Sauge (C)
Die Apfelsorte *La sauge* (C) wird zu den "pommiers à cidre" (Ro 1789, 215b) gezählt. Wahrscheinlich erhält der Apfel den Namen aus demselben Grund wie die Birnensorte *De sauge* (C) (1856, Orne), "poiriers dont les produits servent à faire du poiré" (LeroyPom 1867, 1, 69-70). Die Birne verdankt den Namen ihren Blättern, zu denen LA 20 bemerkt: "ainsi nommé parce que les feuilles rappellent, par leur villosité blanchâtre, celles de la *sauge* commune" (Bd. 6, 206b); cf. *poire de sauge* "poire assez grosse dont on a fait du poiré" (1870) (FEW 11, 132b).

Saulette
(Aube) (Cropom). Wahrscheinlich besitzt dieser Apfelbaum eine auffallende Form, die der einer Trauerweide ähnelt. Bei dem Namen könnte es sich um eine Ableitung von *saule (pleureur)* handeln, weil der Apfelbaum eine Form wie eine Trauerweide (à branches tombantes") (NPRob 1996, 2040b) besitzt (cf. *pleureuse*).

Sauvage
(1540). Bei dieser Apfelsorte handelt es sich möglicherweise um einen Holzapfel. Die Charakterisierung "trop immangeable" spricht für diese Namensherführung (LeroyPom 1873, 3, 287); cf. afr. *sauveçon* "pommier sauvage", nfr. *sauvageon* "pommier ou poirier sauvage" (S. 618b) zu *silvaticus* "im Walde lebend, wild" (FEW 11, 616b).

Sebin
wird seit 1998 als Apfelname ausgewiesen (Cropom). Ist der Name zu *sebin* "aussi bien" (FEW 11, 576b) zu stellen?

Seigneur
(1625). LeroyPom erklärt diesen biblischen Namen als Auszeichnung der Sorte: "son mérite" (1873, 4, 784); cf. FEW 11, fr. *Notre Seigneur* "Jésus-Christ" (S. 449a), mfr. nfr. *seigneurial* (1408) "noble, magnifique" (S. 452a).

Séminaire de vesoul
(1854). Dieser Name ist durch die Herkunft der Sorte motiviert. LeroyPom bemerkt zu der Apfelsorte: "offerte ainsi étiquetée par le prêtre qui dirigeait alors cet établissement" (LeroyPom 1873, 4, 810). Das Seminar befindet sich in der Ortschaft *Vesoul* (Haute-Saône) (Encarta 1998).

Sereaux
wird als "esp. de pommiers" (1579) (FEW 21, 78a) ausgewiesen; *serveau* als Alternativname von *pointue des trescleoux* (Provence, S. 5); *cerveau, serveau* (H.Alpes 1998). Diese Sorte ist "très bien acclimatée en Provence" (Provence, S. 5). Die Farbgebung wird als "jaune ou brillant, lavé de rouge carmin à l'insolation" beschrieben. Das Fruchtfleisch ist "blanche, ferme, juteuse, acidulée, très peu sucrée" (H.Alpes 1998). Wegen einem fehlenden –*d*- ist ein Zusammenhang mit folgendem Lexem unwahrscheinlich: *Serdeau* (1440) wird als Alteration von *sert d'eau* "celui qui sert de l'eau" ausgewiesen (NPRob 1996, 2077b); *serdeau* "Lieu ou office de la maison du Roy, où on porte la desserte de sa table, & où mangent plusieurs des officiers servants prés de sa personne" (FUR 1690, s.v. *serdeau*). *Sereau* ist auch als "sureau" ausgewiesen: "Ifz, ronces, esglantiers, *sereaux*" (Hu 6, 770b [Verweis auf: Alcripe, p. 105]). Möglicherweise ähnelt der Apfel aufgrund der Farbe und des Geschmacks dem Holunder.

Sernoin
(1469) bezeichnet seit 1469 eine "variété de pomme". Als Namensvariante wird *sernoyn* ausgewiesen. v. Wartburg stellt diesen Beleg zu den "Materialien unbekannten oder unsicheren Ursprungs" (FEW 21, 78a). Vielleicht gehört der Name zu *Saturnin* oder *Sernin (saint)* "apôtre du Languedoc et premier évêque de Toulouse", weil die Früchte bis zum 29. November, dem Feiertag des Heiligen, reifen (cf. LA 20, 6, 204b)? Auch eine Verbindung mit dem Toponym *Sernin (saint-)* (Aveyron) (LA 19, 14.1, 605c) ist nicht ganz ausgeschlossen.

Sinope
De sinope (1866, Paris) (LeroyPom 1873, 3, 421). Wahrscheinlich soll sich dieser Name auf die Herkunft der Apfelsorte beziehen: *Sinope* bezeichnet eine türkische Stadt (cf. PRobNP 1934b); *Sinop* "administrative division" (Türkei) (Encarta 1998).

Soie
Pomme de soie (1776) wird als Verkürzung aus *chemisette de soie* (1760) oder *chemise de soie* (1776) belegt. Der Name geht wahrscheinlich auf eine besonders schöne Schale zurück, zu welcher LeroyPom bemerkt: "mince, brillante, jaune clair, plus ou moins nuancée de rose tendre sur la face exposée au soleil" (1873, 3, 215-216). Der Apfelname *chemisette de soie* ist zu *camisia* "Hemd" (FEW 2.1, 140a) oder / und *saeta* "Borste" und dort zur Bedeutung "Seide" (FEW 11, 49a) zu stellen.

Sonnante
Douce sonnante (1598); *sonnante d'automne* (1776) (LeroyPom 1873, 3, 421); *sonnante d'hiver* (1776) (LeroyPom 1873, 3, 228). LeroyPom geht davon aus, dass es sich bei *pomme sonnante* "Kling Apfel" um eine dt. Apfelsorte handle (cf. 1873, 3, 423). Dieser Apfelname ist wahrscheinlich durch ein Geräusch motiviert, da die Fruchtkerne locker im Gehäuse stecken (cf. *sonnette*).

Sonnette
(1852). Die Apfelsorte verdankt den Namen der Tatsache, dass die Fruchtkerne ein Geräusch verursachen. LeroyPom bemerkt: "il arrive même souvent que les pepins se détachent et sonnent par l'agitation" (1873, 3, 190-191). Als Namensvariante ist *À sonnettes* mit folgender Namenserklärung belegt: "très grandes loges où les pépins sont libres" (Chevalier 1992).

Sonore
(1598) (LeroyPom 1873, 3, 423). Der Name *sonore* geht wahrscheinlich darauf zurück, dass der Apfel (-kern) ein Geräusch verursacht (cf. *sonnante, sonnette*).

Souci
La *Pomme-de-souci* (1536) (Hu 1, 694b [Verweis auf: Serres]). Wahrscheinlich ist der Apfelname *pomme de souci* durch eine gelbe Farbgebung motiviert: v. Wartburg weist zu lt. *solsequia* "Ringelblume" die Farbangabe *couleur de souci* "extrêmement jaune" (1636), *jaune comme souci* (1690), *souci* "couleur jaune" (1791) (FEW 12, 73a-74a) aus. Die Belege für die Farbangabe sind allerdings jünger als die Belege für den Apfelnamen. Evtl. besteht auch eine Verbindung zu "Feuerköpfchen" wie der Vogel mfr., nfr. *soulcie* (FEW 12, 74b).

Souris (C)
wird als Cidreapfel (1987, Normandie) (Chaib 10c) ausgewiesen. Vielleicht verdankt der Apfel seinen Namen der Tatsache, dass er einer Maus ähnelt? Es könnte sich um einen kleinen und grauen Apfel handeln: *Souris* wird mit kleiner Gestalt ("petitesse") (Rob Hist 1992, 2, 1996a) und mit einer hellgrauen Farbnuance (*gris de souris* [1660], *gris souris* "ton de gris clair") (GRob 1985, 8, 889a) assoziiert; cf. nfr. *souris de terre* "châtaigne de terre" (FEW 12, 113b).

Souvenir des gloria
(1843, Angers). Dieser Apfel wurde den Brüdern Victor und Eugène *Gloria* (cf. LeroyPom 1873, 4, 818) gewidmet.

Spicé
wird seit 1867 für Paris als englische Sorte ausgewiesen. LeroyPom zitiert Diel, der den Name *spicé* durch den Duft des Fruchtfleisches erklärt hat: "parfum dont sa chair est imprégnée" (1873, 4, 819 [Verweis auf: *Kernobstsorten,*1809, t. X, p. 34]). Der Apfelnamen ist zu den Anglizismen (FEW 18) zu stellen.

Striée d'été
(1869). Das erste Namenselement *striée* ist durch die Farbgebung der Schale motiviert, zu der LeroyPom bemerkt: "*striée* de carmin violacé". Das zweite Namenselement *d'été* bezieht sich auf die Reifezeit der Sorte, die LeroyPom auf den Monat September datiert (1873, 4, 541). Der Apfelname ist unter *stria* "Streifen" (FEW 12, 296a) aufzuführen.

Suie (C)
wird als Cidreapfel (1987, Normandie) (Chaib 10b) ausgewiesen; *suie (de)* (Chaib 10c). Wahrscheinlich ist der Name *Suie* durch einen bitteren Geschmack und eine dunkle Farbgebung motiviert. Rob Hist 1992 weist folgende Redewendungen aus: *amer comme de la suie* "très amer", *noir comme de la suie* (1690) (Bd. 2, 2041b); cf. *suie* "matière noire que la fumée dépose sur la surface des corps" (FEW 12, 395b, s.v. **sudia*).

Suisse
Suisse panachée, pomme suisse (1613) (LeroyPom 1873, 4, 826-827). LA 19 beschreibt die Apfelsorte *suisse* (1866) folgendermaßen: "assez gros, jaune verdâtre à zones vertes, longitudinales" (Bd. 12.2, 1355). Wahrscheinlich verdankt sie den Namen der Musterung ihrer Fruchtschale. *Suisse* (1635) bezeichnet "le portier d'un hôtel particulier". Dieses Lexem sei wegen der Streifen auf dem Kleidungsstück ("par allusion aux rayures de l'uniforme") als Name einer Birne verwendet worden. Sehr wahrscheinlich erhielt der Apfel den Namen aus

demselben Grund. Das FEW 17, 61b weist nur Belege für Pflaumennamen (unter 2.6) und Birnennamen (unter 2.7) aus (s.v. *Schweiz*).

Surpasse- ...
Surpasse-impériale (1856). Das Namenselement *surpasse-* soll dem Sortennamen *impériale*, auf den es sich bezieht, eine Superiorität gegenüber anderen Untersorten verleihen (cf. *impériale*). Diesen Namen kommentiert LeroyPom folgendermaßen: "La seule chose que je sache, sur ce fruit, c'est qu'il porte un nom des plus trompeurs, car loin de *surpasser* en qualité l'*Impériale ancienne* ou la *nouvelle*, il leur est inférieur, au contraire, et de beaucoup" (1873, 4, 830). *Surpasse-reinette* (1846). Auch bei diesem Namen sollte *surpasse-* die besondere Qualität der Sorte gegenüber anderen Untersorten hervorheben. Allerdings weist LeroyPom bei beiden Sorten darauf hin, dass die Qualität zu wünschen lasse: "S'il surpasse en bonté quelques-uns de ses congénères, ce n'est pas notre antique *reinette franche*, que toujours on devra lui préférer" (1873, 4, 831) (cf. *reinette*).

Surprise d'été
(1849). LeroyPom bemerkt zur Namensgebung dieser Sorte: "La variété hâtive cultivée en France, et qui probablement dut son nom à l'abondance extrême de ses produits" (1873, 4, 831-832). Das erste Namenselement *surprise* ist also durch eine sortentypisch starke Fruchtbarkeit der Apfelsorte motiviert. Das zweite Namenselement *d'été* bezieht sich auf die Reifezeit, welche LeroyPom auf Mitte August datiert (1873, 4, 832).

Suse
De suse (1560); *suzine, de suze* (1650) (LeroyPom 1873, 3, 192-193); *susine* (LeroyPom 1873, 4, 833). LeroyPom stellt dieses Apfelnamen zu einem it. Toponym: "S'il pommier nommé jadis *de Suse*, chez les Italiens, qui le croyaient originaire de la ville de ce nom, située sur les confins du Piémont" (1873, 3, 193 [Verweis auf: Curtius, *Hortorum libri trigenta*, 1560. chap. Pommier, n° 28]). Das FEW 12, 469a weist nfr. *pomme susine* "esp. de pomme" (Mon 1636 – Pom 1700) mit dem Hinweis, dass es sich wahrscheinlich um eine Ableitung von *Susa*, dem Namen einer Stadt in Persien handelt, unter **susina* "Pflaume" aus. Das Wort sei sodann als nähere Bestimmung für eine Art Äpfel verwendet worden.

Suzanne
(1859, Maine-et-Loire). Bei diesem Namen handelt es sich um den Familiennamen des Züchters: M. *Suzanne* (cf. LeroyPom 1873, 4, 834).

Syrique
wird seit dem ersten Jh. von Plinius ausgewiesen. Seit 1586 ist die halbgelehrte Namensform *serique* belegt. Der Apfel verdankt den Namen seiner Farbgebung: *Syricum* bezeichnet "une certaine nuance se rapprochant de l'ocre rouge" (cf. LeroyPom 1873, 3, 193); die Form ist im FEW 12, 501b s.v. *Syria* nachzutragen.

Tafiu (C)
ist als Cidreapfel (1987, Normandie) belegt. Der Saft, der aus dieser Apfelsorte gewonnen wird, hat folgende Farbe: "couleur pelure d'oignon, doux, un peu amer" (Chaib 10c). Die Herkunft dieser Sorte bleibt unklar. Evtl. besteht ein Zusammenhang zwischen *Tafiu* und dem dt. Apfelnamen *Taffetas blanc* "Weißer Taffetapfel" (1859, Deutschland). Diesen Namen erklärt LeroyPom mit einem Zitat von M. Oberdieck: "Son nom lui vient de la couleur toute particulière de sa peau" (1873, 4, 838 [Verweis auf: *Kernobstsorten*, t. Ier, p. 549, n° 258]). Der Apfel erhält also den Namen vermutlich aufgrund seiner hellen Farbgebung und ist im FEW 13.1, 13b unter *tabes* "schmelzen; Schwindsucht" zu den Belegen *tafo* "blancheur de la neige; neige qui fond" und *tafo* "blancheur immaculée" aufzuführen. Möglicherweise spielt auch bei der Namensgebung auch ein schmelzendes Fruchtfleisch eine Rolle.

Taponne
Taponne (1783), *taponnelle* (1783), *tapounelle* (1628). Der Apfel verdankt den Namen seiner Form, zu welcher LeroyPom bemerkt: "toujours sensiblement côtelée; parfois même une ou plusieurs des côtes sont tellement prononcées, que le fruit devient alors triangulaire ou quadrangulaire" (1873, 3, 173-174).

Tardive de grosmagny
wird als Apfelname (Cropom) ausgewiesen. Das Namenselement tardive bezieht sich wahrscheinlich auf eine späte Reifezeit. Der Namenszusatz *de grosmagny* ist zum Toponym *grosmagny* (Franche-Comté) (Encarta 1998) zu stellen. Außerdem bezeichnet *Tardive de toulouse* eine Birnensorte (1862, Toulouse) (LeroyPom 1867, 2, 694). Das erste Namenselement geht auf die gute Haltbarkeit der Birne zurück, welche sich bis Juni hält (cf. LA 20, 12.2, 1266). Das zweite Namenselement ist zu *Toulouse* (Haute-Garonne) (Encarta 1998) zu stellen, weil die Sorte aus dieser Stadt stammt.

Tarella
(Jarez) (Cropom). Dieser Name ist nicht eindeutig zu klären. Vielleicht handelt es sich bei dem Apfelnamen *tarella* um eine Ableitung von *tare*. Dieses Lexem sei aus dem Provenzalischen entlehnt worden: *Tara* bezeichnet unter anderem "défectuosité" und "défaut, vice, dommage". Außerdem ist die Ableitung *taré, -ée* "une chose altérée par un défaut" belegt: *fruit taré* (1611) "mangé par les vers" (Rob Hist 1992, 2, 2085b). Vielleicht handelt es sich um eine schlechte Sorte oder einen Dörrapfel? Möglicherweise ist der *tarella* wie *tendrier* zu *tener* "zart" zu stellen; cf. Fraize *tare*, Moselle *tar* (FEW 13.1, 205b). Auch ein Zusammenhang mit *tara* (bask.) "Zweig" (FEW 13.1, 111a) oder norm. *tare* zu nfr. *tarc* "goudron" und *ter* (mndl.) "teer" (vielleicht wegen einer dunklen Farbgebung?) ist nicht ganz ausgeschlossen.

Teinière
(Rennes 1998). Der Apfelnamen *teinière* ist wahrscheinlich zu dem Ortsnamen *Tennière* (Allier, Auvergne) (Encarta 1998) zu stellen. Es ist allerdings auf die geographische Distanz hinzuweisen, die zwischen den Belegen liegt.

Teint frais
(Sud-Champagne) (Cropom); (1863, Finistère) (LeroyPom 1873, 4, 841); (Chevalier 1992). LeroyPom erklärt diesen Name durch eine schöne Farbgebung der Frucht: "Elle doit à son ravissant coloris le nom *Teint-Frais*" (1873, 4, 841); cf. nfr. *teindoux* "variété de pêche" (1793-1875), *teint* "couleur, teinture" (1180) und mfr. nfr. *teint* "coloris du visage" (FEW 13.1, 339ab).

Tendrier
(1873, Maine-et-Loire). Wahrscheinlich ist dieser Apfelname durch ein schmelzendes Fruchtfleisch motiviert. LeroyPom bemerkt zur Namensgebung: "Le nom de la pomme *Tendrier* me paraît venir du fondant de sa chair, l'une des plus tendres que je connaisse" (1873, 4, 841-842); cf. hmanc. *tendrier* "nom d'une variété de raisin blanc" (FEW 13.1, 205b, s.v. *tener* "zart").

Terling
wird für die Normandie als "esp. de pomme acide" (FEW 21, 78b) ausgewiesen. Vielleicht ist der Apfelname *terling* zum Ortsnamen *Terlincthun* (Pas-de-Calais) (LA 19, 14.2, 1640c) zu stellen.

Testacée
(1598, Schweiz), (1628, Orléans) (LeroyPom 1873, 3, 299-300). Der Apfel verdankt den Namen wahrscheinlich seiner Farbgebung. Außerdem weist Rob Hist 1992 die Birnensorte *testacé, -ée* "poire ayant la couleur de l'argile" aus. Er stellt den Birnennamen zu dem Farbton *testacé, -ée* (1562) zu lt. *testaceus* "de couleur de brique" (Bd. 2, 2109b); cf. mfr. *poire*

testacée "qui a la couleur de l'argile" (1562), Pin zu *testaceus* "ziegelfarben; mit einer Schale überzogen" (FEW 13, 1, 282b).

Tête ...
Die folgenden fünf Apfelnamen werden jeweils mit dem ersten Namenselement *tête* gebildet. Das FEW 13.1, 282a notiert hierzu nfr. *tête d'une pomme, d'une poire* "extrémité opposée à la queue" (Oud 1660 – Ac 1878); älter als *tête* ist in dieser Bedeutung *œil*, das dann auch geblieben ist und *tête* wieder getilgt hat; das FEW 13.1, 275b kennt als Apfelname nur die dialektale Form Urim. *téte dé chwau* (= *cheval*). *Tête d'ange* (1854, Württemberg). Der Name *tête d'ange* bezieht sich wahrscheinlich auf eine regelmäßige Form ("sa forme la plus habituelle"), eine schöne Farbgebung ("jaune clair, verdâtre sur le côté de l'ombre, amplement lavée et striée de rouge terne à l'insolation") und einen guten Geschmack ("sucrée, agréablement acidulée et parfumée") (LeroyPom 1873, 4, 843). *Tête de brebis* (1998-2000) (Cropom). Wahrscheinlich geht der Name auf die Form der Frucht zurück. Vielleicht spielt auch die Farbe oder Beschaffenheit der Apfelschale eine Rolle bei der Namensgebung. *Tête de chat* (1826, Jersey). Der Apfel verdankt den Namen seiner Form. LeroyPom bemerkt zur Frucht: "ayant toujours une face plus développée que l'autre" (1873, 4, 843). *Tête de cheval* wird als "esp. de pommes à rainures" für Urim. ausgewiesen (FEW 13.1, 275b). Wahrscheinlich ähnelt der Apfel aufgrund seiner Form einem Pferdekopf. *Tête de femme* (Franche-Comté) (Cropom). Der Name ist vielleicht durch die Form und eine schöne Farbgebung motiviert. *Tête de seigneur* (1854) wird als Alternativname von *tête de chat* ausgewiesen (LeroyPom 1873, 4, 842-843). Der Name geht wohl auf die Form des Apfels zurück.

Tétin
(1598). Der Apfel erhält den Namen wegen seiner Formgebung, zu der LeroyPom bemerkt: "Ce charmant fruit affecte à sa base la forme d'un *tétin*;... il semble sortir du bois et manquer de pédoncule, tellement il est attaché court" (1873, 3, 303). Außerdem belegt LeroyPom *tétine* (1860) als Alternativname der Birnensorte *cornemuse* (1869, 2, 698). Auch die Birne verdankt den Namen ihrer "forme bizarre" (LeroyPom 1869, 1, 603); cf. *téton de vénus* "variété de pêche molle qui porte un appendice semblable à un bout de sein" (1793) (FEW 17, 335ab) zu s.v. *titta* (germ.) "weibliche Brust" (S. 333b).

Tirlipe
Pomme de tirlipe (Mayenne) bezeichnet eine "pomme sauvage". Den Apfelnamen *tirlipe* leitet v. Wartburg von *tirer* und *lippe* (FEW 21, 79a) ab. Der saure Geschmack bewirkt offensichtlich, dass Menschen beim Verzehr den Mund verziehen.

Tiuffat
(Franche-Comté) (Cropom 2001, 14). Dieser Apfelname lässt sich nicht eindeutig erklären. Vielleicht geht er auf einen späten Reifezeitpunkt zurück? Als Birne weist v. Wartburg *tieufate* "esp. de poire allongée" mit den Namensvarianten *tiuefate, tuefate* (FEW 21, 82b) aus. Möglicherweise geht der Name auf *Theophania* "Epiphanienfest" zurück: *thiephaigne* (13. Jh.), *tiefainne* (Angers 1262), *tyephene, touhágno*. Ursprünglich wurde an dem Tage der Erscheinung Christi als Mensch, also seiner Geburt gedacht: *la Typhagne de Noël* (1295, Normandie). Wahrscheinlich sind der Apfelname *tiuffat* und der Birnenname *tieufate* zu afr. *tiefainne* "janvier" (FEW 13.1, 305a) zu stellen, weil die Früchte sich bis Januar halten.

Tonton la braie (C)
wird als Cidreapfel (Rennes 1991, 28) ausgewiesen. Die Motivation dieses Namens ist nicht eindeutig zu bestimmen. Vielleicht geht das erste Namenselement auf *tonton*, eine Alteration zu *oncle* (Rob Hist 1992, 2, 2132b) zurück. Das FEW 13.2, 418a weist *tonton* "qui reprend sur tout, mais dont l'humeur n'est pas colère et dont l'accent est bas" unter dem Expressiv- und Schallwort *tunt-* aus. Möglicherweise spielt ein durch die Frucht verursachtes Geräusch eine Rolle bei der Namensgebung? Bei dem zweiten Namenselement *la braie* handelt es sich

möglicherweise um den Familiennamen *La Braie*. Der Apfel könnte also einer Person gewidmet worden sein.

Torchet (C)
ist als Cidreapfel (1987, Normandie) belegt. Der Saft, der aus dieser Apfelsorte gewonnen wird, ist "excessivement coloré, peu abondant, doux" (Chaib 10c). Wahrscheinlich verdankt dieser Apfel den Namen *torchet* seiner gedrehten Form. Der Name ist deshalb mit großer Sicherheit zu lt. *torques, -is* von *torquere* "winden", "etwas Gewundenes" (FEW 13, 106a) zu stellen.

Tord-queue
wird als "variété de pommes" für Neuchâtel (Schweiz) (FEW 13, 86b) ausgewiesen. Wahrscheinlich ist der Name durch die Apfelform motiviert: *Tord-nez* bezeichnet "instrument à l'aide duquel on saisit le nez d'un cheval que l'on veut contenir" (1837) wobei sich dieses Kompositum aus den Elementen *tordre* und *nez* zusammensetzt. *Tordre* ist in der Bedeutung "déformer par torsion, enrouler en torsade" belegt. *Tordu, -ue* bezeichnet "qui est dévié, tourné de travers; qui n'est pas droit, suit une ligne sinueuse" (NPRob 1996, 1539b-2540a). Der Name kann als Analogiebildung zu *tord-boyaux* "eau-de-vie forte ou de mauvaise qualité" (1867); *tord-gueule* "eau-de-vie de marc du pays" (FEW 13, 86b) erklärt werden.

Transparente ...
Transparente (LA 19, 15.1, 422b); *transparente jaune*. Der Name ist durch die Beschaffenheit der Schale und des Fruchtfleisches motiviert, zu dem LeroyPom bemerkt: "très-mince et comme transparente, unicolore" (Schale) und "plus ou moins transparente" (Fruchtfleisch) (1873, 4, 847). *Transparente de croncels* (1869, Aube) (H.Alpes 1998). Diese Apfelsorte wird für das Pays d'Auge (Chevalier 1992) ausgewiesen. Der Name ist durch die Farbgebung ("jaune clair, légèrement lavé de rosé à l'insolation") und das Fruchtfleisch ("blanchâtre, juteuse, sucrée, acidulée" [H.Alpes 1998]) motiviert. Als Besonderheit wird vermerkt, dass unreif abgenommene Früchte nicht nachreifen und wertlos bleiben (cf. Vo 1993, 44). Der Namenszusatz *de croncels* bezieht sich wahrscheinlich auf einen in den ausgewerteten Quellen nicht belegten Ortsnamen.

Troche (C)
Wahrscheinlich handelt es sich bei dem Apfelnamen *troche* (Deux-Sèvres) (Cropom), *troclet* (Cidreapfel) (1987, Normandie) (Chaib 10c) und *À trochets d'hiver* (1690) um Namensvarianten derselben Apfelsorte. Die Namen erklären sich vermutlich aus der Besonderheit der Blüte, welche LeroyPom für die Sorte *À Trochets* charakterisiert: "Ses styles sont triplés; c'est-à-dire qu'ils sont au nombre de quinze, au lieu d'être au nombre de cinq" (1873, 3, 305). Die Apfelnamen gehen also auf die Wortfamilie von *troche* "Bündel, Menge" zurück (Gam 868a); "voilà un *trochet* de six pommes, de six poires, de six cerises" (FUR 1727, s.v. *trochet*), weil diese Sorte wahrscheinlich wie eine Weinrebe büschelweise Früchte trägt. Das FEW 13.2, 155b, s.v. *tradux, uce* "Weinranke" weist ang. *pomme de troche* "variété de pomme très acide, mais produisant beaucoup" aus. Denkbar wäre auch ein Zusammenhang mit *truncus* "Stamm" aufgrund einer besonderen Form des Baum(stamm)s (cf. FEW 13.2, 340b).

Trouvée de desandans
(Franche-Comté) (Cropom). Vermutlich weist das erste Namenselement *trouvée* darauf hin, dass es sich bei dieser Sorte um einen Zufallssämling handelt. Wahrscheinlich ist die Sorte in der Umgebung der Ortschaft Désandans (Doubs) (Encarta 1998) gefunden worden.

Turbet
wird seit 1583 ausgewiesen. v. Wartburg beschreibt die Sorte folgendermaßen: "Une greffe du pommier qui produit le *turbet* fait se dresser tout droit la tige sur laquelle elle est greffée" (1611) (FEW 21, 78a). Besitzt die Frucht die gewundene Form eines Kreisels? Dann ließe sich der Apfelname von lt. *turbo, inis* ableiten. Dieses Lexem wird zur Bezeichnung für alles,

was sich im Kreis herumdreht. v. Wartburg zählt als Beispiele "Wirbelwind, Sturm, Kreisel (Spielzeug), Haspel, Wertel an der Spindel, die wirbelnde Bewegung" auf (FEW 13, 423a). Ein Zusammenhang mit den Ortsnamen *Turballe (La)* (Loire-Atlantique) oder *Turbie (La)* (Alpes-Maritimes) (PRobNP 2096b) erscheint unwahrscheinlich.

Ultra-tardive
(Franche-Comté) (Cropom). Der Apfel verdankt den Namen offensichtlich seinem späten Reifezeitpunkt. Zum Namensbeleg liegt aber keine Beschreibung vor.

Unique
Pomme unique (Angers, 1850). LeroyPom vermerkt zur Verbreitung diese Sorte: "Je n'ai, du reste, vu décrite dans aucune Pomologie étrangère ou française, cette singulière variété, dont l'introduction chez moi date de 1850" (1873, 4, 850). Der Name erklärt sich aus der Tatsache, dass die Sorte den Pomologen unbekannt zu sein scheint. Außerdem weist LeroyPom eine Birnensorte mit dem Namen *unique musquée* (1860) (LeroyPom 1869, 2, 685) aus. Während der Apfelname auf die Seltenheit der Sorte hinweist, zeichnet der Birnenname den Geschmack der Sorte aus, zu dem LeroyPom bemerkt: "son exquise saveur" (1869, 2, 686) (cf. auch *unique* "esp. de rose blanche" oder *unique impérial* "variété d'oeillet" [FEW 14, 43a]).

Vadio
(1994) (Cropom). Gehört dieser Apfelname vielleicht zu dem Ortsnamen *Vadillo* (Castille and Léon, Spain) (Encarta 1998)?

Vagnon ... (C)
Vagnon (C) wird als Cidreapfel (1987, Normandie) (Chaib 8a) ausgewiesen. Dieser Name lässt sich nicht eindeutig erklären. Besteht zwischen dem Apfelnamen und einem Gefäß, in dem Cidre zum Gären gebracht wird, ein Zusammenhang? Für Varennes ist *vagnon* "cuvier" ausgewiesen (FEW 14, 158a). Außerdem könnte ein Zusammenhang mit dem Ortsnamen *Wagnon* (Ardennes) (Encarta 1998) bestehen. *Vagnon-legrand* (C) wird als Cidreapfel (1987, Normandie) ausgewiesen. Der Saft, der aus diesem Apfel gewonnen wird, ist "doux, un peu amer, parfumé, pâle" (Chaib 10c). Wahrscheinlich ist die Apfelsorte *vagnon-legrand* größer als die Sorte *vagnon*. Oder handelt es sich bei dem zweiten Namenselement *legrand* um einen Eigennamen?

Vaicherel
(Pays d'Auge). Dieser Apfel reift zur dritten Reifezeit. Er wird folgendermaßen beschrieben: "douce légèrement sucrée, très grosse, rouge" (Chevalier 1992). Wahrscheinlich ist der Name durch eine fleckige Farbgebung und eine grobe Form motiviert. Unter *vacca* "Kuh" weist v. Wartburg die Belege für *vaiche* "salamandre maculée" und mfr. *vaichote* (1364) "petite vache" (FEW 14, 97a-102a) aus; dort v.a. unter 101b nachzutragen.

Vairon (C)
wird als Cidreapfel (1987, Normandie) (Chaib 10c) ausgewiesen. Wahrscheinlich erhält der Apfel den Namen *vairon* wegen einer auffälligen Fruchtschale: das FEW 14, 186a bemerkt, dass im Begriffsfeld "gesprenkelt" *varius* schon im Lt. auf die reifenden Früchte, insbesondere die Trauben, bezogen würde. *Vairon* bezeichnet "yeux *vairons*, dont l'iris est cerclé d'un anneau blanchâtre, ou qui sont de couleurs différentes" (16. Jh.) (NPRob 1996, 2355a) und wird zu *vair* "moucheté, tacheté, bigarré, surtout en parlant de la peau" (Rob Hist 1992, 2, 2209b) gestellt.

Vanicrot (C)
ist als Cidreapfel (1987, Normandie) belegt. Dieser Name lässt sich nicht eindeutig klären. Der Saft, der aus dieser Apfelsorte gewonnen wird, ist "très coloré, doux, exclusivement parfumé" (Chaib 10c).

Vaucharde ...
Vaucharde (Sud-Champagne) (Cropom). Vielleicht handelt es sich bei diesem Namen um eine Ableitung von *vauche* zu **worrike* (gall.) "Weide" (FEW 14, 633a) mit dem Suffix *-arde*. Es könnte sich um eine grobe Apfelsorte handeln. *Vaucharde double des vosges* (Vosges) (Cropom 2001, 14). Wahrscheinlich erhält diese Sorte den Namenszusatz *double*, weil sie größer als die Sorte *vaucharde* ist. Das dritte Namenselement *des vosges* weist wahrscheinlich auf die Herkunft des Apfels aus dem Mittelgebirge in Ostfrankreich.

Vaugoyau
De vaugoyau (1852, Maine-et-Loire) (LeroyPom 1873, 4, 616). Vielleicht ist dieser Name zu einem in den ausgewerteten Quellen nicht belegten Orts- oder Familiennamen zu stellen.

Vauriasse
(Provence) (Cropom); "la *Vauriasse*" (Vaucluse) (Provence, S. 5). Vielleicht handelt es sich bei dem Apfelnamen *vauriasse* um eine Ableitung von dem Ortsnamen *Vauriac* (Dordogne) (Encarta 1998).

Veine
De veine (Normandie) (Cropom). Der Apfelname könnte durch eine auffällende Schalenmusterung motiviert sein: *Veine* (1607) bezeichnet "dessin coloré, mince et sinueux dans le bois, les pierres" (Rob Hist 1992, 2, 2221b).

Vendue-leveque
Der Apfelname *de vendue-leveque* (Aube) (Cropom) ist nicht eindeutig zu klären: Wahrscheinlich gehört der Apfelname *vendue-leveque* zu einem Ortsnamen? Es könnte sich um eine Ortschaft handeln, deren Name wie das Toponym *La Vendue-Mignot* (Aube) (Encarta 1998) gebildet wurde. Der zweite Namensbestandteil (*leveque*) weist sicher den Besitzer des Ortes (*Vendue*) aus.

Verdin
wird wird "pomme à peau *verte*" ausgewiesen. Der Name erklärt sich aus der grünen Farbgebung des Apfels (FEW 14, 513b).

Verdouse
v. Wartburg weist Argot *verdouse* "pomme, poire" (1628) aus. Diese Bezeichnungen werden auf die grüne Farbe zurückgeführt: *verdousier* "jardin" (1628), "pommier" (1836), "fruitier" (1837) (FEW 14, 507a-513b). Der Apfelname ist also durch eine grüne Farbgebung motiviert.

Verdun
(Somme) (Cropom 2001, 14). Wahrscheinlich gehört der Apfelname zu dem Toponym *Verdun* (Meuse) (PRobNP 2149b).

Vérité
(Brie) (Cropom). Spielt dieser Name auf den "Apfel der Erkenntnis" an? Der Begriff *vérité* "Wahrheit" spielt in der christlichen Literatur eine große Rolle, besonders in den Bedeutungen "die Heilswahrheit, die Gott verkündet; der wahre Glaube" (FEW 14, 288b); (cf. *bon chrétien*).

Vermillon ...
LeroyPom weist vier verschiedene Apfelsorten mit dem Namenselement *Vermillon* aus. Der Name *vermillon d'été* (1869) geht offensichtlich auf eine rote Farbgebung und eine Reifezeit während des Sommers zurück. Der Name *vermillon d'hiver* (1628) erklärt sich wohl aus einer Reifezeit während des Winters. *Vermillon d'andalousie* (1851) (LeroyPom 1873, 4, 851). Wahrscheinlich verdankt dieser Apfel den Namen seiner Farbgebung und einer Herkunft aus Südspanien. Außerdem wird eine Birnensorte *vermillon* ausgewiesen. Der Birnenname ist durch die rote Farbgebung der Frucht motiviert, zu welcher Li 1885 bemerkt: "d'un rouge

foncé" (Bd. 2, 245c); "poire d'un rouge foncé" (1872). Auch v. Wartburg leitet den Birnennamen von der "couleur vive et éclatante qui se tire du cinabre" (FEW 14, 209a) ab. Bei dem Apfel *vermillon rayé* (1852) (LeroyPom 1873, 4, 851) spiegelt der Name wohl eine rote Farbgebung und auffällige Musterung wider.

Verre
Die Apfelsorte *pomme de verre* (1561) stammt aus Coburg (Franken). Der Name wird folgendermaßen erklärt: "Les noms *pomme de Glace* ou *de Verre*, justifiés par la couleur et la transparence de sa chair" (LeroyPom 1873, 3, 324-325). Es handelt sich um eine Lehnübersetzung von dt. (*weißer*) *Glasapfel*.

Versauger (C)
wird als Cidreapfel (1987, Normandie) ausgewiesen, der zur zweiten Saison reift. Der Saft, der aus dieser Apfelsorte gewonnen wird, ist "pâle, doux, parfumé" (Chaib 10c). *Versage* (12. Jh.) "action, fait de culbuter"; (1842) "premier labour, par lequel on verse la terre sur le côté" (Rob Hist 1992, 2, 223a); *versage* "premier labour" (FEW 14, 307b). *Verseret* "saison du premier labour, juin" (FEW 14, 307b). Seit 1879 wird *versée* "action de verser (du vin)", seit 1536 *verser* "déborder (d'une rivière)", *versa* "fille à gorge relevée" und mfr. *versaudé* "abattu, morne" ausgewiesen (FEW 14, 308b-309b). Eine Verbindung des Apfelnamens mit dem Toponym *Versaugues* (Saône-et-Loire) (Encarta 1998) ist aus lautlichen Gründen auszuschließen.

Vert ...
Vert (1611) "esp. de pomme" (FEW 14, 513b); *Vert* (1670) als Alternativname von *verte à longue queue*. Die Sorte ist "originaire de la Suisse". Der Apfel verdankt den Namen seiner Farbgebung, zu welcher LeroyPom bemerkt: "toute *verte*" (1873, 4, 853). *Verte à longue queue* (1540, Franche-Comté), (Suisse). Das erste Namenselement *verte* bezieht sich auf die Farbgebung des Apfels, zu der LeroyPom bemerkt: "unicolore, *vert* clair". Das zweite Namenselement *à longue queue* geht auf den sortentypischen Fruchtstiel zurück, den LeroyPom folgendermaßen beschreibt: "très-long, grêle à la partie supérieure, mieux nourri à son point d'attache" (1873, 4, 852). *Verte-ente* (C) wird als Cidreapfel (1987, Normandie) (Chaib 10c) ausgewiesen. Es handelt sich sicher um eine grüne Apfelsorte, die aufgepfropft wurde: *ente* bezeichnet den "scion qu'on pend à un arbre pour le greffer sur un autre" (PRob 1990, 653b) und bedeutet "Pfropfreis", "Sproß" (Gam 375a). *Verte-reine* (FUR 1690, s.v. *pomme*); *Verte-reyne* (LeroyPom 1873, 4, 853). Die Sorte stammt aus Tours (LeroyPom 1873, 4, 483). Der Name geht wahrscheinlich auf eine grüne Farbgebung und eine ausgezeichnete Qualität des Apfels zurück. Das FEW 10, 211b, s.v. *regina* "Königin" weist nur Pflaumen- und Pfirsichsorten aus. *Vert-poireau* (1598, Schweiz). Der Apfel verdankt den Namen seiner Farbgebung, zu der LeroyPom bemerkt: "appelée Lauchs (sic), ou *de Poireau*, sans doute à cause de sa couleur" (1873, 4, 560-561).

Vertot
(Normandie) (Cropom). Wahrscheinlich geht auch der Apfelname *vertot* auf eine grüne Farbgebung zurück: *Verdelot* ist in der Bedeutung "un peu vert" (FEW 14, 509a) ausgewiesen. Ein Zusammenhang mit dem Ortsnamen *Vertou* (Loire-Atlantique) (PRobNP 2156a) ist ebenso möglich, wie eine Erklärung aus *vert* "grün" und dem auslautenden Normandismus *–tot*.

Veuve leroy
(1853, Manche) (LeroyPom 1873, 3, 241). Die Sorte wurde einer verwitweten Frau der Familie *Leroy* gewidmet.

Victor trouillard
(1845, Angers). Diese Apfelsorte wurde als Zufallssämling von *Victor Trouillard* gefunden worden (LeroyPom 1873, 4, 856).

Vieilles-maisons
Pommier de Vieilles-Maisons (1860). LeroyPom stellt diesen Apfelnamen zu einem Toponym: "Quatre localités y sont appelées *Vieilles-Maisons*, deux dans la Corrèze, une dans l'Aisne, et la quatrième dans le Loiret" (1873, 4, 857).

Vignancourt hâtive
Pomme de vignancourt hâtive (1628) wird als Alternativname von *pomme de neige* (LeroyPom 1873, 4, 857) ausgewiesen. Während das erste Namenselement wohl auf den Ortsnamen *Vignancourt* (Somme) (Encarta 1998) zurückgeht, verweist das zweite Namenselement auf die frühe Reifezeit der Apfelsorte.

Vigneronne
wird als Apfelsorte (Corrèze) (Cropom 2001, 14) ausgewiesen. *Vigneron, -onne* (12. Jh.) bezeichnet "personne qui cultive la vigne et fait le vin" (Rob Hist 1992, 2, 2255a). Der Apfelname *vigneronne* könnte durch einen weinartigen Geschmack motiviert sein (cf. *vineuse*). Außerdem ist *vigneron* als Birnensorte belegt. Dieser Name erklärt sich aus dem Geschmack des Fruchtfleisches, zu dem Vo bemerkt: "zart, saftig, angenehm gewürzt und süß" (S. 685-686); cf. FEW 14 *poire de vigne* "variété de poire d'automne" (1628) (S. 472a), *vigneronne* "variété de raisin" (1845) (S. 473a).

Vineuse rouge
Der Apfelname *vineuse rouge d'été* geht wahrscheinlich auf einen weinartigen Geschmack und eine rote Farbgebung zurück. LeroyPom beschreibt die Frucht folgendermaßen: "sucrée, faiblement parfumée, possédant une saveur acide des plus rafraîchissantes", "elle est en outre quelque peu maculée de fauve dans le bassin pédonculaire" (1873, 3, 231). Auch der Apfelname *vineuse rouge d'hiver* (1613) oder *vineuse rouge* geht wahrscheinlich auf einen weinartigen Geschmack und die Farbgebung der Frucht zurück, zu der LeroyPom bemerkt: "(...) maculée de fauve autour du pédoncule et très-amplement lavée, surtout à l'insolation, de carmin plus ou moins vif et foncé" (1873, 4, 784). Außerdem wird die Birnensorte *vineuse* (1840, Belgien) (LeroyPom 1867, 2, 742) ausgewiesen. Auch dieser Name geht auf den weinartigen Geschmack des Fruchtfleisches zurück, welches LA 19 folgendermaßen charakterisiert: "fondant, juteux, vineux" (Bd. 12.2, 1266). Der Apfel- und Birnenname *vineuse* geht auf die Farbgebung und insbesondere dem Geschmack der Frucht zurück und ist im FEW 14, 480b zu *vineux* "qui a un goût, une odeur de vin" (1549), "de couleur du vin rouge" (ca. 1350) nachzutragen.

Violette ...
Violette (1715) wird als "variété de pomme" (FEW 14, 485a [Verweis auf: Quint]) ausgewiesen. Seit 1628 befindet sich diese Sorte "dans le verger que le Lectier, procureur du Roi, possédait à Orléans" (LeroyPom 1873, 4, 860). Der Apfel hat den Namen aufgrund seines Geschmacks erhalten. Rozier beschreibt das Fruchtfleisch als "sucrée, douce, un peu parfumée de *violette*" (Ro 1789, 200b). *Violette eyriès* (1830). Der Name wird wahrscheinlich auf den Geschmack und mit Sicherheit auf einen Eigenname zurückgeführt. LeroyPom geht davon aus, dass die Apfelsorte einem "M. *Eyriès*" gewidmet worden sei (1873, 4, 861).

Vivier (C)
ist seit 1987 als Cidreapfel der Normandie (Chaib 10c) belegt. Möglicherweise ist der Apfelname zu einem Familiennamen zu stellen, der in den ausgewerteten Quellen mit verschiedenen Personen belegt ist: *Vivier (Eugène)* war "virtuose et compositeur français, né dans l'île de Corse en 1821". LA 19 weist darauf hin, dass dessen Vater "originaire de la Normandie" gewesen sei (Bd. 15.2, 1133d). Außerdem wird in den ausgewerteten Quellen *Vivier (Robert)* "écrivain belge" (1894-1989) (PRobNP 2180a) ausgewiesen. Auch ein Zusammenhang mit einem Toponym ist möglich: *Vivier (le)* (Ille-et-Vilaine); *hameau du Vivier* "commune de Fontenay-Trésigny" (Seine-et-Marne) (LA 19, 15.2, 1133c); *Viviers* (Ardèche) (PRobNP 2180a). Eine Verbindung mit lt. *vivarium* "Fischteich" (FEW 14, 574b) ist sicher auszuschließen.

Voyageur (C)
wird seit 1987 als Cidreapfel der Normandie (Chaib 10c) ausgewiesen. Es handelt sich bei dieser Apfelsorte wohl um einen Zufallssämling.

Yeux-creux (C)
ist als Cidreapfel (1987, Normandie) (Chaib 10c) belegt. Das erste Namenselement könnte sich auf einen Fachbegriff der Hortikultur beziehen: *Oeil* "bourgeon naissant" (NPRob 1996, 1522b); cf. *œil* "endroit par où sort le petit bourgeon de la vigne, des arbres fruitiers" (1636), mfr. nfr. "extrémité opposée à la queue (d´une pomme, etc.) (1393), mfr. *gros œil* "sorte de pomme à cidre" (1611) (FEW 7, 316b). Das zweite Namenselement *creux, -euse* ist in der Bedeutung "qui a une cavité intérieure: amaigri, cave, enfoncé: joues creuses, *yeux creux*" belegt (LA 20, 2, 576a). Wahrscheinlich ist der Apfelname zu einer übertragenen Bedeutung zu stellen, die aus der Zusammenstellung der beiden Namenselemente hervorgeht. Der Ausdruck *yeux creux* besitzt eine starke Wirkung: "Ses *yeux creux*, ses sourcils épais et noirs lui faisaient une mine austère (Abbé de Choisy)" (LA 19, 5, 509d); "ses *yeux creux* et austères se changent en des yeux bleus d´une douceur céleste et pleins d´une flamme divine" (Li 1885, 1, 894b). Der Name geht wahrscheinlich auf die Form der Frucht zurück.

II. Zu den Prinzipien der Namengebung

Ausgeklügelte Verschlüsselungstechniken scheinen bei einigen Apfelnamen einen unerwünschten Zugriff auf die Daten zu verhindern, an denen die Namensmotivation abzulesen ist. In diesem Kapitel wird ein Überblick und eine erste Auswertung des oben zusammengestellten Materials gegeben. Es wird versucht, die Erkenntnisse der einzelnen Artikel aus verschiedenen Perspektiven zu bündeln. Bei der Dekodierung der Apfelnamen werde ich morphologische, historische und vor allem kognitive Methoden anwenden. In einem ersten Schritt werden die morphologischen Fragestellungen rekapituliert, die während der Inventarisierung der Apfelnamen auftraten. Als zweiter Schritt erfolgt eine geschichtliche Auswertung, welche die Apfelnamen in Zusammenhang mit dem jeweils geltenden Zeitgeist des betreffenden Jahrhunderts stellt. Anschließend werden in einem dritten Schritt die Grundlagen für eine kognitiv ausgerichtete Auswertung gelegt. Diese Perspektive wird bestimmend für die gesamte Diskussion sein.

II.1. Morphologische Perspektive

Einem historischen Zufall oder einem synchron nicht mehr erkennbaren Gesetz sind in der Morphologie sogenannte "Unregelmäßigkeiten" (Geckeler 1995, 48) entsprungen. Bei den Apfelnamen finden sich viele Beispiele für historischen morphologischen Wandel, welcher teilweise durch die betreffenden Datierungsbelege auf die ursprüngliche Namensform zurückvollzogen werden kann.

Cuisinotte, cousinotte, cousinot und *pomme coussin* werden als Namensvariante einer Apfelsorte belegt, die hier auf die Form *cuisinotte* zu *cuisine* 'Küche' zurückgeführt werden, weil LeroyPom die Sorte als Haushaltsapfel charakterisiert (cf. 1873, 3, 246). Einen eindeutigen Namen festzulegen war bei einigen Fällen aufgrund der vielfältigen Varianten schwierig. Als weiteres Beispiel ließe sich *rambour* anführen: *rambourg, pomme de rambure, pomme de rambourg, pomme de rambour, rambure, rembourg, pommes de rambure* und *pomme de rambour* werden als Namensvarianten des Apfels *rambour* ausgewiesen, der wahrscheinlich aus der Ortschaft *Rambures* bei Amiens stammt.

Für die Apfelsorte *calleville* ermittelte ich *calville, calvil, pomme de calville, pommes de caleville, cadlin, calvine, calvire* und *caravella*. Dieser Apfelname ist offensichtlich zum Toponym *Calleville* (Eure) zu stellen (FEW 2.1, 99b) und wird unter dem entsprechenden Eigennamen in dieser Arbeit mit sämtlichen Quellenangaben zusammengestellt (cf. *calleville*).

Während es bei den oben untersuchten Beispielen problematisch war, einen Namen festzulegen, ist es bei anderen sogar ausgeschlossen. So lassen sich sechs Beispiele durch die hier ausgewerteten Quellen nicht entschlüsseln und müssen als ungeklärte Fälle in die Statistik aufgenommen werden (cf. *cibrisy, furoche, gahute, halveiche, rayau, riage*). Zu 36 weiteren Namenbelegen konnte keine eindeutige Namensmotivation erbracht werden. Das FEW stellt den Namensbeleg *daudent* (1838) "variété de pomme" zu den "Materialien unbekannten oder unsicheren Ursprungs" (FEW 21, 78b [Verweis auf: AcC 1838-Lar 1922]). Zwar liefern auch die in dieser Arbeit untersuchten Quellen keine Erklärung für diesen Namen, aber es wird auf einen möglichen Zusammenhang mit dem Ortsnamen *Audencourt* (Encarta 1998) hingewiesen, weil sich aus einer ursprünglichen Form *d'audencourt* später die Formen *daudencourt* und schließlich *daudent* entwickelt haben könnten (cf. *daudent*).

Auch phonetische Transformationen erschweren die Zuordnung von Namensformen: Möglicherweise kann zu einigen Namen keine Erklärung erbracht werden, weil das Schriftbild oder die Lautbewegungen zum Namen unerklärliche Abwandlungen in der morphologischen Struktur erfahren haben. Einige Apfelnamen stellt v. Wartburg mit anderen ungeklärten Belegen zu den "Materialien unbekannten oder unsicheren Ursprungs" (FEW 21, 77b). Für den dort belegten Apfelnamen *courdaleaume* und die Namensvariante *court d'aleaume* konnte aber hier ein Erklärungsansatz geleistet werden, indem der Apfelname mit der Familie *Aleaume* in Verbindung gebracht wird, auf deren Hof die Obstsorte gezüchtet worden sein könnte (*cour d'aleaume*).

Eine volksetymologische Interpretation liegt bei *belle dubois* (1866) (LA 19, 12.2, 1355) vor: Die Sorte wurde einem *Louis Dubois* gewidmet. Aus dieser Namensform entwickelt sich dann die Variante *belle du bois* (cf. LeroyPom 1873, 3, 108-109), weil der Familienname *dubois* volksetymologisch wegen identischer Lautform ausgelegt wird als *du bois* 'aus dem Wald'. Ein ähnliches Phänomen kann bei dem Namen *boccabrevé*, den ich frei als 'kurze Schnauze' übersetze, beobachtet werden. Als Namensvariante wird *bouquepreuve* ausgewiesen, wobei es sich wahrscheinlich um eine später erfolgte volksetymologische Interpretation zugunsten der Bedeutung 'Gaumenprobe' handelt.

Bei Apfelnamen, bei denen nicht sicher ist, ob sie auf einen Personen- oder Ortsnamen zurückgehen, ist es sinnvoll, der zentralen Frage nach der Entwicklung vom Ortsnamen zum Appellativum nachzugehen, weil aufgrund der Form Aussagen bezüglich der Namensmotivation gemacht werden können. Die mit einem Toponym in Beziehung stehenden Namen sind syntaktisch nach drei Typen zu unterscheiden: Die syntaktische Fügung *pomme + de + Ortsname* wird als "periphrastischer Typus" bezeichnet. Bei der unmittelbaren Übertragung einer Ortsbezeichnung handelt es sich um eine "elliptische Bildung" (cf. Höfler 1967, 136). Die Verbindung *pomme + Ortsname* wird "direkte, präpositionslose Fügung" oder "juxtaposition" (cf. Höfler 1967, 127) genannt. Die Artikel zu den einzelnen Apfelnamen liefern Belege für alle drei Typen. So ist für die Sorte *calleville* der periphrastische Typus mit *pomme de calville* (1694) und *pommes de caleville* (1680) ausgewiesen. Außerdem liegen Namensvarianten vor, die der elliptischen Bildung entsprechen, wie mfr. *calvil, calville* (1544), *cadlin* (Normandie), *calvine* (Genf). Höfler (1967) kommt in seiner Untersuchung zur Benennung von Stoffnamen zu dem Schluss, dass sich die Entwicklung vom Ortsnamen zum Appellativum im Allgemeinen über den periphrastischen Typus vollziehe und dass die direkte, präpositionslose Fügung nicht als selbständiger Ausgangspunkt, sondern nur als Zwischenstufe zur elliptischen Bildung gelten könne (cf. S. 136).

Die Analyse des Namen *calleville* beweist jedoch, dass der periphrastische Typus eher dafür spricht, dass der Apfel zu einem Ortsnamen zu stellen ist. So beziehen sich *calleville de gascogne* (1670), *calleville de grugé* (1849), *calleville de maussion* (1864), *calleville d'oullins* (1850) und *calleville saint-sauveur* (1863) auf die Toponyme *Gascogne, Grugé, Maussion, Oullin* und *Saint-Sauveur*. Die direkte präpositionslose Fügung findet sich nur bei einem Apfelnamen, der auf einen Ortsnamen zurückgeht (*Saint-Sauveur*) und scheint eher für eine Zuordnung zu einem Familiennamen zu sprechen. *Calleville boisbunel* (1859) ist zu dem Züchter Monsieur *Boisbunel* zu stellen; *calleville garibaldi* (1860) geht auf den General *Garibaldi* zurück. Bei einigen Apfelnamen wie beispielsweise *saint-julien* ist es nicht sicher, ob sie in Zusammenhang mit dem Feiertag oder möglicherweise mit einem Ortsnamen stehen. Das Vorliegen der syntaktischen Fügung (*de saint-julien* [1793]) spricht eher für die Zurückführung auf das Toponym, während die elliptische Form (*saint-julien* [1852]) auf einen Zusammenhang mit einem in den ausgewerteten Quellen nicht belegten Feiertag schließen lässt. Neben den bereits erörterten syntaktischen Typen finden sich auch Beispiele für Toponymderivate. So werden aus den beiden Ortsnamen *Arménie* und *Arbois* mit den weiblichen Flexionsmorphem *–ienne* und *–ine* die Apfelnamen *arménienne* und *arboisine*. Ein ähnliches Wortbildungsmuster liegt auch bei den Ableitungen *auchelle, berneuille* und *dourdaine* vor, die von den Orten *Auchel, Berneuil* und *Dourdain* abgeleiteten Apfelnamen.

II.2. Geschichtliche Auswertung

Mit einem Blick auf die Geschichte des Obstanbaus sind vorrangig die Apfelnamen zu entschlüsseln, die auf Eigennamen zurückgehen. Die Ergebnisse, die sich in der folgenden Datierungsstatistik abzeichnen, korrelieren mit den historischen Fakten. Die Entwicklung der Hortikultur soll hier kurz in fünf Etappen dargestellt werden:

	I.	II.		III.				IV.			V.
	Antike	11. Jh.	MA[11]	13. Jh.	14. Jh.	15. Jh.	16. Jh.	17. Jh.	18. Jh.	19. Jh.	20. Jh.
total	5	1	3	5	8	10	66	108	91	260	493
comestible	4	1	1	4	6	10	54	89	58	235	272
cidre	1	-	2	1	2	-	12	19	33	25	221

Abb. 3: Datierungsbelege

2.1. Antike

Die Spur europäischer Obstsorten führt weit zurück: Die ersten Obstfunde in Europa stammen "schon aus den bronzezeitlichen Pfahlbaustationen" (Pieber 1991, 10b). Dass bereits die Griechen ihre Sorten mit Namen bedachten, wissen wir aus dem 24. Gesang der Odyssee von Homer (um 800 v. Chr.) (cf. Petzold 1990, 15). Auch in den Schriften der Römer finden sich viele Sortennamen. LeroyPom weist in seiner Einleitung sieben griechische und 26 römische Apfelsorten mit Namenserklärung aus (cf. 1873, 3, 9-11). Die Römer führten, Petzold zufolge, ihre Kultursorten in Gallien und Germanien ein. Aus diesen Sämlingen entwickelten sich in den folgenden 1700 Jahren die europäischen Apfelsorten. Sie alle waren aus Apfelkernen gewonnen worden. Die Menschen stellten fest, dass aus den Kernen Bäume mit anderen Äpfeln hervorgingen, die sich von denen des Mutterbaumes teilweise frappierend unterschieden (cf. Petzold 1990, 15).

Die *pomme d'api* ist die älteste hier berücksichtigte Apfelsorte, die auch heute noch in Frankreich bekannt ist. Sie wurde von einem Römer gezüchtet: "la culture de l'api remonte (...) jusqu'aux temps de l'ancienne Rome" (LA 19, 1.1, 475a). Die Apfelsorte *syrique* wird seit dem ersten Jahrhundert von Plinius erwähnt, ein anderer Beleg weist diese Sorte allerdings nur noch für das 16. Jahrhundert aus; möglicherweise existiert sie heute nicht mehr. Problematisch gestaltet sich die Datierung der Apfelnamen *adam* und *mirabelle*, für die lediglich der vage Hinweis "de toute antiquité" (cf. LeroyPom 1873, 3, 51) gegeben ist. Die Apfelsorte *haute-bonté* wird für den Poitou als "une de ces antiques variétés dont la trace se retrouve sûrement à travers les siècles" (LeroyPom 1873, 3, 347) ausgewiesen.

2.2. Frühes Mittelalter

Ab dem 11. Jahrhundert beginnt eine Phase, in der die weitere Entwicklung des Obstbaus in erster Linie "in den Händen des Adels und der Klöster" lag (Pieber 1991, 10b). Der Zusammenhang zwischen Pomologie und dem Wortfeld[12] ADEL lässt sich anhand des Apfelnamens *richard* aufzeigen. Dieser seit dem 11. Jahrhundert für die Normandie ausgewiesene Apfel trägt den Namen des dritten Herzogs der Normandie (942-996) (cf. GE 28, 31b). Obwohl nur acht von 1050 Namen im frühen Mittelalter belegt werden, könnten einige der erst später belegten Apfelsorten schon ab dem 11. Jahrhundert existiert haben. Für diese These spricht, dass die meisten Apfelnamen (47 Prozent) erst im 20. Jahrhundert

---

[11] Es existieren keine Belege für das 12. Jahrhundert, aber eine Reihe von Namen ist mit dem Hinweis 'Mittelalter' datiert.
[12] cf. IV.2. Wortfeldanalyse.

ausgewiesen werden, obwohl im letzten Jahrhundert die Sortenvielfalt durch die Umstellung der Agrarwissenschaften bedroht wurde und daher eine deutliche Abnahme an Namenbelegen zu erwarten gewesen wäre. Stattdessen werden fast die Hälfte aller Namen belegt. Die Tatsache ist durch ein verändertes Bewusstsein der Menschen zu erklären, die sich gegen den drohenden Verlust alter Sorten einsetzen. Es ist also mit großer Sicherheit davon auszugehen, dass es sich bei vielen der erst im 20. Jahrhundert belegten Namen um (sehr) alte Apfelsorten handeln muss.

Eine geschlossene Gruppe von Apfelnamen, die aus geschichtlicher Sicht mit hoher Wahrscheinlichkeit in diese frühe Etappe fallen könnten, sind die Äpfel, deren Namen auf das Wortfeld KIRCHE zurückgeführt werden können: Von den zwölf Namen, die mit dem Namenselement *saint-* versehen werden, sind fünf zwar erst seit dem 20. Jahrhundert ausgewiesen, möglicherweise erhielten die Apfelsorten jedoch die Heiligennamen schon in einer Epoche, in der religiöse Bewegungen im mittelalterlichen Europa sehr stark waren. Als sichtbarer Ausdruck werden u. a. die Kreuzzugsbewegung, die Gründungen neuer Ordensgemeinschaften und eine gesteigerte Heiligenverehrung mit vermehrter Ausbreitung von Heiligennamen genannt (cf. Gottschald 1982, 41). In Frankreich geht der starke Einfluss des Christentums vor allem auf König *Clovis*[13] zurück.

Als sehr produktives Namengebungsprinzip erweist sich die Zuordnung einer Apfelsorte zu einem Orden oder Kloster. Dies erklärt sich durch die Tatsache, dass die Züchtung neuer Apfelsorten schon im Mittelalter in den Händen der Klöster lag (cf. II.2.). Der Name *bénédictin* weist auf den Jüngerkreis der Benediktiner, *reinette des capucins* auf die Kapuzinermönche und *reinette des carmes* auf den Karmeliterorden. Die Apfelsorte *germaine* ist bei der Abtei *Saint-Germain* bei Paris entstanden.

Zwei Apfelnamen gehen wahrscheinlich auf die Eigennamen reisender Gläubiger zurück: Der Apfelname *bon chrétien* (1564) bezieht sich entweder auf *Saint Martin* oder auf *Saint Français de Paule*. Einer dieser beiden 'guten Christen' soll die Sorte aus Ungarn mit nach Frankreich gebracht haben. Ein ähnliches Namengebungsprinzip liegt bei *romeau* (1423) vor, weil hier ein Pilger den Apfel aus der Vatikanstadt mitnahm. Die Datierung dieser Sorten weist schon in die nächste Epoche hinein.

2.3. Ab dem 14. Jahrhundert

Die sich ab dem 14. Jahrhundert anschließende dritte Etappe des Obstanbaus ist durch eine vermehrte Auspflanzung auf hofnäheren Flächen geprägt, wobei diese Obstgärten in erster Linie der Selbstversorgung dienten (cf. Pieber 1991, 10b). Die Apfelnamen dieser Entwicklungsstufe stehen in Zusammenhang mit der französischen *formation territoriale* (1498-1789) (EU 1990, 9, 831a), wobei die Begriffe *domaine, royaume, état* und *nation* eine wichtige Rolle spielten. Wahrscheinlich ist der erst seit 1987 für die Normandie belegte Cidreapfel *domaine* bereits viel früher auf einer "propriété patrimoniale du roi" entstanden (EU 1990, 9, 831bc).

Für das 16. Jahrhundert sind 66 Apfelnamen belegt, also deutlich mehr als in den vorhergehenden Epochen. In seinem Hauptwerk *Le Théâtre d'agriculture et Mesnage des champs* (1600) weist Olivier de Serres[14] 49 Belege aus. Bei den 18 Namenbelegen für das 14. und 15. Jahrhundert handelt es sich teilweise um Toponymderivate wie *lauson* (1497) oder *rissel* (1495). Diese Ortsnamen gehen, wie das häufig der Fall ist, auf die Namen von Höfen und ihren Besitzern zurück (cf. "de son fondateur ou du possesseur du *domaine* autour duquel une agglomération s'est formée plus tard" [Dauzat 1950, 4]).

Das erste Namenselement des erst später belegten Cidreapfels *messire jacques* (1987) steht wohl ursprünglich mit dem Phänomen der Lehensherrschaft in Beziehung: *Messire* wird

---

[13] Dieser französische Herrscher (466-511) konvertierte zum Katholizismus (cf. GPRobNP 1991, 2, 700a). Er setzte sich intensiv für den Einfluss der Katholischen Kirche ein, indem er nach Vereinheitlichung in der religiösen Praxis ("l'uniformisation de la culture des croyances, des comportements, des mentalités") (EU 1990, 9, 825c) strebte.

[14] Der französische Agronom Olivier de Serres (1539-1619) wurde dadurch berühmt, dass er aus seinem *Domaine du Pradel* (Ardèche) eine "ferme modèle" entwickelte. Außerdem beauftragte ihn Henri IV, den Tuileriengarten für das ehemalige Schloss der französischenKönige in Paris zu gestalten (cf. GRobNP 1991, 5, 2911a).

ausgewiesen als "ancienne dénomination honorifique réservée d'abord aux grands seigneurs" (NPRob 1996, 1392a).
Im frühen 14. Jahrhundert befinden sich die *domaines* vor allem im Nordwesten Frankreichs, "aux environs de Paris et à quelques villes des vallées de l'Oise et de l'Aisne" (EU 1990, 9, 831c). Dieser geschichtlichen Tatsache tragen die geographischen Belege zu den Apfelnamen *lauson* (Lasson) oder *rissel* (Flandern) Rechnung. Die einzelnen Besitztümer konstituieren das Königreich: "Le *royaume* est formé de toutes les seigneuries qui sont dans la mouvance du roi, c'est-à-dire dont les possesseurs sont liés au souverain par la chaîne des hommages vassaliques" (EU 1990, 9, 831c).
Auf den starken Einfluss des Königshauses weisen viele Apfelnamen hin: Die erst später belegten Apfelsorten *madame* (1873) und *monsieur* (1998) wurden wahrscheinlich schon in dieser Epoche gezüchtet, so dass auf diese Weise "le frère et la belle-sœur uniques ou plus âgés du roi" angesprochen wurden (cf. *madame, monsieur*). Als Argument für diese These können die beiden gleichlautenden Birnennamen herangezogen werden, die bereits im Jahre 1564 bekannt waren (cf. LeroyPom 1867, 2, 738). Auch der Apfelname *royale* (1628) spiegelt die starke Präsenz des Königshofs und damit des ADELS im 17. Jahrhundert wider. Ebenfalls in diesem Zusammenhang ist der Name der populären Apfelsorte *reinette* (1535) zu sehen. Dass sich die Namensform *reinette* zu *regina* 'Königin' gegenüber *rainette* zu *rana* 'Frosch' durchgesetzt hat, ist durch die hier erläuterten geschichtlichen Rahmenbedingungen nur logisch.

2.4. 17. bis 19. Jahrhundert

Im 17. Jahrhundert wird Frankreich als eine "nation de paysans" (EU 1990, 9, 838) definiert, die sich in einem viel stärkeren Maße als in den vorhergehenden Jahrhunderten um die Züchtung neuer Obstsorten bemüht. In diesem Jahrhundert erfolgt eine markante Ausweitung des bäuerlichen Obstanbaus, in der die Franzosen auch größere Ackerflächen mit Obstbäumen bepflanzten (cf. Pieber 1991, 10b). Der Pomologe André Leroy sieht die Notwendigkeit, diesem botanischen Phänomen auch wissenschaftlich zu begegnen und verfasst seinen *Dictionnaire Pomologique*. Der Obstanbau entwickelte sich in dieser Zeit zu einem wirtschaftlichen Faktor: "Schon damals wurden die steigenden Absatzmöglichkeiten im Rahmen der sehr vielseitigen Selbstversorgung, aber auch der wachsenden Städte des gerade erwachenden Industriezeitalters erkannt" (Pieber 1991, 10c).
Die Belege des 17., 18. und 19. Jahrhunderts zusammengefasst, weist diese Epoche eine starke Produktion neuer Namen auf: Mehr als die Hälfte aller Tafeläpfel (52 Prozent) werden in dieser Zeit belegt. Dass die Anzahl der Belege für Cidreäpfel sich nicht proportional zu dieser Tendenz verhält, erklärt sich durch ihre starke Quote im 20. Jahrhundert. Obwohl die meisten von ihnen erst im 20. Jahrhundert in Listen notiert werden, ist davon auszugehen, dass es sich durchweg um alte Sorten handelt.
Eine grundlegend neue Naturbetrachtung etabliert sich im Laufe dieser Epoche. Bis in die frühe Neuzeit definiert die Theologie als "Königin der Wissenschaften" den Auslegungshorizont der Natur. Aber bereits seit dem späten Mittelalter entwickelt sich zunehmend eine naturwissenschaftliche Fachsprache, die sich von der "kontemplativallegorischen Auslegung der Dingwelt" des Mittelalters (cf. Pörksen 1998, 193-196) unterscheidet.
Die systematische Botanik von Carl von Linné (1735, *Systema Naturae*) unterscheidet in "genera", "species" und "varieties of species" (cf. Bu 1983, IX). Bei den Apfelnamen zeigt sich daraufhin eine klassifizierende Namengebung. *Allongée verte* (1865) weist auf zwei sortentypische Merkmale hin, die lange Form und die grüne Farbe des Apfels. Viele der Modelle für Namenskombinationen sind nicht vor dem 18. Jahrhundert produktiv. So wird die Apfelsorte *amer* bereits seit 1611 belegt. Aber erst ab dem 18. Jahrhundert entstehen die Kombinationen *amer mousse* (1793) und *amer doux* (1866). Und sechs weitere Kombinationen sind sogar erst seit dem 20. Jahrhundert ausgewiesen: *amer-maine* (1987), *amère de berthecourt* (1987), *amère de la vieuville* (1987), *amère de surville* (1987), *amère-longue-queue* (1987) und *amère-tord* (1987).

Die nationale Einheit Frankreichs vollendet sich im 19. Jahrhundert und ist vor allem auf den ausgeprägten Zentralismus zurückzuführen: "Au milieu du XIXe siècle, la France est l'État le plus centralisé d'Europe" (EU 1990, 9, 843a). In diesem Zusammenhang ist auf die Apfelsorte *nationale* (1871) hinzuweisen, deren Name den auflebenden französischen Nationalstolz im Jahr der deutschen Reichsgründung widerspiegelt. Der Apfelname *magenta* (1861) erinnert an eine bedeutende Schlacht zwischen Frankreich und Österreich. Der Name eines aus England stammenden Apfels weist darauf hin, dass überall in Europa nationales Bewusstsein entsteht (cf. *federal pearmain* "Staatenparmäne" [1833], *fédérale* [1867] [LeroyPom 1873, 3, 291]). Außerdem beziehen sich einige der französischen Apfelnamen auch auf Toponyme aus benachbarten europäischen Regionen wie Flandern, Andalusien oder Nachbarstaaten wie Großbritannien (cf. *flandre* [1873], *pigeonnet anglais* [1873], *vermillon d'andalousie* [1851]). Die Belege für *pomme de canada* (1632), *arménienne* (1996) und *fenouillet de chine* (1866) zeigen, dass auch Toponyme anderer Kontinente ihren Niederschlag in der französischen Namengebung von Apfelsorten fanden.

2.5. 20. Jahrhundert

Mit der fünften Etappe des Obstanbaus begeben wir uns in das 20. Jahrhundert. Als modernes Namensbeispiel dieser Epoche werte ich *championne en vitamines*. Dieser Apfelname korreliert mit dem neuen Bedürfnis der Konsumenten nach dem Wirkstoff *Vitamin*, der seit 1913 ausgewiesen wird (cf. NPRob 1996, 2400b). In der Zeit nach dem Zweiten Weltkrieg erforderten arbeitstechnische und wirtschaftliche Gründe eine rationellere Tafelobstproduktion, die schließlich zur Anlage von geschlossenen Intensivobstanlagen führten (cf. Pieber, 1991, 10bc). Durch den Großanbau verschwanden viele der alten Sorten und der Pomologie wuchs eine neue Aufgabe zu: "D'emblée, la pomologie s'impose comme une nécessité dans la lutte pour sauver les variétés fruitières en perdition et préserver la richesse de l'environnement" (Cropom 2001, 16).

Besonders stark betroffen vom gesellschaftlichen Wandel auf dem Agrarsektor sind vor allem die Apfelsorten, die für die Cidreproduktion verwendet werden. Von 250 bis 300 Sorten, die Anfang des letzten Jahrhunderts für Ille-et-Vilaine gezählt wurden, seien heute nur noch hundert übrig (cf. Rennes 1991, 26). Sehr wahrscheinlich wurden viele Apfelnamen nur deshalb mit Namen und Angaben auch schriftlich registriert, weil Menschen sich des drohenden Verlustes alter Sorten bewusst wurden. Neben dem Plantagenanbau trug auch die geringe Nachfrage nach dem Getränk Cidre dazu bei, dass viele Streuobstwiesen und damit alte Apfelbäume verschwanden:

> "L'avènement du système de monoproduction, qui se met en place de manière abrupte à partir de 1960, qui s'accompagne d'une régression considérable de la production de cidre" (Rennes 1991, 26).

II.3. Kognitive Prinzipien der Namengebung

Morphologie und Historie – auf der Folie dieser beiden Wissenschaftsdisziplinen wurden die Apfelnamen in den letzten beiden Kapiteln auf eine für die Namensforschung typische Weise analysiert: Die morphologische Untersuchung der Apfelnamen zeigte, dass schon allein der Blick auf die strukturelle Aussage von Namen wie *calleville de grugé* oder *calleville boisbunel* wertvolle Hinweise auf die Frage nach der Motivation geben kann. So liegt als Erkenntnis vor, dass der periphrastische Typus eher auf die Herkunft aus einem Ort deutet, während die präpositionslose Fügung nahe legt, dass der Apfelname zu einem Personennamen zu stellen ist. Die Systematisierung der Datierungsbelege diskutierte ich vor dem Hintergrund der geschichtlichen Rahmenbedingungen. Vor diesem Horizont heben sich Namengebungsprinzipien wie der Rückgriff auf die Wortfelder ADEL und KIRCHE deutlich ab.

Das weite Feld der Apfelnamen, die auf sortentypische Merkmale zurückgehen, erfordert weniger eine morphologische oder historische als eine kognitive Auswertungsperspektive.

Erst wenn der beim Menschen intern ablaufende Entscheidungsprozess zugunsten einer Namensmotivation plausibel dargestellt werden kann, ist ein Erkenntniszuwachs auf dem Gebiet der Namensforschung möglich.

3.1. Motivation der Apfelnamen

Fasst man die Resultate der Tabelle zusammen, sind zwei übergeordnete Namengebungsprinzipien erkennbar: 404 Bezeichnungen gehen auf ein Nomen proprium zurück, also auf einen Personennamen (11 Prozent) oder ein Toponym (20 Prozent). Der überwiegende Anteil der Namenselemente (69 Prozent) geht auf sortentypische Eigenschaften zurück.

Nomen proprium		sortentypische Merkmale			
404		891			
Person	Ort	Reifezeit	Wertung	Baum	Apfel
147	257	54	129	72	636

Abb. 4: Prinzipien der Namengebung[15]

3.2. Einführung in die Kognitionswissenschaften

Die Kognitionswissenschaften beschäftigen sich mit allen Prozessen der Aufnahme, Speicherung und Nutzung von Informationen. Die Sprachwissenschaftlerin Monika Schwarz plädiert für eine weite Kognitionsdefinition, unter die nicht nur das Denken und Sprechen, sondern auch die perzeptuellen Leistungen und die Wahrnehmungs-, Lern-, Sprach- und Gedächtnispsychologie fallen. Diese Aspekte werden anhand komplexer Informationsverarbeitungsmodelle beschrieben, welche die Aktivität und Flexibilität der Kognition betonen (cf. Schwarz 1988, 6).

Die in der Kognitionsforschung untersuchten Phänomene sind der direkten Beobachtung und – wenn es sich um unbewusste Phänomene handelt – zum Teil auch dem Bewusstsein nicht zugänglich. Ein grundlegendes Problem bei der Erforschung kognitiver Strukturen und Prozesse bestehe deshalb darin, geeignete Verfahren zu entwickeln, die Aufschluss über die internen Einheiten geben könnten.

Die interdisziplinäre kognitive Wissenschaft zeichnet sich durch einen ausgeprägten Methodenpluralismus aus: Neben den (rationalistischen) Denkmethoden (Induktion und Deduktion) benutzt sie vor allem eine Reihe von Beobachtungsmethoden (cf. Schwarz 1988, 36).

Um die Apfelnamen kognitiv zu entschlüsseln, schlage ich die Methode der Fremdbeobachtung ein, die zudem induktiv rekonstruiert werden muss. Indem ich vom einzelnen Apfelnamen ausgehe, arbeite ich die bereits erbrachten kognitiven Leistungen des Namengebers heraus. Während also bei einem Laborexperiment die Funktionsweisen der Wahrnehmung direkt beobachtet werden, handelt es sich bei der Analyse von sprachlichen

---

[15] Bei der semantischen Analyse wurde jedes Namenselement einzeln gewertet. Aus diesem Grund übersteigt die Anzahl der in dieser Tabelle ausgewerteten Einheiten (1295) die Gesamtheit der Namenbelege (1050). 42 der 1050 Namenbelege konnten nicht geklärt werden.

Phänomenen wie den Apfelnamen um eine indirekte, dennoch rationalistische Untersuchungsvariante.

3.3. Filterung und Repräsentation

Bei der Begegnung mit einer neuen Apfelsorte muss der Namengeber sortentypische Merkmale registrieren. Dabei wählt er aus einer großen Menge an Informationen relevante Daten zur Charakterisierung aus. Diesen ersten Schritt im Prozess der Namengebung bezeichne ich als Filterung. In einem zweiten Schritt, für den ich die Bezeichnung Repräsentation wähle, werden die relevanten Daten zu einer Apfelsorte in einem Namen repräsentiert.

Anstoß zu dieser Aufteilung gaben die Ausführungen von Frederic Vester. Er greift auf das Bild des Flaschenhalses zurück, um seine Vorstellungen zur Informationsverarbeitung zu illustrieren. (Menschliche) Wahrnehmung kann nur dann funktionieren, wenn die von außen über die Sinnesorgane einfließenden Informationen (wie durch einen engen Flaschenhals) reduziert werden: "Das Ziel der Gehirnaktivität ist eine Minimierung von Daten und nicht die Erfassung einer möglichst großen Datenmenge". Auf diese Weise wird der von außen über die Sinnesorgane einfließende Informationsstrom durch Auswahl und Vorverarbeitung reduziert. Anschließend werden die gefilterten Daten durch Assoziationsvorgänge in der rechten Hirnhälfte erneut angereichert (cf. Vester 2002, 23).

Bis vor 50 Jahren gingen Wissenschaftler davon aus, dass der kognitive Prozess ausschließlich auf das klassische Wahrnehmungsmodell zurückgeführt werden könne: Die Hypothese war, dass das Gehirn eine Reizbeantwortungsmaschine sei, die nur tätig werde, wenn sie von außen angeregt werde. Wie stark dieses Dogma wirkte, wird aus dem Erstaunen deutlich, das Neurobiologen äußerten, als sie bei einem Wahrnehmungsexperiment beobachteten, dass die Hirnströme über dem Sehzentrum nicht verschwanden, wenn die Probanden die Augen schlossen, also keine äußeren Reize empfangen konnten (Singer 2002, 26).

Für ein umfassenderes Verständnis der kognitiven Prozesse ist es ratsam, die Überzeugung aufzugeben, dass mentale Phänomene einen anderen ontologischen Status beanspruchen als biologische Erscheinungen. Die zu beobachtende Abhängigkeit psychischer Phänomene von Hirnprozessen lässt sich heute mithilfe moderner, bildgebender Verfahren[16] zeigen. Diese revolutionieren gegenwärtig die kognitiven Neurowissenschaften. Die neurobiologischen Beobachtungen implizieren durch die messbaren Gehirnaktivitäten vor, während und nach einem Wahrnehmungsakt, dass der Mensch fortlaufend mit der Verarbeitung von Sinneseindrücken beschäftigt ist. Achtzig bis neunzig Prozent der Verbindungen im Gehirn seien dem inneren Monolog gewidmet. Dies sei ein erster und starker Hinweis dafür, dass im Gehirn Prozesse ablaufen, die vorwiegend auf internen Wechselwirkungen beruhen und nicht erst dann einsetzen, wenn von außen Reize einwirken (cf. Singer 2002, 103).

Der Akt der Wahrnehmung beruht in erster Linie auf Hypothesen, die das Gehirn auf der Basis seines Vorwissens generiert und durch die einlaufenden Signale verifiziert (cf. Singer 2002, 96). Für konkrete und relativ fest umrissene Untersuchungsgegenstände, wie eine Apfelsorte sie darstellt, stelle ich für den Wahrnehmungsprozess theoretische Arbeitshypothesen zur Erwartungshaltung auf.

---

[16] Mit bildgebenden Verfahren werden Prozesse im Gehirn sichtbar gemacht: Bei der *Computertomographie* wird mit einem Röntgenschichtverfahren gearbeitet (cf. Wahrig 2000, 171b). Mit dem *Magnetenzephalographen* werden die elektrischen Gehirnströme aufgezeichnet (cf. Wahring 2000, 252a). Bei der *Kernspintomographie* handelt es sich um mehrere Aufnahmen, bei denen das Gehirn in unterschiedlich tiefen Schichten aufgenommen wird, so wird eine dreidimensionale Darstellung ermöglicht. Gemeinsam ist diesen Methoden, dass sie nicht invasiv sind und deshalb am Menschen angewandt werden können, ohne die Schädeldecke zu öffnen (cf. Singer 2002, 29).

II.4. Arbeitshypothesen zu intern ablaufenden Wahrnehmungsprozessen

Der Aufstellung der Arbeitshypothesen gingen zahlreiche Gliederungsentwürfe und Studien zu einzelnen Themenschwerpunkten voraus. Die Erforschung, Deutung und Formulierung von Gesetzmäßigkeiten bei der Namengebung erfolgt also im Wechselspiel der Konstruktion eines Wahrnehmungsmodells und dessen empirischer Überprüfung.

Anhand der Apfelnamen zeigt sich deutlich, wie groß bei Wahrnehmungsprozessen der Anteil selbstgenerierter Aktivität ist. Diese vollzieht sich nicht als passive Abbildung von Wirklichkeit, sondern als außerordentlich aktiver, konstruktivistischer Prozess, bei dem das Gehirn die Initiative ergreift. Der Hirnforscher Wolf Singer vertritt aufgrund seiner neurobiologischen Forschungen die Ansicht, dass der Mensch fortlaufend Erwartungshaltungen entwirft, um sie mit Gegebenheiten der Realität zu vergleichen:

"Das Gehirn bildet ständig Hypothesen darüber, wie die Welt sein sollte und vergleicht die Signale von den Sinnesorganen mit diesen Hypothesen" (Singer 2002, 72).

Die Strategien der Namengebung können nur dann verstanden werden, wenn der Mechanismus der Merkmalwahl transparent darzustellen ist. Um diese Transparenz zu gewährleisten, versuche ich ein Modell für den Wahrnehmungsprozess zu konstruieren. Die Tatsache, dass der Mensch nur dann wahrnehmen kann, wenn er eine Erwartungshaltung entwickelt hat, setze ich um, indem ich Arbeitshypothesen zu dieser Vorerwartung formuliere.

1. PROTOTYP-DIFFERENZ-THESE	2. DEFIZIT-MERKMAL-THESE	3. BIT-THESE	4. ZENSUR-THESE	5. SCHACH-SPIELER-THESE

Abb. 5: Arbeitshypothesen zur Wahrnehmung

Die Basis für die hier formulierten Arbeitshypothesen bilden allgemeine kognitive Prinzipien, d.h. für den Menschen generell gültige Strategien der Informationsverarbeitung. So besteht die Hälfte der Erziehung darin, eine Geisteshaltung zu kultivieren, die einen vorzeitigen Schluss vermeidet und erst einmal nach Vergleichen sucht (cf. Calvin 2002, 194). Als Arbeitshypothesen können folgende Vorerwartungen formuliert werden, die anschließend anhand der Apfelnamen überprüft werden sollen.

4.1. PROTOTYP-DIFFERENZ-THESE

Die kognitiven Schemata zur Merkmal-Filterung werden mit unterschiedlichen Begriffen bezeichnet: Während der Wahrnehmungspsychologe Ulric Neisser von *Schemata* spricht, gebraucht die Sprachwissenschaftlerin Monika Schwarz für einen als identisch zu betrachtenden Sachverhalt in ihren Darlegungen zur *Kognitiven Linguistik* den Begriff *Konzept*. Dieser bezieht sich allerdings im Vergleich zum Begriff *Schema* mehr auf eine Verbalisierung von Vorstellungsinhalts (*Konzept* "erste Niederschrift" [Wahrig 2000, 503a]). Dem Begriff *Schema* ist der Vorzug zu geben, weil er sich mit seinen Bedeutungen "Vorstellungsbilder", "Wahrnehmungsantizipationen" (cf. Neisser 1979, 7) oder "zeichnerische Darstellung" (Wahrig 2000, 843a) besser auf einen konkreten Gegenstand wie eine Apfelsorte anwenden lässt. Noch treffender ist der Begriff des PROTOTYP. Kleiber (1993) definiert den Begriff des PROTOTYPs als "bestes Exemplar bzw. Beispiel, bester Vertreter oder zentrales Element einer Kategorie" (S. 31). Zentrales Element seiner Prototypensemantik ist das Modell der notwendigen und hinreichenden Bedingungen (NHB-Modell) (S. 10).

Das *Schema* das bei der Benennung von Apfelsorten vorauszusetzen ist, kann der direkten Beobachtung nicht zugänglich sein, sondern erschließt sich nur indirekt durch die Dekodierung der Namen. Ein Annäherungswert für das *Schema*, das bei den vorbereitenden

Wahrnehmungsprozessen zur Namengebung von Apfelsorten eine konstitutive Rolle einnimmt, ist an Definitionen abzulesen, wie beispielsweise FUR (1727) sie in seinem Universalwörterbuch leistet. Mit seinem Eintrag unter dem Stichwort *pomme* stellt er den prototypischen Charakter des Apfels heraus: "c´est le plus connu de tous les fruits". Außerdem weist er auf die typisch runde Formgebung und die notwendige Existenz von Kernen hin ("qui est rond & à pepin"). Als prototypische Reifezeit legt er den Sommer und den Herbst fest: "qui vient en été & en automne" (FUR 1727, s.v. *pomme*). Im NPRob (1996) wird der typische Apfel durch seine Form, seinen Aufbau und die Konsistenz des Fruchtfleisches charakterisiert:

> "fruit du pommier, rond, à pulpe ferme et juteuse, à cinq loges cartilagineuses contenant les pépins"

Abb. 6: PROTOTYP des Apfels (cf. NPRob 1996, 1723a)

Der Betrachter geht davon aus, dass eine Apfelsorte mit dem PROTOTYP des Apfels übereinstimmt. Wird er nun mit einer Sorte konfrontiert, die dieser Erwartungshaltung nicht entspricht, schlägt sich diese Differenz zum PROTOTYP im Apfelnamen nieder. Im Rahmen der vorliegenden Arbeit gilt es zu überprüfen, in welchen Merkmalbereichen sich die Differenz zum PROTOTYP besonders häufig im Namen niederschlägt.

4.2. DEFIZIT-MERKMAL-THESE

Als eine Variante der PROTOTYP-DIFFERENZ-THESE kann die DEFIZIT-MERKMAL-THESE gewertet werden. Der kognitive Prozess zu dieser Arbeitshypothese stellt sich folgendermaßen dar: Als Vergleichswert wird ein heterogenes Erwartungsschema herangezogen werden. Einige dieser Merkmale sind obligatorisch, wie die Apfelblüte, andere sind eher fakultativ, wie die Farbgebung der Schale. Fehlt nun ein obligatorisches Merkmal, so fällt dieses Defizit auf jeden Fall auf. Wird der Namengeber also mit einer Apfelsorte ohne Blüte konfrontiert, wird sich mit großer Wahrscheinlichkeit dieses DEFIZIT-MERKMAL im Namen widerspiegeln (cf. *sans-fleur*). Bei den Apfelnamen gilt zu untersuchen, welche Defizit-Merkmale registriert werden.

4.3. BIT-THESE

Diametral entgegengesetzt der DEFIZIT-MERKMAL-THESE in Bezug auf die Erwartungshaltung ist die BIT-THESE: Das Gehirn als aktives, Hypothesen formulierendes und Lösungen suchendes System produziert eine bestimmte Erwartungshaltung. Durch die PROTOTYP-DIFFERENZ-THESE und die DEFIZIT-MERKMAL-THESE wurde bereits dargelegt, wie sich die Erwartung auf die einzelnen Wahrnehmungskanäle hinsichtlich fakultativer oder obligatorischer Merkmale beziehen.
Mit der BIT-THESE[17] dagegen konzentriert sich der Fokus nun auf die entgegengesetzte Situation: Was geschieht, wenn der Mensch die Erwartung hat, keinen Wahrnehmungswert zu erhalten? So ist davon auszugehen, dass beim Untersuchungsgegenstand 'Apfelsorte' nicht mit akustischen Signalen zu rechnen ist (Wert 0). Setzt dann aber doch ein akustischer Reiz ein (Wert 1), ist mit großer Sicherheit davon auszugehen, dass sich dieses Merkmal im Namen niederschlägt.

---

[17] Für diese These wurde der Begriff *Bit* "Maßeinheit für den Informationsgehalt, entsprechend einer Binärziffer" gewählt. Die englische Bezeichnung *binary digit* "Binärziffer" bezieht sich als Kurzwort für Binärentscheidungen auf die elementarste Auswahl. Ein *Bit* bezeichnet ein fundamentales Maß in Nachrichtentechnik und Informatik (cf. Wahrig 2000, 123a).

4.4. ZENSUR-THESE

Mit der ZENSUR-THESE beabsichtige ich, die kognitiven Prozesse herauszuarbeiten, die bei der Wertung von Apfelsorten ablaufen. Die Gesamtheit aller existierender Apfelsorten wird nicht objektiv, sondern immer auch schon wertend betrachtet. Es kann davon ausgegangen werden, dass minderwertige Sorten diskriminiert werden. Bei der Auswertung der Apfelnamen gilt es zu untersuchen, ob unter diesen auch negativ wertende Namen ausgewiesen werden. Denkbar wäre es aufgrund der ZENSUR-THESE, dass es ausschließlich positiv wertende Namen gibt, weil Sorten schlechter Qualität nicht nur ohne Namen bleiben, sondern auf die Dauer völlig eliminiert werden. Die Ursachen für die Dominanz der positiven Namenbelege werden anhand der ausgewerteten Quellen deutlich: In den pomologischen Nachschlagewerken werden oft schlechte Sorten eliminiert, um ausschließlich auf gute Sorten hinzuweisen, wie folgendes Zitat beweist:

"un pomologue aussi zélé se fût bien gardé d'en mentionner seulement 187, quand sa conscience le forçait précisément à déclarer que beaucoup d'entre elles devaient être bannies des jardins" (LeroyPom 1867, 1, 12-13).

4.5. SCHACHSPIELER-THESE

Bei den Namen, die auf Fachbegriffe der Hortikultur zurückgehen, muss bei dem Namengeber während der Betrachtung des Baumes in einem hohen Maße Spezialwissen vorausgesetzt werden. Die pomologischen Kenntnisse (beispielsweise über die Veredelung einer Sorte) gehen weit über die allgemein vorauszusetzende Vorstellung vom PROTOTYP des Apfels hinaus.

Der Betrachter, der wie ein Pomologe über tiefgreifendes Wissen zu diesem Bereich verfügt, besitzt dem Laien gegenüber viel mehr Möglichkeiten, einen präzisen Namen zu finden. Um die komplizierten Abläufe bei der Wahrnehmung zu illustrieren, verwendet Neisser das Bild des SCHACHSPIELERS, der als fachkenntnisreicher Betrachter fungiert. Er zeichnet sich durch seine Kompetenz[18], die relevanten Informationen sofort vom Brett aufzunehmen, aus:

"Der Meister kann beispielsweise die Stellung aller Figuren auf dem Brett angeben, wenn er fünf Sekunden darauf geschaut hat; kein Amateurspieler kann das annähernd gleich gut" (Neisser 1979, 141).

Der SCHACHSPIELER-THESE zufolge ist bei den Apfelnamen zu untersuchen, welches Spezialwissen bei der Namengebung eingesetzt wird. Ähnlich wie der SCHACHSPIELER genau weiß, was die einzelnen Positionen der Spielfiguren bedeuten, kann der Pomologe sofort erkennen, welche kultivatorischen Eingriffe an einem Apfelbaum vorgenommen wurden. Deshalb muss eine Einführung in die Grundbegriffe der Hortikultur soweit gegeben werden, dass die betreffenden Namen auch dem Laien verständlich werden.

---

[18] Den Vorsprung des Schachspielers gegenüber dem Laien erklärten Psychologen zunächst durch ein besseres Gedächtnis. Bei einer zweiten Versuchsanordnung wurden jedoch den Spielern die Schachfiguren auf dem Brett so gegeben, dass sie nach den Regeln des Schachs keinen Sinn ergeben. Es zeigte sich, dass der Schachspieler genauso Schwierigkeiten hatte, sich diese Aufstellung zu merken. Damit wurde bewiesen, wie ausschlaggebend Vorwissen im Prozess der Wahrnehmung und des Erinnerns ist.

III. Filterung sortentypischer Merkmale und Überprüfung der Arbeitshypothesen anhand der Apfelnamen

Ein Modell zu intern ablaufenden Wahrnehmungsprozessen wurde im vorigen Kapitel in Form der Arbeitshypothesen entwickelt. Mit diesem kognitiven Dekodierverfahren werden die Apfelnamen in diesem Kapitel nun entschlüsselt.

Die empirische Überprüfung der Arbeitshypothesen verfolgt dabei eine doppelte Zielsetzung: Erstens gilt es, die Motivation der einzelnen Apfelnamen in einem übergeordneten Kontext darzustellen. Durch die Datenauswertung des Untersuchungsgebietes 'Apfelname' kann zweitens das theoretische Modell (der Arbeitshypothesen) überprüft und revidiert werden. Auf diese Weise trägt die Analyse der Apfelnamen dazu bei, sprachliches Handeln in seiner Funktionsweise transparent zu machen.

III.1. Sortentypische Merkmale

Der größte Teil der Apfelnamen (cf. Abb. 4) bezieht sich auf sortentypische Merkmale. Unter diese Kategorie werden vier Unterkategorien Reife, Wertung, Baum und Frucht gezählt. Den bei weitem stärksten Einfluss auf die Namengebung haben die Eigenschaften des Apfels wie eine auffallende Rotschaligkeit, eine kantige Form oder lose sitzende Fruchtkerne, die ein Geräusch verursachen.

Reife	Wertung	Baum	Frucht
54	129	72	636

Abb. 7: Sortentypische Merkmale

1.1. Reife

Die Apfelnamen, die Angaben zum Reifezeitpunkt machen, weisen entweder auf eine Jahreszeit, auf einen Monat oder auf einzelne Tage (allgemeine christliche Festtage sowie Feiertage von Heiligen). An fünfter Stelle werden unter der Kategorie *Reife* die Namen zusammengefasst, die sich auf das Reifeverhalten beziehen.
Mit seiner Definition zum Apfel weist FUR (1727) auf die prototypische Reifezeit des Apfels hin: "qui vient en été & en automne" (s.v. *pomme*). Diese Angabe wird durch eine andere Definition zum Apfel noch genauer präzisiert. Serres 1600 beobachtet in seinen Ausführungen, dass bis auf zwei im Sommer reifende Äpfel sonst alle im Herbst geerntet werden (cf. "celles qui restent sont toutes de l'automne", S. 976). Als prototypische Reifezeit für den Apfel kann somit eindeutig der Herbst bestimmt werden.
Bei den auf Jahreszeiten bezogenen Apfelnamen spielen vor allem der Sommer (*grande-pomme d'été, striée d'été, surprise d'été*) und der Winter (*carré d'hiver, citron d'hiver, coing d'hiver, rayée d'hiver*) eine Rolle. Nur zwei Belege (*bon-pommier d'automne* und *présent d'automne*) weisen auf die für den Apfel übliche Reifezeit im Herbst hin. Dies bestätigt die PROTOTYP-DIFFERENZ-THESE, weil sich nicht die prototypische Reifezeit (Herbst), sondern vielmehr die Differenz zu diesem (Sommer und Winter) niederschlägt.
Auf Monatsnamen gehen acht der Apfelnamen wie beispielsweise *mai, fleur de mai* und *juillet* zurück. Zu den Monatsnamen im weiteren Sinne wird auch *moisson* gezählt. Wegen der Bedeutung "époque, produit de la récolte" (Rob Hist 1992, 2, 1261b) nimmt der Begriff eine ähnliche Funktion ein wie die Monatsnamen Juli und August: "La *moisson* se fait en France en Juillet ou en Août" (FUR 1727, s.v. moisson). Der Monat August ist bei den Apfelnamen besonders stark vertreten. Allein vier verschiedene Sorten weisen auf eine Reifezeit während dieses Monats hin: *août, aoûtage, belle d'août* und *mi-août*. Diese hohe Quote spricht ebenfalls für die PROTOTYP-DIFFERENZ-THESE.
Eine besondere Rolle bei der Namengebung von Apfelsorten spielen Heilige. Sieben Apfelnamen weisen auf eine sortentypisch frühe Reifezeit im Sommer hin, indem auf Heilige Bezug genommen wird, deren Feiertage in den Zeitraum Mai bis August fällt: *saint-jacques* (11. Mai oder 25. Juli), *saint-jean* oder *jennet* (24. Juni), *sainte marguerite* (20. Juli),

madeleine (22. Juli), *bénédiction de sainte anne* (26. Juli), *saint-laurent* (10. August) und *maria* (15. August). Auch diese Namen bestätigen die PROTOTYP-DIFFERENZ-THESE.

Auf Feiertage im Herbst weisen die Apfelnamen *matthias* (21. September), *michelin, michelotte* (29. September), *gérard* (3. Oktober), *daniel* (15. Oktober), *saint-georges* oder *pomme de George* (10. November oder 23. April), *saint martin* (11. November) und *saint-nicolas* (6. Dezember). Durch die Feiertage wird der Reifezeitpunkt im größeren Zeitintervall Herbst näher bestimmt.

Zwei Apfelnamen stehen im Zusammenhang mit dem Weihnachtsfest: Der Cidrepafel *noël-deschamps* verdankt sein erstes Namenselement *noël* wahrscheinlich einer späten Genussreife zur Weihnachtszeit. In demselben Zeitraum liegt auch die Reifezeit der Sorte *tiuffat*. Der Name geht vorstellbar auf den Namen *theophania* "Epiphanienfest"[19] zurück. Ursprünglich gedachten die Gläubigen an dem Tage der Erscheinung Christi als Mensch, also seiner Geburt. Die beiden Belege *noël-deschamps* und *tuiffat* bestätigen die PROTOTYP-DIFFERENZ-THESE, weil auch sie auf eine im Vergleich zum PROTOTYP spätere Reifezeit hinweisen.

Eher allgemeine Aussagen zum Reifeverhalten beinhalten 19 Apfelnamen. Von diesen beziehen sich 14 auf zeitliche Angaben (cf. *vignancourt hâtive, reinette tardive, précoce de wirwignes, reine-de-hâtives*). Zum Ausdruck von 'früh' werden verschiedene Synonyme verwendet, wie *précoce, hâtive* und *aurive* zeigen. Auch der Apfelname *avant-toutes* gibt Zeugnis einer außergewöhnlich frühen Erntezeit. Ebenso bekundet der Apfelname *matois* eine frühe Reifezeit. Der Name wird wohl auf *matutinus* 'morgendlich' zurückgeführt. Auf eine 'mittlere' Reifezeit bezieht sich *mériennet*. Der Name des Cidreapfels ist wahrscheinlich zu *méridien, -ienne* zu lt. *meridianus* von *meridies* 'midi' zu stellen (NPRob 1996, 1389b) (cf. *matois, hâtiveau*). Einen besonders späten Reifezeitpunkt bezeugen Apfelnamen wie *blanche tardive, reinette tardive, rousse-jaune tardive* oder *tardive de grosmagny*. Die Namen *d'outre-passe* und *de deux ans* leisten ein wertungsfreies Dokument für eine späte Reifezeit sowie für die Frostresistenz des Baumes[20]. Auch diese Apfelnamen sprechen für die PROTOTYP-DIFFERENZ-THESE. Die Bedeutungen 'früh(er)' oder 'spät(er)' erschließen sich erst mit dem Rückgriff auf den prototypischen Vergleichswert *Herbst*. Hier zeichnet sich schon ab, dass die erste Arbeitshypothese für gewisse Bereiche adäquat nur in einem zweidimensionalen Modell darzustellen ist, weshalb ich hiermit die ZWEIDIMENSIONALE PROTOTYP-DIFFERENZ-THESE aufstelle.

Apfelnamen wie *avare* und *perpetuelle* beziehen sich auf ein sortentypisches Reifeverhalten: Der Name *avare* belegt mit einer negativen Konnotation den 'Geiz' dieser wilden Apfelsorte. Im Gegensatz dazu spiegelt die Bezeichnung *perpetuelle* die Frucht- und Haltbarkeit der Sorte wider. Der Name *glane*[21] stellt wie *avare* einen geringen Ertrag fest, gleichzeitig könnte der Name *glane* darüber hinaus darauf hinweisen, dass es sich um Fallobst handelt, das aufgelesen werden muss.

1.2. Wertung

Für die wertenden Namen wurde die ZENSUR-THESE (cf. II.4.4.) postuliert. Es wird davon ausgegangen, dass minderwertige Äpfel in der Natur sowie in den pomologischen Nachschlagewerken eliminiert werden. Aus diesem Grund gilt die besondere Aufmerksamkeit zunächst den negativ wertenden Namen. Innerhalb der kleinen Menge von 15 Apfelnamen, die sich auf eine schlechte Qualität der Frucht beziehen, sind die Namen von Cidreäpfeln mit einer Anzahl von zehn Namen signifikant stark vertreten. Diese Tatsache erklärt sich dadurch,

---

[19] Der Name des Feiertages wurde auch auf den Monat Januar übertragen: afr. *tiefainne* "janvier" (FEW 13.1, 305a).

[20] Die Apfelsorte *d'outre-passe* reift auffallend spät (cf. "se prolongeant jusqu'en avril et souvent même plus tard", LeroyPom 1873, 3, 195). Der Name *de deux ans* geht wahrscheinlich auf die gute Frostresistenz zurück, die sowohl im späten Herbst als auch im Frühling zu beobachten ist: "ses fleurs résistent aux intempéries du printemps", "cet arbre est le dernier de tous le pommiers pour conserver ses feuilles vertes aux gelées d'hyver" (LeroyPom 1873, 3, 299-3009).

[21] cf. *glane* "ce que l'on recueille derrière les autres" (1611) (Rob Hist 1992, 1, 892b).

dass für die Cidreproduktion proportional viele bittere Apfelsorten erforderlich sind. So setzt sich der französische Apfelwein zur Hälfte aus bitteren Früchten zusammen, weil Bitterstoffe eine lange Haltbarkeit gewährleisten (cf. Robin/Torre 1988, 21).

Diese Bitterstoffe werden aber vom Menschen grundsätzlich als aversiv[22] empfunden. Während die Bitterstoffe beim Tafelapfel abgelehnt werden und sich deshalb negativ in der Namengebung niederschlagen, wirkt sich dieser vermeintliche Nachteil vorteilhaft auf die Cidreproduktion aus: So besitzt die Apfelsorte *barbarie* einen auffallend herben Geschmack: "d´une saveur amère dégoûtante!" (LeroyPom 1873, 3, 92). Dennoch wird der aus dieser Sorte hergestellte Apfelwein ausgezeichnet (cf. "espèce de pomme qui fournit un cidre excellent", FEW 1, 248a). Ähnlich verhält es sich mit dem *bisquet*, einem anderen Cidreapfel. Er wird zu *bisque* "Krebsenbrühe" (17. Jahrhundert) und damit zu *besk* 'beißend, bitter' gestellt und geht auf den beim direkten Verzehr wenig delikaten Geschmack zurück (cf. *bisquet*).

Die große Anzahl von Cidreäpfeln unter den Sorten mit abwertenden Namen bestätigt die ZENSUR-THESE. Grundsätzlich ist davon auszugehen, dass sich Menschen nicht der Aufgabe stellen, schlechte und wertlose Sorten zu benennen. Minderwertige Sorten werden oft vernichtet oder bleiben zumindest ohne Beachtung. Die negativ wertenden Apfelnamen, die bisher untersucht wurden, beziehen sich ohne Ausnahme auf Cidreäpfel, die wegen ihres Nutzens eben doch einen Namen wert sind.

Folgender Wahrnehmungs- und Benennungsprozess ist zu rekonstruieren: Der Namengeber vergleicht den bitteren Geschmack des Cidreapfels *barbarie* mit dem PROTOTYP des Apfels. Ihm fällt daher die Differenz zum PROTOTYP auf, die in diesem Fall negativ bewertet wird. Während die negative Bewertung gewöhnlich wohl zur Eliminierung der Sorte führt, wird die Cidresorte weiter angebaut, weil sich der ansonsten als aversiv empfundene bittere Geschmack als vorteilhaft für die Cidreproduktion erweist.

Zwei Apfelnamen dienen dazu, den Konsumenten zu warnen: Es handelt sich dabei um oberflächlich sehr reizvolle Früchte, deren Qualität aber zu wünschen lässt. Der Cidreapfel *belle mauvaise* besitzt ein schönes Äußeres, gepaart mit einer schlechten (Geschmacks-) Qualität. Gleiches gilt für die Sorte *défiance*, deren Name folgende Funktion einnimmt: "avertir le public que la bonté de ce fruit ne répondait pas à ses charmants dehors" (cf. *défiance*). Zwei weitere Namen stehen im Zusammenhang mit Flüchen. So kann der Name des Cidreapfels *jarni* zu der Bedeutung 'zum Henker' als verballhorntes *je renie [dieu]* 'ich leugne Gott' gestellt werden. Bei dem Namen *gouillo* bietet sich eine Ableitung von *gouille, envoyer à la gouille* 'envoyer au diable; jeter au rebut' (cf. *jarni, gouillo*) an. Der Geschmack dieser Sorten ist wahrscheinlich so unangenehm, dass man sie der Warnung wegen mit den Flüchen benennt.

Die Dominanz der positiven Namenbelege (107 Kultivare erhalten einen positiv oder negativ wertenden Namen, wobei 86 Prozent davon auf exzellente Eigenschaften hinweisen) bestätigt die ZENSUR-THESE.

positiv	negativ
86 %	14 %

Abb. 8: Wertung

Die positiven Merkmale finden ihren Ausdruck in Namen wie *nonpareille* ('Sondergleichen', 'Vortrefflicher'), *princesse noble des chartreux* oder *magnifique*: Die positiven Namen beziehen sich entweder auf die Schönheit oder auf die Qualität: Allein 27 Belege werden mit dem ersten Namenselement *belle* ausgewiesen (cf. *belle d'août, belle d'orléans, belle de pontoise*). Auch die Namenselemente *bon* oder *bonne* sind in einem hohen Maße produktiv (cf. *bon-pommier d'automne, petit-bon, passebon, bonne du plessis, bonne-de-mai*). Individuellere Namen, die sich auf eine sortentypische Schönheit beziehen, sind u. a. *charmant blanc, ornement de table, parure* oder *pomme d'amour*.

---

[22] Eine solche Abneigung entspricht der Tatsache, dass die meisten Alkaloide für die Säugetiere hoch giftig sind (cf. Burdach 1988, 82).

Das Namenselement *surpasse-* soll der Sorte, auf die es sich bezieht, eine Superiorität anderen Sorten gegenüber verleihen: Als Apfelnamen werden *surpasse-impériale* und *surpasse-reinette* ausgewiesen. Dieselbe Funktion besitzt auch der Namenszusatz *passe-*, wenn *passer* in der Bedeutung 'surpasser' verwendet wird (cf. *pomme de passebon*)[23]. Das Namenselement *haut(e)-* wirkt sich positiv verstärkend auf das zweite Namenselement aus, wie die Apfelnamen *haute-bonté* und *haut-goût* bezeugen.

Eine Reihe von Apfelsorten werden durch Adelstitel (*noble rouge, reine des reinettes, reine-de-hâtives, reinette de la reine, reinette royale, roi très-noble, royale, verte-reine*), staatliche (*impériale, nationale*) oder religiöse Begriffe (*bénédiction de sainte anne, dieu, diot, paradis, seigneur*) ausgezeichnet. Andere Kultivarnamen stellen die Einzigartigkeit einer Apfelsorte mit Namen wie *championne en vitamines, bizarre de bernay, éclat, fameuse, laurier, magnifique, médaille d'or, merveille, monstrueuse de bergerac, nonpareille, orgueil, sans-pareille* oder *unique* heraus. Auf den besonderen Wert einer Apfelsorte bezieht sich der Name *précieuse*. Drei Namen sind durch den besonderen Genuss beim Verzehr entstanden (cf. *friandise, guelton*[24]*, régaille*).

1.2.1. Utilitaristische Wertung

Je nach Verwendungszweck werden Äpfel in Tafel-, Wirtschafts- oder Mostobst unterschieden. Unter Tafelobst versteht Votteler solche Früchte, die durch ihr feines Fleisch und den würzigen Geschmack zum Rohgenuss besonders geeignet sind. Wirtschaftsobst sei weniger gut zum Frischverzehr geeignet, dafür ideal zum Kochen und Dörren (cf. Vo 1993, 26). Die meisten Apfelnamen, bei denen sich der Verwendungszweck oder eine besondere Wirkungsweise im Namen niederschlägt, weisen auf einen durch Hitze erfolgenden Akt der Zubereitung oder Konservierung hin wie Kochen, Backen, Braten oder Trocknen (cf. *boudin, bouliène*).

Die Namen *pomme de cave* und wahrscheinlich auch *huchette* kennzeichnen die Sorten als Einkellerungsäpfel. Auf eine die Verdauung antreibende Wirkung weist wahrscheinlich (mit einer humorvollen Konnotation) der Name *galop* hin. Über die genauen Gründe, weshalb die Apfelsorte *pomme du pauvre* ihren Namen erhielt, kann nur spekuliert werden: Möglicherweise eignet sich die Sorte als Nahrungsmittel ärmerer Gesellschaftsschichten, weil ihr Fruchtfleisch besonders reichhaltig ist.

Konservierung	Reserve	Digestivum	Nutriment
11	2	1	1

Abb. 9: Utilitaristische Perspektive

Sieben Namen beziehen sich darauf, dass sich die jeweilige Sorte zur Gewinnung von Apfelsaft, Cidre oder Calvados eignet. So führt das FEW den Apfelnamen *cadeline* auf *cade* "vase pour conserver le vin" (2.1, 32b) zurück, weshalb davon auszugehen ist, dass aus dieser Sorte Saft und/oder Alkohol gewonnen wird.

Saftproduktion	schäumend	sedimentär
3	3	1

Abb. 10: Saftproduktion

Vier weitere Namen dienen zur Charakterisierung des Fruchtsaftes: Bei drei Kultivaren wie z. B. *mousse rouge* fällt die sortentypisch starke Neigung zum Schäumen des Saftes auf, der Name *cul de bouteille* weist wahrscheinlich darauf hin, dass sich bei dem Saft aus dieser Sorte schnell ein Bodensatz auf der Flasche bildet.

---

[23] Allerdings steht dieses Element bei anderen Sorten für einen frühen Reifezeitpunkt: *passe-pomme* "qui fait allusion à l'extrême fugacité de ce fruit" (cf. *passe-pomme*).
[24] Wahrscheinlich lautet die korrekte Schreibweise des Namens *gueuleton* "Fresserei" (cf. *guelton*).

1.3. Baum

Im folgenden Kapitel geht es grundsätzlich um Apfelnamen, die den Fokus auf den Baum richten. Die Namen werden in den Gruppen Zufallssämling, Technikvokabular, Umfeld, Baumform sowie Blüte, Blätter und Holz erörtert.

Apfelbäume, die als Zufallssämlinge gefunden werden, sind meist nicht als solche gekennzeichnet, sondern erhalten wie viele gezüchtete Apfelsorten als Namen ein Toponym (cf. *beaumont-la-ronce*) oder den Eigennamen des Finders (cf. *belle de chatenay*).

Die Namen *belle inconnue*, *trouvée de desandans* und *voyageur*, die ich frei als 'unbekannte Schöne', 'Findling von Desandans' und 'Hergekommener' übersetze, legen explizit dar, dass es sich um Zufallssämlinge handelt. Diese Apfelsorten wurden nicht gezüchtet, sondern sie entstanden ohne kultivierenden Eingriff. Denkbar ist auch, dass eine Apfelsorte in Vergessenheit geriet und dann von einem anderen Pomologen entdeckt wurde, ohne dass er die Identität dieser Sorte bestimmen konnte. Wahrscheinlich ist auf diese Weise der Apfelname *belle inconnue* zu erklären.

Die Namengebung bei zufällig gefundenen Apfelsorten wie *trouvée de desandans* scheint auf bemerkenswerte Weise identisch zu sein mit derjenigen, die früher bei anonymen Waisenkindern angewendet wurde[25].

In der Kategorie *Baum* erweist sich der Rückgriff auf das Technikvokabular als äußerst produktives Namengebungsprinzip. Mit einer Einführung in die Grundbegriffe der Hortikultur werden die Zusammenhänge zwischen den einzelnen Namen dieser Kategorie verständlich. Am offensichtlichsten ist die Herführung des Apfelnamens *pépin*, der auf den Namen für den Obstkern zurückgeht. Aus den Apfelkernen werden zunächst nur minderwertige Bäume gezogen, die als Grundlage für eine spätere Veredelung dienen:

> "en semant les *pepins* d'une bonne espece de pomme, non-seulement ils ne produisent pas la même sorte de fruit, mais les pommes qui en viennent sont communément *bâtardes* et *dégénérées*" (Enc III, Tomes XIII-XVII, S. 8, 6a).

Pépin wird seit 1361 in der Bedeutung 'jeune pommier' ausgewiesen. Bei diesem Apfelbaum handelt es sich also um einen unveredelten Jungbaum. In diesem Kontext erklären sich die Namenselemente, die auf einen Unterschied zwischen der ursprünglichen Sorte und einer Mutation zeigen. So existieren die drei Sorten *peau de vache ancienne*, *peau de vache nouvelle* und *peau de vache régénérée* nebeneinander. Die drei Namenszusätze *ancienne*, *nouvelle* und *régénérée* stellen die betreffende Sorte in Bezug zum ursprünglichen Kultivar. Der Namenszusatz *double*, mit dem acht Apfelnamen gebildet werden, deutet darauf hin, dass die Frucht doppelt so groß ist wie bei den Varianten, die mit den Attributen *ordinaire* oder *simple* versehen werden (cf. LeroyPom 1869, 2, 48).

Am häufigsten greift der pomologisch geschulte Namengeber einer neuen Apfelsorte auf Bezeichnungen zurück, die sich auf die Veredelungsgrundlagen für Obstbäume beziehen. Sieben Apfelnamen werden von dem Begriff *franc* abgeleitet: *franc pépin*, *franc roseau*, *francatu*, *franche-brière*, *franquette*, *reinette franche* und *reinette franche à côté*. *Franc* wird in diesem Fall dem Begriff *bâtard* entgegengestellt, im Sinne eines "fruit *bastard* qui n'est point *franc*, qui participe d'une autre nature que celle dont il porte le nom" (FUR 1690, s.v. *franc*).

Außerdem ermittle ich unter den Apfelnamen als vier weitere Fachtermini für Veredelungs-grundlagen *fente*, *sauvageon*, *doucin* und *paradis*: "le pommier se greffe en *fente* ou en *écusson* sur le *sauvageon*, sur le *franc*, sur le *doucin*, sur le *paradis*, et ces quatre sujets font du genre du pommier" (Enc III, Tomes XIII-XVII, S. 8, 6a).

Der Begriff *doucin* "variété de pommier (malus acerba) utilisé comme porte-greffe" (PRob 1990, 574a), "pomme à trochets" (FEW 3, 176b) geht auf den süßlichen Geschmack der Äpfel zurück, die als "variété de pommier à fruits *doux*" (Rob Hist 1992, 2, 629b) beschrieben

---

[25] cf. "Les noms qui désignaient, à l'origine, des enfants trouvés et que ceux-ci ont transmis à leurs descendants sont parfois faciles à reconnaître, comme *Trouvé*, *Champi* (c.-à.-d. *trouvé* dans un champ)" (Dauzat 1950, 109 [Verweis auf: "le roman de George Sand, *François le Champi*"]).

werden. Ein enger Zusammenhang ist zwischen den beiden Veredelungsgrundlagen *doucin* und *paradis* festzustellen: So notiert Ri (1680), dass es sich bei *douçain* um eine "sorte de pommier qui aproche fort de celui de *paradis*" (Bd. 1, 254a) handelt.

Der Zweig, welcher der unkultivierten Baumgrundlage aufgepfropft wird, um diese zu veredeln, spielt eine herausragende Rolle bei der Namengebung. Nachdem die Bezeichnung sich anfangs nur auf das Edelreis[26] bezog, weitet sich ihre ursprüngliche Bedeutung schließlich zum Namen für die neu geschaffene Sorte aus: *Ente* ist 1140 zunächst nur belegt als "scion qu'on pend à un arbre pour le greffer sur un autre" (PRob 1990, 653b). Seit 1680 bezeichnet dieser Begriff auch "arbre gréfé" (Ri 1680, 1, 289b). Seit 1727 ist der Birnenname *bonne ente* (FUR 1727, s.v. *ente*) und seit 1793 schließlich auch ein Apfelname (cf. *ante au gros*) gegeben. Darüber hinaus werden drei Apfelsorten mit den Namen *double bon ente*, *douce-ente* und *verte-ente* benannt. Auf die Grundlage, auf welche der Zweig zur Veredelung aufgepfropft wird, weist der Apfelname *belle-cauchoise* hin[27]: *Greffe cauchoise* bezeichnet "greffe par approche d'une tête d'arbre sur un sujet qui en manque" (LA 20, 2, 52a). Der Apfelname *bizarre (de bernay)* weist auf die ungewöhnliche Eigenschaft, dass die Sorte zwei verschiedene Fruchtformen hervorbringt. Eine Besonderheit, die vermutlich für den Experten dadurch zu erklären ist, dass zwei verschiedene Edelreise aufgepfropft wurden. Diesen Namenbelegen können solche gegenübergestellt werden, die eine Apfelsorte als unkultiviert und wild klassifizieren, wie *barbarie*, *d'gau*, *malingre* oder *sauvage*.

Zur Kategorie *Baum* werden auch die Apfelnamen gezählt, die sich auf Bezeichnungen für Vegetationsformen beziehen. Die Apfelsorte *guéret*, deren Namen frei als 'Brachfeld' übersetzt werden kann, wird vom Namengeber vor allem in Verbindung mit ihrem Umfeld wahrgenommen. Der Name impliziert, dass der entsprechende Apfelbaum nicht wie die meisten Obstsorten (PROTOTYP) auf einer Wiese wächst, sondern auf einem gepflügten und nicht bestellten Ackerland. Der Name *herbage-sec* beruht auf einer nordfranzösischen Landschaftsform: "La richesse de la basse Normandie, de la Hollande consiste en *herbages*" (FUR 1727, s.v. *herbage*). In dieser Vegetationsform gedeihe der Cidreapfel besonders gut (cf. *herbage-sec*). Die Sorte *vaucharde* wächst wohl auf einer Weide. Der Apfelname *canino des clos* weist mit dem zweiten Namenselement vermutlich darauf hin, dass die Sorte nur in geschützten Anlagen gedeiht: *clos* "terrain cultivé *clos* des haies" (Rob Hist 1992, 1, 436b).

Auf die Baumform, präziser formuliert auf einen niedrigen oder hohen Stamm (*pied court*, *monte en haut*), auf eine starke Verästelung (*rame*) oder auf eine auffallende Formgebung (*apiole*, *pleureuse*, *saulette*) weisen insgesamt sechs Apfelnamen. Der PROTOTYP des Apfelbaumes ist hier anhand folgender Belege zu rekonstruieren. Wenn der zur Sorte *pied court* gehörige Apfelbaum durch einen niedrigen Stamm auffällt, dann muss der prototypische Apfelbaum einen im Vergleich zu dieser Sorte längeren Stamm haben. Auf der anderen Seite muss der PROTOTYP aber wiederum einen kürzeren Stamm aufweisen als der Baum der der Apfelsorte *monte en haut* hervorbringt und der seinem Namen zufolge durch einen langen Stamm auffällt. Für die Länge des prototypischen Baumstammes liegen zwar keine Angaben vor, indirekt kann dieser aber durch einen Annäherungswert bestimmt werden. Ausgehend von den Apfelnamen dekodiere ich rückwirkend den PROTOTYP des Apfelbaumes. Da ich mich dem prototypischen Wert mit der Relation *kürzer/länger* nähere, wird hier die ZWEIDIMENSIONALE PROTOTYP-DIFFERENZ-THESE bestätigt (cf. 1.1. Reife).

Im Weiteren werden zur Kategorie Baumform alle Namen gezählt, die eine außergewöhnlich gute Fruchtbarkeit widerspiegeln (cf. *fertile de falaise*). Die Produktivität steht teilweise im Zusammenhang mit schwertragenden Bäumen und einem büschelweisen Reifen der Früchte, weshalb auch Namen wie *chargiot* und *doux à troche* an dieser Stelle genannt werden. Die Apfelnamen *file jaune*, *railé-varin* und *rigolette* weisen darauf hin, dass es sich um Plantagenobst handelt. Bei der Sorte *pignon* handelt es sich um eine am Haus bis zum Giebel gezogene Apfelsorte.

---

[26] Das Edelreis wird von einem gesunden Baum geschnitten, der gut trägt. Man verwendet nur einjährige Triebe mit kurzen Knospenabständen. Das Reis bestimmt die Obstsorte, die der Baum tragen wird (cf. Recht 1993, 38).

[27] Der Name *belle-cauchoise* kann auch zu einem Toponym gestellt werden (cf. *cauchois* zu *pays de Caux* [LA 20, 2, 52a]).

Sieben Namen beziehen sich auf die Apfelblüte (cf. *bellefleur*). Die Apfelnamen *sauge* und *feuilles d'aucuba* sind durch auffallende Blätter motiviert. Zwei weitere Namen (*beau bois* und *jolibois*) weisen auf ein sortentypisch schönes Holz. Ein Apfelname wird darauf zurückgeführt, dass aus dem Holz dieser Sorte Cidrepressen gebaut werden (cf. *meaugris*). Ein Name zeigt auf, dass die Sorte auf den ersten Blick keine Blüte zu bilden scheint (*sans-fleur*). Der intern ablaufende Prozess zu diesem Namen stellt sich folgendermaßen dar: Die namensgebende Person geht unbewusst davon aus, dass die Blüte zu den obligatorischen Merkmalen des Apfels gehört. Bei der Apfelsorte *sans-fleur* scheint dieses Charakteristikum zu fehlen und fällt deshalb als Defizit-Merkmal auf (cf. II.4.4. DEFIZIT-MERKMAL-THESE).

III.2. Sortentypische Merkmale des Apfels

Jeder Name, der sortentypische Merkmale eines Apfels abbildet, funktioniert als Informationsträger, der relevante Aussagen vermittelt. Der Namengeber hat diese Daten aus einer komplexen Realität gefiltert und präsentiert sie dann im Sortennamen. Der einzelne Name kann auch als "représentation mentale" definiert werden. In der kognitiven Psychologie wird diese als zentrales Konzept verstanden, als "ensemble structuré d'objets mentaux qui correspond à une connaissance sur le monde" (cf. Dortier 1999, 22). Bei einer Übersicht über den Einsatz der verschiedenen Sinne ist die quantitative Überlegenheit des Gesichtssinnes nicht zu übersehen:

visuell	gustatorisch	haptisch	olfaktorisch	akustisch
499	52	45	29	11

Abb.11: Sensorische Analyse

2.1. Visuelle Wahrnehmung

"Prenons l'exemple de la perception visuelle, on sait que l'œil est tout sauf un organe passif qui se contenterait de 'filmer' la réalité. Notre regard est le prolongement d'un esprit qui scrute, cible, cadre, analyse et interprète son environnement" (Dortier 1999, 6).

Die optischen Sinneseindrücke umfassen die Gesamtheit aller mit dem Auge wahrnehmbarer Merkmale eine Apfels wie Farbe, Musterung und Form. Farbe und Musterung werden ausschließlich optisch wahrgenommen, die Form kann hingegen sowohl durch den visuellen als auch den haptischen Sinn erfasst werden. Sie wird in dieser Arbeit jedoch ausschließlich zur visuellen Wahrnehmung gezählt.

Farbe	Musterung	Form	Fruchtstiel	Dimension
221	98	131	8	41

Abb. 12: Visuelle Analyse

2.1.1. Farbe

Das prototypische Kolorit des Apfels wird mit den Farben rot, gelb, grün, weiß, schwarz und grau definiert (cf. Serres 1600, 976; GRob 2001, 5, 930a). Die Auswertung der Apfelnamen zeigt, dass auch Rosa, Braun, Golden und Orange zu den Farben des Apfels zu zählen sind. Die folgende Tabelle listet alle Farbangaben auf, die direkt (cf. *rouget*) oder indirekt (cf. *cardinale*) an den ausgewerteten Namen abzulesen sind.

rot	weiß	gelb	grün	grau	braun	rosa	golden	schwarz	orange	violett
63	33	32	20	20	20	12	9	7	3	2

Abb. 13: Visuelle Detailanalyse (Farbe)

Bei der Analyse der Belege, die sich auf eine Farbangabe zurückführen lassen, dominiert mit weitem Vorsprung die rote Farbe[28]. Dieser überragende Vorsprung ist durch den starken Aufmerksamkeitsreiz zu erklären, der von der Farbe *Rot* ausgeht: "L'adjectif sert à distinguer un insigne, un signal destiné à attirer l'attention" (Rob Hist 1992, 2, 183b). Auch sprachwissenschaftlich wird die Sonderstellung dieser Farbe erörtert: *Rot* gilt als das "älteste und allgemein verbreitetste indoeuropäische Farbwort" (Schmitt 1995, 336 [Verweis auf: Gipper 1957, 36]).

Die Dekodierung der Apfelnamen, die sich auf die rote Farbe beziehen, erfordert eine weitere Spezialisierung des holzschnittartigen Entwurfs eines Wahrnehmungsmodells, wie es vor der empirischen Überprüfung anhand der Apfelnamen aufgestellt wurde. Mit großer Wahrscheinlichkeit schlägt in Bezug auf die rote Farbgebung ein bislang unbeachteter Mechanismus die ansonsten stark vertretene PROTOTYP-DIFFERENZ-THESE. Bei Äpfeln erscheint die Rotschaligkeit einer normalerweise gelbschaligen Sorte am auffälligsten. Aus diesem Grund wird die Rotschaligkeit an erster Stelle genannt, wenn als Beispiele für Mutationen plötzliche erbliche Veränderungen einzelner Eigenschaften aufgezählt werden (cf. Petzold 1990, 17). Die 'Signalfarbe' ist so attraktiv für den Menschen, dass sie kategorisch die Aufmerksamkeit auf sich zieht. Diesen kognitiven Mechanismus formuliere ich als AFFEKTIVITÄTSTHESE.

Dass die PROTOTYP-DIFFERENZ-THESE hinsichtlich der Farbwahrnehmung lediglich eine schwache Gültigkeit beanspruchen kann, ist offensichtlich auch darauf zurückzuführen, dass prototypische Farbangaben für den Apfel weniger stringent zu formulieren sind. Der PROTOTYP-DIFFERENZ-THESE liegt die Vermutung zugrunde, dass immer das Merkmal auffällt, das nicht der Erwartungshaltung entspricht. Bei der Farbe *Rot* spielt aber nicht dieser Mechanismus eine Rolle, sondern die Tatsache, dass verschiedene Farben unterschiedlich stark wahrgenommen werden (PRÄFERENZ-THESE).

Während kräftige Farbtöne wie *Rot* als Indikatoren für einen hohen Gehalt an qualitätsbestimmenden Zutaten eines Lebensmittels oder für einen besonderen Frischegrad angesehen werden, verleiten blasse Farben zu Vorurteilen bis hin zu qualitativer Abwertung (cf. Neumann/Molnár 1991, 101-102). Die Angaben Weiß und Schwarz haben gemeinsam, dass es sich eher um vergleichende Werte handelt: So wirft die weiße Farbe der Äpfel den Strahlungsfluss des sichtbaren Spektralgebietes nicht vollständig zurück, wie es vom idealen Weiß verlangt wird. Vielmehr besitzt das Weiß der Fruchtschale einen niedrigeren Reflexionsgrad, der treffend durch die Formulierung "se dit de choses claires, par opposition à celles de même espèce qui sont d'une autre couleur" (NPRob 1996, 229a) festzulegen ist. Gleiches gilt für die Angabe Schwarz, die sich ebenfalls nicht nur auf schwarze Dinge bezieht, sondern auch auf etwas im Vergleich zu anderen Gegenständen auffallend Dunkles, auf etwas, "qui est plus sombre (dans son genre)" (NPRob 1996, 1492a)[29].

Die 1868 in Australien gefundene rein grünschalige Sorte *granny smith*[30] ist ein Beispiel dafür, dass eine "typische" Apfelfarbe nicht unabdingbar für den Verkaufserfolg einer Sorte ist (cf. Petzold 1990, 19). Die grüne Farbe wird generell mit unreifen Früchten assoziiert, als Farbe der "fruits qui ne sont pas mûrs" (Rob Hist 1992, 2, 2239a).

---

[28] Aus kognitiver Sicht ist ein symbiotisches Verhältnis zwischen der Obstsorte *Apfel* und der Farbe *Rot* zu konstatieren, wie eine Untersuchung über Kinder nahelegt, die den Ausdruck *Apfel* nur für die Benennung roter Äpfel anwenden, nicht aber für die Bezeichnung gelber und grüner Äpfel (cf. "Phänomen der Untergeneralisierung", Schwarz 1989, 36).

[29] Schwarz wird auch auf den Wein bezogen, so wird schon für das Lateinische *vinum nigrum* ausgewiesen (FEW 7, 130b) Gleiches gilt auch für die weiße und graue Farbe (cf. *vin blanc* [v. 1172-1175], Rob Hist 1992, 1, 228a; *vin gris* "vin qui est entre le blanc et le clairet", LA 20, 3, 886a).

[30] Der Apfel *granny smith* fällt durch sein phänomenales Grün auf, sein Fruchtfleisch ist knackig; lässt man ihn allerdings reifen, wird er gelb. Er stammt aus Australien, wo ihn Marie Anne *Smith* (1801-1870) in New South Wales aus Samen züchtete, die zum Abfall geworfen worden waren, in den 1980er Jahren war er Mode (cf. Cordes/Mürner 2002, 64-65). Etwa seit 1950 wird diese Apfelsorte von den Anbauländern der südlichen Hemisphäre im März und April als knackfrischer Apfel dem europäischen Markt geliefert. Vormals hätte es im Obsthandel niemand für möglich gehalten, dass ein grasgrüner Apfel gefragt und begehrt sein würde (cf. Petzold 1990, 19).

2.1.2. Musterung

Von den 101 Belegen, die auf ein Schalenmuster zurückgeführt werden können, spiegeln mit 63 Beispielen über die Hälfte eine fleckige Farbgebung wider:

fleckig	gestreift	marmoriert	bunt	schmutzig
63	15	12	6	2

Abb. 14: Visuelle Detailanalyse (Musterung)

Die Filterung der Musterungsdaten verläuft im Vergleich zur Farb- oder Formwahrnehmung unspektakulär. Der Betrachter hat hinsichtlich der Farbe eine bestimmte Erwartungshaltung, aber hinsichtlich zur Musterung existiert kein PROTOTYP. Daher erscheint jede Musterung auffällig und somit als ausreichender Reiz, um sich im Namen abzubilden. Hier zeichnet sich ab, dass die BIT-THESE, die im Entwurf des kognitiven Wahrnehmungsmodells für den akustischen Sinn konstruiert wurde, auch für die visuelle Wahrnehmung ihre Gültigkeit beansprucht.

2.1.3. Form

Die runde Form eines Apfels gehört zu den wesentlichen Wahrnehmungsschemata, aus denen sich der PROTOTYP des Apfels bildet. Der Hinweis auf eine prototypisch runde Form ist in den vier hinsichtlich einer Prototypendefinition ausgewerteten Quellen vorhanden (cf. GRob 2001, 5, 930a; PRob 1996, 1723a; FUR 1727, s.v. *pomme*; Petit Larousse 1997, 802c; Serres 1600, 976). Das kognitive Modul der Formwahrnehmung funktioniert nach folgenden Gesetzmäßigkeiten: Der Akt der Wahrnehmung basiert auf dem Vergleich mit dem PROTOTYP 'Apfel ist rund'. Die Auswertung der Daten für die Apfelform bestätigen die PROTOTYP-DIFFERENZ-THESE dadurch, dass bei der überwiegenden Mehrheit der Apfelnamen (85 Prozent) auf eine Abweichung von der prototypischen Form hingewiesen wird. Anstatt, wie erwartet, runde Äpfel (15 Prozent) vorzufinden, sieht der Namengeber sich mit vielfältigen Erscheinungsformen konfrontiert, denen allen gemeinsam ist, dass sie nicht rund sind.

rund	nicht rund
19	112

Abb. 15: Visuelle Detailanalyse (Form)

19 Namenbelege scheinen gegen die PROTOTYP-DIFFERENZ-THESE zu sprechen, weil sie auf den ersten Blick identisch mit dem PROTOTYP sind. Doch bei näherer Betrachtung erweisen sich auch *kugelrund* (13 Belege) und *plattrund* (drei Belege) durch ihre Spezifikation *kugel-* und *platt-* als Differenz zum PROTOTYP.

Drei Belege gehen auf Vogelnamen zurück, hier ist zu beobachten, dass die Differenz zum PROTOTYP im zweiten sortentypischen Merkmal, also der untypischen Farbe, Ausdruck findet (cf. Abb. 36: Wortfeld *Vogel* I).

Der PROTOTYP schließt fünf Samenkammern mit jeweils einem Kern ein: "à cinq loges cartilagineuses contenant les pépins" (NPRob 1996, 1723a). Der Betrachter geht folgerichtig davon aus, dass die zu benennende Sorte, wie fast alle Apfelsorten (PROTOTYP), fünf Samenkammern besitzt. Wird er nun mit einem Kultivar konfrontiert, der dieser Erwartungshaltung nicht entspricht, so teilt er diese Differenz zum PROTOTYP im Namen mit.

Die DEFIZIT-MERKMAL-THESE wird durch die beiden Apfelsorten *sans-pépins* und *pomme-figue* bestätigt, weil diese eindeutig wegen fehlender Kerne in Opposition zum PROTOTYP zu stellen sind. Während der erste Name sich explizit auf das DEFIZIT-MERKMAL bezieht, liegt beim zweiten Namen ein indirekter Bezug vor. Eine Apfelsorte wird mit den Namen *judain, pomme de judée, pigeonnet-jérusalem* oder *jérusalem*[31] bezeichnet, wenn sie nicht fünf, sondern nur vier Kammern besitzt, die im Form eines Kreuzes angeordnet sind. Während ein kreuzförmiger dem PROTOTYP nicht entspricht, müsste ein sternförmiger Aufbau mit fünf Samenkammern eigentlich prototypisch sein, weil die Form des Sternes mit der Zahl Fünf eng verbunden ist (cf. *étoile* "rond-point à plus de quatre voies", "décoration en forme d'*étoile* à cinq branches", PLa 1997, 403c).

Die Differenz zum PROTOTYP liegt bei den Namen *api étoilé* und *pomme étoilée*, jedoch nicht in der Anzahl der Samenkammern (vier anstatt fünf), sondern in der besonderen Ausformung des prototypischen Aufbaus. So ist der Name *api étoilé* durch eine Form der Frucht motiviert, welche die fünfeckige Form viel stärker betont: "forme *étoilée* à cinq angles arrondis". Bei der Sorte *pomme étoilée* wird die fünfeckige Form durch Erhebungen so betont, dass sie zum sortentypischen Merkmal wird: "cinq échancrures qui le bordent il s'élève cinq petites bosses ou tumeurs" (cf. *étoile*). In diesen Kontext ist wahrscheinlich auch die Apfelsorte *cinq-cartons* zu stellen (cf. IV.2.3. Haushalt).

2.1.4. Fruchtstiel

Die Namenbelege, die sich auf den Fruchtstiel beziehen, weisen entweder auf dessen Fehlen, dessen Länge oder dessen Form hin:

Defizit-Merkmal	Länge		Form
fehlender Stiel	kurz	lang	krumm
2	2	3	1

Abb. 16: Fruchtstiel

Zwei Apfelsorten, die zur ersten Kategorie DEFIZIT-MERKMAL zählen, fallen durch das Fehlen des für Äpfel obligatorischen Merkmals Fruchtstiel auf. Der kognitive Prozess zu diesem Namengebungsprinzip stellt sich folgendermaßen dar: Der Apfel als einer der "fruits des arbres" wird dadurch definiert, dass er einen Stiel besitzen muss, auch wenn nicht explizit auf ihn hingewiesen wird: "fruits pendants par les branches" (PLa 1997, 455a).

Bei der Apfelsorte *grand-talon*, die anscheinend keinen Stiel besitzt ("il semble sortir du bois et manquer de pédoncule, tellement il est attaché court" [LeroyPom 1873, 3, 303]), drückt sich diese Opposition zum PROTOTYP unmittelbar im Namen aus. Analog dazu ist auch der Name der Apfelsorte *sans-queue* zu dekodieren, deren extrem kurzer Stiel auf den ersten Blick gar nicht vorhanden zu sein scheint: "exiguïté de son pédoncule, qui souvent aussi fait qu'on la croit collée sur la branche" (cf. *sans-fleur*).

Ebenfalls auf ein DEFIZIT-MERKMAL weisen die Kultivarnamen *sans-fleur* und *sans-pépins*. Die Apfelsorte *sans-fleur* besitzt kaum erkennbare Blüten, weshalb der Betrachter die scheinbar fehlende Blüte als DEFIZIT-MERKMAL registriert. Bei der Sorte *sans-pépins* handelt es sich um eine kernlose Frucht: "Les produits de cette variété sont effectivement, et de façon constante, dépourvus de *pépins*" (LeroyPom 1873, 4, 805).

Die Apfelnamen *courtpendu, courtpendu de la quintinye, plate à grosse queue, longuequeue* und *verte à longue queue* beziehen sich auf die Länge des Fruchtstiels.

Mit der ZWEIDIMENSIONALEN PROTOTYP-DIFFERENZ-THESE (cf. III.1.1. Reife) können diese fünf Namen folgendermaßen dekodiert werden: *Courtpendu* lese ich als 'diese Apfelsorte besitzt einen Stiel, der *kürzer* als der PROTOTYP ist' und die drei Elemente *à grosse queue, longuequeue* und *à longue queue* als 'der Fruchtstiel ist *länger* als der PROTOTYP'. Auf einen krummen Stiel weist wahrscheinlich der Name *queue torte*[32] hin.

---

[31] Vermutlich wird zum kreuzförmigen Aufbau dieses Apfelsorte der Grundriss der Heiligen Stadt assoziiert, weil Jerusalem in vier Quartiere aufgeteilt ist, in den Armenier, Christen, Juden und Muslime getrennt voneinander wohnen (cf. GRobNP 1991, 3, 1609b).

[32] Wahrscheinlich lautet die korrekte Schreibweise des Namens *queue tortue*.

2.1.5. Dimension

Mit der ZWEIDIMENSIONALEN PROTOTYP-DIFFERENZ-THESE (cf. III.3.1.) sind auch die Apfelnamen adäquat zu dekodieren, die durch eine kleine oder große Frucht motiviert sind.

klein	groß
20	21

Abb. 17: Fruchtdimension

Klein und *groß* treten wie alle relationalen Einheiten paarweise auf, d. h. zu jedem Adjektiv gibt es ein polares Antonym. Diese Einheiten unterscheiden sich bedeutungsmäßig nur durch ein Merkmal. Von der Relation *klein/groß* ist eine Parallele zu den Antonymen *früher/später* und *kürzer/länger* zu ziehen. Diese kognitiven Grundprinzipien sind als Basiselemente des gesamten Funktionskörpers Wahrnehmung zu verstehen. Wie der PROTOTYP des Fruchtstiels und des Baumstammes ist auch der PROTOTYP der Fruchtdimension nur indirekt zu fixieren.

2.2. Gustatorische Wahrnehmung

Die gustatorischen Sinneseindrücke umfassen die Gesamtheit der durch Zunge, Mundhöhle und Rachen wahrnehmbaren Merkmale. Beim Geschmackssinn ist die Zahl der qualitativ unterscheidbaren Reize niedrig, denn er erkennt lediglich die vier Geschmacksarten *süß, sauer, bitter* und *salzig* (cf. Schmidt 1997, 318); nur die ersten drei Qualitäten spielen bei der Analyse von Äpfeln eine Rolle. In den Apfelnamen sind die Geschmacksarten sowohl einzeln als auch miteinander kombiniert präsent:

Einzelwahrnehmung			Kombination	
süß	bitter	sauer	süß-bitter	süß-sauer
29	12	4	2	1

Abb. 18: Gustatorische Analyse

Die Grenzen der PROTOTYP-DIFFERENZ-THESE werden am gustatorischen PROTOTYP des Apfels deutlich. Serres 1600 definiert den prototypischen Geschmack des Apfels mit *süß* und *sauer* (cf. S. 976). GRob 2001 umgeht die Frage nach dem Geschmack mit der vagen Angabe "de saveur agréable" (Bd. 5, 930a), die eindeutig eine hedonistische Perspektive beinhaltet. Hinsichtlich des Geschmacks ist also kein PROTOTYP vorauszusetzen. Der Prozess der Filterung des Geschmacks muss daher unter einem anderen kognitiven Aspekt, nämlich dem hedonistischen rekonstruiert werden.

Hier zeichnet sich deutlich ab, dass das Wahrnehmungsmodell modular arbeitet. Die einzelnen Namengebungsprinzipien funktionieren teilweise nach denselben Gesetzmäßigkeiten. Durch die empirische Überprüfung der Arbeitshypothesen, als Funktionsinstruktionen der Module, treten jedoch bislang unberücksichtigte Mechanismen zutage.

Wenn keine prototypischen Vergleichswerte vorhanden sind, handelt es sich bei den Daten zur gustatorischen Wahrnehmung offensichtlich um den direkten Niederschlag der bei Äpfeln auftretenden Merkmalswahrscheinlichkeit. Unter allen Äpfeln wird es am meisten süße, sodann bittere und schließlich saure Früchte geben. Ein in der Natur proportional stark vertretenes Auftreten süßer Äpfel erklärt allerdings noch nicht, weshalb gerade dieses Merkmal und nicht stattdessen eine rote Farbgebung zum Motor für die Namengebung wurde. Wahrscheinlich ist die Voranstellung des süßen Geschmacks durch eine "sensorische Alltagserfahrung" zu erklären. Demnach würden die vier gustatorischen Basalqualitäten auf der Dimension "angenehm-unangenehm" eingestuft. Süße Substanzen werden, insbesondere von Kindern, deutlich bevorzugt (cf. Burdach 1988, 79). Diese Vorliebe schlägt sich in den Namen nieder, um auf diesem Weg den entsprechenden Genuss anderen Menschen mitzuteilen (PRÄFERENZ-THESE). Mit Berücksichtigung physiologischen Grundwissens ist davon auszugehen, dass beim Menschen gewisse Eindrücke wie der süße Geschmack grundsätzlich positiv wahrgenommen werden. Gemäß einer für den Geschmack entwickelten PRÄFERENZ-THESE sind die drei für den Apfel relevanten Geschmacksrichtungen auf einer Skala von *süß* als beliebtestem Geschmackseindruck, über *sauer* mit einer Präferenz wegen des Vitamin-C-Gehalts, bis hin zu *bitter* anzuordnen (cf. Abb. 25). Der verhältnismäßig hohe Anteil an Namen, die auf einen bitteren Geschmack hinweisen, scheint der PROTOTYP-DIFFERENZ-THESE zu widersprechen, der zufolge eigentlich mehr Belege für saure Äpfel vorliegen müssten. So gäbe es eine ausgeprägte Präferenz für saure Geschmacksstoffe in mittleren Konzentrationen, die möglicherweise im Zusammenhang mit dem Vitamin-C-Bedarf des Menschen zu verstehen ist, weil der Mensch "Ascorbinsäure ebenso wie Affen, Meerschweinchen und einige andere Säugetiere nicht zu synthetisieren vermag". Bittere Substanzen dagegen würden in der Regel gemieden (cf. Burdach 1988, 79-82).

Die Untersuchung ergab aber sogar einen quantitativen Vorsprung für Namenbelege, die auf einen bitteren Geschmack hinweisen (cf. Abb. 18). Bei näherer Betrachtung der gustatorischen Daten wird die PRÄFERENZ-THESE dennoch, gerade durch die bitteren Werte untermauert. Während nämlich bei den roh verzehrten Tafeläpfeln die Vorliebe den süßen und sauren Früchten gilt, bevorzugt der Cidreproduzent eindeutig bittere Äpfel, weil das ideale Mischungsverhältnis für dieses Getränk besteht in 4/8 bitteren, 3/8 süßen und 1/8 sauren Früchten (cf. Robin/Torre 1988, 21). Durch die Auswertung der gustatorisch motivierten Apfelnamen ergibt sich die Notwendigkeit, den PROTOTYP des Cidreapfels in das anstrebte Wahrnehmungsmodell zu integrieren. Bei den drei Namen, die auf die Kombinationen *süß/bitter* und *süß/sauer* hinweisen, lohnt es sich auf das Verschmelzen von gustatorischen Daten einzugehen. Die Geschmacksqualitäten verschmelzen unterschiedlich leicht, so heben sich *sauer* und *süß* im richtigen Mischungsverhältnis gegenseitig vollständig auf (Kompensation), weshalb wahrscheinlich auch nur ein Apfelname für diese Kombination vorliegt. Um einen Sonderfall handelt es sich bei *quatre-goûts*, hier liegen nicht die vier Geschmacksqualitäten *süß*, *sauer*, *bitter* und *salzig* vor, wie der Name suggeriert, sondern der Apfel wird folgendermaßen beschrieben: "très-sucrée, à peine acidulée, ayant une saveur délicieuse" (LeroyPom 1873, 4 859). Die Geschmacksqualitäten *bitter* und *sauer* hingegen sind kaum mischbar (cf. Neumann/Molnár 1991, 67). Die Apfelnamen entsprechen dieser physiologischen Tatsache, indem für die Kombination *bitter/sauer* keine Werte vorliegen.

2.3. Haptische Wahrnehmung

"Phylogenetisch ist das Tasten älter als das Schauen oder das Hören. Auch sehr primitive Tiere fühlen Objekte und erkunden Oberflächen mit Teilen ihres Körpers und nehmen dadurch Informationen in der Zeit auf" (Neisser 1979, 22).

Trotzdem sei die aktive Berührung sehr selten untersucht worden, wogegen die visuelle und akustische Wahrnehmungen wissenschaftlich gut untersucht seien (cf. Neisser 1979, 22). Die Apfelnamen, die auf taktile Daten zu dekodieren sind, beziehen sich entweder auf die Schalenstruktur oder die Konsistenz des Fruchtfleisches. Die haptische Wahrnehmung hierzu erfolgt manuell, indem die mit den Händen wahrnehmbaren Eindrücke, also die schlaffe oder glatte Schale, gefiltert werden. Sie kann aber, und dies betrifft insbesondere das Fruchtfleisch, auch oral, also im Zusammenspiel von Zunge, Mundhöhle und Rachen erfolgen. Die Schale des Apfels wird bezüglich ihrer haptisch erfahrbaren Eigenschaften in drei verschiedene Kategorien unterteilt:

rau, schlaff, runzelig	glatt, fettig, wächsern	stark, fest
10	6	5

Abb. 19: Haptische Detailanalyse (Schalenstruktur)

Das Fruchtfleisch des Apfels ist in die drei Oberkategorien *Elastizität, Dispersität* und *Sukkulenz* zu unterscheiden. Acht Namenbelege beziehen sich auf die erste Kategorie, also auf das Antonymenpaar *weich/fest*. Die *Elastizität* wird unmittelbar nach der ersten Konfrontation mit der anonymen Sorte untersucht. Erst nachdem der Apfel von außen examiniert worden ist, schneidet der Prüfer die Frucht auf und bemerkt Auffälligkeiten zur *Dispersität* und *Sukkulenz*.

Elastizität		Dispersität		Sukkulenz		Sonderkategorie
weich	fest	fein	grob	saftig	mehlig	wie Eis
6	7	2	3	2	2	2

Abb. 20: Haptische Detailanalyse (Konsistenz des Fruchtfleisches)

Zu einer Sonderkategorie werden die beiden Apfelnamen *gelée* und *glace* gezählt, weil ihr sortentypisches Merkmal, ein empfindliches (wie gefroren wirkendes) Fruchtfleisch, haptisch registriert wird.

Bei dem ersten Antonymenpaar zur Elastizität schlägt sich ein besonders weiches Fruchtfleisch in der Namengebung nieder, weil dieses weicher ist als beim prototypischen Apfel. Diese Form der Mustererkennung verläuft nach dem Schema der oben dargestellten PROTOTYP-DIFFERENZ-THESE, d.h. die Abweichung vom Erwartungswert wird im Namen deutlich. Während es bei der Form ausreicht, einen runden PROTOTYP für den intern ablaufenden Verarbeitungsprozess zu konstruieren, muss für das Fruchtfleisch von einer ZWEIDIMENSIONALEN PROTOTYP-DIFFERENZ-THESE (cf. III.1.1., III.2.1.4.) ausgegangen werden: Dem Beobachter fällt auf, dass die betreffende Apfelsorte weicher ist als der PROTOTYP, der also ein festes oder besser einschränkend formuliert, festeres Fruchtfleisch aufweisen muss (erste Dimension).

Die diametral entgegengesetzte Perspektive auf das prototypische Fruchtfleisch nimmt der Namengeber ein, dem ein besonders festes Fruchtfleisch an einer Apfelsorte auffällt (zweite Dimension). Der PROTOTYP zum Fruchtfleisch ist folglich nicht wie der PROTOTYP zur runden Form mit einem Merkmal zu definieren, sondern bestimmt sich dadurch, dass er fester als weiche und weicher als harte Äpfel ist.

Auf die gleiche Weise definieren sich die Merkmale zur prototypischen *Dispersität* und *Sukkulenz* des Fruchtfleisches: Der Prototyp geht auf den Mittelwert des Antonymenpaars *fein/grob* zurück. Dasselbe gilt für die *Sukkulenz* des Fruchtfleisches, wobei hier wahrscheinlich auch noch eine hedonistische Dimension mit einfließt: Wird der Namengeber mit einem auffallend saftigen Apfel konfrontiert, also einem, der *saftiger* als der PROTOTYP ist, dann kann sich diese Differenz im Namen niederschlagen (erste Dimension).

Als Gegenwert zu *saftig* wird *mehlig* gestellt. Während die erste Dimension wahrscheinlich als positiv bewertet wird, kann angenommen werden, dass die meisten Menschen einen mehligen Apfel eher als negativ empfinden. Hier gilt also für die saftigen wie für die süßen Äpfel die PRÄFERENZ-THESE. Diese eher präferierende respektive ablehnende Haltung gegenüber den beiden diametral zueinander stehenden Merkmalen *saftig/mehlig* schlägt sich jedoch nicht in der Anzahl der Namen nieder.

Die ZWEIDIMENSIONALE PROTOTYP-DIFFERENZ-THESE ist in einem viel stärkeren Maße abhängig von dem Untersuchungsgegenstand Apfel als die PROTOTYP-DIFFERENZ-THESE in ihrer ersten Formulierung. Bei der Wahrnehmung der Form kann gegebenenfalls vom Apfel abstrahiert werden. Der Namengeber könnte sich ausschließlich auf das Merkmal *rund* beziehen, also zum Beispiel auf die Repräsentation der mathematischen Figur *Kugel*. Bei der Untersuchung des Fruchtfleisches kann nicht nur auf das Antonymenpaar *weich/hart* Bezug genommen werden, sondern dieses muss mit der Information *Apfel* repräsentiert werden.

Als Vergleichswert soll das Antonymenpaar *weich/hart* mit Bezug auf einen angenommenen Untersuchungsgegenstand *Stein* konstruiert werden: Auch beim *Stein* sind verschiedene Rangstufen in Bezug auf die *Weiche* und *Härte* wahrnehmbar, so handelt es sich bei dem *Diamanten* um den härtesten Stein (cf. "la plus dure de toutes", NPRob 1996, 637b). Im Vergleich zum Diamanten sind folgerichtig alle anderen Steine *weicher*. Vergleicht man nun aber auffallend weiche Gesteinsarten mit der Elastizität von Äpfeln, wird deutlich, wie relativ die Begriffe *weich/hart* sind. Das Merkmalpaar *weich/hart* ist also abhängig von der Zusatzinformation, um welchen Gegenstand es sich jeweils handelt.

2.4. Olfaktorische Wahrnehmung

Das Aroma des Apfels wird als "olfaktorischer Sinneseindruck" definiert. Geruchsstoffe können beim Verzehr, bei der Mundprobe eines Apfels bedingt durch "Kau-, Schluck- und Atemvorgänge, über die Rachen-Nasen-Verbindung an die Geruchsrezeptoren" gelangen. Erste Versuche, die Vielfalt an olfaktorischen Daten zu klassifizieren, gehen auf den Naturforscher Carl von Linné (1756) zurück (cf. Neumann/Molnár 1991, 76). Als typisches Klassifikationsbeispiel bietet sich "Hennings Prisma" an: H. Henning nahm an, dass alle Geruchssubstanzen den Gerüchen zuzuordnen oder zwischen den Eckpunkten des Prismas einzuordnen seien, die er als "reine Grundgerüche" definierte. Die sechs Klassen sollten den Grundstrukturen *würzig, blumig, fruchtig, harzig, brandig* und *faulig* entsprechen (cf. Neumann/Molnár 1991, 67). Für die Apfelnamen, die durch Duftstoffe oder das Aroma motiviert sind, bietet sich folgendes leicht abgewandeltes Klassifikationsschema an:

parfümiert	würzig	weinartig	frisch	fruchtig
10	10	4	3	2

Abb. 21: Olfaktorische Analyse

Unter die Rubrik *parfümiert* werden erstens die Belege addiert, die explizit den Duft der betreffenden Sorte herausstellen (cf. *parfumée*). Zweitens werte ich auch die Apfelnamen als *parfümiert*, die auf pflanzliche (Rose, Veilchen) und tierische Riechstoffe (Moschus) weisen, aus denen Parfümessenzen gewonnen werden. Unter die Kategorie *würzig* werden Apfelnamen zu Gewürzstoffen wie *Anis, Zimt, Mandel, Alant* und *Rosmarin* gerechnet. Als *fruchtig* werden die Namen *fraise* und *framboise* definiert. Als Sonderkategorie muss *frisch* gekennzeichnet werden, weil es sich nicht um ein Aroma handelt.

Dass die Klassifikation der olfaktorisch motivierten Namen so arbiträre Züge aufweist, ist darauf zurückzuführen, dass es bisher noch nicht gelungen ist, die physikalisch-chemischen Merkmale von Gasen zu identifizieren, die Riechempfindungen auslösen. Die Zahl qualitativ unterscheidbarer Reize ist sehr hoch: Der Mensch ist in der Lage, bis zu 4000 Gerüche qualitativ zu unterscheiden (cf. Neumann/Molnár 1991, 76).

Der Namengeber kann keinen olfaktorischen PROTOTYP zum Vergleich heranziehen. Deshalb reicht es wohl aus, wenn ein Apfel überhaupt den olfaktorischen Sinn anregt, damit sich ein Duft im Namen niederschlägt. In diesem Sinne ist eine Parallele zwischen den olfaktorisch und akustisch motivierten Namen zu sehen, die ich beide mithilfe der BIT-THESE dekodiere.

2.5. Akustische Wahrnehmung

Die Ergebnisse der sensorischen Analyse (cf. Abb. 11) können in Bezug gestellt werden zu allgemeinen Erkenntnissen der Wahrnehmungspsychologie. Die einzelnen Sinne werden nicht als gleichwertig postuliert: In psychologischen Untersuchungen werden Geruch und Geschmack, ebenso wie die Hautsinne, häufig den niederen Sinnen zugeordnet, während die visuelle und auditive Wahrnehmung als höhere Sinne betrachtet werden (cf. Burdach 1988, 9 [Verweis auf: Skramlik, 1926]). Die anhand der Apfelnamen ermittelten Daten entsprechen der These der Voranstellung des visuellen Sinnes mit 498 Belegen. Dass die akustische Wahrnehmung mit elf Belegen einen verhältnismäßig geringen Stellenwert einnimmt, ist insofern naheliegend, als es sich bei Äpfeln im Allgemeinen um ein Untersuchungsobjekt handelt, das nur passiv ein Geräusch verursachen kann. Dass dennoch elf Namen durch ein auf den Apfel zurückgehendes Geräusch motiviert sind, bestätigt die BIT-THESE.

Kerngehäuse	Fruchtfleisch	Fallobst
4	4	3

Abb. 22: Akustische Analyse

Die Namenbelege werden nach drei Formen der Klangerzeugung unterschieden: Das Kernhäuse des Apfels besteht aus fünf Fächern und Kammern, die in der Achse zusammenstoßen. Ein geöffnetes Kernhaus ist die Ursache dafür, dass sich in Apfelsorten wie dem *claque pépins* die reifen Samen lösen, in der Höhlung frei liegen und beim Schütteln der Frucht klappern (cf. Vo 1993, 125). Auch bei den Apfelsorten *douce sonnante, sonnante, sonnette* und *sonore* ist mit großer Wahrscheinlichkeit davon auszugehen, dass dem Namengeber das Klappern der Kerne im hohlen Fruchtgehäuse auffiel.

Der Apfelname *croquet* ist durch das Geräusch motiviert, das beim Biss in die betreffende Frucht entsteht. Der Apfel *claguet* verdankt den Namen wahrscheinlich einem trockenen Fruchtfleisch, weshalb er vermutlich zu *claque* (1306) zu stellen ist, welches als onomatopoetisches *klakk-* "exprimant un bruit sec, bref et assez fort, d'où l'interjection *clac*" (Rob Hist 1992, 1, 430b) belegt wird. Beim Kauen oder Verarbeiten der Apfelsorte *bredel* entsteht wahrscheinlich ein murmelndes Geräusch. Eine dritte Art der Klangerzeugung ist bei Fallobst zu beobachten: Die Sorte *carpentin* überrascht durch lautes Fallen der Früchte. Auch bei dem Beleg *dobée*, der zu **dubban* (anfrk.) "schlagen" gestellt wird, könnte es sich um Fallobst handeln. Der Name *grebeussot* ist zu lt. *crepare* "klappern, knacken, dröhnen, rasseln, schnalzen" und "bersten, platzen" (FEW 2.2, 1320b) zu stellen. Dieser Name kann mit gleicher Berechtigung zu allen drei Formen der Klangerzeugung gestellt werden, ausgewertet wird er hier als Beleg für Fallobst.

III.3. Fazit und Ergänzungen zu den Arbeitshypothesen

Menschen verfügen über die Fähigkeit, Erwartungen in Gegenstände und Situationen zu setzen. Um die Namengebung von Apfelsorten plastisch darzustellen, entwickelte ich die fünf Arbeitshypothesen, mit denen sich ein kognitives Modell zum Wahrnehmungsprozess konstruieren ließ. Am Ende dieses Kapitels stellt sich die Frage, ob der Entwurf dieses Modells hinreicht, um den Wahrnehmungsprozess für die Namengebung adäquat darzustellen. Der Versuch darf als geglückt betrachtet werden, da viele Einzelfragen durch den Fokus der jeweiligen Arbeitshypothese untersucht werden konnten.

Durch die Untersuchung der Apfelnamen zeichneten sich jedoch an drei Stellen Defizite im kognitiven Modell ab, die nur durch eine Ausarbeitung der PROTOTYP-DIFFERENZ-THESE und der Aufstellung zwei völlig neuer Arbeitshypothesen (AFFEKTIVITÄTS-THESE und PRÄFERENZ-THESE) korrigiert werden können.

3.1. ZWEIDIMENSIONALE PROTOTYP-DIFFERENZ-THESE

Durch das Pendeln um einen prototypischen Mittelwert, ist die PROTOTYP-DIFFERENZ-THESE für einige Merkmalbereiche zur ZWEIDIMENSIONALEN PROTOTYP-DIFFERENZ-THESE auszubauen. So dekodiert sich die Aussage, dass eine Sorte *früher* oder *später* reift, erst dann, wenn es einen Bezugswert, in diesem Fall die prototypische Reifezeit Herbst, gibt. Die Form der Mustererkennung verläuft nach dem Schema der PROTOTYP-DIFFERENZ-THESE, d.h. die Abweichung von dem Erwartungswert wird im Namen deutlich. Während es bei anderen Wahrnehmungsausschnitten ausreicht, einen fixen PROTOTYP wie eine runde Form oder die Reifezeit Herbst für den intern ablaufenden Verarbeitungsprozess zu konstruieren, muss für die Elastizität, die Sukkulenz, die Dimension sowie die Länge des Baumstammes und des Fruchtstiels von einer ZWEIDIMENSIONALEN PROTOTYP-DIFFERENZ-THESE ausgegangen werden.

Sowohl die PROTOTYP-DIFFERENZ-THESE als auch die ZWEIDIMENSIONALE PROTOTYP-DIFFERENZ-THESE basieren auf dem fiktiven Durchschnittswert aller Apfelsorten. Der PROTOTYP eines Vorstellungsgegenstandes muss per Definition[33] die Menge aller Apfelsorten in sich einschließen. Die Auswertung der Apfelnamen beweist eindeutig, dass es sich bei dem PROTOTYP um einen Mittelwert handeln muss, da sich jeweils proportional gleich viele Werte von beiden Blickwinkeln auf den PROTOTYP zu bewegen.

Elastizität PROTOTYP (100 %)		Sukkulenz PROTOTYP (100 %)		Dimension PROTOTYP (100 %)		Baumstamm PROTOTYP (100 %)		Baumstiel PROTOTYP (100 %)	
weich	fest	saftig	mehlig	klein	groß	kurz	lang	kurz	lang
6	7	2	3	20	21	1	1	2	3
~50 %	~50 %	50 %	50 %	~50 %	~50 %	50 %	50 %	~50 %	~50 %

Abb. 23: Zweidimensionale Prototyp-Differenz-These

3.2. PRÄFERENZ-THESE

Bei einigen Apfelnamen spielte bei der Entscheidung, welches Merkmal sich durchsetzt, die hedonistische Perspektive eine wichtige Rolle. Bei den Belegen der gustatorischen Analyse zeigt sich ihre Gültigkeit: So sind die Werte für süß schmeckende Äpfel (29 Belege) signifikant stärker vertreten als für die bitteren (zwölf Belege) und die sauren (vier Belege). Die Tatsache, dass es viel mehr Belege für einen süßen Geschmack gibt, vor allem viel mehr als für den sauren, scheint nicht dem PROTOTYP zu entsprechen, weil dieser sowohl durch einen süßen als auch einen sauren Geschmack definiert wird (Serres 1600, 976). Die quantative Überlegenheit der süßen Werte geht also ausschließlich auf die Vorliebe des Menschen für diesen Geschmack zurück.

Präferenz------ **süß** ------ **sauer** ------- **bitter** --------*Aversion*

Abb. 24: PRÄFERENZ-THESE[34]

3.3. AFFEKTIVITÄTS-THESE

Zu den Arbeitshypothesen stelle ich außerdem folgendes für die Wahrnehmung gültiges Phänomen: In der Gesamtheit aller wahrnehmbarer Gegenstände existieren Reize[35], wie die

---

[33] Kleiber (1993) definiert PROTOTYP als bestes Exemplar bzw. Beispiel, bester Vertreter oder zentrales Element einer Kategorie. Die Kategorien setzen sich nicht aus Exemplaren zusammen, die im gleichen Verhältnis zur überdachenden Kategorie stehen, sondern es gibt Exemplare, die bessere Vertreter sind als andere. So sei der Apfel das beste Exemplar für die Kategorie *Obst*, während die Olive am wenigstens repräsentativ sei (Kleiber 1993, 31). Für die Kategorie *Apfel* ist jedoch meiner Meinung nach von einer anderen PROTOTYP-Definition auszugehen. Der PROTOTYP des Apfels wird als fiktiver Durchschnittswert der Menge aller möglichen Apfelsorten postuliert. Wahrscheinlich beansprucht die Definition von Kleiber 1993 ihre Gültigkeit für Exemplare einer natürlich gegebenen Kategorie (Art), während die Untersorten zu einem *Kultivar* (cf. I.1. Definition des Untersuchungsgegenstandes 'Apfelsorte') sich mit einem "Durchschnitts-PROTOTYP" bestimmen lassen.

[34] cf. Burdach 1988, 79-82.

[35] Singer (2002) geht davon aus, dass auffällige Reize oder Ereignisse die Aufmerksamkeit "ohne das Zutun des Beobachters" auf sich ziehen, weil sie besonders starke neuronale Antworten in der Hirnrinde auslösen. Diese

rote Farbe, die besonders starke neuronale Antworten in der Hirnrinde besitzen. Dieses Phänomen wurde als AFFEKTIVITÄTS-THESE definiert. Sie ist bei weitem nicht so aussagestark wie die anderen Arbeitshypothesen, muss aber dennoch hier formuliert werden, weil sie als kognitives Phänomen beobachtbar ist. Bei der Analyse schlägt die AFFEKTIVITÄTS-THESE den ansonsten überall präsenten Mechanismus der PROTOTYP-DIFFERENZ-THESE bei der Farbwahrnehmung, weil die rote Farbe einen so starken neuronalen Reiz besitzt, dass sie sich auch bei den Apfelnamen mit 63 Belegen überwältigend vor den anderen durchsetzt.

---

wiederum würden dann direkt, gewissermaßen von unten herauf, die Mechanismen beeinflussen, welche die Aufmerksamkeit steuern (S. 79).

IV. Repräsentation der sortentypischen Merkmale

Das Wahrnehmungsmodell gliedert sich in die beiden Module der Filterung und der Repräsentation. Während im vorigen Kapitel die Gesetzmäßigkeiten für den Wahrnehmungsprozess dargestellt wurde, steht in diesem Kapitel die Analyse der sprachlichen Umsetzung dieser Daten im Fokus der Diskussion.

IV.1. Zwei Aspekte der Repräsentation

1.1. Das Phänomen der Namensvarianten

Eine Reihe von Apfelsorten wird mit verschiedenen Namen ausgewiesen. Diese Tatsache ist dadurch zu erklären, dass Menschen an unterschiedlichen Orten mit derselben Sorte konfrontiert wurden, aber den entsprechenden Namen dazu nicht übermittelt bekamen. Die Untersuchung der Namenbelege zeigt, dass neben der räumlichen Distanz auch die Zeit der Entstehung für die Ausbildung von Namensvarianten eine Rolle spielt. Wahrscheinlich ist in zahlreichen Fällen der Name einer Sorte im Laufe der Generationen vergessen oder falsch zugeordnet worden. Aufgabe dieser Arbeit kann es kaum sein, die Vielzahl der Namensvarianten, die in verschiedenen Nachschlagewerken zudem oft in unterschiedlicher Form belegt werden, systematisch zu erfassen. Möglicherweise kann jedoch eine Inventarisierung aller in Frankreich existierenden Apfelnamen dafür sorgen, dass in Zukunft jedem Kultivar nur noch ein Name zugeordnet wird.

Namensvarianten sind deshalb für die Untersuchung so wertvoll, weil durch sie kognitive Strukturen und Abläufe bei der Namengebung nachvollziehbar sind. Werden die verschiedenen Namen einer Sorte nebeneinander gestellt, wirken sie in einigen Fällen wie Synonyme zu einem Begriff. Bei anderen Sorten nehmen die Varianten dieselbe Funktion wie Assoziationen auf einen Reiz ein. Im menschlichen Gedächtnis sind Vorstellungen nach bestimmten Regeln miteinander verknüpft. Wird der Mensch mit einem Stimulus konfrontiert, werden "Suchprozesse im Gedächtnis" (Strube 1984, 174) wie bei einem Assoziationsverlauf ausgelöst. Auf die Apfelnamen übertragen heißt das, dass die gefilterten Daten als Stimulus wirken, für die im Gedächtnis eine passende bildliche Repräsentation gesucht wird. Das Phänomen der Namensvarianten bietet sich an, Grundfragen zur Filterung und Repräsentation von Wahrnehmungsdaten zu stellen und das neue gedankliche Feld abzustecken. Dabei muss darauf hingewiesen werden, dass diese Vielzahl an Namensvarianten von Pomologen[36] generell kritisch beurteilt wird, weil sie eine eindeutige Zuordnung von Name und Apfelsorte erschwert, denn Fachsprachen sind auf die Existenz eines Nomen proprium angewiesen.

Der Begriff *Synonym*, den LeroyPom in diesem Zitat verwendet, ist missverständlich, weil er folgende Bedeutung hat: "se dit de mots ou d´expressions qui ont une signification très voisine et, à la limite, le même sens" (NPRob 1996, 1292b). Ich ersetze den Begriff *Synonym* durch *Namensvariante*, weil sich die Namen auf verschiedene sortentypische Merkmale beziehen können und daher oft keine Bedeutungsähnlichkeit besitzen, wie folgendes Beispiel illustriert: Die Apfelsorte, die LeroyPom unter den Namen *pomme lanterne* (1866) ausweist, wird mit insgesamt sieben Namen belegt. Sie können nicht als *Synonyme* bezeichnet werden, weil die einzelnen Namensvarianten teilweise auf anderen Stimuli basieren. Während die Namen *pomme lanterne* (1866) und *de cloche* (1776) durch die Apfelform motiviert sind, beruht die dritte Namensvariante *sonore* auf einer akustischen Besonderheit. Der vierte Name *grillot* (1780) deutet auf den Verwendungszweck und der fünfte *de loquet* (1670) auf eine sortentypisch glatte Haut hin. Außerdem stellen zwei Namen der Apfelsorte zu völlig auseinanderliegenden Toponymen: Während die Apfelsorte *chatenon* (1613) einer französischen Ortschaft zuzuweisen ist, suggeriert der Name *de sinope* (1866) die Verbindung mit einer asiatischen Stadt.

Andere Sorten verdanken ihre Namensvarianten ausschließlich einer einzigen Eigenschaft: Als sortentypisches Merkmal wird beispielsweise bei der Apfelsorte *de cinq-cartons* die große und schwere Form gewählt. Diese weckt als Stimulus bei verschiedenen Namengebern

---

[36] LeroyPom setzt sich dafür ein, dass die willkürliche Namengebung eingegrenzt wird (cf. 1867, 1, 10).

unterschiedliche Assoziationen. Als erstes wird der Name *de cinq-cartons* (1670) ausgewiesen, der ebenso wie *de livre* (1817) auf ein "volume considérable" (LeroyPom 1873, 3, 436) deutet. Auch im Namen *assiette* (1766), der frei als "der Apfel ist so groß wie ein Teller" übersetzt werden kann, taucht das sortentypische Merkmal der Größe wieder auf. Den Namen *mère de ménagère* (1820) verstehe ich vor allem als Hinweis auf die durchschnittliche Qualität und den daraus resultierenden Gebrauch der Sorte als Haushaltsapfel. Im Kontext der anderen Namensvarianten wird jedoch deutlich, dass im Bild der *Mutter* auch die Bedeutungen '(körperliche) Größe und Gewicht' mitschwingen (cf. *mère des pommes*). Bei der Namensvariante *gros-rambour d'hiver* (1800) findet das sortentypische Merkmal durch das erste Namenselement *gros* nicht bildhaften, sondern nur denotativen Ausdruck.

Hier werden nur zwei Beispiele von Apfelsorten vorgestellt, die bei LeroyPom 1873 mit einer Reihe von Namensvarianten angeführt werden. Das erste Beispiel (*lanterne*) zeigt, wie zu einem Reiz verschiedene Apfelnamen assoziiert werden. Am zweiten Beispiel (*cinq-cartons*) ist das ganze Programm der Namengebung abzulesen. Das menschliche Gehirn greift auf ganz unterschiedliche Strategien zurück.

1.2. Nomen proprium

Die beiden Namen *duchesse de brabant* (1858) und *roi d'angleterre* (1866) beweisen, wie eng Personen mit Toponymen verknüpft sind. Die Apfelsorten wurden der Herzogin von Brabant und dem König von England, d.h. Personen des ADELs gewidmet. Die Widmung impliziert eine Auszeichnung der Qualität der Sorten. Dieses Namengebungsprinzip ist simplifizierend als WIDMUNG + AUSZEICHNUNG = ADEL darzustellen. Die Tatsache, dass eine Sorte einer adligen Person zugeeignet wird, ruft also generell die Erwartung guter Qualität hervor.

Die Belege, die bisher in diesem Kapitel bearbeitet wurden, konnten ohne Schwierigkeiten der Kategorie Nomen proprium zugeordnet werden. Bei Apfelnamen wie *legeas* und *lestre* besteht eindeutig ein Bezug zu dem Familiennamen des Gärtners *Legeas* oder zu dem Ortsnamen *Lestre*. Der Name *duchesse de brabant* erfüllt parallel zwei Funktionen, die nicht voneinander zu trennen sind. Vergleiche ich die Apfelnamen *duchesse de brabant* (Funktion: WIDMUNG + AUSZEICHNUNG), *legeas* (WIDMUNG) und *noble rougeâtre* (AUSZEICHNUNG) miteinander, ist die Doppelfunktion des Apfelnamens *duchesse de brabant* deutlich zu erkennen. Bei den Namen *roi très-noble* und *verte-reine* könnte ebenfalls eine Doppelfunktion (WIDMUNG + AUSZEICHNUNG) vorliegen. Wahrscheinlich liegt diesen Namen ausschließlich die Motivation zugrunde, die Qualität der Äpfel auszuzeichnen.

Ein sehr produktives Namengebungsprinzip ist die Relation zwischen dem Reifezeitpunkt der Apfelsorte und dem Feiertag eines Heiligen (cf. III.1.1. Reife). Sowohl Heiligennamen (z. B. *Saint-Laurent*, 10. August) als auch Monatsnamen (z. B. *août*) werden als Apfelnamen eingesetzt. Sie erfüllen beide die Funktion, auf den Reifezeitpunkt hinzuweisen. Unterschieden werden können diese zwei Namenstypen durch einen Unterschied in der (emotionalen) Qualität: Die Umlaufzeit der Erde um die Sonne wird durch die Jahreszeiten in vier gleich lange Abschnitte und durch die Monatsnamen in zwölf Zeitintervalle unterteilt. Bei Monatsnamen und Angaben der Jahreszeiten handelt es sich also um Auskünfte, die sich auf ein System von nahezu mathematischer Ordnung beziehen. Die Benennung einer Apfelsorte nach einem Heiligen scheint im Gegensatz dazu auf den ersten Blick willkürlich und unsystematisch. Die große Produktivität dieser Namengebung aber muss auf einen Vorteil und Zugewinn gegenüber eher nüchternen Angaben wie *mai, juillet* oder *mi-août* zurückgehen.

Am Beispiel *bénédiction de sainte anne* zeichnet sich ab, in welcher Geisteshaltung Menschen früherer Generationen Apfelsorten auf Heilige bezogen. Folgender kognitiver Prozess ist zu rekonstruieren: Der Mensch nimmt (offensichtlich mit großer Begeisterung und Dankbarkeit) eine Sorte wahr, die außergewöhnlich viele und gute Früchte zu einem Zeitpunkt trägt, da Äpfel Mangelware sind (Feiertag: 26. Juli).

Im christlichen Verständnis sind die Feiertage meist der Todestag und damit der Tag der Geburt des Heiligen für den Himmel. Mit der Verehrung verbunden ist fast immer die Anrufung um Fürbitte bei Gott. Die Apfelsorte *bénédiction de sainte anne* muss vor diesem

Glaubenshorizont dem Namengeber wie ein Segen und Geschenk der Heiligen Anne an ihrem Feiertag für die Menschen gewirkt haben. Anhand der Heiligennamen kann außerdem eine andere Frage diskutiert werden: Es ist davon auszugehen, dass viele Menschen heute keine genaue Kenntnis mehr von den Heiligen haben. Während also früher der Hinweis auf einen bestimmten Reifezeitpunkt durch den entsprechenden Heiligennamen transparent war, könnte der Apfelname heute diese Funktion weitgehend verloren haben. Mit großer Wahrscheinlichkeit ist daher das Namengebungsprinzip REIFEZEIT = HEILIGER nicht mehr produktiv.

Der Apfelname *adam* ist der biblischen Gedankenwelt entnommen, *paradis* bezieht sich wahrscheinlich auf das verführerische Aussehen des Apfels und *vérité* spielt möglicherweise auf den 'Apfel der Erkenntnis' an, der dort wächst. Der Apfelname *enfer* ist durch eine rote Farbgebung motiviert, die an das Höllenfeuer denken lässt. Die Apfelnamen *adam* und *pâris* sind miteinander zu vergleichen. Während *adam* auf eine Gestalt aus der Bibel zurückgeht, beweist der seit 1598 belegte Apfelname *pâris*, dass, wenn auch nur in einem sehr geringen Maße, die griechische Mythologie eine Rolle bei der Namengebung spielte. Der Schäfer *Pâris* wurde der Geschichte nach von Jupiter ausgewählt, der schönsten Göttin "une *pomme d'or*" zu überreichen (cf. *pâris*). Apfelnamen wie *adam, paradis, vérité* und *enfer*, die auf die BIBEL sowie *pâris* und *pomme d'or*, die auf die GRIECHISCHE MYTHOLOGIE weisen, unterscheiden sich grundlegend von denen, die im folgenden Kapitel untersucht werden. Die Anzahl von nur sechs Apfelnamen demonstriert auf frappierende Weise, wie gering der Rückgriff auf fiktive Welten bei der Namengebung von Äpfeln ist.

IV.2. Wortfeldanalyse[37]

Im vorigen Kapitel wurden die Apfelnamen ausgewertet, die aus den Wortfeldern ADEL, RELIGION und GRIECHISCHE MYTHOLOGIE schöpfen. In diesem Kapitel werden weitere Wortfelder ermittelt, auf welche Namengeber von Apfelsorten Bezug nehmen.

2.1. Körpermetaphorik

Werden die bildhaften Apfelnamen in ihrer Gesamtheit ausgewertet, zeigt sich eine Dominanz an KÖRPERTEILEN und ORGANEN. Als äußerst produktive Namengebungsstrategie erweist sich der Rückgriff auf das Wortfeld KOPF; die sieben Belege, die auf diesen Bezug nehmen, sind durch die runde Form des Apfels zu erklären. Die Formanalogie wird auch genutzt, um den KOPF als *Apfel* zu bezeichnen, wie folgendes Zitat beweist: "[...] comme beaucoup de noms de fruits ronds, *pomme* a fourni un nom populaire de la tête" (Rob Hist 1992, 2, 1573b).

Kopf	Auge	Mund	Brust	Blut	Herz	Haut	Fuß	Gesäß
7	2	12	1	4	2	17	4	3

Abb. 25: Wortfeld KÖRPER

Das Verhältnis zwischen APFEL und KOPF stellt sich wie eine Gleichung dar, die einen Zusammenhang zwischen unveränderlichen Größen darstellt. Das sortentypische Merkmal der Apfelsorte wird mit dem prototypischen Merkmal des Kopfes gleich gesetzt. Für alle Wortfelder, die im Folgenden hier ermittelt werden, gilt also folgende Gleichung:

---

[37] *Wortfeld* ist als ein Bereich mit eigenen lexikalischen Strukturen zu definieren, der sich in das größere System Gesamtwortschatz eingliedert. Die einzelnen Wortfelder, auf die bei der Namengebung Bezug genommen wird, decken kleinere oder größere Ausschnitte des Wortschatzes ab (cf. Geckeler 1970, 84-176).

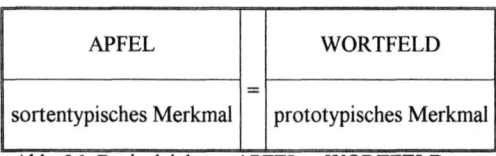

Abb. 26: Basisgleichung APFEL = WORTFELD

Fünf Apfelnamen werden mit dem Element *tête* gebildet: *tête d'ange, tête de brebis, tête de chat, tête de femme* und *tête de seigneur*. Neben der runden Form des Apfels spielt bei diesem Namengebungsprinzip auch das Gesichtsteil eine Rolle. Der Namengeber assoziiert zu dem Aussehen der Apfelsorten *large-face d'amérique* und *pupine* wahrscheinlich neben der runden Form eines Kopfes auch den mimischen Ausdruck eines Gesichts.

Eng verbunden mit der Metapher des KOPFES ist die des AUGES. *Oeil* und *yeux* bezeichnen bereits seit 1393 "des objets circulaires comparés à un œil, tant en botanique [...]" (Rob Hist 1992, 2, 1356b). Bei dem Apfelnamen *yeux-creux* ist nicht mit Sicherheit zu entscheiden, ob er auf die Bedeutung "Auge, Blick" oder "Knospe" zurückgeht, der Name *gros oeil* besitzt mit Sicherheit einen auffallend großen "bourgeon naissant" (NPRob 1996, 1522b).

Unter das Wortfeld MUND werden die Namenbelege zusammengefasst, die sich entweder auf die SCHNAUZE, den SCHNABEL oder die NASE eines Tieres beziehen. Bei den Namen, die zu diesem Wortfeld gezählt werden, ist zu beobachten, dass sie aufgrund einer auffallenden Apfelform oder durch eine rote Farbgebung motiviert sind. Die Namen *boccabrevé* und *camuezar* spiegeln eine kurze und platte Form wider. Die Apfelsorte *groin d'âne* erinnert aufgrund ihrer Form an die Schnauze eines Esels. An einen Schweinerüssel fühlt sich der Namengeber durch die spindelförmige Frucht der Sorte *grougnot* erinnert. Als Namengebungsprinzip zeichnet sich in diesem Wortfeld demnach die Gleichung APFELFORM = SCHNAUZE ab. Auch auf den Apfelnamen *bequet* ist sie anzuwenden. Die Apfelform wird hier zwar nicht mit einer Schnauze, dafür aber mit dem ähnlichen Vorstellungsinhalt der Schnabelform assoziiert.

Auf das Bild des Schnabels werden ebenso die drei Apfelnamen *bec-de-lièvre, bec-d'oie* und *bedan* bezogen, wenngleich hier als primäre Motivation des Names nicht die Form dient, sondern eine rote Farbe. Für diese Belege gilt folglich bezüglich Farbgebung die Gleichung APFEL = SCHNABEL. Die Apfelnamen *morre de lebre, museau de lièvre d'alos* und *museau de chien* stellen sich als eine Kombination der beiden bisher für dieses Wortfeld ermittelten Gleichungen dar, weil sowohl eine gedrungene FORM als auch eine rote FARBE mit dem Bild der SCHNAUZE verknüpft wird. Auch den Apfelnamen *nez-de-mouton* ist auf diese dritte Gleichung FORM + FARBE = APFEL zurückzuführen, weil neben der FORM auch die rote FARBE des Apfels den Namen motivierte.

Ebenfalls auf eine rote Farbgebung nehmen die drei Apfelnamen *saignette, sang de bœuf* und *sanguinole* Bezug. Das Lexem BLUT bezieht sich infolgedessen fast immer auf eine rote Farbe. Die einzige Ausnahme ist der Name *veine*, der vermutlich auf eine auffallende Schalenmusterung zurückgeht. Auch mit den beiden Namen *cœur-de-bœuf* und *cœur de pigeon* repräsentiert der Namengeber eine (blut-)rote Farbgebung. Das Bild HERZ beinhaltet dieselbe Aussage wie BLUT, aber addiert zu dieser eine Formangabe. Während bei den ersten drei Namen als typisches Merkmal nur die Farbe gefiltert wurde, sind die anderen beiden Namen, die frei übersetzt werden können als 'Ochsenherz' und 'Taubenherz', getragen durch die Kombination von (blut-)roter Farbe und (Herz-)Form des Apfels. Es gilt die Gleichung APFELFARBE + APFELFORM = HERZ.

Elf Apfelnamen sind durch eine Ähnlichkeit zwischen der Fruchtschale und der (menschlichen) HAUT motiviert: *Boue* verweist auf krankhafte Hautpartien; *couleur de chair* ist als Farbangabe zu verstehen; *teint frais* hält die Ähnlichkeit zwischen einer frischen Gesichtsfarbe und der Schalenfarbe fest. Der Name *peau-de-vieille* ist wahrscheinlich durch eine runzelige Schale motiviert. Es gilt die Gleichung APFELSCHALE = HAUT. *Bohémien, douce-morelle, gare de de maure, maroquin, maure, morelle* und *moûr de pô* ist gemeinsam, dass sie alle durch eine Fruchtschale motiviert sind, die auffallend dunkel ist und auf diese Weise an Menschen einer dunkelhäutigen Ethnie erinnert. Zum Wortfeld HAUT gehören auch die Apfelnamen, die auf die Bedeutung 'Tierfell' zurückgehen (cf. *peau de...*). *Peau* gehört zwar als Begriff eindeutig in das Wortfeld HAUT, aber bei näherer Betrachtung ist dieser Apfelname wie *cuir* zum Wortfeld KLEIDUNG zu stellen.

Für Apfelnamen, die sich auf den FUSS oder das BEIN eines Tieres beziehen, gilt abgestumpfte oder längliche APFELFORM = FUSS[38]. Zur länglichen FORM des Apfels *jambe de lièvre* werden die länglichen (Hinter-) BEINE des bräunlichen Hasen assoziiert. Bei *pied-belet* (das zweite Namenselement ist wahrscheinlich zu *belette* 'Wiesel' zu stellen) ist der Name aufgrund einer länglichen Apfelform gewählt worden. Wie der Hase besitzt auch das Wiesel lang gestreckte BEINE. Wegen einer abgestumpften und schweren Fruchtform nimmt der Apfelname *pied de cheval* Bezug auf den Huf des Pferdes. Gleiches gilt für den Namen *patte de loup*, der die Form des Apfels mit einer Wolfspfote in Beziehung setzt. An eine Brust(-warze) musste wohl der Namengeber beim Anblick der Apfelsorte *tétin* denken. Dieser Name besitzt ähnlich wie die Namen *cul blanc*, *cul d'oison* und *cul-noué*, die sich auf das Gesäß beziehen, vermutlich einen umgangssprachlichen Reiz. Zum übergeordneten Wortfeld KÖRPERMETAPHORIK zählen auch die Apfelnamen, in denen sich Bezeichnungen für KLEIDUNG kristallisieren. Es bietet sich an, zu diesen die vier Namenbelege für GEWEBE zu stellen, auch wenn sie streng von der KÖRPERMETAPHORIK zu trennen sind.

Kopfschmuck	Bluse	Gewebe	Schuh
4	2	4	2

Abb. 27: Wortfeld KLEIDUNG

Die Belege zum Wortfeld KOPFSCHMUCK und SCHUH könnten im weiteren Sinne auch zur Körpermetaphorik gehören, weil sie sich auf den KOPF und den FUSS beziehen. Es zeigt sich deutlich die Formanalogie von APFEL und KOPF, weil als Apfelnamen die Bezeichnungen für eine Damenfrisur, die Mütze oder Haube und der Hut gewählt werden: *aufriche*, *bonet*[39] *de bonnétage*, *bonnet carré*, *chapeau*. Zum Wortfeld KLEIDUNG gehören Apfelnamen, die auf eine weiße Hemdbluse deuten, wie *chemise de soie blanche* und *chemisette blanche*. Diese Namen, die im Deutschen mit "Horsets Schlotterapfel" und "Weißes Seidenhemdchen" eine Entsprechung finden, spiegeln die helle Schalenfarbe wider. Es gilt also die Gleichung APFELFARBE = KLEIDUNG. Bei der *pomme de soie* assoziiert der Namengeber wegen der sortentypischen Fruchtschale wahrscheinlich die reinweiße Farbe, den weichen Griff und den schönen Glanz der Seide, hier ist die der Gleichung APFELSCHALE = GEWEBE aufzustellen, mit der auch die Apfelnamen *byret (rouge de la pyle)*, *cuir* und *drap d'or* analysiert werden können. Das Namenselement *byret* ist mit großer Wahrscheinlichkeit zu **bura* 'grober Wollstoff' zu stellen. Dieser Wollstoff ist braun, schwarz oder grau (cf. FEW 1, 630b-631a). Der Apfel erhält diesen Namen, weil seine FRUCHTSCHALE aufgrund ihrer rauen Textur und dunklen Farbgebung diesem GEWEBE ähnelt. Auch *cuir* 'Leder' kann als *Gewebe* definiert werden. Die SCHALE der Apfelsorte *cuir* wird mit einem Stück Leder verglichen, das eine olivgrüne Farbe hat und eine abgetragene, gebräunte und genarbte Oberflächenstruktur aufweist (cf. *cuir*). Die goldene SCHALE der Apfelsorte *drap d'or* wird in Verbindung gesetzt zu einem goldenen GEWEBE.

Der Apfelname *gamaches* geht möglicherweise auf die längliche FORM der Gamasche, eines Überstrumpfes ohne Füßling, zurück. Die abgestumpft-längliche FORM einer anderen Sorte wird sprachlich umgesetzt durch das Bild eines hochhackigen Schuhabsatzes (cf. *grand-talon*). Von diesen beiden Belegen kann eine Parallele zu dem Wortfeld FUSS gezogen werden, weil sie sich wegen der Form auf den *Schuh* beziehen. Die Gleichung APFELFORM = FUSS kann für die Belege *gamaches* und *grand-talon* abgewandelt werden zu APFELFORM = SCHUH. Gemeinsam ist den Apfelnamen, die zum Wortfeld KLEIDUNG zusammengefasst werden, ihre geschichtliche Dimension. Durch *bonet de bonnétage* (cf.

---

[38] Die beiden Wortfelder FUSS und BEIN werden zusammengefasst unter FUSS.
[39] Wahrscheinlich lautet die korrekte Namensform *bonnet de bonnétage*.

Fußnote 4), *bonnet carré* oder *gamaches* bleiben Kleidungsmoden vergangener Zeiten zumindest in Form eines Namens erhalten[40].

2.2. Personenmetaphorik

Ähnlich wie bei den Apfelnamen, die auf das Wortfeld KÖRPER zurückgehen, sucht der Namengeber auch bei PERSONEN, die durch ihre Rolle im Gefüge von Staat, Familie und anderen Gemeinschaften wie der Kirche äußerlich bestimmt werden, nach der Möglichkeit, die bei den Sorten gefilterten Daten anhand von Bildern aus anderen Bereichen zu repräsentieren.

Beruf	Familie	Frau
11	7	6

Abb. 28: Wortfeld PERSON

Bei den Belegen, die sich auf das Wortfeld BERUF beziehen, ist zu beobachten, dass sie fast ausschließlich dann zum Einsatz kommen, wenn eine sortentypische Farbgebung repräsentiert wird. Apfelnamen, die den Tätigkeiten des Fleischers, Jägers, Stadtstreichers und Müllers zugeordnet werden können, sind in Beziehung zu setzen mit folgenden Farben:

boucherot	*chasseur*	*clochard*	*meunier*
(blut-) rot	grün	grau	weiß

Abb. 29: Wortfeld BERUF

Als Ausnahmen der Gleichung APFELFARBE = BERUF stellen sich zwei Belege dar: Der Apfelname *vigneronne* geht wohl auf einen weinartigen Geschmack zurück. Es ist aber denkbar, dass zusätzlich eine (wein-)rote Farbgebung eine Rolle bei der Namengebung spielte. Bei *cordonnière* ist der Name wahrscheinlich durch eine lederartige Schale motiviert.

Als besonders produktives Namengebungsprinzip stellt sich auch die Zuordnung von kirchlichen Würdenträgern und Farbbezeichnungen heraus, bei der es sich um eine Abwandlung der Gleichung APFELFARBE = BERUF handelt. In einer stark durch die Kirche geprägten Gesellschaft genossen Mitarbeiter in der Leitung der Kirche wie Pastoren, Pfarrer, Bischöfe, Kardinäle und der Papst große Macht und daher auch Aufmerksamkeit in der öffentlichen Wahrnehmung. Ihre Ämter werden hier zu dem Wortfeld BERUF gezählt und lassen sich mit folgenden Farben in Verbindung bringen:

cardinale	*évêque*[41]	*pape*	*pasteur*	*prêtre*
karmin (-rot)	violett	rot-violett	zinnober (-rot)	braun

Abb. 30: Kirchliche Würdenträger

Bei Apfelnamen, die auf Familienbezeichnungen basieren, ist in einigen Fällen eine exakte Trennung zwischen einer Widmung oder einem bildhaften Namen nicht möglich. Nur unter Vorbehalt ist *tonton la braie* zu dem Wortfeld FAMILIE zu stellen, weil diese Sorte vermutlich einem bestimmten Onkel der Familie *La Braie* gewidmet wurde.

Es handelt sich also um einen Apfelnamen, der auf ein Nomen proprium zurückgeführt wird und weniger um einen bildhaften Namen. Er wird hier angeführt, um eine Gesamtübersicht der in den Apfelnamen repräsentierten Verwandtschaftsbezeichnungen

---

[40] Ein vergleichbarer Prozess ist auch bei Familiennamen zu beobachten: "Tout le costume du moyen âge, au fur et à mesure qu'il se démodait ou se transformait, s'est cristallisé dans nos patronymes" (Dauzat 1950, 96). Die Übertragung von Modebezeichnungen vollzieht sich bei den Familiennamen aber viel unmittelbarer als bei den Apfelnamen, weil die eckige Haube oder eine auffällige Mütze bei einem konkreten Individuum wahrgenommen und dieser Person selber angeheftet wird (cf. Dauzat 1950, 96).

[41] Die eigentliche Namensform lautet *doux-évêque*.

aufzulisten. Neben dem Beleg *tonton la braie* (*tonton* "Onkel") existieren Namen, die auf den Vater (*bon père, gros-papa*), auf die Mutter (*maman lilli, mère de ménagères* und *mère des pommes*) und auf die Großmutter (*grand-mère*) verweisen.

Onkel	Vater	Mutter	Großmutter
1	2	3	1

Abb. 31: Verwandtschaftsbezeichnungen

Der Apfelname *maman lilli* fällt, wie auch *tonton la braie*, etwas aus diesem Kontext heraus, weil wohl eine konkrete Frau mit dem Namen geehrt wird. Er ist ein Beispiel dafür, wie sich die beiden Namengebungsprinzipien Nomen proprium und sortentypisches Merkmal überschneiden können. Auf dem ersten Blick ist dieser Beleg ausschließlich zu den Personennamen zu stellen. Durch das umgangssprachliche Namenselement *maman* erhält der Name eine zusätzliche Konnotation, die anderen Apfelnamen wie *marie mesnard* oder *marie louise* fehlt, die sich ebenfalls mit einem Nomen proprium auf eine Frau beziehen. Wird das Bild MUTTER mit den anderen Funktionen der FRAU verglichen, kann der MUTTER als besondere Konnotation die Bedeutung der 'Nährenden' zugeordnet werden. Auf die Äpfel bezogen, drückt dieses Bild in etwa aus, dass es sich um eine große und somit nahrhafte Frucht handelt.

Auch bei *grand-mère* ist gut zu beobachten, dass die Trennung zwischen Apfelnamen, die auf ein Nomen proprium, und solchen, die auf ein sortentypisches Merkmal zurückgehen, nicht apodiktischen, sondern nur hypothetischen Charakter besitzen kann. Die Übergänge zwischen diesen beiden Namengebungsprinzipien sind fließend.

	grand-mère
sortentypisches Merkmal	Der Name könnte darauf zurückgeführt werden, dass die Sorte rundlich, rau und grau ist und deshalb einer alten Frau ähnelt.
Nomen proprium	Die Apfelsorte ist vielleicht ursprünglich einer konkreten Frau gewidmet worden, wobei ein näher spezifizierender Zusatz wie beispielsweise ein Vor- oder Nachname[42] verloren ging.

Abb. 32: Namensbeispiel *grand-mère*

Zum Wortfeld FRAU gehören die Apfelnamen *belle-fille, belle-femme, dame, demoiselle* und *madame*. *Tête de femme* kann mit gleicher Berechtigung zu den Wortfeldern KOPF und/oder FRAU gezählt werden. *Belle-fille* und *belle-femme* gehen auf die Schönheit und die (weibliche) Form der Äpfel zurück, während *dame* durch den guten Geschmack motiviert ist. *Demoiselle* verweist dagegen auf eine anders gelagerte Bedeutungsvariante, weil dieser Apfel seinen Namen aufgrund eines empfindlichen Fruchtfleisches erhält. *Madame* ist nicht als imaginärer Name zu definieren, weil diese Apfelsorte wahrscheinlich einer Angehörigen der Königsfamilie gewidmet wurde. Möglicherweise wird dieser Apfelname aber genauso wie *belle-fille* und *belle-femme* als Zeichen für Schönheit und weibliche 'Rundungen' verstanden. Wie eng die Vorstellung der FRAU und MUTTER mit dem Wortfeld HAUSHALT im Bewusstsein der Menschen verknüpft ist, beweist der Apfelname *mère de ménagère*.

---

[42] Die Sorten *maman lilli* und *granny smith* (cf. *granny* "Oma", Marie Anne Smith [1801-1870]) werden mit dem Vornamen *Lilli* und dem Familiennamen *Smith* (cf. III.2.1.1.) konkreten Frauen gewidmet.

2.3. Haushalt

Der starke Einfluss des Wortfeldes HAUSHALT auf die Namengebung von Apfelsorten ist sicherlich durch die Tatsache zu erklären, dass die "vorindustrielle bäuerlich-kleinhandwerkliche Familie" durch die "Einheit von Produktion und Haushalt" (Wegera 1998, 141b) gekennzeichnet war. Die 45 Apfelnamen weisen auf die Unterkategorien organische Stoffe, Speisen, Maßeinheit, Gebrauchs- oder Spielgegenstände und Aufbewahrung hin.

organische Stoffe	Speisen	Maßeinheit	Gebrauchs- oder Spielgegenstände	Aufbewahrung
4	10	4	16	11

Abb. 33: Wortfeld HAUSHALT

Als *organische Stoffe* werden die Butter und das Kerzenwachs definiert. Der Name *pomme de beurre* beruht auf der besonderen Fruchtschale, die aufgrund ihrer glatten und leicht klebrigen Oberflächenstruktur an Butter erinnert. Im Zusammenhang mit Kerzenwachs stehen drei Apfelnamen. Ein vergleichbares Namengebungsprinzip wie bei der *pomme de beurre* liegt bei *pomme-cire* und *candelier* vor, wobei bei allen Namen davon auszugehen ist, dass sowohl die Oberflächenstruktur als auch die Farbgebung Geburtshelfer bei der Namenswahl waren. Bei *binet* wählte der Namengeber den Vergleich zwischen dem Apfel und dem abgebrannten Ende einer Kerze aufgrund der Formanalogie.

Zehn Apfelnamen weisen auf das Wortfeld SPEISE. Der Apfelname *cassou* kann wohl zu *cassoulet*, dem französischen Eintopf aus weißen Bohnen, Schweine- und Geflügelfleisch, gestellt werden. Bei dem Namengebungsprinzip APFEL = SPEISE wird deutlich, dass es viel offener und weniger systematisch anzuwenden ist als die übrigen Gleichungsverhältnisse. Bei der Zuordnung APFEL = SPEISE müssen verschiedene Zuordnungen aufgelistet werden. Bei dem Apfelnamen *bisquet* liegt ein Zusammenhang aufgrund des auffälligen Geschmacks von Apfelsaft und Krebssuppe vor (APFELGESCHMACK = SPEISE). Bei *boudin* könnte die *Form* und *rote Farbgebung* des Apfels an die Blutwurst erinnert haben (APFELFARBE + APFELFORM = SPEISE). Bei der Apfelsorte *omelette* dachte der Namengeber wegen einer runden und platten Form der zu benennenden Frucht an einen Eierkuchen (APFELFORM = SPEISE).

Sechs Apfelnamen erhalten Bezeichnungen wie 'Leckerbissen', 'Feinschmecker' oder 'Festessen': *friandise, gastelet, godard, guelton*[43]*, pâtissière* und *régaille*. Bei diesen Beispielen ist eine Reihenbildung zu beobachten, die anhand der Zuordnung SCHMACKHAFTER APFEL = LECKERBISSEN festzulegen ist. Namen wie *pâtisserie* ziehen einen konkreten Vergleich zwischen einer Apfelsorte und feiner Backware, gleichzeitig implizieren sie eine ausgesprochen positive Wertung.

Vier Apfelnamen spielen auf Maßeinheiten an wie die Gewichtsangabe *Pfund* (cf. *pomme de livre* "Pfundsapfel"). Aber auch Namen, die nummerische Elemente[44] aufweisen, wie *cinq-cartons* und *dix-huit pouces*, zählen zu dieser Kategorie. Unklar ist, warum ein Namengeber eine Apfelsorte mit fünf (Papp-) Schachteln vergleicht. Hier kann man nur vermuten, dass die für den Apfel typischen fünf Fruchtkammern mit ähnlich ausgeformten kleinen Kartons verglichen wurden. Bei der Angabe 'achtzehn Daumen' scheint es sich um eine Angabe zur Höhe des Apfels handeln. Die Sorte *quince* verdankt ihren Namen, der wohl zu lt. *quindecim* 'fünfzehn' stellen ist, einer schweren Frucht. Mit dieser Ziffer wird ähnlich wie mit der Gewichtsangabe *Pfund* auf ein großes Volumen hingewiesen werden. Für alle vier Apfelnamen gilt also die Gleichung VOLUMINÖSER APFEL = MASSEINHEIT.

Bei Apfelnamen wie *assiette* oder *turbet* greift der Namengeber auf Gebrauchs- oder Spielgegenstände zurück. Für dieses Namengebungsprinzip ist die Gleichung APFELFORM = GEBRAUCHSGEGENSTAND aufzustellen. Bei *assiette*, *cloche* und *girouette* wird eine typische Apfelform in Relation zur typischen Form eines Gegenstandes wie eines Tellers, einer Glocke oder einer Wetterfahne gestellt. Bei Werkzeugen kann die Gleichung APFELFORM = GEBRAUCHSGEGENSTAND noch weiter spezifiziert werden. *Gougeon*

---

[43] Wahrscheinlich lautet die korrekte Schreibweise des Namens *gueuleton* "Fresserei" (cf. *guelton*).
[44] cf. *quatre-goûts* (III.2.2.).

und *piochon* beziehen sich beide auf eine spitzwinklige FORM, welche einer Hacke ähnelt. Ein walzenförmiger Gegenstand wird bei den Apfelsorten *rouleau* und *baguette* assoziiert. Bei *bonde, bondon, colin-tampon* und *taponne* ähneln die Äpfel einem Stöpsel, Spund oder Zapfen. Die Gleichung gilt auch für Apfelnamen, die sich auf den Spielgegenstand *ballon* (cf. *doux-ballon*) oder auf die Waffe *carabine* beziehen. Die Apfelsorte *turbet* erhält ihren Namen aufgrund der gewundenen Form eines Kreisels oder einer Spindel.

Der *Laternenapfel* ähnelt aufgrund seiner abgestumpft kegelförmigen, meist ziemlich gleichmäßig gebauten FORM, aber auch wegen seiner grünlichgelben FARBE einer Laterne (cf. *lanterne*). Für diesen Namen muss die Gleichung um das Farbelement ergänzt werden, folgerichtig gilt APFELFORM + APFELFARBE = GEBRAUCHSGEGENSTAND.

Ein Sonderfall ist der Apfelname *clou*. Es liegt nur ein übertragener Bezug zwischen der APFELFORM und dem GEBRAUCHSGEGENSTAND Nagel vor: Im Französischen wird die Redewendung "être maigre comme un clou" (GRob 1985, 2, 667a) ausgewiesen.

Den Apfelnamen, die zum Wortfeld AUFBEWAHRUNG gezählt werden wie *bouteille, cadeline, damyon, double-amphorette* oder *vagnon*, liegt kein einheitliches Namengebungsprinzip zugrunde. Bei dem Namen *bouteille* gilt die Gleichung APFELFORM = GEBRAUCHSGEGENSTAND, weil der Apfel aufgrund seiner Form einer Flasche ähnelt. Die Gleichung könnte auch für *cadeline* angewendet werden, weil der Apfel wie *cade*, eine Vase für Wein, geformt ist. Die pralle, runde Form einer großen (Korb-) Flasche könnte die Frucht *damyon* haben. An eine griechische Vase in Form eines Kruges mit zwei Henkeln hat vielleicht der Namengeber beim Anblick der Apfelsorte *double-amphorette* gedacht. Bei einer näheren Untersuchung der Namen, die auf die Gleichung APFELFORM = GEBRAUCHSGEGENSTAND zurückgeführt wurden, wird jedoch deutlich, dass dieses Namengebungsprinzip in dieser Form nicht ausreichend erfasst wurde. Die Namen deuten nicht ausschließlich auf die Form des Apfels hin, sondern funktionieren als Hinweis auf den Verwendungszweck der Sorte. So wird für den Apfelnamen *vagnon* folgende Bedeutung ausgewiesen: "Gefäß, in dem Cidre zum Gären gebracht wird" (FEW 14, 158a). An diesem Beispiel wird transparent, dass der Name nicht wegen der Form auf das Gefäß zurückgeht, sondern wohl eher wegen des Verwendungszwecks der Frucht als Cidreapfel.

2.4. Natur

Die hohe Anzahl von Apfelnamen, die auf die beiden Wortfelder HAUSHALT und NATUR zurückgehen, ist dadurch zu erklären, dass sie die unmittelbare Umgebung der Namengeber bildeten. Früher hielten sich die Menschen auf ihrem Hof und dort vor allem in der Küche oder im Stall, im Werkzeugschuppen sowie draußen auf dem Feld und im Wald auf. Alle Lebewesen und Gegenstände, die dort wahrgenommen wurden, dienten in einem kleineren oder größeren Maße zur Benennung von Apfelsorten.

2.4.1. Flora

Siebzehn Apfelnamen gehen auf Bezeichnungen für andere Obstsorten zurück. Das Verhältnis zwischen dem sortentypischen Merkmal des Apfels und dem prototypischen Merkmal einer anderen Obstsorte kann nur durch mehrere Gleichungen dargestellt werden, die aber alle auf der Basisgleichung APFEL = WORTFELD (cf. Abb. 27) basieren.

Für die Apfelnamen *ananas, datte, figue, melon, pineau (de villeneuve)* und *poire* gilt die Gleichung APFELFORM = OBST. So fällt der Apfel *poire* dadurch auf, dass seine sortentypische Form der prototypischen Form der Obstsorte Birne entspricht (cf. II.4.1. PROTOTYP-DIFFERENZ-THESE).

Dieselbe Farbe wie eine Zitrone, eine Quitte, ein Granatapfel oder eine Johannisbeere besitzen die Apfelsorten *citron, coing, grenat* und *groseille*. Für diese vier Belege ist die zweite Gleichung APFELFARBE = OBST aufzustellen.

Bei den Apfelnamen *framboise, raisin* und *vineuse* assoziierte oder denotierte der Namengeber zum Aroma der Apfelsorte den der Himbeere oder des Weins. Hier gilt also die dritte Gleichungsvariante APFELGESCHMACK = OBST. Zusammengefasst stellen sich die drei Gleichungsvarianten zur Basisgleichung APFEL = OBST auf diese Weise dar:

APFEL sortentypisches Merkmal	OBST prototypisches Merkmal
1. Form	*ananas, datte, figue, melon, pineau, poire*
2. Farbe	*citron, coing, grenat, groseille*
3. Geschmack	*framboise, raisin, vineuse*
4. Kombinationen	*fraise, clémentine, orange, pêche, mirabelle*

Abb. 34: Gleichungsverhältnis APFEL = OBST

Das Namengebungsprinzip APFELGESCHMACK = OBST ist auch auf die Namenbelege zu übertragen, die sich auf Gewürze beziehen. So sind die Apfelnamen *(reinette) amande, anis, aunée, canelle, coriandre, fenouillet, muscadet* und *romarin* durch den charakteristischen Geschmack von Mandel, Anis, Alant, Zimt, Koriander, Fenchel, Muskat oder Rosmarin motiviert (cf. IV.3.3. Prägung des Unterscheidungsvermögens).

Bei dem Apfelnamen *safranée* gilt die Gleichung APFELFARBE = GEWÜRZE, weil mit diesem Namen auf eine safrangelbe Schale hingewiesen wird. Bei *épicé* ist der Name durch eine braune Farbe und/oder einen aromatischen Geschmack motiviert.

Weniger stringente Aussagen sind für einige andere Namenbelege zu treffen. Die Apfelsorte *fraise* besitzt die FORM und den GESCHMACK der Erdbeere. Bei *clémentine* spielen wahrscheinlich sowohl die FARBE als auch die FORM eine Rolle. Ebenso besitzt die Apfelsorte *orange* dieselbe FORM und eine ähnliche SCHALENSTRUKTUR wie eine Apfelsine. Der Name *pêche* ist durch FORM, FARBE und GESCHMACK des prototypischen Pfirsichs motiviert. Bei der Apfelsorte *mirabelle* lässt sich kaum ermitteln, auf welches Merkmal der gelben, kleinfruchtigen Pflaumenart der Apfelname zurückgeht. Um einen Einzelfall ohne Reihenbildung handelt es sich bei *sauge*. Mit diesem Namen weist der Namengeber (wie in den Quellen eindeutig ermittelt wurde) darauf hin, dass der Apfelbaum Blätter besitzt, die denen des Salbeis ähneln.

Der Rückgriff auf das Wortfeld BLUME kann entweder durch den GESCHMACK oder die FARBE motiviert sein. Die Ringelblume steht für eine gelbe, während das Heidekraut auf eine typisch rote Farbgebung hinweist. Für die Namenbelege *souci* und *rouge-bruyère* gilt also die Gleichung APFELFARBE = BLUME. Auch bei dem Apfelnamen *rose de france* beansprucht diese Zuordnung ihre Gültigkeit, weil das Namenselement *rose* für eine rote Farbgebung steht. Der Name *pomme de rose* wird hingegen auf den Geschmack der Rose zurückgeführt. Es gilt folgerichtig die Gleichung APFELAROMA = BLUME. Auch der Apfel *violette* verdankt nicht der blau-violetten Farbe des Veilchens seinen Namen, sondern seinem Aroma (cf. *violette*).

Auf das Wortfeld BAUM greift der Namengeber immer dann zurück, wenn er auf eine auffällige Form des Apfelbaums hinweisen will, die entweder einer Eiche (*chailleux*), dem hohen Baum der Ulme (*haut-bois de l'orne*[45]) oder einer Trauerweide (*pleureuse, saulette*) ähnelt. Es gilt also APFELBAUMFORM = BAUM. Der Apfelname *sapin* ist nicht durch diese Gleichung zu dekodieren. Die typisch zylindrische Form und grüne Farbgebung wird zur Frucht assoziiert, weil der Apfel wie eine kleine Tanne aussieht. Als Einzelfall ist *feuilles d'aucuba* zu werten, weil die Blätter des Apfelbaumes wegen der Flecken an die des Aucubastrauches erinnern. An Getreide dachte der Namengeber der Sorten *avoine* und *grain jaune* wegen einer goldgelben Farbgebung der Äpfel.

Apfelnamen, die auf die Distel (*cardon*), die Kastanie (*châtaignier*), die Zwiebel (*oignon*), den Kohl (*cabusse*) oder den Kiefernzapfen (*pomme de pin*) Bezug nehmen, sind alle mit großer Sicherheit durch eine runde Form motiviert. Hier eine Parallele zu den Gleichungen APFEL = KOPF und APFELFORM = OBST abzulesen, wobei für alle Gleichungsverhältnisse als gemeinsamer Nenner eine runde Formgebung zu ermitteln ist. Der ausschlaggebende Grund für die einzelnen Namen liegt aber im Detail, wie beispielsweise dem der stacheligen Schale der Distel oder dem mehlig-weißen Fruchtfleisch der Kastanie.

---

[45] Vielleicht heißt die korrekte Form *haut-bois de l'orme*.

2.4.2. Fauna

Bezüglich der Namenbelege, die sich auf das Wortfeld TIER beziehen, wie beispielsweise Kuh, Ochse, Koralle oder Kröte, ist zu beobachten, dass die Form oder die Farbe des Apfels den Vergleich mit einem Tier begünstigt. Mit den Apfelnamen *bovarda*, *cheval* und *doux bouvet* spielt der Namengeber auf die Form einer schweren Kuh, eines Pferdekopfes oder eines jungen Ochsen an (APFELFORM = TIER).

Bei *vaicherel* liegt ein doppelte Motivation vor, weil sich sowohl das gefleckte Fell als auch die massive Form einer Kuh im Namen widerspiegeln (APFELFARBE + APFELFORM = TIER) können.

An die Farbe einer Languste erinnert die Apfelsorte *carabiller*. Ebenfalls auf die Gleichung APFELFARBE = TIER gehen *corail*, *gros coq*, *lièvre*, *martrange* und *papillon* zurück. Die Schale der Apfelsorte *crapaud* ähnelt der Haut einer Kröte und die *reinette* besitzt wohl kleine Flecken wie eine Froschart. An einen Igel denkt der Namengeber bei der stacheligen Fruchtschale der Apfelsorte *hérisson*, während er bei *reinette truite* an die typische Musterung der Forelle erinnert wird (Variante: APFELMUSTERUNG = TIER).

Die Belege, die auf die Wühlmaus (*rouge-mulot*) oder die Maus (*souris*) Bezug nehmen, sind durch die Farbe und evtl. die Form motiviert. Bei dem Wortfeld MAUS liegt eindeutig dasselbe Namengebungsprinzip vor wie bei den Apfelnamen, die wegen runder Form und spezieller Farbgebung auf Vogelnamen zurückgehen.

2.4.2.1. Vogel

Elf Belege weisen auf das Bild VOGEL in der Namengebung von Äpfeln. Die Relation APFEL = VOGEL muss ähnlich stark im Bewusstsein der Menschen verknüpft sein wie die Beziehung zwischen den Vorstellungen APFEL = KOPF.

Der Apfelname *alouette* geht auf eine Ähnlichkeit der Frucht mit dem kleinen Vogel zurück. Die braun oder grau gefiederte Lerche ist als Bodenbrüter gut getarnt. Dasselbe Namengebungsprinzip liegt bei *caillade* vor, weil dieser Apfelname von *caille* "Wachtel" abgeleitet wurde. Wie bei der Lerche handelt es sich auch bei der Wachtel um einen Vogel mit braunem Gefieder. Neben der Farbe spielt außerdem die Form des rundlichen Feldhuhns eine Rolle bei der Namenswahl. Der Apfelname *oriole* geht auf die goldgelbe Farbe der Goldamsel und *canari* auf die einfarbig gelbe Farbe des Kanarienvogels zurück. Für diese Belege gilt APFELFORM + APFELFARBE = VOGEL.

Lerche	Wachtel	Goldamsel	Kanarienvogel
rund + braun	rund + braun	rund + goldgelb	rund + gelb

Abb. 35: Wortfeld *Vogel* I

Die Schalenfarbe der Apfelsorte *geai* entspricht der Farbgebung des buntgefiederten Eichelhähers. Der Apfel besitzt eine wild gemusterte Fruchtschale in roter, brauner und schwarzer Farbgebung. Auf ein buntes Gefieder weist der Apfelname *perroquet* "Papagei" hin. Für diese Apfelnamen gilt die Gleichung APFELMUSTERUNG = VOGEL.

Eichelhäher	Papagei	Kranich	Taube	Nachtigall
wild gemustert	bunt	grau	schillernd	unscheinbar

Abb. 36: Wortfeld *Vogel* II

Die Formanalogie APFEL = VOGEL wird sicherlich durch die kaum wahrnehmbaren Vogelbeine unterstützt. Diese sind meist dünn und wenig entwickelt. Besonders gut beobachtet werden kann ein Vogel erst dann, wenn er zur Ruhe gekommen ist und in die Nähe eines Menschen gelangt. Die angelegten Flügel verstärken noch den Eindruck der eher rundlichen Form. Der Name *grue* "Kranich" stellt einen Sonderfall unter den anderen Apfelnamen dar, die auf Vögel zurückgeführt werden. Während bei *alouette*, *caillade*, *canari*, *geai*, *pigeonnet* und *rossignol* die Namenswahl neben der Farbe wahrscheinlich auch durch den typisch runden Körper der Vögel begünstigt wird, spielt bei dem Kranich wohl nur die graue Farbe des hochbeinigen Stelzvogels eine Rolle.

Wie die Lerche gehört auch die Nachtigall zur Familie der Singvögel. Es darf wohl vermutet werden, dass Menschen den Apfelnamen *rossignol*, der de facto auf einen Familiennamen zurückgeht, volksetymologisch und durch Kenntnis anderer Apfelnamen wie *alouette* "Lerche" oder *caillade* "Wachtel" zugunsten der Bedeutung "Nachtigall" interpretieren. Besonders starken Einfluss auf die Namengebung von Apfelsorten hat die Taube. Sowohl *pigeonnet* als auch *gorge de pigeon* sind durch die Farbgebung der Frucht motiviert, die im Französischen als *couleur de gorge de pigeon* ausgewiesen wird. Der dritte Name, der sich auf die *Taube* bezieht, ist *oeuf de pigeon*, für den die Gleichung APFELFORM + APFELMUSTERUNG = VOGELEI gilt.

Die beiden Namen *bec-d'oie* und *cul d'oison* stehen in Zusammenhang mit der Gans. *Bec-d'oie* hat die Funktion, eine Farbschattierung zu denotieren, weil der Gänseschnabel gleichgesetzt wird mit einer ziegelroten Farbe. Der Apfelname *cul d'oison* besitzt mit *cul* "Hintern" ein wahrscheinlich für die Stadtbevölkerung als anzüglich zu definierendes erstes Namenselement. Abgeschwächt wird die Konnotation des "Unanständigen" durch das Bild des Gänseküken (*oison*) (cf. IV.2.1.).

2.4.3. Unbelebte Natur

Bei den drei Apfelnamen, die im Zusammenhang mit dem Wortfeld STEIN stehen, ist keine Zuordnungsregel aufzustellen. So ist *caillouel* durch ein steiniges Fruchtfleisch motiviert. Die Schale des *calauu noire* weist gewisse Ähnlichkeiten mit einem Stein auf. An einen flachen Stein oder Fladen lässt die typische Form der Apfelsorte *galena* denken.

Mit zur NATUR werden auch WERKSTOFFE wie Schiefer, Silber, Ton, Kohle, Glas, Ziegelstein und Ruß gezählt. Für die Apfelnamen *ardoisée*, *argent*, *argile*, *charbois*, *charbon*, *fer*, *suie*, *testacé* und *verre* gilt durchgehend die Gleichung APFELFARBE = WERKSTOFF. So bezieht sich beispielsweise *argent* auf eine silberweiße Schale, während *charbon* auf eine dunkle Farbgebung hinweist, die so schwarz wie Kohle ist. Auch *pomme de fer* entspricht diesem Namengebungsprinzip, weil es sich um einen grau-rötlichen Apfel handelt, der wie gerostetes Eisen aussieht. Neben der Farbe spielt aber wahrscheinlich auch ein hartes Fruchtfleisch eine Rolle. Bei *suie* liegt ebenfalls eine zweifache Motivation vor, weil Ruß sowohl mit einer dunklen Farbe als auch einem bitteren Geschmack assoziiert wird (cf. *amer comme de la suie* "très amer"; *noir comme de la suie*, Rob Hist 1992, 2, 2041b).

Fünf Apfelnamen gehen auf Lexeme zurück, die im weiteren Sinne zum Thema WINTER zählen. An eine Schneelawine lassen die massenhaft reifenden weißen Äpfel der Sorte *avason*[46] denken. Auch bei der *pomme de neige* handelt es sich um eine weiße Frucht. Die drei Namen *fondant*, *glace* und *gelée* weisen alle auf ein empfindliches (wie gefroren wirkendes) Fruchtfleisch hin (cf. Abb. 20 Haptische Detailanalyse [Konsistenz des Fruchtfleisches]).

2.5. Fazit zur Wortfeldanalyse

Die Pomologie ist als Lehre vom Obstbau weniger der *Wissenschaft* als dem Bereich des *Alltags* zuzuordnen. In der Wortfeldanalyse zu den Apfelnamen spiegeln sich daher weniger die "großen, herausragenden Ereignisse der Geschichte, auch nicht Kriege und Katastrophen", sondern das "tägliche Leben mit Haushalt, Beruf und Freizeit, mit den Grundbedürfnissen Essen/Trinken, Wohnen, Kleidung und Umwelt" (Wegera 1998, 139b).
Die in diesem Kapitel untersuchten Namen zeigen deutlich, dass die Namengebung von Äpfeln stark einer bäuerlichen Welt verhaftet bleibt. Die Wortfelder KÖRPER, KLEIDUNG, BERUF, FAMILIE, HAUSHALT und NATUR sind in den Apfelnamen präsent.

Für die einzelnen Wortfelder gelten Gleichungen wie APFELFORM = SCHNAUZE. Durch die Systematisierung der Namenbelege zeichnen sich bestimmbare

---

[46] cf. Der Apfelname ist wahrscheinlich zu *avalanche* "masse de neige qui se détache au haut d'une montagne et qui descend en grossissant" (FEW 5, 101b) zu stellen.

Verhältnisrelationen zwischen dem sortentypischen Merkmal eines Apfels und den prototypischen Merkmalen eines Gegenstandes ab. Wo diese Relation durch eine Gleichung darzustellen ist, sind Reihenbildungen zu beobachten. Apfelnamen, die auf diese regelmäßigen Strukturformen zurückzuführen sind, vermitteln den Eindruck, dass die menschliche Sprache paradigmatisch nach Wortfeldern gegliedert ist. Die einzelnen Listen umfassen z. B. die Berufsbezeichnungen oder Vogelnamen. Die Glieder dieser lexikalischen Paradigmata sind, sobald sie sich auf dasselbe sortentypische Merkmal beziehen, austauschbar, wie die Apfelnamen *alouette* und *caillade* des Wortfeldes VOGEL beweisen. Beide spiegeln sowohl eine runde Form als auch eine braune Farbgebung wider. Bei den Bezeichnungen des Wortfeldes BERUF handelt es sich um ein anderes lexikalisches Paradigma. Die einzelnen Glieder dieses Moduls nehmen mit ihrer jeweils eigenen (Farb-) Bedeutung alle dieselbe Funktion ein, indem sie auf die Farbe des Apfels hinweisen.

Doch die Systematik, die sich durch diese ermittelten Gleichungsverhältnisse abzeichnet, ist nicht durchgehend aufrechtzuerhalten. Dass die einzelnen Wortfelder sich nicht alle nach übergeordneten Schemata einem Merkmal zuordnen lassen, das beweist u. a. das Namengebungsprinzip APFEL = SPEISE. Hier wird deutlich, dass jeder einzelne (Vorstellungs-) Gegenstand durch verschiedene auffällige Merkmale im Gedächtnis abrufbar sein muss. Die einzelnen Glieder eines Paradigmas sind folglich nicht nur in Beziehung auf die anderen Elemente zu definieren, sondern jedes Einzelwort beansprucht seinen Platz als eigenständiger Wissensinhalt.

IV.3. Kognitive Formen der Repräsentation

Auf bildhafte Apfelnamen greift der Namengeber oft zurück, um gefilterte Daten zu repräsentieren. Die Sinnbereiche, aus denen die Bilder stammen, mittels derer die sortentypischen Merkmale sprachlich umgesetzt werden, bilden den Untersuchungsgegenstand dieses Kapitels. Als imaginale Namen werden solche definiert, die Wahrnehmungsdaten mithilfe eines Bildes wie *avoine* "Hafer", *coeur de pigeon* "Taubenherz" oder *patte de loup* "Wolfspfote" wiedergeben. Auch bei dem Apfelnamen *verte-reine* "grüne Königin" handelt es sich um einen bildhaften Namen. Zunächst filtert der Namengeber die beiden sortentypischen Merkmale "grün" und "ausgezeichnete Qualität". Anschließend sucht er nach treffenden Repräsentationsformen für die gefilterten Daten. Mit dem ersten Namenselement *verte-* denotiert er unmittelbar die Apfelfarbe. Durch das Bild der "Königin"[47] adelt er mittelbar die Apfelsorte.

3.1. Denotative und imaginale Repräsentation

Eine durchgehende Trennung von imaginalen und denotativen Namen gestaltet sich problematisch. So stellt sich bei dem Apfelnamen *cardinale* die Frage, ob er wirklich noch das Bild des Kardinals im roten Gewand transportiert oder ob *cardinale* sich als Farbangabe vom Bild gelöst hat und dieselbe denotative Funktion wie das Farbadjektiv *écarlate* besitzt. Wenn der Namengeber sich nach der Filterung eines Merkmals auf die Suche nach einem geeigneten Namen macht, kann er die Art der Umsetzung dieses Merkmals variieren.

denotative	imaginal
rouge	coq[48]

Abb. 37: Beispiel für Formen der Repräsentation

Wie die Abbildung 37 zeigt, kann die Eigenschaft entweder durch die Substantivierung des Adjektivs *rouge* (denotative Repräsentation) oder durch einen Rückgriff auf ein Wortfeld (in diesem Fall liegt das Wortfeld TIER vor) ausgedrückt werden. So handelt es sich bei dem

---

[47] *Reine verte* könnte wie auch der Apfelname *reinette* nicht zu *regina* 'Königin', sondern zu *rana* 'Frosch' gestellt werden, dann würde es sich wahrscheinlich um einen grünen Apfel handeln, der wegen seiner fleckigen Schale einem Frosch ähnelt.
[48] Die eigentliche Namensform lautet *gros coq*.

Apfelnamen *coq* um eine imaginale Repräsentation, indem zur Schalenfarbe die rote Farbe des Hahnenkamms assoziiert wird. Die beiden gegensätzlichen Namenstypen stehen im Zusammenhang mit Speicherungsprozessen, wobei zur Repräsentation von Informationen verschiedene Theorien existieren. So wird im Rahmen eines "unitären Ansatzes" angenommen, dass für alle Informationen, die wir über die fünf Sinneskanäle aufnehmen, nur eine abstrakte Repräsentation (cf. Schwarz 1988, 56) existiert. Der unitäre Ansatz geht also davon aus, dass alle sortentypischen Merkmale denotativ gespeichert werden. Die imaginalen Namen würden dem unitären Ansatz zufolge erst in einem zweiten Schritt durch Assoziation zu der abstrakten, also denotativen Merkmalrepräsentation hinzugefügt. Andere Forschungsergebnisse sprechen eher dafür, dass das Denken in Wörtern grundsätzlich von dem Denken in Bildern getrennt ist:

"Neuropsychologische Daten, die eine getrennte Speicherung und Verarbeitung für Wörter und bildhafte Vorstellungen nahelegen, stimmen gut überein mit der großen Zahl von Testdaten, die zeigen, dass die verbalen und nonverbalen Fähigkeiten einer Person relativ unabhängig voneinander sind" (Kintsch 1982, 206).

Es lässt sich daher die These aufstellen, dass die Denk- und Speicherungsfähigkeiten des imaginalen und verbalen Bereiches voneinander isoliert sind. Außerdem entscheidet sich die namengebende Person mit der Filterung der sortentypischen Daten automatisch und wahrscheinlich unbewusst für eine denotative oder imaginale Speicherung. Einigen Untersuchungen zufolge begünstigt die imaginale Speicherung den Erinnerungsprozess:

"Der Einfluss der Bildhaftigkeit auf die Verarbeitung und Speicherung von Informationen ist inzwischen in einer Vielzahl weiterer Experimente bestätigt worden" (Schwarz 1988, 59).

3.2. Semantisches und episodisches Gedächtnis

Die Unterscheidung von denotativen und imaginalen Namen spielt eine viel stärkere Rolle als die beiden Module des episodischen oder semantischen Gedächtnisses. Dennoch zeichnet sich auch dieser kognitive Dualismus in den Apfelnamen ab. Das episodische Gedächtnis erlaubt dem Menschen, eigene Erlebnisse zu erinnern (cf. Singer 2002, 38), und enthält Informationen über persönliche Erfahrungen, weshalb es auch "autobiographisches Gedächtnis" genannt wird (Schwarz 1988, 47). Zu diesen autobiographischen Daten könnte beispielsweise der Apfelname *maman lilli* gerechnet werden, weil er wohl auf eine konkrete Frau zu beziehen ist, die als autobiographischer Gedächtnisinhalt des Namengebers gespeichert ist.
 Mit dem episodischen Gedächtnis besitzt der Mensch die Fähigkeit, sich genau zu erinnern, wo er gewesen ist und was er gerade tat, als ihn z. B. die Nachricht erreichte, Kennedy sei ermordet worden (cf. Singer 2002, 82). Auch der Apfelname *magenta* (1861, Angers) ist ohne das episodische Gedächtnis nicht denkbar. Der Namengeber lebte im 19. Jahrhundert und muss sehr beeindruckt gewesen sein vom Sieg Frankreichs über Österreich, ähnlich wie die Menschen des 20. Jahrhundert durch die Ermordung des amerikanischen Präsidenten (cf. *magenta*) schockiert wurden.
 Wird von einer sehr weit gefassten Definition des episodischen Gedächtnisses ausgegangen, müssten auch alle Apfelnamen, die auf Toponyme zurückgehen, als episodisch deklariert werden. Evolutionsgeschichtlich seien nämlich die Strukturen des episodischen Gedächtnisses identisch mit denen, die es Tieren erlauben, sich in ihrem Habitat zurechtfinden, weshalb es primär ein Gedächtnis für Orte und deren Beziehung zueinander sei (cf. Singer 2002, 82). Auch *oeuf de pigeon* könnte auf den ersten Blick als Beispiel für einen episodisch gespeicherten Inhalt gehalten werden. Vielleicht erinnerte sich der Namengeber dieser Apfelsorte, während er die Frucht betrachtete, genau an die Situation, als er sein erstes Taubenei fand. Bei näherer Betrachtung wird jedoch deutlich, dass es sich um einen

semantisch gespeicherten Inhalt handeln muss, weil die Kenntnis von einem Taubenei prinzipiell für jeden Menschen erreichbar ist. Damit ist der Apfelname *oeuf de pigeon* eindeutig zum semantischen Gedächntis zu stellen. Dieses wird folgendermaßen definiert: "Das semantische Gedächtnis enthält alle diejenigen Inhalte, die von den einzelnen Erfahrungen losgelöst sind" (Wettler 1980, 12).

Anhand des Apfelnamens *oeuf de pigeon* wird aber nicht nur der Unterschied zwischen episodischem und semantischem Gedächtnis deutlich, mit ihm kann außerdem der Fokus auf den gesellschaftlichen Wandel gerichtet werden. Die genaue Kenntnis eines Taubeneis ist heute nur bei Ornithologen und Menschen, die einen engen Kontakt zu ihrer natürlichen Umgebung gehalten haben, voraussetzbar. Die Verstädterung[49] trägt mit großer Wahrscheinlichkeit dazu bei, dass Teilbereiche des Wortfeldes NATUR, auf die bei der Namengebung von Äpfeln Bezug genommen wird, nicht mehr einleuchten oder sogar als merkwürdig anmuten mögen.

3.3. Prägung des Unterscheidungsvermögens

Die Apfelnamen, die aufgrund eines besonderen Aromas Bezeichnungen für Obst und Gewürze erhalten, werden hier gesondert behandelt, weil sie Anstoß zu neuen Überlegungen geben.

Obst	Gewürze
Erdbeer, Himbeer, Wein	Anis, Alant, Fenchel, Koriander, Mandel, Muskat, Rosmarin

Abb. 38: Wortfeld *Aroma*

Bei *fraise, framboise, raisin* und *vineuse (rouge)* stellt sich die Frage, wie die (französische) Sprache allgemein strukturiert ist. In Hinblick auf den Dualismus denotativ vs. imaginal bleibt zu erörtern, ob die Apfelnamen auf das Unterscheidungsvermögen zurückgehen oder ob der sinnliche Eindruck erst über einen Assoziationsprozess zum Namen führt. Denkbar ist, dass der Namengeber am Apfel *framboise* roch und dann das Bild oder den Geschmack der Himbeere assoziierte. In diesem Fall würde es sich um eine imaginale Namengebung handeln. Der Apfel erhält den Name der Obstsorte Himbeere, weil sein sortentypisches Merkmal der prototypische Geschmack dieser Frucht ist. Genauso wahrscheinlich ist es aber auch, dass das menschliche Nervensystem durch Erfahrung auf verschiedene Geschmackseindrücke wie Erdbeere, Himbeere oder Wein geprägt ist, so dass es sich ausschließlich um die Wahrnehmung des Geschmackreizes 'Erdbeere', 'Himbeere' oder 'Wein' handelt. In diesem Fall würde es sich um eine denotative Namengebung handeln. Die gleiche Problematik liegt bei den Apfelnamen *(reinette) amande, anis, aunée, canelle, coriandre, fenouillet, muscadet* und *romarin* vor, die auf Gewürzbezeichnungen zurückgehen. Es ist nicht zu unterscheiden, ob der Namengeber am Apfel roch und die Geschmackswahrnehmungen 'Anis', 'Alant', 'Fenchel', 'Koriander', 'Mandel', 'Muskat' und 'Rosmarin' denotierte oder ob er zum olfaktorischen Stimulus eine Assoziation suchte.

Die Prägung des Unterscheidungsvermögens in den Sinneskanälen ist entweder genetisch determiniert oder erfolgt sehr früh beim Menschen. Die Fähigkeit zur differenzierten Wahrnehmung bildet sich durch die Verschaltung von Nervenzellen als Programm aus. Durch diese werden die Funktionen des Nervensystems festgelegt. Untersuchungen haben gezeigt, dass eine Beziehung zwischen den in verschiedenen Sprachen unterschiedlichen Farbbenennungen einerseits und dem richtigen Wiedererkennen von Farbmustern andererseits besteht. Man kann also annehmen, dass die Repräsentation von Farben im Langzeitgedächtnis durch "einzelsprachliche Farbbenennungen" mitbestimmt wird (Kintsch 1982, 118). Diese Erkenntnis kann sowohl auf die Wahrnehmung der Farbschattierungen als auch auf die unterschiedlichen Aromen und Gewürze übertragen werden. Festgelegte Farbbenennungen oder sprachlich festgelegte Bezeichnungen für Geschmacksqualitäten sind eindeutig an den Apfelnamen abzulesen.

---

[49] cf. "Aujourd´hui, la population s´est déplacée vers les villes, où elle s´est urbanisée sur place" (Cropom 2001, 12).

So werden unterschiedliche Rotschattierungen wie z. B. *cardinale* "rot wie ein Kardinalsgewand", *corail* "rot wie eine Koralle", *écarlate* "scharlachrot" und *boucherot* "blutrot" bei Äpfeln als sortentypisch relevante Merkmale gefiltert und im Namen repräsentiert:

bec-d'oie	*boucherot*	*cardinale*	*corail*	*écarlate*
rot wie ein Gänseschnabel	blutrot	rot wie ein Kardinalsgewand	rot wie eine Koralle	scharlachrot

Abb. 39: Rotschattierungen

Aus neurobiologischer Sicht stellt sich die Frage, wie der Mensch die graduellen Unterschiede wahrnimmt. Das Kind erfährt eine Verschaltung seiner Nervenzellen, die je nach Sprachraum unterschiedlich auffällt. Im Bereich der roten Farben lernt es in Frankreich z. B. die Nuancen zwischen *blutrot* und *korallenrot* zu erkennen. Zum anderen ist das Unterscheidungsvermögen damit verknüpft, dass der einzelne Farbwert denotiert wird.

Die Apfelnamen, die durch verschiedene Rotschattierungen motiviert sind, sprechen eindeutig für die Sapir-Whorf-Hypothese[50], weil sie beweisen, dass die französische Sprache eine kulturspezifische Unterteilung des roten Farbspektrums besitzt. Durch die unterschiedlichen Adjektive für 'rot' in der französischen Sprache wird die Wahrnehmung gesteuert. Die kulturspezifische Dimension wird u. a. an dem Namen *cardinale* deutlich, weil er beweist, wie stark der Einfluss der Religion auf die französische Kultur war. Ein Apfelname wie *bec-d'oie* zeigt, wie die Farbsensibilität abhängig von den Lebensumständen (bäuerliches Umfeld mit dem Nutztier Gans) ist.

Die Prägung des Farbvermögens ist mit einem anderen Beispiel zur Wahrnehmungsleistung zu vergleichen. Singer 2002, 52 geht in seinen Ausführungen auf die Verschaltung von Nervenzellen für die akustische Wahrnehmung ein. Während die Skandinavier bereits als Kind lernen, "mehr als ein Dutzend verschiedene A-Schattierungen" herauszuhören, wird ein deutschsprachiger Erwachsener nicht zu dieser Unterscheidungsleistung in der Lage sein. Diese Überlegung zur Prägung des Gehörs kann auch auf die anderen Wahrnehmungsformen übertragen werden. Wenn Kinder ein reichhaltiges Angebot für die Ausbildung ihrer Sinne erhalten, dann werden sie auch als Erwachsene die Welt viel differenzierter wahrnehmen und benennen können. Diese herausgebildete Wahrnehmung ist als (kultureller) Reichtum zu werten. Der Titel dieser Arbeit *La richesse de la pomone française* ist deshalb nicht nur auf die reiche Sortenvielfalt zu beziehen, sondern gilt im gleichen Maße auch dem Reichtum an Wahrnehmungsmöglichkeiten, die an den Apfelnamen abzulesen ist (cf. Singer 2002, 52).

IV.4. Argumentation zugunsten eines holistischen Modells[51]

Für die vielfältigen Benennungsmotivationen von Apfelnamen kann nur dann ein Verständnis geschaffen werden, wenn die kognitiven Prozesse nicht nur in Teilschritten, sondern auch eingefügt in ein Gesamtbild dargestellt werden können. Zur Überwindung der Detailanalysen zu den Arbeitshypothesen und Wortfeldern wird in diesem Kapitel diskutiert, ob die Namengebung von Apfelsorten treffender durch das modulare oder durch das holistische Modell darstellbar ist.

---

[50] E. Sapir und B. L. Whorf verteidigen die Hypothese, nach der die spezifischen formalen Strukturen einer Grammatik relativ zu diesen Strukturen das Bewusstsein ihrer Sprecher prägen (cf. Whorf, B. L.: *Sprache, Denken, Wirklichkeit. Beiträge zur Metalinguistik und Sprachphilosophie* [1956], herausgegeben und übersetzt von Peter Krausser, Hamburg 1963).

[51] Das *holistische* Modell (cf. *Holismus* "Lehre, die auf der Annahme der Ganzheit sämtlicher Erscheinungen beruht", Wahrig 2000, 363a) ist dem *modularen* Aufbau gegenüberzustellen. Das holistische Modell wird mit einem Fischernetz verglichen, wobei die Millionen von Neuronen und Milliarden von Synapsen den einzelnen Vorstellungsgegenstand durch die Aktivierung von Neuronenensembles abbilden (cf. Chapelle 1999, 29-36.).

4.1. Modulare Linguistik

Das modulare Modell wird auch als *symbolisme, cognitiviste* und *computationniste* bezeichnet (cf. Chapelle 1999, 31). Das Denken gilt als Manipulation von Symbolen nach den Regeln der Logik. Die verschiedenen Etappen der Namengebung von Apfelsorten leisten isolierte Systeme, die wie Module eigenständig funktionieren. Alle Bauteilgruppen zusammen bilden eine funktionale Einheit. Schwarz 1988 geht davon aus, dass der menschliche Geist nach dem "Prinzip der Arbeitsteilung" funktioniere, d.h. so organisiert sei, dass verschiedene 'Subsysteme' verschiedene Funktionen ausüben (S. 14).

Die Modularitätsthese basiert auf der Vorstellung einer hierarchischen Organisationsform des menschlichen Gehirns. Auf der untersten Ebene erfolgt die Datenerfassung, also die Filterung der Merkmale. Auf der höchsten Ebene, an der Spitze der Verarbeitungshierarchie, wird die Entscheidung zugunsten eines Namens gefällt.

Singer 2002 geht so weit, dass er die Gehirnkonzeption von Descartes (die als identisch mit dem modularen Modell zu betrachten ist) mit dem Aufbau einer Stadt vergleicht: "Mittelalterliche Städte waren um ein Zentrum herum organisiert und wurden zentralistisch regiert" (S. 204). Die einzelnen Menschen und Stadtviertel wurden also von einer übergeordneten Instanz geleitet. Auf die Apfelnamen übertragen bedeutet dies, dass die einzelnen Module wie Form-, Farb- oder Gewichtswahrnehmung alle einem übergeordneten, bewertenden 'Beobachter' unterstehen. Die verschiedenen Merkmalsdimensionen zum Apfel müssen im Kopf so angeordnet ein, dass der 'Beobachter' das Signal 'rot', die Form 'rund' und den Geschmack 'süß' verbinden kann. In seinem Bewusstsein entsteht aus der Vielzahl der Merkmale die Vorstellung des Apfels.

Die Rolle des Namengebers entspricht der des "Beobachters im Gehirn" (Singer 2002, 144). Der Mensch empfängt durch die Pforte der einzelnen Wahrnehmungskanäle synchron verschiedene Sinneseindrücke zu einer Apfelsorte, die Assoziationen durch den Geist fließen lassen. Wenn die verschiedenen Subsysteme jeweils zu einem Ergebnis gekommen sind, vergleicht der "Beobachter im Gehirn" die Erkenntnisse der einzelnen Subsysteme oder Module miteinander und entscheidet sich für eine Form der Repräsentation. Bei der Namengebung laufen also folgende Prozesse ab: Der Mensch filtert ein Gemisch an heterogenen Sinnessignalen und entwickelt verschiedene Varianten. Diese Namen vergleicht er anschließend wieder mit der real vorliegenden Apfelsorte und entscheidet sich anschließend für einen Apfelnamen.

Für die Modularitätsthese spricht der gesamte Aufbau dieser Arbeit. Die wissenschaftliche Erörterung der Namenmotivationen erfordert eine lineare Darstellung. Ausgehend von Detailanalysen versuche ich sukzessive, eine kognitive Struktur herauszuarbeiten. Zunächst werden die Apfelnamen, die auf sortentypische Merkmale zurückgeführt werden können, isoliert von denen, die zu einem Nomen proprium gestellt werden können. Sobald ich einen Apfelnamen als 'sortentypisch motiviert' klassifiziere, kann er nicht gleichzeitig auch als Eigenname gewertet werden. In einer linearen Auswertungsstruktur sind Widersprüche ausgeschlossen. Das bedeutet, dass das lineare Denken die Information auf akzeptierte Wahrheiten reduziert und alles andere ausschaltet. Aber nur eine umfassendere Betrachtungsweise kann die Detailanalysen überwinden und ermöglicht es unzusammenhängende Elemente miteinander zu verbinden.

Auch durch neue Ergebnisse der Neurobiologie wurden Forscher dazu gezwungen, an der Richtigkeit eines modularen Aufbaus des menschlichen Denkens zu zweifeln. Bisher war die Vorgehensweise allgemein als gültig vorausgesetzt. Das modulare System, gesteuert von einem Koordinator, wird nicht länger als optimales Modell für kognitive Prozesse postuliert. So notiert Singer 2002: "Die plausible Annahme eines Konvergenzzentrums, eines 'Cartesianischen Theaters' mit einem singulären Zuschauer, ist in dramatischer Weise falsch" (S. 144).

4.2. Holistische Linguistik

Die holistische Theorie berücksichtigt in einem viel stärkeren Maße als das modulare Modell die Gehirnstruktur des Menschen. Kognitive Mechanismen können nur dann verstanden werden, wenn von den Neuronen und ihrer vernetzenden Zusammenarbeit ausgegangen wird. Um bei dem Vergleich zwischen dem Aufbau des Gehirns und einer Stadt zu bleiben: Einfache Systeme wie Dörfer, Kleinstädte oder die Nervensysteme niedriger Tiere bestehen aus nur wenigen Komponenten. Der Informationsfluss zwischen den einzelnen Menschen wird von einem zentralen Koordinationszentrum aus gesteuert. Die mittelalterliche Stadt wurde zentralistisch regiert. Moderne Städte aber zeichnen sich dadurch aus, dass sie "eine kritische Schwelle der Komplexität" (Singer 2002, 200) erreicht haben. Die Menschen und Institutionen bestehen aus einer Vielzahl eng miteinander verknüpfter Komponenten, die in hochdynamischer Weise miteinander interagieren. Sie beruhen im Wesentlichen auf Prinzipien der Selbstorganisation. Die moderne Stadt ist durch eine große Zahl an Menschen gekennzeichnet, die wiederum "selbst aktiv und miteinander gekoppelt" sind. Dieses System besitzt wie das menschliche Gehirn eine "extrem komplexe Dynamik" (Singer 2002, 201).

Singer (2002) stellt sich die Frage, wie das Gehirn ein Gemisch heterogener Sinnessignale und erinnerten Vorwissens zu einem einheitlichen und verwertbaren, also "handlungsrelevanten Perzept" vereinigt.

Die serielle Informationsverarbeitung, wie sie von den Anhängern des modularen Modells vertreten wird, ist nicht mit der Schnelligkeit kompatibel, mit der Menschen Informationen verarbeiten. Wegen der Langsamkeit der Nervenleitung muss vielmehr eine Parallelverarbeitung postuliert werden, um die hohe Reaktionsgeschwindigkeit zu erklären. Ein Geflecht von Millionen von Neuronen und Milliarden von Synapsen dient dazu, Eindrücke zu filtern und darzustellen. So würde der Eindruck eines Apfels durch die gleichzeitige Aktivierung von Neuronen in verschiedenen Gehirnregionen im Bewusstsein auftauchen (cf. Chapelle 1999, 30-32). Die wahrgenommenen Merkmale einer Apfelsorte werden durch Nervenzellen repräsentiert, die elektrisch erregt werden. Das menschliche Nervensystem wendet eine dynamische Repräsentationsstrategie an und kann den einzelnen Apfel durch verschiedene Relationen innerhalb des gleichen, "fest verdrahteten Neuronenverbundes" nacheinander analysieren und repräsentieren (cf. Singer 2002, 147). Auf die Sprache übertragen bedeutet diese neurobiologische Erkenntnis, dass die Einzelwörter eines Gesamtwortschatzes mit verschiedenen Merkmalen isoliert repräsentiert werden können. Gleichzeitig ermöglicht die dynamische Repräsentation aber auch, dass die einzelnen Glieder eines lexikalischen Paradigmas miteinander verknüpft sind. Der Apfel wird also nicht eindimensional repräsentiert, sondern durch die Interaktion verschiedener erregter Nervenzellen, die sich in unterschiedlichen Gehirnbereichen befinden. Die Mikrosysteme der wie voneinander isoliert arbeitenden Wahrnehmungskanäle oder der Gedächtnismodule besitzen nicht genügend Wissen, um das Ganze koordinieren zu können. Sie sind untereinander aber durch 'Kommunikationskanäle' oder 'Nervenfasern' (S. 208) verbunden. Indem die Interaktion im menschlichen Nervensystem nicht mehr auf die nächste Nervenzelle beschränkt bleibt, kann die Begrenzung eines engen Raumes überwunden werden. Die Entscheidung darüber, welches Merkmal einer Apfelsorte als 'Aktivitätsmuster' (S. 168) von erregten Nervenzellen präsent bleibt, wird nicht in einer Bewertungszentrale getroffen, sondern beruht Singer zufolge auf "Selbstorganisationsprozessen" (2002, 169).

Die für die Namen entwickelten Arbeitshypothesen sprechen für das holistische Modell. Beim Auftauchen eines Apfels werden alle Sinne nahezu gleichzeitig aktiviert, treten miteinander in Wechselwirkung und tauschen ihre Verarbeitungsergebnisse aus. Sie senden die Resultate ihrer Ermittlungen in ebenso verteilter Weise an eine Vielzahl weiterer Hirnareale. Synchron erfolgt dort die Verarbeitung der wahrgenommenen Signale. Es entsteht eine 'Netzwerkstruktur', in der eine "Parallelität als Organisationsprinzip" vorherrsche und 'Konvergenzzentren' fehlen (cf. S. 148-150). Dies wirft die zentrale Frage auf, wie Entscheidungen trotz distributiver Organisation getroffen werden können. Die Entscheidung darüber, ob ein Merkmal des Apfels als sortentypisch gefiltert wird, beruht nach Ansichten von Singer (2002) auf dem "Zusammenspiel zahlreicher Bewertungsfunktionen" (S. 168). Die einzelnen Anordnungen von erregten Nervenzellen treten in Wettstreit gegeneinander. Nur solche Merkmale setzen sich durch, die auffällig sind. Dieses "parallelisierte Entscheidungssystem" (S. 170) arbeitet viel schneller als ein System, in dem alle Möglichkeiten von einer übergeordneten Instanz verglichen werden. Einen vergleichbaren Gedankenansatz entwickelt auch Calvin (2002), wie folgendes Zitat aus seinen Ausführungen beweist:

"Der Geist ist in jedem Augenblick eine Bühne simultaner Möglichkeiten. Bewusstsein besteht aus dem Vergleich dieser miteinander, der Auswahl einiger und der Unterdrückung des Restes durch die verstärkende und hemmende Agentur der Aufmerksamkeit" (S. 204).

Zusammenfassung

Ziel der vorliegenden Arbeit war es, die Gesamtheit aller französischer Belege für Apfelnamen in Gegenwart und Vergangenheit zusammenzutragen und auf ihre Namensmotivation hin zu untersuchen. Die ausgewerteten Quellen, sowohl die pomologische Fachliteratur als auch die französische Lexikographie, haben sich für die Untersuchung als günstig erwiesen. Es ist davon auszugehen, dass mit den 1050 Belegen das Ziel, die Gesamtheit aller französischer Apfelnamen zu erfassen, annähernd erreicht wurde.

Die kognitiv ausgerichtete Auswertung der Apfelnamen ergibt, dass der Namengeber auf unterschiedliche Mechanismen zurückgreift, um eine Menge möglicher Namengebungsprinzipien zu entwickeln. Anhand der Apfelnamen ist deutlich die humanspezifische Fähigkeit abzulesen, mit einer endlichen Menge von Regeln eine unendliche Menge an möglichen Strukturen zu erzeugen (cf. Schwarz 1988, 23).

Die lineare Struktur dieser Arbeit begünstigt die Annahme, dass die Namengebung, und somit die menschliche Sprache, als mechanisches Modell darstellbar ist. Bei einer Gesamtsichtung der ermittelten Ergebnisse zeigen sich aber rasch die Grenzen eines solchen Vorgehens und vieles spricht dafür, für die Namengebung von Apfelsorten anstatt von einem modularen vielmehr von einem holistischen Modell auszugehen.

Apfelnamen als kreatives Produkt

Schöpferische Kraft und damit ein hohes Maß an Kreativität bewiesen die Menschen über die Jahrhunderte hinweg im Umgang mit ihren Apfelsorten. Der im Titel dieser Arbeit formulierte Reichtum der *Pomone française* ist gleich auf mehreren Ebenen zu entdecken.

Primär handelt es sich um die reiche biologische Sortenvielfalt. Wünschenswert wäre es, wenn auch die Namen weiterer Obstsorten wie beispielsweise der Birne, der Pflaume oder der Kirsche erfasst würden. Dies wird vermutlich auf Interesse von Botanikern und Naturschützern stoßen, die sich für eine stärkere Rückbesinnung auf alte Kultivare einsetzen, weil es sich letztendlich bei diesen um "unschätzbare Genreserven" (Fischler 1991, 8c) handelt. Im Sinne der sprachwissenschaftlichen Forschungsrichtung "Wörter und Sachen" ist eine Erarbeitung des Werkzeug- und Technikvokabulars der Hortikultur als Desiderat zu postulieren. Die historische Sachkultur des ländlichen Lebens[52] sollte mit einer Erarbeitung der Einzelwörter durch die Jahrhunderte hindurch sowie im Kontext eines übergreifenden Wortfeldes sprachwissenschaftlich untersucht werden.

Der große kreative Reichtum ist auf einer ganz anderen Ebene auch bei der Namenwahl darzustellen. Wie in dieser Arbeit gezeigt wurde, spielt bei der Namengebung vor allem die Merkmalsselektion eine herausragende Rolle. Die Züchter von Apfelsorten zeichnen sich durch eine differenzierte Wahrnehmungsfähigkeit aus. Neurobiologisch ist der einzelne Apfelname als gleichzeitige Aktivierung einer Anordnung von Neuronen in verschiedenen Gehirnregionen zu erklären (cf. Chapelle 1999, 30-32). Je umfassender ein Namengeber eine Apfelsorte mit allen Sinnen begreifen lernt, desto deutlicher wird ihr Abbild in der Vorstellung, als eine reiche Anordnung vernetzter Neuronen. Diese Vernetzung trägt dazu bei, dass die betreffende Person kreative Namen entwickeln kann. Kreativ würde in diesem Kontext bedeuten, dass eine neuartige Verbindung zwischen einer Apfelsorte und einem Gegenstand gefunden wird, die auf die Identität des sortentypischen Apfelmerkmals und das prototypische Merkmal des Objektes, auf das referiert wird, zurückgeht.

Durch die Analyse der Apfelnamen wird nachvollziehbar, wie der Namengeber frei wählen kann zwischen vielseitigen Namengebungsprinzipien. Durch dieses reiche Repertoire an

---

[52] In Frankreich existieren wie beispielsweise in Rennes Museen, um diese "historische Sachkultur" zu erhalten. Das *Écomusée du Pays de Rennes* ist in einem früher bedeutenden Bauernhof untergebracht, dessen letzte Ernte 1982 eingebracht wurde. Der Betrieb musste eingestellt werden, weil der Agrarsektor seit 1950 generell einen starken Wandel erlebt; hinzu kam, dass die landwirtschaftlich genutzten Flächen bebaut wurden. Einen breiten Raum im *Écomusée du Pays de Rennes* nimmt der Cidre ein, Ille-et-Vilaine war über viele Jahre hinweg "le premier département producteur de cidre de France". Neben den Ausstellungsobjekten legt das Museum großen Wert auf die Präsentation der Techniken (Rennes 1991, 3-24).

kognitiven Strategien kann der Namengeber sehr flexibel und daher kreativ auf die Begegnung mit einer neuen Apfelsorte reagieren:

"Paradoxalement, l'hypothèse initiale des théoriciens des sciences cognitives, qui pensaient pouvoir traduire facilement la pensée humaine sous forme de règles logiques, a buté sur de rudes obstacles. Les stratégies mentales ne sont qu'en partie réductibles à un ensemble de procédures logiques. Les ressources dont dispose la pensée humaine pour penser sont multiples: le raisonnement logique certes, mais aussi l'analogie, la pertinence, la présomption, l'induction, les routines mentales" (Dortier 1999, 9).

Literaturverzeichnis I

Ac (1694) = *Le Dictionnaire de l'Académie Française*, 2 Bde, Paris 1694; Genève 1968.

AE (1823) = *Allgemeine Encyklopädie der Wissenschaften und Künste*, Leipzig.

Agenda 21 = *Konferenz der Vereinten Nationen für Umwelt und Entwicklung im Juni 1992 in Rio de Janeiro – Dokumente*, ²1997.

Baldinger (1974) = Kurt Baldinger: *Introduction aux dictionnaires les plus importants pour l'histoire du français*, recueil d'études publiés sous la direction de Kurt Baldinger, Paris.

Bray (1990) = Laurent Bray: "la lexicographie français des origines à Littré", in: *Wörterbücher. Ein internationales Handbuch zur Lexikographie*, Bd. 2, Hrsg. Franz Josef Hausmann, Berlin, S. 1788-1817.

Burdach (1988) = Konrad J. Burdach: *Geschmack und Geruch*, Bern.

Calvin (2002) = William H. Calvin: *Die Sprache des Gehirns – Wie in unserem Bewusstsein Gedanken entstehen*, München ²2002 (2000) (1996 erschien die amerikanische Originalausgabe unter dem Titel *The Cerebral Code. Thinking a Thought in the Mosaics of the Mind*).

Chapelle (1999) = Gaëtane Chapelle: "Poupées russes ou filet de pêche: quels modèles pour la pensée" in: *Le cerveau et la pensée- La révolution des sciences cognitives*, Hrsg. François Dortier, Auxerre, S. 29-36.

Dauzat (1950) = Albert Dauzat: *Les noms de personnes*, Paris.

Dortier (1999) = François Dortier: *Le cerveau et la pensée - La révolution des sciences cognitives*, Auxerre.

Enc = *Encyclopédie ou dictionnaire raisonné des sciences, des arts et des métiers, par une société de gens de lettres*, p.p. Diderot et D'Alembert (bd. 1-2, Paris1751; 3, 1753; 4, 1754; 5, 1755; 6, 1756; 7, 1757; 8-17, Neufchastel 1765. - Table, 2 vol., Paris 1780).

Encarta (1998) = *Encarta World Atlas 1998 Edition* auf CD-Rom von Microsoft.

EU (1990) = Peter F. Baumberger (Hrsg.): *Encyclopaedia Universalis*, Paris.

FEW = Walther von Wartburg: *Französisches etymologisches Wörterbuch*, Bonn (1922-) e.a.

FUR (1690) = Furetière, Antoine: *Dictionnaire universel contenant tous les mots français tant vieux que modernes et les termes de toutes ses sciences et des arts*, 3 Bde., La Haye-Rotterdam.

FUR (1727) = Furetière, Antoine: *Dictionnaire universel contenant tous les mots français tant vieux que modernes et les termes de toutes ses sciences et des arts*, 4 Bde, Den Haag ²1727.

GE = *La Grande Encyclopédie, Inventaire raisonné des sciences, des lettres et des arts par une société de savants et de gens de lettres sous la direction de Marcelin Bertholet*, 31 Bde, Paris 1885-1902.

Gam = Ernst Gamillscheg: *Etymologisches Wörterbuch der französischen Sprache*, Heidelberg 1926-1928.

Geckeler (1970) = Horst Geckeler: *Zur Wortfelddiskussion, Untersuchungen zur Gliederung des Wortfeldes "Alt – Jung – Neu"*, Tübingen.

Geckeler (1995) = Horst Geckeler: *Einführung in die französische Sprachwissenschaft*, Berlin.

Gf = F. Godefroy: *Dictionnaire de l'ancienne langue française*; 10 vol., Paris 1880-1902.

GLa (1997) = Bertrand Évenot (Hrsg.): *Grand Larousse universel*, 1-15, (1985: l'édition originale).

Gottschald (1982) = Max Gottschald: *Deutsche Namenskunde unserer Familiennamen*, Berlin, New York, 5.verbesserte Auflage.

GRob (1985) = *Grand Robert de la langue française. Dictionnaire alphabétique et analogique de la langue française*, 9 Bde, Paris.

GRobNP (1991) = Le Grand Robert des noms propres sous la direction de Paul Robert, 5. vol., Paris.

Hausmann (1989) = Franz Josef Hausmann: "Die gesellschaftlichen Aufgaben der Lexikographie in Geschichte und Gegenwart", in: *Wörterbucher. Ein internationales Handbuch zur Lexikographie*, Bd. 1, Hrsg. ders., Berlin, S. 1-18.

Höfler (1967) = Manfred Höfler: *Untersuchungen zur Tuch- und Stoffbenennung in der französischen Urkundensprache. Vom Ortsnamen zum Appelativum*, Tübingen.

Hu = E. Huguet: *Dictionnaire de la langue française du seizième siècle*, Paris 1925ss.

Hupka (1989) = Werner Hupka: "Das enzyklopädische Wörterbuch", in: *Wörterbucher. Ein internationales Handbuch zur Lexikographie*, Bd. 1, Hrsg. Franz Josef Hausmann, Berlin, S. 988-999.

Kintsch (1982) = Walter Kintsch: *Gedächtnis und Kognition*, Heidelberg (Titel der amerikanischen Ausgabe: *Memory and Cognition*, New York [2]1977, [1970]).

Kleiber (1991) = Georges Kleiber: "Prototype et typicalité dans la langue", in: *Sémantique et cognition catégories, prototypes, typicalités*, sous la direction de Danièle Dubois, Paris.

Kleiber (1993) = Georges Kleiber: *Prototypensemantik: eine Einführung*, Tübingen; übersetzt von Michael Schreiber, Einheitssacht.: *La sémantique du prototype*

LA 19 = *Grand Dictionnaire Universel du XIXe siècle*, p.p. P. Larousse; 15 Bde, Paris 1866-1876.

LA 20 = Paul Augé: *Larousse du XXe siècle en six volumes*, Paris 1928-1933.

Li (1885) = Emile Littré: *Dictionnaire de la langue française*, 4 Bde mit Supplément, Paris 1873-1878.

Milo (1986) = Daniel Milo: *Les noms des rues, les lieux de la mémoire*, Bd. II: *La nation* (sous la direction de Pierre Nora), Paris.

Neisser (1979) = Neisser, Ulric: *Kognition und Wirklichkeit* (Einheitssacht. *Cognition and reality*), Stuttgart.

Neumann/Molnár (1991) = Ralph Neumann, Pal Molnár: *Sensorische Lebensmitteluntersuchung*, Leipzig [2]1991 (zweite überarbeitete Ausgabe der 1983 erschienenen Erstausgabe).

NL (1948) = Paul Augé (Hrsg.): *Nouveau Larousse Universel*, Paris.

NPRob (1996) = *Le Nouveau Petit Robert*, édition entièrement revue et amplifiée du *Petit Robert*, Paris.

PLa (1997) = Pierre-Henri Cousin: *Le petit Larousse grand format*, Paris.

Pörksen (1998) = Uwe Pörksen: "Deutsche Sprachgeschichte und die Entwicklung der Naturwissenschaften. Aspekte einer Geschichte der Naturwissenschaftssprache und ihrer Wechselbeziehung zur Gemeinsprache", in: *Sprachgeschichte: ein Handbuch zur Geschichte der deutschen Sprache und ihrer Erforschung*, Hrsg. Werner Besch u.a., Berlin (2., vollständig neu bearbeitete und erweiterte Auflage), S. 193-210.

PRob (1990) = Le Petit Robert 1. *Dictionnaire alphabétique et analogique de la Langue française*, Paris ²1990.

PRob (1995) = Le Petit Robert 1. *Dictionnaire alphabétique et analogique de la Langue française*, Paris ³1995.

Rey (1990) = Alain Rey: "La lexikographie français depuis Littré", in: *Wörterbucher. Ein internationales Handbuch zur Lexikographie*, Bd. 2, Hrsg. Franz Josef Hausmann, Berlin, S. 1818-1843.

Ri (1680) = P. Richelet: *Dictionnaire français*, 2 Bde., Genève 1680 (der zweite Band ist von 1679 datiert).

Rob Hist (1992) = *Dictionnaire Historique de la Langue française*, Paris.

Roques (1993) = Gilles Roques: "Dictionnaire historique de la langue française, sous la direction d'Alain Rey, Dictionnaire Le Robert, Paris 1992, 2 vol., XXII-2387 pages", in: *Revue de linguistique romane*, Tome 57, Paris.

Schmidt (1997) = Robert F. Schmidt (Hrsg.): *Physiologie des Menschen*, Berlin 1997 (27. Auflage).

Schmitt (1995) = Christian Schmitt: "Überlegungen zu einer kontrastiven Linguistik der Farbbezeichnungen im Deutschen und Spanischen/Französischen in Erlebte Rede und impressionistischer Stil – Europäische Erzählprosa im Vergleich mit ihren deutschen Übersetzungen" in: *Erlebte Rede und impressionistischer Stil – Europäische Erzählprosa im Vergleich mit ihren deutschen Übersetzungen*, Hrsg. Dorothea Kullmann, Göttingen, S. 331-360.

Schwarz (1988) = Monika Schwarz: *Sprache und Kognition – Aspekte der neueren Forschung* (Teil I), Köln 1988.

Schwarz (1989) = Monika Schwarz: *Sprache und Kognition* (Teil II), Köln 1989.

Singer (2002) = Wolf Singer: *Der Beobachter im Gehirn – Essays zur Hirnforschung*, Frankfurt am Main.

Strube (1984) = Gerhard Strube: *Assoziation – Prozess des Erinnerns und die Struktur des Gedächtnisses*, Berlin.

TLF = Paul Imbs (Hrsg.): *Trésor de la langue française – dictionnaire de la langue du XIXe siècle* (1789-1960), 16 Bde., Paris 1971.

Vester (2002) = Frederic Vester: *Die Kunst vernetzt zu denken – Ideen und Werkzeuge für einen neuen Umgang mit Komplexität*, München ²2002, (1999).

Wahrig (2000) = Renate Wahrig-Burfeind: *Fremdwörterbuch*, München ²2000, (1999).

Wegera (1998) = Klaus-Peter Wegera: "Deutsche Sprachgeschichte und Geschichte des Alltags", in: *Sprachgeschichte: ein Handbuch zur Geschichte der deutschen Sprache und ihrer Erforschung*, Hrsg. Werner Besch u.a., Berlin, (2., vollständig neu bearbeitete und erweiterte Auflage), S. 139-159.

Wettler (1980) = Manfred Wettler: *Sprache, Gedächtnis, Verstehen*, Berlin, New York.

Whorf = B. L. Whorf: *Sprache, Denken, Wirklichkeit. Beiträge zur Metalinguistik und Sprachphilosophie* (1956), herausgegeben und übersetzt von Peter Krausser, Hamburg 1963.

Literatur II

Um die Dokumentation nicht unnötig auszuweiten, wird bei der Grauen Literatur jeweils nur auf die Autoren und Institutionen verwiesen, wenn möglich mit Internetadresse.

Apple Register (1971) = Muriel W. G. Smith: *National Apple Register of the United Kingdom*, London.

Bernkopf = Siegfried Bernkopf: "Sortenkundliche Erläuterungen", in: *Neue alte Obstsorten, Äpfel und Birnen*, Hrsg. Club Niederösterreich, Wien ²1991, 13-22.

BVosges = *Vergers aux mille saveurs. Redécouvrir les fruits des vergers traditionnels*, nicht editierte Broschüre des Parc Naturel Régional des Ballons des Vosges; (info@parc-ballons.vosges.fr).

Bu (1983) = John Bultitude: *A Guide to the Identification of International Varieties*, London.

Chaib = Jérôme Chaib: "Le verger actuel: à la croisée des chemins" in: *Le Viquet* N° 77, Saint-Lô 1987, 2-10.

Chevalier (1992) = Denis Jacques Chevalier: *Petit Catalogue des Pommes du Pays d'Auge*, Lisieux (ISBN. 2. 950 2948.1.2.).

Cordes/Mürner (2002) = Gesche Cordes, Christian Mürner: *Äpfel – Anleitungen zum Umgang mit einer Delikatesse*, Hamburg.

Cropom = *Croqueurs de pommes*. Nicht editierte Liste mit Namensbelegen, gegliedert nach den 19 Lokalgruppen Franche-Comté, Brie, Normandie, Ile de France, Haute-Saône, Auxois, Morvan, Cantal, Nord, Jarez, Sud-Champagne, Aube, Provence, Mâconnais, Maine et Perche, Vienne, Alsace sud, Deux-Sèvres und Touraine sowie nach den Jahresangaben 1989-1992, 1992-1994, 1994-1996, 1996-1998 und 1998-2000 ; (Lefevre@wandoo.fr, www.croqueurs-de-pommes.asso.fr).

Cropom (2001)= *Les Croqueurs de pommes, Supplement au bulletin de liaison*, N° 94, 4ème trimestre 2001 (ISSN: 02-42-9047), Belfort.

DA (1889) = Dr. Th. Engelbrecht: *Illustrierte systematische Darstellung der im Gebiete des dt. Pomolgenvereins gebauten Apfelsorten*, Braunschweig.

Fischler (1991) = Franz Fischler: "Neue alte Obstsorten", in: *Neue alte Obstsorten, Äpfel und Birnen*, Hrsg. Club Niederösterreich, Wien ²1991, 8.

H.Alpes (1998) = Den *Catalogue des variétés fruitières anciennes (Pommes – Poires)* gaben im Mai 1998 gemeinschaftlich die Chambre d'Agriculture des Hautes-Alpes und der Conservatoire Botanique National Alpin de Gap-Charance heraus, cbna@cbn-alpin.org.

LeroyPom (1867-1873) = André Leroy: *Dictionnaire de Pomologie contenant l'Histoire, la Description, la Figure des fruits anciens et des fruits modernes les plus généralement connus et cultivés*, Neuauflage der 1867-1873 erschienenen Bände, Cahors 1997.

Petzold (1990) = Herbart Petzold: *Apfelsorten*, Leipzig.

Pieber (1991) = Karl Pieber: "Obstsorten im Streuobstbau – Erbmaterial erhalten", in: *Neue alte Obstsorten, Äpfel und Birnen*, Hrsg. Club Niederösterreich, Wien ²1991.

Provence = Die nicht editierte Broschüre *Fruits d'hier pour un verger d'aujourd'hui* gab die Organisation *Page Provence* (PAtrimoine GEnétique végétal et animal et savoir populaires en Région Provence-Alpes-Côtes-d'Azur) heraus mit der Unterstützung von ARPE (Agence Régionale pour l'Environnement); contact@arpe-paca.org.

Recht (1993) = Christine Recht: *Obstbäume biologisch ziehen*, München ²1993 (1990).

Rennes (1991) = Alison Clarke u.a.: *Écomusée du Pays du Rennes*, Rennes. Écomusée du Pays de Rennes, Ferme de la Bintinais, 35 200 Rennes.

Robin/Torre (1988) = Paul Robin, Michel de la Torre: *Le Cidre, la Pomme, et le Calvados* [Texte imprimé], Paris.

Ro (1789) = Abbé François Rozier: *Cours complet d'agriculture théorique, pratique, économique, et de médecine rurale et vétérinaire, suivi d'une Méthode pour étudier l'agriculture par principes, ou Dictionnaire universel d'agriculture, par une société d'agriculteurs, et rédigé par M. l'abbé Rozier* einfach nur kurze Form: *Dictionnaire universel d'agriculture*, (Bd. VIII.), Paris.

Serres (1600) = Olivier de Serres: *Le théâtre d'agriculture et mésnage [ménage] des champs* [1600]; 1997 erscheint in Arles die Wiederauflage der Ausgabe von 1804-1805.

Vo (1993) = Willi Votteler: *Verzeichnis der Apfel- und Birnensorten: 1360 Sortenbeschreibungen, 3340 Doppelnamen*, München ³1993.

BONNER ROMANISTISCHE ARBEITEN

Herausgegeben von Willi Hirdt, Wolf-Dieter Lange, Eberhard Leube †,
Christian Schmitt und Heinz Jürgen Wolf

Band 1 Albert Gier: Der Sünder als Beispiel. Zu Gestalt und Funktion hagiographischer Gebrauchstexte anhand der Theophiluslegende. 1977.

Band 2 Beatrix Vedder: Das symbolistische Theater Maurice Maeterlincks. 1978.

Band 3 Ute Stempel: Realität des Phantastischen. Untersuchungen zu den Erzählungen Dino Buzzatis. 1977.

Band 4 Egon Robertz: Feuer und Traum. Studien zur Literaturkritik Gaston Bachelards. 1978.

Band 5 Lilo Grevel: Il Politecnico 1945-1947. Zur Monographie einer Kulturzeitschrift Italiens. 1978.

Band 6 Klaus Knopp: Französischer Schülerargot. 1979.

Band 7 Günter Dresselhaus: Langue/Parole und Kompetenz/Performanz. Zur Klärung der Begriffspaare bei Saussure und Chomsky; ihre Vorgeschichte und ihre Bedeutung für die moderne Linguistik. 1979.

Band 8 Rita Thiele: Satanismus als Zeitkritik bei Joris-Karl Huysmans. 1979.

Band 9 Margrethe Tanguy-Baum: Der historische Roman im Frankreich der Julimonarchie. Eine Untersuchung anhand von Werken der Autoren Frédéric Soulié und Eugène Sue. 1981.

Band 10 Jutta Linder: Pasolini als Dramatiker. 1981.

Band 11 Angelika Sparmacher: Narrativik und Semiotik. Überlegungen zur zeitgenössischen französischen Erzähltheorie. 1981.

Band 12 Hans-Ludwig Krechel: Strukturen des Vokabulars in den Maigret-Romanen Georges Simenons. 1982.

Band 13 Dirk Hoeges: François Guizot und die Französische Revolution. 1981.

Band 14 Elisabeth Bange: An den Grenzen der Sprache. Studien zu Georges Bataille. 1982.

Band 15 Norbert Reichel: Der Dichter in der Stadt. Poesie und Großstadt bei französischen Dichtern des 19. Jahrhunderts. 1982.

Band 16 Dirk Weidenhammer: Prometheus und Merlin. Zur mythischen Lebensbewältigung bei Edgar Quinet. 1982.

Band 17 Helmut C. Jacobs: Stendhal und die Musik. Forschungsbericht und kritische Bibliographie 1900-1980. 1983.

Band 18 Margaretha Müller: Musik und Sprache. Zu ihrem Verhältnis im französischen Symbolismus. 1983.

Band 19 Werner Müller-Pelzer: Leib und Leben. Untersuchungen zur Selbsterfahrung in Montaignes *Essais*. Mit einer Studie über La Boétie und den *Discours de la Servitude volontaire*. 1983.

Band 20 Markus Winkler: "Décadence actuelle". Benjamin Constants Kritik der französischen Aufklärung. 1984.

Band 21 Gisela Schlüter: Demokratische Literatur. Studien zur Geschichte des Begriffs von der Französischen Revolution bis Tocqueville. 1986.

Band 22 Ingrid Schwamborn: Die brasilianischen Indianerromane *O Guarani, Iracema, Ubirajara* von José de Alencar. 1987.

Band 23 Ruth Leners: Geschichtsschreibung der Romantik im Spannungsfeld von historischem Roman und Drama. Studien zu Augustin Thierry und dem historischen Theater seiner Zeit. 1987.

Band 24 Heiner Wittmann: Von Wols zu Tintoretto. Sartre zwischen Kunst und Philosophie. 1987.

Band 25 Isa Hofmann: Reisen und Erzählen. Stilkritische Untersuchungen zur französischen Literatur des 19. Jahrhunderts. 1988.

Band 26 Anette Pieper-Branch: Das Bild der Frau in den Sittenromanen von Frédéric Soulié. 1988.

Band 27 Ernst Wolf: Guillaume Apollinaire und das Rheinland. 1988.

Band 28 Helmut C. Jacobs: Literatur, Musik und Gesellschaft in Italien und Österreich in der Epoche Napoleons und der Restauration. Studien zu Giuseppe Carpani (1751-1825). 1988.

Band 29 Heinz Fuchs: Untersuchungen zu Belgizismen. Zu Ursprung und Verbreitung lexikalischer Besonderheiten des belgischen Französisch. 1988.

Band 30 Susanne Schmidt: Die Kontrasttechnik in den *Rougon-Macquart* von Emile Zola. 1989.

Band 31 Susanne Thimann: Brasilien als Rezipient deutschsprachiger Prosa des 20. Jahrhunderts. Bestandsaufnahme und Darstellung am Beispiel der Rezeptionen Thomas Manns, Stefan Zweigs und Hermann Hesses. 1989.

Band 32 Alf Monjour: Der nordostfranzösische Dialektraum. 1989.

Band 33 Tamina Groepper: Aspekte der Offenbachiade. Untersuchungen zu den Libretti der großen Operetten Offenbachs. 1990.

Band 34 Bettina Kopelke: Die Personennamen in den Novellen Maupassants. 1990.

Band 35 Christine Mundt: Dichterische Selbstinszenierung im französischen Theater von Vigny bis Vitrac. Vom 'poète malheureux' zum 'homme moderne'. 1990.

Band 36 Barbara Görtz: Untersuchung zur Diskussion über das Thema Sprachverfall im Fin-de-Siècle. 1990.

Band 37 Volker Steinkamp: Giacomo Leopardis *Zibaldone*. Von der Kritik der Aufklärung zu einer 'Philosophie des Scheins'. 1991.

Band 38 Ursula Schmid: Zur Konzeption des "homme supérieur" bei Stendhal und Balzac - Mit einem Ausblick auf Alexandre Dumas père. 1991.

Band 39 Dorothee Heller: Studien zum italienischen *contrasto*. Ein Beitrag zur gattungsgeschichtlichen Entwicklung des Streitgedichtes. 1991.

Band 40 Kian-Harald Karimi: Auf der Suche nach dem verlorenen Theater. Das portugiesische Gegenwartsdrama unter der politischen Zensur (1960-1974). 1991.

Band 41 Claudia Kleinespel: Germain Nouveau. Zwischen Ästhetizismus und Religiosität. 1992.

Band 42 Regine Würstle: Überangebot und Defizit in der Wortbildung. Eine kontrastive Studie zur Diminutivbildung im Deutschen, Französischen und Englischen. 1992.

Band 43 Ingrid Horch: Zur Toponymie des Valle de Mena/Castilla und des Valle de Ayala/Álava. Sprachhistorische und sprachgeographische Studien. 1992.

Band 44 Birgit Neschen-Siemsen: Madame de Genlis und die französische Aufklärung. 1992.

Band 45 Maria Stavraka: Sach- und Sprachnorm in der französischen Rechtssprache. Untersuchungen zu Rechts- und Sprachfiguren bei Leistungsstörungen im Schuldverhältnis. 1993.

Band 46 Arabella Pauly: NEOBARROCO. Zur Wesensbestimmung Lateinamerikas und seiner Literatur. 1993.

Band 47 Ursula Hillen: Wegbereiter der romanischen Philologie. Ph. A. Becker im Gespräch mit G. Gröber, J. Bédier und E. R. Curtius. 1993.

Band 48 Maren Isabell Schmidt-von Essen: Mademoiselle Clairon. Verwandlungen einer Schauspielerin. 1994.

Band 49 Elke A. Fettweis-Gatzweiler: "... non sono che un semplice ricercatore della verità ...". Der *Archivio Glottologico Italiano* und die *Zeitschrift für romanische Philologie*. Ein historisch-systematischer Vergleich. 1994.

Band 50 Gerlinde Klatte: Wege zur Innenwelt. Träume im fiktionalen Prosawerk von Franz Hellens. 1994.

Band 51 Renate Schlüter: Zeuxis und Prometheus. Die Überwindung des Nachahmungskonzeptes in der Ästhetik der Frühromantik. 1995.

Band 52 Johannes van de Locht: Der *style indirect libre* in den Romanen Edmond Durantys. 1995.

Band 53 Alberto Gil: Textadverbiale in den romanischen Sprachen. Eine integrale Studie zu Konnektoren und Modalisatoren im Spanischen, Französischen und Italienischen. 1995.

Band 54 Rainer-Michael Lüddecke: Literatur als Ausdruck der Gesellschaft. Die Literaturtheorie des Vicomte de Bonald. 1995.

Band 55 Martina Yadel: Jean Grenier - Les Iles. Eine Untersuchung zu werkkonstituierenden Themen und Motiven. 1995.

Band 56 Heike Brohm: Das Richelieu-Bild im französischen historischen Roman von der Restauration bis zur Zweiten Republik. Geschichtskonzeption, Stoffgeschichte und Gattungstheorie bei Vigny, Touchard-Lafosse, Lottin de Laval, Dumas und Mirecourt. 1995.

Band 57 Ute Jancke: *Le Temps-qu'il-fait, le Temps-qui-passe*. Studien zum literarischen Werk von Marie Gevers. 1996.

Band 58 Angelina Monego: Zeit und Poetik in der Lyrik Eugenio Montales. Von den *Ossi di seppia* zum *Diario del '71 e del '72*. 1996.

Band 59 Stefania Masi: Deutsche Modalpartikeln und ihre Entsprechungen im Italienischen. Äquivalente für *doch, ja, denn, schon* und *wohl*. 1996.

Band 60 Karl-Hans Brungs: Giacomo Leopardis Aeneisübersetzung. Die Übersetzung Leopardis in der Kritik des 19. und 20. Jahrhunderts. Textkritische Ausgabe und Kommentar. 1996.

Band 61 Burghard Baltrusch: Bewußtsein und Erzählungen der Moderne im Werk Fernando Pessoas. 1997.

Band 62 Juliane Dülpers: *voulez-vous voler avec moi*. Eine Studie zur französischsprachigen Dichtung Hans Arps. 1997.

Band 63 Helga Thomaßen: Gallizismen im kulinarischen Wortschatz des Italienischen. 1997.

Band 64 Claudia Polzin: Der Funktionsbereich *Passiv* im Französischen. Ein Beitrag aus kontrastiver Sicht. 1998.

Band 65 Elisabeth Weis: Der Sinnbereich *Freude/Traurigkeit* im Sprachenpaar Deutsch-Französisch. Eine kontrastive Studie zur Textsemantik. 1998.

Band 66 Olivier Michael Bollacher: Geistiges Aristokratentum im Dienste der Demokratie: Thomas Mann und Paul Valéry. Vergleich des politischen Denkens in den Jahren 1900-1945. 1999.

Band 67 Eva Freund: Gefährdetes Gleichgewicht. Das Theater des Bernard-Marie Koltès. 1999.

Band 68 Steven Uhly: Multipersonalität als Poetik. Umberto Eco: *Il nome della rosa*, João Ubaldo Ribeiro: *Viva o Povo Brasileiro*, José Saramago: *O Evangelho segundo Jesus Cristo*. 2000.

Band 69 Corinna May: Die deutschen Modalpartikeln. Wie übersetzt man sie (dargestellt am Beispiel von *eigentlich*, *denn* und *überhaupt*), wie lehrt man sie? Ein Beitrag zur Kontrastiven Linguistik (Deutsch-Spanisch/Spanisch-Deutsch) und Deutsch als Fremdsprache. 2000.

Band 70 Dietmar Osthus: Metaphern im Sprachenvergleich. Eine kontrastive Studie zur Nahrungsmetaphorik im Französischen und Deutschen. 2000.

Band 71 Alkinoi Obernesser: Spanische Grammatikographie im 17. Jahrhundert. Der *Arte de la lengua Española Castellana* von Gonzalo Correas. 2000.

Band 72 Maria Uleer: Fachwissen und Kommunikation. Zur Darstellung der französischen Atomversuche in spanischen Printmedien. 2000.

Band 73 Katja Ide: Terminus und Text. Untersuchungen zur spanischen Fachkommunikation der Betriebswirtschaft. 2000.

Band 74 Ludger Scherer: *Faust* in der Tradition der Moderne. Studien zur Variation eines Themas bei Paul Valéry, Michel de Ghelderode, Michel Butor und Edoardo Sanguineti mit einem Prolog zur Thematologie. 2001.

Band 75 Claudia Ella Weller: Zwischen Schwarz und Weiß. Schrift und Schreiben im selbstreferentiellen Werk von Edgar Allan Poe und Raymond Roussel. 2001.

Band 76 Marc Lilienkamp: Angloamerikanismus und Popkultur. Untersuchungen zur Sprache in französischen, deutschen und spanischen Musikmagazinen. 2001.

Band 77 Anja Klein-Zirbes: Die *Défense de la langue française* als Zeugnis des französischen Sprachpurismus. Linguistische Untersuchung einer sprachnormativen Zeitschrift im Publikationszeitraum von 1962 bis 2000. 2001.

Band 78 Andrea Wilhelmi: *La Nef des Princes* von Symphorien Champier. Textkritische und kommentierte Ausgabe der Haupttraktate. 2001.

Band 79 Annette Clamor: Flauberts Schreiblabor. Lesekultur und poetische Imagination in einem verkannten Jugendwerk. 2002.

Band 80 Rachel Herwartz: *Lavadora, cafetera, sacacorchos* - Spanische Gerätebezeichnungen in Technik, Werbung und Alltag. Dargestellt am Beispiel der Hauhaltsgerätebranche. 2002.

Band 81 Irene Sueiro Orallo: Deutsche Modalpartikeln und ihre Äquivalenzen im Galicischen. Ein Beitrag zur Kontrastiven Linguistik. 2002.

Band 82 Ursula Picker: Zur Instrumentalisierung von Geschichte in der französischen Ergonymik. 2003.

Band 83 Anja Bernoth: Zur Objektstellung im Vorfeld des italienischen Satzes. 2003.

Band 84 Klaus Gabriel: Produktonomastik. Studien zur Wortgebildetheit, Typologie und Funktionalität italienischer Produktnamen. 2003.

Band 85 Martin Becker: Die Entwicklung der modernen Wortbildung im Spanischen. Der politisch-soziale Wortschatz seit 1869. 2003.

Band 86 Jana Birk: *Français populaire* im *siècle classique*. Untersuchungen auf der Grundlage der *Agréables Conférences de deux paysans de Saint-Ouen et de Montmorency sur les* affaires du temps (*1649–1651*).2004.

Band 87 Anke Heyen: *La Richesse de la Pomone Française*. Französische Apfelnamen und ihre Motivation. 2004.

www.peterlang.de

Nikolaus Schpak-Dolt

Bibliographische Materialien zur französischen Morphologie

Ein teilkommentiertes Publikationsverzeichnis für den Zeitraum 1875–1950

Frankfurt am Main, Berlin, Bern, Bruxelles, New York, Oxford, Wien, 2003.
XI, 180 S.
ISBN 3-631-50296-6 · br. € 34.80*

Thema dieser teilkommentierten Bibliographie ist die Morphologie des Französischen unter Berücksichtigung der allgemeinen romanischen Morphologie. Zur Morphologie wird hier sowohl die Formenbildung als auch die Wortbildung gezählt. Erfaßt sind Publikationen aus dem Zeitraum 1875–1950: Bücher, Dissertationen, Schul-Programmschriften, Aufsätze in Zeitschriften und Sammelbänden, ferner Kurzmitteilungen in Zeitschriften (Miszellen). Das besondere Merkmal dieser Bibliographie ist die große Anzahl von Zusammenfassungen älterer Publikationen. Damit wird eine Lücke geschlossen, denn viele dieser Arbeiten sind auch für die neuere Forschung grundlegend und werden hier einem breiteren Publikum zugänglich gemacht.

Aus dem Inhalt: Allgemeine romanische und französische Morphologie: Substantivflexion · Adjektivflexion · Verbalflexion · Suffigierung · Präfigierung · Komposition · Anhang: Pronomina und Artikel

Frankfurt am Main · Berlin · Bern · Bruxelles · New York · Oxford · Wien
Auslieferung: Verlag Peter Lang AG
Moosstr. 1, CH-2542 Pieterlen
Telefax 00 41 (0) 32 / 376 17 27

*inklusive der in Deutschland gültigen Mehrwertsteuer
Preisänderungen vorbehalten

Homepage http://www.peterlang.de